高等院校计算机应用系列教材

软件工程实用案例教程

(第2版)

梁　洁　金　兰　　主　编

张　硕　宋亚岚　　副主编

清華大学出版社

北　京

内 容 简 介

本书结合软件工程的发展与教学需要，系统地阐述了软件工程学的基本概念、原理与方法。本书共有11章，主要内容包括：软件工程综述，软件过程，可行性研究，结构化需求分析，结构化软件设计，面向对象的需求分析，面向对象的设计，基于构件的开发，软件项目的测试，软件实施、维护与进化，软件工程标准与文档。

本书内容丰富、逻辑严谨，原理和方法结合密切，结构化方法和面向对象的方法均有一个实例贯穿始终。同时，书中丰富的图表和应用实例有助于培养读者的实际分析设计能力和文档写作能力，大量的例题与习题便于教师教学及读者自学。

本书可以作为高等院校软件工程专业、计算机科学与技术专业、计算机应用专业，以及其他相关专业的教材，也可以作为软件分析、设计与开发人员的参考书。

图书在版编目(CIP)数据

软件工程实用案例教程 / 梁洁，金兰主编. —2版. —北京：清华大学出版社，2024.2（2025.1重印）
高等院校计算机应用系列教材
ISBN 978-7-302-65471-1

Ⅰ. ①软…　Ⅱ. ①梁…　②金…　Ⅲ. ①软件工程－高等学校－教材　Ⅳ. ①TP311.5

中国国家版本馆CIP数据核字(2024)第036436号

责任编辑：刘金喜
封面设计：高娟妮
版式设计：思创景点
责任校对：成凤进
责任印制：曹婉颖

出版发行：清华大学出版社
网　　址：https://www.tup.com.cn，https://www.wqxuetang.com
地　　址：北京清华大学学研大厦A座　　邮　　编：100084
社 总 机：010-83470000　　邮　　购：010-62786544
投稿与读者服务：010-62776969，c-service@tup.tsinghua.edu.cn
质 量 反 馈：010-62772015，zhiliang@tup.tsinghua.edu.cn
印 装 者：三河市龙大印装有限公司
经　　销：全国新华书店
开　　本：185mm×260mm　　印　　张：18.5　　字　　数：473千字
版　　次：2019年7月第1版　2024年4月第2版　　印　　次：2025年1月第2次印刷
定　　价：69.00元

产品编号：104575-01

前　言

软件工程学是一门综合性应用科学，它将计算机科学理论与现代工程方法论相结合，着重研究软件过程模型、设计方法及工程开发技术和工具，以指导软件的生产和管理。随着计算机科学和软件产业的迅猛发展，软件工程学已经成为一个重要的计算机分支学科，也是一个异常活跃的研究领域，新方法、新技术不断涌现。

“软件工程”是计算机专业学生必修的一门专业课程，也是工科各专业学生在计算机应用方面的一门重要选修课程。在多年的软件工程教学过程中，我们的教研团队参考或使用过许多软件工程教材，但很多教材大都侧重对理论的讲解，案例较少，尤其没有一个完整、系统的软件工程案例贯穿其中。由于本科生普遍缺乏软件工程项目开发的实践经验，因此其学习软件工程课程会感觉非常抽象、空泛与枯燥。为改变这一现状，我们决定编写本书。

本书的特色可以归纳为以下五点。

(1) 从软件危机、软件过程模型，再到软件可行性分析、需求分析、系统设计，本书引入了大量实际案例，解决了软件工程理论教学过程中过于抽象和晦涩的问题。在第 4 章结构化的分析方法中引入了“电梯控制系统”案例，凸显了结构化分析与设计在嵌入式系统中的优势；在第 6 章和第 7 章面向对象的需求分析与设计方法中引入了“网上计算机销售系统”案例，在电子商务如此发达的今天，让学生对熟悉的“网上销售系统”进行分析设计，有利于收集需求、激发学生的学习兴趣。

(2) 第 4 章结构化需求分析，详细介绍了业务需求、用户需求和系统需求 3 个层次需求各自的特点，系统地讲解了需求工程活动，包括需求获取、需求分析、需求规格说明、需求验证和需求管理。其中，需求分析包括过程建模和数据建模。过程建模引入了“食物订货系统”案例；数据建模引入了“学生研讨班”案例和“EMS 表单项目”案例。最后引入了“电梯控制系统”完整案例，按照创建上下文、建立 0 层图、产生 N 层图、定义逻辑说明、定义数据存储和数据流的步骤进行了系统、完整的需求分析。

(3) 第 7 章面向对象的设计，遵循“分析类+设计模式=设计类”原则，逻辑体系架构的设计讲述了从分层体系结构到三层架构再到经典的 MVC 设计模式的演化过程，并对软件的 MVC 设计模式进行了详细的介绍，理解和掌握这种软件分层模式对于从事软件开发的读者尤为重要。目前市面上绝大多数的软件都是采用多层框架结构来实现的，基于分析阶段划分的构件及构件内部的实体类，结合三层的 MVC 设计模式，补充构件内的边界类、控制类、模型类，最终得到可以用来指导开发的构件详细设计类图。

(4) 第 8 章基于构件的开发，本章的主要内容是基于一个构件详细设计类图进行编码开发，构件详细设计类图是第 7 章设计阶段的工作成果，用分析设计的结果直接指导编码工作，帮助读者领会软件工程的真正意义所在。很多从事软件开发的程序员容易“重编程轻设计”，往往还没想清楚问题就开始编码。本章的内容向读者传达了一个重要观点：只要分析设计做得详尽，编码就会水到渠成。

(5) 本书提供第 8 章的构件开发代码以及全套软件工程文档，供读者阅读、下载使用。

本书由梁洁、金兰担任主编，张硕、宋亚岚担任副主编。其中，梁洁编写第 1 章、第 2 章、第 6～8 章、第 11 章，金兰编写第 4 章和第 5 章，张硕编写第 9 章和第 10 章，宋亚岚编写第 3 章。全书由梁洁和宋亚岚统稿。

本书在第 1 版的基础上进行修订，并增加了思政内容。本书的宗旨是提高软件工程课程的教学质量，让学生真正“学有所用”。本书具有内容组织科学、合理、系统，理论与实践并重的特点，课后还配有与教学内容相匹配的练习题供读者自我测评、巩固知识。

本书可以作为高等院校软件工程专业、计算机科学与技术专业、计算机应用专业，以及其他相关专业的教材，同时可供从事软件工程专业、计算机应用专业、计算机软件专业，以及其他相关专业的科研人员、软件开发人员及有关大专院校的师生参考。

在本书的编写过程中得到了武昌首义学院的领导和同事们的支持与帮助，在此一并表示感谢。

由于编者水平有限，书中难免存在不妥与疏漏之处，敬请广大读者批评指正。

本书 PPT 课件等相关教学资源可通过 http://www.tupwk.com.cn/downpage 下载。

服务邮箱：476371891@qq.com。

编　者

2023 年 12 月

目 录

第1章 软件工程综述

本章主要介绍软件工程的概念，并为读者理解本书其他部分的内容提供一个框架。读完本章，你将了解以下内容。

- 什么是软件，软件有什么特点。
- 什么是软件危机，为什么会出现软件危机。
- 什么是软件工程，为什么它很重要。
- 软件工程的目标是什么；软件工程三要素是什么。
- 软件工程通用原则有哪些。
- 道德和职业问题对于软件工程的重要性。

1.1 软件工程的背景

现代社会离不开软件，国家基础设施和公共建设都基于计算机的系统控制，大多数电子产品都有控制软件。工业制造和分销已经完全实现了计算机化，金融系统也是如此。娱乐业，包括音乐产业、计算机游戏产业、电影和电视产业，同样也是一个软件密集型的产业。

1.1.1 软件及其特性

1. 软件

计算机软件是随着计算机程序的发展而形成的一个概念。它是与计算机系统操作有关的程序、规程、规则及其文档和数据的统称。软件由两部分组成：一是机器可执行的程序和有关的数据；二是与软件开发、运行、维护、使用和培训有关的文档。

程序是按事先设计的功能和性能要求执行的语句序列。数据是使程序能够适当地处理信息的数据结构。文档则是与程序开发、维护和使用相关的各种图文资料，如规格说明书、设计说明书、用户手册等，文档中记录着软件开发的活动和阶段成果。

软件产品主要有以下两类。

(1) 通用软件产品。通用软件产品由软件开发机构制作，在市场上公开销售，可以独立使用。这类软件产品包括数据库软件、文字处理软件、绘图软件及工程管理工具等，还包括用于特定目的的“垂直”应用产品，如图书馆信息系统、财务系统等。

(2) 定制软件产品。定制软件产品受特定的客户委托，由软件承包商专门为某类客户开发。

这类软件包括电子设备的控制系统、特定的业务处理系统和空中交通管制系统等。

这两类产品的一个重要区别在于：在通用软件产品中，软件描述由开发人员自己完成；而在定制软件产品中，软件描述通常由客户提供，开发人员必须按客户的要求进行开发。

如今，这两类产品之间的界限变得越来越模糊，越来越多的公司从通用软件产品开始就进行定制处理，以满足客户的具体要求。例如，企业资源计划(ERP)系统，需要通过嵌入一系列信息，如业务和操作规则及各种报表等，以适应一个新的企业。

2. 软件的特性

软件是一种逻辑产品而不是实物产品，软件功能的发挥依赖于硬件和软件的运行环境，没有计算机硬件的支持，软件将毫无实用价值。若要对软件有一个全面而正确的理解，我们就应从软件的本质来剖析软件的特性。

1) 软件的固有特性

(1) 复杂性。软件是一个庞大的逻辑系统。一方面，在软件中要客观地体现人类社会的事物，反映业务流程的自然规律；另一方面，在软件中还要集成多种多样的功能，以满足用户在激烈的竞争中对大量信息及时处理、传输、存储等方面的需求，这使软件变得非常复杂。例如，表 1-1 为某购物广场的系统总体结构表，系统中包括大量的业务活动和主题数据库之间的交互，表中“C”代表数据的创建与修改，“U”代表数据的使用。

表 1-1　某购物广场的系统总体结构表

业务过程	主题数据库															
	客户数据库	客户服务主题库	赠品信息库	费用信息库	表基本信息库	计费标准信息库	物业工作标准信息库	物业派工信息库	维修信息库	设备信息库	对外宣传信息库	商铺信息库	租约主题库	财务信息库	员工信息库	员工培训信息库
宣传促销											C					
广告制作											C					
广告招租											C					
商铺管理												C				
租户管理	C											U				
租约管理	U											U	C			
经营分析	U	U	U	U		U		U	U	U	U		U	U	U	U
客户服务	U	C	C	C	U	U			U			U	U	C		
抄表处理					C	C										
保洁管理							C	C							U	
安保管理							C	C							U	
维修管理		U							C	C					U	
往来账目管理			U	U	U				U	U		U	U	C	U	U

(续表)

业务过程	主题数据库															
	客户数据库	客户服务主题库	赠品信息库	费用信息库	表基本信息库	计费标准信息库	物业工作标准信息库	物业派工信息库	维修信息库	设备信息库	对外宣传信息库	商铺信息库	租约主题库	财务信息库	员工信息库	员工培训信息库
租户费用结算												U	U	C		
凭证结转管理			U	U					U	U		U	U	C		
财务分析	U		U	U					U	U	U		U	U		
员工档案															C	
人员招聘															C	
员工薪酬管理															C	
员工培训管理															U	C

(2) 抽象性。软件是人类智力劳动的产物，一般被存储在内存、磁盘、光盘等载体中，人们无法观察到它的具体形态，这就导致了软件开发不仅工作量难以估计、进度难以控制，而且质量也难以把握。

(3) 依赖性。软件必须和运行软件的机器保持一致，软件的开发和运行往往受计算机硬件的限制，两者对计算机系统有着不同程度的依赖。软件与计算机硬件的密切相关性与依赖性，是一般产品没有的特性。为了减少这种依赖性，人们在软件开发过程中提出了软件的可移植性问题。

(4) 使用性。软件的价值在于应用。软件产品不会因反复使用而磨损老化，一个久经考验的优质软件可以长期使用。但软件投入运行后，总会存在缺陷甚至暴露潜伏的错误，因此需要进行长期的维护及再开发。

2) 软件的生产特性

(1) 开发特性。软件固有的特性使得软件的开发不仅具有技术复杂性，还具有管理复杂性。技术复杂性体现在软件功能的多样化和实现方式的选择上。与一般硬件产品相比，软件产品提供的功能通常更加多样化。在软件开发过程中，开发人员需要在不同的实现方式之间进行选择，例如，仅用户注册登录功能就有多种实现方式。不同的实现方式将为用户带来不同的使用体验。同时，开发人员还需考虑如何优化算法以提高性能。管理复杂性体现在：第一，软件产品的能见度低，要看到软件开发进度比看到有形产品的开发进度困难得多；第二，软件结构的合理性差，结构不合理使软件管理的复杂性随软件规模的增大而呈指数增长。因此，领导一个人员庞大的项目组进行规模化生产并非易事，软件开发比硬件开发更依赖于开发人员的团队精神、智力，以及对开发人员的管理与组织。

(2) 形式特性。软件产品的设计成本高昂而生产成本极低。硬件产品试制成功之后，批量生产需要建设生产线，投入大量的人力、物力和资金，生产过程中还要对产品进行质量控制，并对每件产品进行严格的检验。然而，软件是把人的知识与技术转化为信息的逻辑产品，开发成功之后，只需对原版软件进行复制即可，而大量人力、物力、资金的投入，质量的控制，以及软件产品的检验都是在软件开发过程中进行的。由于软件的复制非常容易，软件的知识产权保护就显得极为重要。

(3) 维护特性。软件在运行过程中的维护工作比硬件复杂得多。首先，软件投入运行后，总会存在缺陷甚至暴露潜伏的错误，因此需要进行“纠错性维护”。其次，用户可能期望对软件的性能进行改进、对软件产品进行修改，此时，需要进行“完善性维护”。当支撑软件产品运行的硬件或软件环境改变时，还需要对软件产品进行“适应性维护”。软件的缺陷或错误通常是逻辑问题导致的，因此不需要更换某种配件，可以通过修改程序来纠正逻辑缺陷、改正错误、提高性能、增强适应性。当软件产品规模庞大、内部的逻辑关系复杂时，经常会出现纠正一个错误而引发新错误的情况，因此软件产品的维护要比硬件产品的维护工作量大且复杂。

1.1.2 软件危机

20 世纪六七十年代，软件规模的扩大、功能的增强和复杂性的增加，使得在一定时间内依靠少数人开发一个软件变得越来越困难。在软件开发过程中经常会出现时间延迟、预算超支、质量得不到保证、移植性差等问题，甚至有的项目在耗费了大量人力、财力后，由于离目标相差甚远而宣布失败。这种情况使人们认识到“软件危机”的存在。

“软件危机”典型项目失败案例

1963—1966 年，IBM 公司开发 OS/360 系统，共有 4000 多个模块，约 100 万条指令，投入 5000 人/年，耗资数亿美元，结果还是延期交付。在交付使用后的系统中仍发现大量(2000 个以上)错误。

项目负责人 Fred P. Brooks 事后总结了他在开发过程中的沉痛教训，他说：“正像逃亡的野兽落在泥潭中垂死挣扎一样，越是挣扎，陷得越深，最后无法逃脱灭顶的灾难。程序设计工作正像这样一个泥潭—— 一批程序员被迫在泥潭中拼命挣扎，谁也没料到我们竟会陷入这样的困境……”

1. 软件危机的显著特征

(1) 软件生产率低。软件生产率提高的速度远不及计算机应用迅速普及和深入发展的趋势。落后的生产方式与开发人员的匮乏，使得软件产品的供需差距不断扩大。由于缺乏系统有效的方法，现有的开发知识、经验和相关数据难以积累与复用，另外，低水平的重复开发过程浪费了大量的人力、物力、财力和时间。人们为不能充分发挥计算机硬件提供的巨大潜力而感到苦恼。

(2) 软件产品常常与用户要求不一致。开发人员与用户之间的信息交流往往存在障碍，除了知识背景的差异，缺少合适的交流方法及需求描述工具也是非常重要的原因。这使得获取的需求经常存在二义性、遗漏，甚至是错误的。由于开发人员对用户需求的理解与用户的本意存在差异，在软件开发的中后期需求与现实之间的矛盾会集中暴露。

(3) 软件规模的增长带来了复杂度的增加。由于缺乏有效的软件开发方法和工具的支持，在软件开发过程中过分依赖程序设计人员的技巧和创造性，软件的可靠性便会随着软件规模的增长而下降，质量保障越来越困难。

(4) 不可维护性突出。软件的局限性和欠灵活性，不仅使错误难以改正，而且不能适应新的硬件环境，也很难根据需要增加一些新的功能。整个软件维护过程除程序外，没有适当的文档资料可供参考。

(5) 软件文档不完全、不一致。软件文档是计算机软件的重要组成部分，在开发过程中，管理人员需要使用文档资料来管理软件项目；技术人员需要利用文档资料进行信息交流；用户也需要通过文档来认识软件，对软件进行验收。但是，由于软件项目管理工作的不规范，软件文档往往不完整、不一致，这给软件的开发、交流、管理、维护等都带来了困难。

2. 软件危机产生的原因

软件危机是指计算机软件的开发和维护过程中所遇到的一系列严重问题。这些问题不局限于那些“不能正确完成功能”的软件，还包括如何开发软件，如何维护大量已有软件，如何使软件开发效率与不断增长的软件需求相适应等问题。产生软件危机的主要原因有以下几个。

(1) 软件独有的特点给开发和维护带来了困难。软件的抽象性、复杂性与不可预见性，使得在软件运行之前很难准确衡量其开发进展、软件中的错误往往较晚才被发现、软件的质量也较难评价，因此管理和控制软件开发过程相当困难。此外，软件中的错误具有隐蔽性，往往需要花很长时间来修复，这在客观上增加了软件维护的难度。

(2) 软件人员的错误认识。相当多的软件专业人员对软件开发和维护还存在很多错误观念。例如，有人认为软件开发就是编写程序，忽视了软件需求分析的重要性，低估了文档的作用，也对软件维护不够重视。这些错误认识加重了软件危机的影响。

(3) 软件开发工具自动化程度低。尽管现在的软件开发工具较过去 30 年已经有了很大的进步，但直到今天，软件开发仍然离不开工程人员的个人创造与手工操作，仍然不能像硬件设备生产一样，实现高度的自动化。这不仅浪费了大量的财力、物力和宝贵的人力资源，还无法避免低水平的重复性劳动，而且软件的质量也难以保证。此外，软件生产工程化管理程度低，致使软件项目管理混乱，难以保障软件项目成本、开发进度按计划执行。

1.2 软件工程概述

1968 年，在北大西洋公约组织(NATO)召开的计算机科学会议上，Fritz Bauer 首次提出了“软件工程”的概念，试图用工程的方法和管理手段，将软件开发纳入工程化的轨道，以便开发出成本低、功能强、可靠性高的软件产品，从而克服或缓解软件危机。几十年来，人们一直在努力探索克服软件危机的途径。

1.2.1 软件工程的基本概念

许多计算机和软件科学家尝试把其他工程领域中行之有效的工程学知识应用到软件开发工作中。经过不断的实践和总结，最后得出这样的结论：按工程化的原则和方法组织软件开发工作是有效的，是摆脱软件危机的一个主要出路。

虽然软件工程概念的提出已有 50 余年，但直到目前为止，软件工程概念的定义并没有统一。

在 NATO 召开的会议上，Fritz Bauer 对软件工程进行了如下定义：为了经济地获得可靠的、能在实际机器上高效运行的软件，而建立和使用的健全的工程原则。

电气与电子工程师学会(Institute of Electrical and Electronics Engineers，IEEE)对软件工程的定义包括两方面内容：一方面，软件工程是将系统化的、规范化的、可量化的方法应用于软件的开发、运行和维护中，即将工程化方法应用于软件；另一方面，是对上述方法的研究。

概括地说，软件工程是指导计算机软件开发和维护的工程学科。采用工程的概念、原理、技术和方法来开发与维护软件，把经过时间考验而证明正确的管理技术和当前能够得到的最好的技术方法结合起来，从而经济地开发出高质量的软件并有效地维护它，这就是软件工程。

值得注意的是，对于某个软件开发团队来说，某种方法可能是“系统化的、规范的、可量化的”，而对于另外一个团队来说却可能是负担。因此，我们需要一定的规范，也需要具有适应性和灵活性。

1.2.2 软件工程的目标

软件工程的目标是基于软件项目目标的成功实现而提出的，主要体现在以下几个方面。

- 软件开发成本较低。
- 软件功能能够满足用户的需求。
- 软件性能较好。
- 软件可靠性高。
- 软件易于使用、维护和移植。
- 能够按时完成开发任务，并及时交付使用。

在实际开发中，企图让以上目标同时达到理想的程度往往是不现实的。软件工程目标之间的关系如图 1-1 所示。从图中可以看出：有些目标是相互补充的，如易于维护和高可靠性之间、低开发成本和按时交付之间；有些目标是相互冲突的，若只考虑降低开发成本，就很可能降低软件的可靠性；若一味地追求提高软件的性能，就可能造成开发出的软件对硬件的依赖性较强，从而影响软件的可移植性。不同的应用对软件质量的要求不同。例如，对实时系统来说，其可靠性和效率比较重要；对生命周期较长的软件来说，其可移植性和可维护性比较重要。

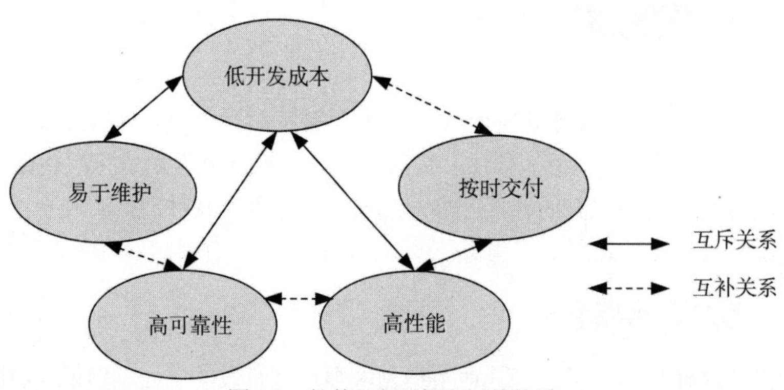

图 1-1　软件工程目标之间的关系

1.2.3 软件工程三要素

软件工程是一种层次化的技术，如图 1-2 所示。任何工程方法(包括软件工程)都必须构建在质量承诺的基础之上。全面质量管理的理念推动了过程改进，进而引导人们开发出更有效的软件工程方法。

软件工程的根基在于对质量的关注。软件工程的目的就是在多种目标的冲突之间取得一定程度的平衡。因此，在涉及平衡软件工程目标的问题时，软件的质量应该被放在最重要的位置上加以考虑。软件质量可用功能性、可靠性、可用性、效率、可维护性和可移植性等特性来评价。

图 1-2　软件工程层次图

- 功能性是指软件所实现的功能能达到其设计规范和满足用户需求的程度。
- 可靠性是指在规定的时间和条件下，软件能够正常维持其工作的能力。
- 可用性是指为了使用该软件所需要的能力。
- 效率是指在规定的条件下用软件实现某种功能所需要的计算机资源的有效性。
- 可维护性是指当环境发生改变或软件运行发生故障时，为了使其恢复正常运行所做的努力的程度。
- 可移植性是指软件从某一环境转移到另一环境的难易程度。

不同类型的应用系统对软件质量的要求是不同的。将软件的质量作为根基，软件工程研究的内容主要包括过程、方法和工具这三个方面，也被称为“软件工程三要素”。

1. 软件工程过程

一个通用的软件工程过程框架通常包含以下 6 个活动。

(1) 沟通。在开展技术工作之前，与客户及其他利益相关者进行沟通是极其重要的，其目的是了解利益相关者的项目目标、收集需求，从而定义软件特性和功能。

(2) 策划。如果有地图，任何复杂的旅程都可以变得简单。软件项目好比一个复杂的旅程，策划活动就像是创建一个地图，以指导团队的项目旅程，这个地图称为软件项目计划，它定义和描述了软件工程工作，包括需要执行的技术任务、可能存在的风险、资源需求、工作产品和工作进度计划。

(3) 建模。无论是庭院设计师、桥梁建造师、航空工程师，还是工匠，每天的工作都离不开模型。他们会画一张草图来辅助理解整个项目的总体构想。如果有需要，还可以把草图不断细化，以便更好地理解问题并找到解决方案。软件工程师也是如此，需要利用模型来更好地理解软件需求，并完成符合这些需求的软件设计。

(4) 构建。软件工程师必须对所做的设计进行构建，包括编码(手写或自动生成)和测试，后者用于发现编码中的错误。

(5) 部署。将软件(全部或部分增量)交付给用户，用户对其进行评测并给出反馈意见。

(6) 进化。根据不同的客户和变化的市场需求对软件进行修改。

上述 6 个通用框架活动既可用于开发简单的小程序，也可用于构建 Web 应用程序和基于计算机的大型复杂系统工程。不同的应用场景下，软件过程的细节可能差别很大，但是框架活动都是一致的。

对于软件项目来说，随着项目的开展，框架活动可以迭代应用。也就是说，在项目的多次迭代过程中，沟通、策划、建模、构建、部署等活动不断重复。每次项目迭代都会产生一个软件增量，每个软件增量都实现了部分的软件特性和功能。随着每一次增量的产生，软件将逐渐完善。

软件工程框架活动由很多支持性活动补充实现。通常，这些支持性活动贯穿软件项目始终，以帮助软件团队管理和控制项目进度、质量、变更和风险。典型的支持性活动有以下几项。

- 软件项目跟踪和控制：项目组根据计划来评估项目进度，并采取必要的措施保证项目按进度计划进行。
- 风险管理：对可能影响项目成果或产品质量的风险进行评估。
- 软件质量保证：确定和执行保证软件质量的活动。
- 技术评审：评估软件工程产品，尽量在错误被传播到下一个活动之前发现它并将其清除。
- 测量：定义和收集过程、项目及产品的度量，以帮助团队在发布软件时满足利益相关者的要求。同时，测量还可与其他框架活动和支持性活动配合使用。
- 软件配置管理：在整个软件过程中管理变更所带来的影响。
- 可复用管理：定义工作产品复用的标准(包括软件构件)，并建立构件复用机制。
- 工作产品的准备和生产：包括生产产品(如建模、文档、日志、表格和列表等)所必需的活动。

2. 软件工程方法

软件工程方法为构建软件提供技术上的解决方法，主要有以下两种。

(1) 结构化方法。结构化方法是传统的基于软件生命周期的软件工程方法，自20世纪70年代产生以来，得到了极有成效的软件项目应用。结构化方法是以软件功能为目标来进行软件构建的，包括结构化分析、结构化设计、结构化实现、结构化维护等内容。这种方法主要通过数据流模型来描述软件的数据加工过程，并通过数据流模型，由对软件的分析过渡到对软件的结构设计。

(2) 面向对象方法。面向对象方法从现实世界中客观存在的事物出发来构造软件，包括面向对象分析、面向对象设计、面向对象实现、面向对象维护等内容。构造一款软件是为了解决某些问题，这些问题所涉及的业务范围被称为该软件的问题域。面向对象方法强调以问题域中的事物为中心来思考问题、认识问题，并根据这些事物的本质特征，把它们抽象地表示为系统中的对象，作为系统的基本构成单位。确定问题域中的对象成分及其关系，建立软件系统对象模型，是面向对象分析与设计过程中的核心内容。自20世纪80年代以来，人们提出了许多有关面向对象的方法，其中，Booch、Rumbaugh、Jacobson等人提出的一系列面向对象方法成为主流方法，并被结合为统一建模语言(UML)，成为面向对象方法中的公认标准。

3. 软件工程工具

软件工程工具是辅助软件开发、维护和管理的软件。

计算机辅助软件工程(computer aided software engineering，CASE)通过一组集成化的工具，辅助软件开发人员实现各项活动的全部自动化，使软件产品在整个生命周期中的开发和维护生产率得到提高，质量得到保证。

下面简要介绍一些常用的软件工程工具。

(1) Microsoft Visio。Visio提供了便于日常使用的绝大多数框图的绘制功能，包括信息领域的原理图、设计图等，同时提供了部分信息领域的实物图。Microsoft Visio的优点在于使用方便，安装后既可以单独运行，也可以在Word中作为对象插入，与Microsoft Office 2003集成良好，其生成图在没有安装 Microsoft Visio 的 Office 工具中仍然能够查看。Visio 支持 UML 静态建模和动态建模，对于 UML 建模提供了单独的组织管理。作为 Office 大家庭的一员，它从 Microsoft Visio 2000 版本后在各种器件模板上都有了多处增进。它是最通用的图表设计软件，易用性高，对于不擅于手工绘图的软件人员来说尤为适用。

(2) Rational Rose。Rational Rose 是 Rational 公司出品的一种面向对象的统一建模语言的可视化建模工具，用于可视化建模和公司级水平软件应用的组件构造，能满足所有的建模环境(如 Web 开发、数据建模、Visual Studio 和 C++)。Rose 具备完成 UML 的 9 种标准建模的功能，即静态建模(包括用例图、类图、对象图、组件图、配置图)和动态建模(包括协作图、序列图、状态图、活动图)。作为一种优秀的分析和设计工具，Rose 具有强大的正向工程和逆向工程能力。正向工程是指通过设计产生代码的过程，逆向工程是指通过分析已有代码来推导出设计或模型的过程。通过逆向工程，Rose 可以对历史系统作出分析，然后进行改进，再通过正向工程产生新系统的代码，这种设计方式称为“再工程”。

(3) Microsoft VSS。VSS 解决了软件开发小组长期面临的版本管理问题，可以有效地帮助项目开发组的负责人对项目程序进行管理，将所有的项目源文件(包括各种文件类型)以特有的方式存入数据库。开发组的成员不能对数据库中的文件进行直接修改，但可以通过版本管理器将项目或子项目的源程序复制到自己的工作目录下进行调试和修改，然后将修改后的项目文件提交给 VSS，由它进行综合更新。VSS 可以很便捷地与 Microsoft Access、Visual Basic、Visual C++、Visual FoxPro 及其他开发工具进行集成，一旦集成到开发环境中，就可以像控件一样使用，很好地体现了 VSS 的易用性和强大功能。

(4) WinRunner。WinRunner 是一种企业级的功能测试工具，用于测试应用程序是否能够达到预期的功能、是否能够正常运行。WinRunner 能够通过自动录制、检测和回放用户的应用操作，有效地帮助测试人员对复杂的企业级应用的不同发布版本进行测试，提高测试人员的工作效率和工作质量，确保跨平台的、复杂的企业级应用无故障发布并长期稳定运行。

(5) LoadRunner。LoadRunner 是一种性能负载测试工具，通过模拟成千上万的用户进行并发负载和实时的性能测试来查找问题，并能对整个企业架构进行测试。通过使用自动化性能测试工具，能够最大限度地缩短测试时间、优化性能，从而加快应用系统的发布周期。

1.2.4　软件工程的多样性

软件工程是生产软件的系统化的方法，它考虑实际成本、进度、可靠性等问题，以及软件生产者和消费者的需要。实施这种系统化方法的具体方式取决于软件开发机构、软件类型和开发过程中的人员。没有一种通用的软件工程方法和技术适合所有的系统和公司。多样化的软件工程方法和工具已经发展了 50 多年。决定使用哪种软件工程方法和技术主要取决于要开发的应用的类型。下面列举一些不同类型的应用。

(1) 系统软件：整套服务于其他程序的程序。有的系统软件(如编译器、编辑器、文件管理软件)用于处理复杂但确定的系统结构，有的系统软件(如操作系统构建、驱动程序、网络软件、远程通信处理器)主要用于处理不确定的数据。

(2) 独立的应用软件：解决特定业务需要的独立应用程序。这类应用程序运行在本地计算机上，它们拥有所有必要的功能但不需要连接网络。这类应用程序包括计算机上的办公软件、CAD 软件、图片处理软件等。

(3) 嵌入式控制系统：这类应用由一个软件控制系统来控制和管理硬件设备。嵌入式控制系统在数量上远远多于其他类型的系统，包括汽车上仪表盘显示和控制防抱死的软件，以及微波炉上控制烹饪过程的软件。

(4) 以网络为中心的交互式应用：这类应用在远程计算机上执行，用户通过自己的计算机或移动终端进行访问，包括基于浏览器的 Web 应用(如电子商务网站)和安装在移动设备上的 App。此外，这类应用还具有基于云计算的广泛计算机资源共享的功能。

(5) 娱乐系统：这类系统专门为个人用户提供娱乐体验，其常见的形式就是各种各样的游戏。这类系统所提供的交互质量是它与其他系统的一个重要区别。

(6) 建模和仿真系统：科学家和工程师用这类系统模拟物理过程或环境，在系统中有许多独立且相互交互的对象，通常是计算机密集型的，需要高性能的并行系统才能运行。

(7) 数据采集系统：这类系统用一些传感器从环境中采集数据并发送这些数据给其他系统进行处理。这种软件必须能同传感器进行交互，通常安装在恶劣环境中，如发动机内部或者荒郊野外。

(8) 人工智能软件：利用非数值算法解决通过计算或直接分析无法解决的复杂问题。这一领域的应用包括机器人、专家系统、模式识别(图像和语音)、人工神经网络、定理证明和博弈等。

每种类型的软件都有不同的特征，因此需要使用不同的软件工程技术。例如，汽车上的嵌入式控制系统对安全性要求极高，需要将其烧录到 ROM 中进行安装，因此一旦发生改变代价就会非常高。这种系统应该经过全面的核查和校验，以确保售后因为软件问题被召回的可能性最小。在这种系统中用户的交互很少，因此没有必要使用依赖于用户接口原型开发过程。相反，基于 Web 的交互式系统涉及大量与用户交互的操作，因此更适合采用迭代式开发和交付的方式，而且该系统可以包含很多可复用的组件。

1.2.5 软件工程与 Web

如今，万维网的发展已经对我们的生活产生了深远的影响，基于 Web 的软件系统已经成了软件行业的主流，各种移动应用程序(App)、基于浏览器的 Web 应用、基于云计算的数据存储、数据共享的使用已经渗透到了我们日常生活的每一个角落。常见的 Web 应用有以下 3 种结构。

1. C/S(client/server，客户/服务器)结构

以 C/S 结构为基础的系统，通常将数据库安装在服务器端，将应用程序安装在客户端。例如，银行 ATM 取款系统就是常见的 C/S 结构的系统。C/S 结构如图 1-3 所示。

数据库被集中存放在服务器上，这个服务器通常称为数据库服务器，数据库集中存放的目的是方便实现数据共享。应用程序被安装在客户端计算机上，只有当应用程序需要访问数据库中的数据时，才通过网络访问数据库服务器，因此 C/S 结构的网络资源比较少。客户端计算机和服务器通过交换机等其他网络设备连接在一起，所形成的计算机网络称为内部局域网。

C/S 结构的优点如下：系统被安装在内部局域网中，其安全性比较高，受外界影响比较小；由于应用程序在客户端计算机上，系统即时性比较好，可以满足快速响应需求；数据库被集中存放，共享程度高。C/S 结构存在的问题如下：当应用程序升级时需要对若干台计算机的应用程序进行同步升级，如果有计算机未进行升级操作，就会产生应用程序版本不同步的问题；集

中存放的数据库可以被多个用户同时访问，存在系统内部的安全性控制问题。

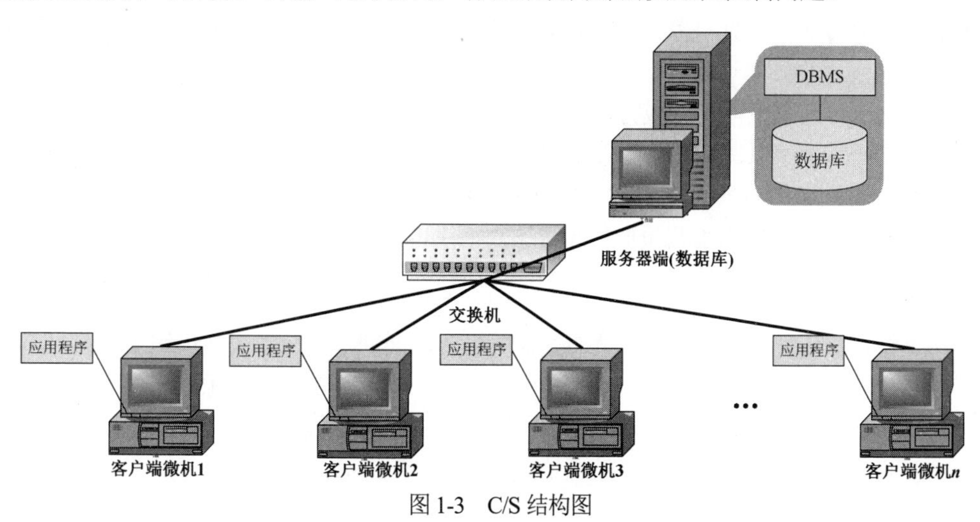

图 1-3　C/S 结构图

值得注意的是，当今 C/S 结构已不仅仅局限于局域网内，当用户在移动的手机上下载一个应用程序时，手机就会成为 C/S 结构的客户端，每当在应用程序上进行数据访问时，请求就会发给数据库服务器，因此，如支付宝、微信、微博、淘宝等移动端的应用程序都属于典型的 C/S 结构。

2. B/S(browser/server，浏览器/服务器)结构

以 B/S 结构为基础的系统，数据库和应用程序均被安装在服务器端，客户端计算机不安装应用程序，而是通过浏览器来访问服务器应用程序，再由服务器应用程序访问数据库。常见的 B/S 结构的系统包括新闻浏览网站、电子商务网站等。B/S 结构如图 1-4 所示。

以浏览器方式访问应用程序，并对数据库中的数据进行操作，需要一直占用网络资源，因此访问速度与计算机网络的带宽、访问量等技术指标有关，但这种方式可以不考虑地域的限制，可以在广域网上运行，当然也可以在内部局域网上运行。在硬件配置上，需要考虑路由器等网络设备。

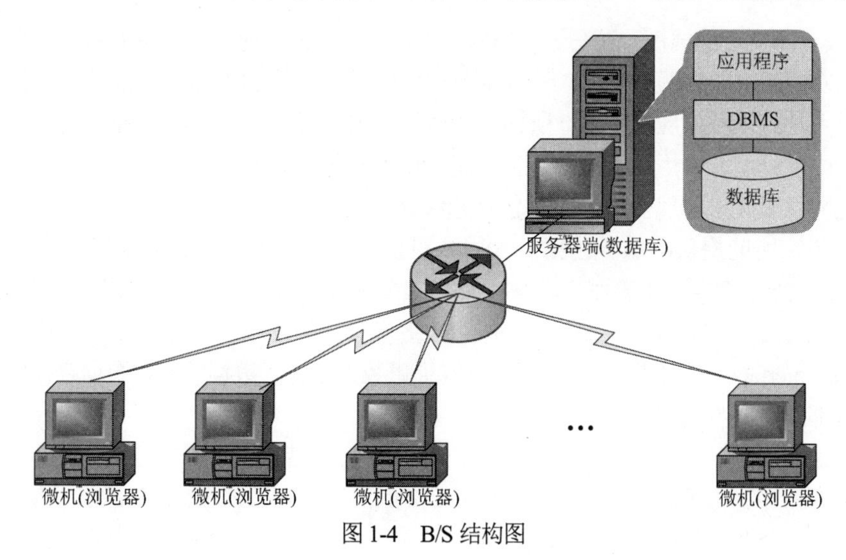

图 1-4　B/S 结构图

B/S 结构的优点如下：数据库和应用程序均被安装在服务器端，当应用程序升级时，只需对服务器端的应用程序升级，客户端计算机通过刷新浏览器便可以运行最新版本的应用程序，因此不存在应用程序升级过程中版本不同步的问题。B/S 结构存在的问题如下：由于系统可以建立在广域网上，其安全性受到威胁，需要面对网络上的黑客攻击、病毒传播等问题，因此必须有良好的安全措施予以保障，如配置防火墙、安装防病毒软件等；应用程序运行过程中的人机交互是靠不断刷新浏览器页面来实现的，对系统的运行效率有较大的影响，目前通过引用 Ajax 技术，可以在无须重新加载页面的情况下对网页的某部分进行更新。

3. 云计算

云计算将计算任务分布在大量的分布式计算机上，而非本地计算机或远程服务器中，就像从古老的单台发电机模式转向了电厂集中供电的模式。这意味着网络资源、计算能力也可以作为一种商品进行流通，就像煤气、水电一样，取用方便，费用低廉，但最大的不同之处在于，它是通过互联网进行传输的。云计算的逻辑结构如图 1-5 所示。

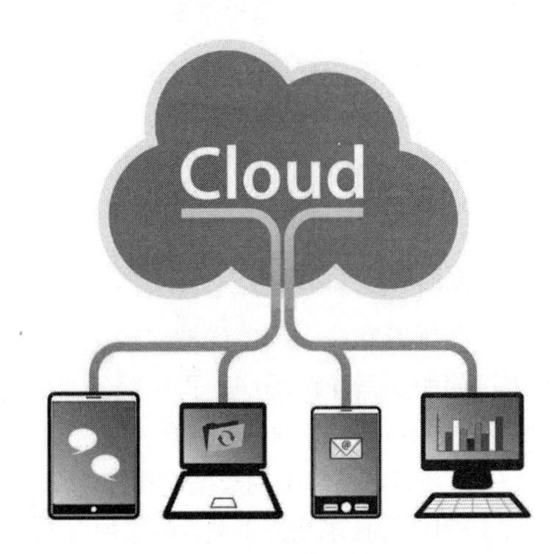

图 1-5　云计算的逻辑结构

“云”具有非常大的规模，亚马逊、IBM、微软等的“云”均拥有几十万台服务器。企业私有云一般拥有成百上千台服务器。“云”能赋予用户前所未有的计算能力。云计算支持用户在任意位置使用各种终端获取应用服务，所请求的资源来自“云”，而不是固定的、有形的实体。应用在“云”中某处运行，用户无须了解应用运行的具体位置，只需要一台计算机或一部手机，就可以通过网络服务来实现需求，甚至包括超级计算这样的任务。

目前云平台所能提供的服务包括：①用户可以租用一台虚拟服务器来发布自己的网站；②可以为自己的计算机部署某种基础软件环境，如操作系统、Java 开发环境；③为企业客户提供办公平台及应用；④为企业或客户提供网络安全配置服务；⑤提供各种 API(application programming interface，应用程序接口)服务；⑥提供数据分析、数据计算、数据存储服务等。当然这些服务都是需要收费的。

“云”使用了数据多副本容错、计算节点同构可互换等措施来保障服务的高可靠性，使用云计算比使用本地计算机可靠。云计算不针对特定的应用，在“云”的支撑下可以构造出多种多样的应用，同一个“云”可以同时支撑不同的应用运行。“云”的特殊容错措施使得用户可以采用极其廉价的节点来构成"云","云"的自动化集中式管理使大量企业无须负担日益高昂的数据中心管理成本,"云"的通用性使资源的利用率较之传统系统大幅提升，因此，用户可以充分享受"云"的低成本优势，只需要花费几百元和几天的时间就能完成以前需要花费数万元和数月时间才能完成的任务。

云计算在提供计算服务的同时，必然提供了存储服务。但是云计算服务当前被垄断在私人机构(企业)手中，而它们仅仅能够提供商业信用。政府机构、商业机构(特别像银行这样持有敏感数据的商业机构)对于云计算服务的选择应保持足够的警惕。一旦商业用户大规模使用私人机构提供的云计算服务，无论其技术优势有多强，都不可避免地会让这些私人机构以"数据(信息)"的重要性来挟制整个社会。对于信息社会而言,"信息"是至关重要的。另外，云计算中的数据对于数据所有者以外的其他云计算用户是保密的，但是对于提供云计算的商业机构而言却是毫无秘密可言的。所有这些潜在的危险是商业机构和政府机构在选择云计算服务(特别是国外机构提供的云计算服务)时，不得不考虑的重要前提。

云计算的实现需要开发包含前端和后端服务的体系结构。前端包括客户设备和应用软件(如浏览器)，用于访问后端。后端包括服务器和相关的计算资源、数据存储系统(如数据库)、服务器驻留应用程序和管理服务器。通过建立对"云"及其驻留资源的一系列访问协议管理服务器，使用中间件对流量进行协调和监控。

1.2.6　软件工程的通用原则

虽然不同类型的软件采用的开发过程和开发方法不尽相同，但仍然有一些软件工程的基本原则适用于所有类型的软件系统。

1. 第一原则：存在价值

一个文件系统因能为用户提供价值而具有存在价值，所有的决策都应该基于这个思想。在确定系统需求、关注系统功能，以及决定硬件平台或开发过程之前，问问自己:"这确实能为系统增加真正的价值吗？"如果答案是否定的，那就坚决不做。所有的其他原则都应以这条原则为基础。

2. 第二原则：有管理的开发过程

应使用有管理的和易于理解的开发过程进行开发。软件开发机构应规划它们的开发过程，并应清楚地知道产出什么及什么时候完工。当然，对于不同类型的软件应使用不同的开发过程。

3. 第三原则：可用性和信息安全性

可用性和信息安全性对所有类型的系统来说都很重要。软件应该如用户所期待的那样运行，没有故障且在用户需要时是可用的。它也应该具有操作安全性和信息安全性，能抵御来自外部的攻击。同时，系统应是高效的，而且不会浪费资源。

4. 第四原则：需求工程

理解和管理系统需求及描述(即系统应该做什么)是很重要的。软件工程师必须知道不同用户的期望是什么，并管理这些期望以便在预算范围内按期交付一个有用的系统。对于任何一个软件产品而言，其都可能有很多用户。在编写需求说明时考虑用户需求，在设计时始终注重实现，在编码时考虑维护和扩展系统的人，尽可能地使他们的工作简单化，这会大大提升系统的价值。

5. 第五原则：提前做好复用计划

提前做好复用计划，尽可能高效地使用当前存在的资源。这就意味着，应该在适当的地方复用已开发的软件，而不是重新开发一个新软件。为达到面向对象(或传统)程序设计技术所能提供的复用性，需要有前瞻性的设计和计划。提前做好复用计划将降低开发费用，并增加可复用构件及构件化系统的价值。

6. 第六原则：面向未来

生命周期持久的系统具有更高的价值。在现今的计算机环境中，需求规格说明随时会改变，硬件平台几个月后就会被淘汰，软件生命周期都是以月而不是以年来衡量的。然而，真正具有“产业实力”的软件系统必须持久耐用。为了成功地做到这一点，系统必须适应各种变化，因此一开始就应以这种标准来设计系统。

1.2.7 软件工程人员的职业道德

软件工程人员在职业生涯中经常会面临的艰难抉择如下。

场景一：你觉得一个软件项目有问题，你会选择什么时机向管理层报告呢？如果只是怀疑，这时向管理层报告未免有点敏感；如果时间拖得过长，则有可能延误了解决难题的时机。

场景二：当你的意见和团队内部的观点甚至是高层领导的决策发生冲突时，是据理力争，还是坚持原则毅然辞职，或是妥协，哪种方法是最好的呢？

场景三：公司负责开发对安全性要求极高的系统，由于时间紧张而篡改了安全的有效性验证记录，这时工程人员是保守秘密，还是以合适的方式向客户披露交付的系统可能不安全？

上述情况中，潜在的灾难、灾难的严重程度及灾难的受害者等因素都将影响决定的做出。如果情况非常危险，就应该通过适当的方式进行披露，同时尊重雇主的权利。

软件工程人员必须坚持诚实正直的行为准则，而不能用掌握的知识和技能做不诚实的事情，更不能给软件工程行业抹黑。然而，在有些方面，某些行为没有法律加以规范，只能靠职业道德来约束，在这方面职业协会和机构肩负重任。ACM(美国计算机协会)、IEEE(电气与电子工程师协会)和BCS(英国计算机协会)等组织颁布了软件工程职业道德和职业行为准则，凡是加入这些组织的成员必须严格遵守。

软件工程职业道德和职业行为准则

序言

准则的简写版把对软件工程人员的要求做了高度抽象的概括，完整版中的条款把这些要求细化，并给出了实例，用以规范软件工程专业人员的工作方式。没有这些总体要求，所有的细节都是教条而又枯燥的；而没有这些细节，总体要求就会变得空洞。只有把两者紧密结合才能形成有机的行为准则。

软件工程人员应当做出承诺，使软件的分析、描述、设计、开发、测试和维护等工作对社会有益且受人尊重。基于对公众健康、安全和福利的考虑，软件工程人员应当遵守以下8条原则。

(1) 公众感——软件工程人员应始终与公众利益保持一致。

(2) 客户和雇主——软件工程人员应当在与公众利益保持一致的前提下，保证客户和雇主的最大利益。

(3) 产品——软件工程人员应当保证他们的产品及其相关附件达到尽可能高的行业标准。

(4) 判断力——软件工程人员应当具备公正和独立的职业判断力。

(5) 管理——软件工程管理者和领导者应当维护并倡导合乎道德的有关软件开发和维护的管理方法。

(6) 职业感——软件工程人员应当弘扬职业正义感和荣誉感，尊重社会公众利益。

(7) 同事——软件工程人员应当公平地对待、协助每一位同事。

(8) 自己——软件工程人员应当毕生学习专业知识，倡导合乎职业道德的职业活动方式。

本章小结

- 软件的基本特性及一些错误观念和方法导致了软件危机的产生。
- 软件工程是涉及软件生产各个方面的一门工程学科。
- 软件工程的目标是在合理的成本范围内，开发出满足用户需求的高质量软件产品。
- 软件工程过程包括开发软件产品过程中的所有活动。软件过程中的活动主要有沟通、策划、建模、构建、部署、进化。
- 软件工程方法为构建软件提供技术上的解决方法，软件工程方法主要包括结构化方法和面向对象方法。
- 软件工程工具是辅助软件开发、维护和管理的软件，软件工程的常用工具包括 Microsoft Visio、Rational Rose 等。
- 世界上存在很多不同类型的软件，每一种类型的软件开发都需要一种与之相适应的软件工程工具和技术。
- 软件工程的基本原则适用于所有的软件系统，这些基本原则包括存在价值、有管理的软件过程、可用性和信息安全性、需求工程、提前做好复用计划、面向未来。
- 软件工程人员对软件工程行业和整个社会负有责任，不应该只关心技术。
- 职业协会颁布的行为准则规定了一系列协会成员应该遵守的行为标准。

思政园地

职业道德规范是每个行业都应该遵守的基本行为准则，它确保了工作者在自己的岗位上表现出相应的行为规范和职业操守。作为一名软件工程师，职业道德规范是必须遵守的，小到个人隐私，大到国家安全，软件工程师必须利用自己的技能去保护和维护，不做违背职业道德的事情。

本章练习题

一、选择题

1. 软件是(　　)。

A. 可执行程序　　B. 数据　　C. 过程文档　　D. 包含以上三种

2. 在下列选项中，(　　)不是软件的固有特性。

A. 复杂性　　B. 抽象性　　C. 依赖性　　D. 可靠性

3. 软件是一种(　　)产品。

A. 有形　　B. 逻辑　　C. 物质　　D. 消耗

4. 下列选项中，(　　)不是软件危机的突出表现。

A. 对软件开发成本和进度的估计常常很不准确

B. 无法完成功能复杂的软件

C. 用户对“已完成的”软件系统不满意的现象经常发生

D. 软件产品的复杂性增加，可靠性、质量却在下降

5. 产生软件危机的原因不包括(　　)。

A. 没有合适的软件开发人员

B. 软件人员与用户的交流存在障碍

C. 软件开发过程不规范，缺乏方法论和规范的指导

D. 缺少有效的软件评测手段，提交用户软件质量差

6. 衡量软件质量的因素不包括(　　)。

A. 功能性　　B. 可靠性　　C. 可移植性　　D. 互补性

7. 与计算机科学的理论研究不同，软件工程是一门(　　)学科。

A. 理论性　　B. 工程性　　C. 原理性　　D. 心理性

8. 软件工程三要素不包括(　　)。

A. 过程　　B. 方法　　C. 工具　　D. 对象

二、简答题

1. 通用软件产品开发和定制软件产品开发有什么不同？这在实际应用中对通用软件产品用户意味着什么？

2. 什么是软件危机？产生的原因有哪些？它和软件工程有什么关系？

3. 简述软件工程的定义和软件工程的目标。

4. 软件工程过程活动主要有哪些？解释每个活动的必要性。

5. Web 的普遍使用是如何改变软件系统的？

6. 为什么软件工程的基本原则适用于所有的软件系统？

7. 列举软件工程职业道德和职业行为准则中的某条原则，并通过一个恰当的例子加以说明。

8. 列举一个失败(或成功)的软件项目实例，试说明失败(或成功)的原因。

第2章 软件过程

同其他事物一样，软件也有一个孕育、诞生、成长、成熟和衰亡的生存过程，我们把这个过程称为软件的生命周期。为了使软件生命周期中的各项任务能够有序地按规程进行，需要一定的工作模型对各项任务进行约束，这样的工作模型称为软件过程模型。本章主要介绍软件过程的思想——软件生产的一组互相连贯的活动。读完本章，你将了解以下内容。

- 什么是软件过程。
- 软件过程中有哪些通用的框架活动。
- 各种类型的软件过程模型及其优点与缺点，以及适用的开发场景。

2.1 软件过程概述

在开发产品或构建系统时，遵循一系列可预测的步骤(即路线图)是非常重要的，这有助于及时交付高质量的产品。软件开发过程中所遵循的路线图就称为“软件过程”。软件工程师及其管理人员应根据需要调整开发过程，并遵循该过程。除此之外，软件的需求方也需要参与过程的定义、建立和测试。

软件过程提高了软件工程活动的稳定性、可控性和有组织性，如果不进行控制，软件活动就会变得混乱。但是现代软件工程必须是灵活的，即软件工程活动、控制及工作产品应当适应项目团队和将要开发的产品。具体来讲，采用的过程应依赖于构造软件的特点。例如，航空系统的软件与网站的建设可能需要采用两种截然不同的软件过程。

虽然有许多不同的软件过程，但是以下4种基本活动对软件工程来说是必不可少的，它们也是软件生命周期中比较重要的活动。

(1) 软件描述。必须定义软件的功能及软件操作过程中的约束。

(2) 软件设计与实现。必须生产符合描述的软件。

(3) 软件有效性验证。软件必须得到有效性验证，即确保软件是客户想要的。

(4) 软件进化。软件必须进化，以满足不断变化的客户需要。

2.1.1 软件描述

软件描述主要用于解决目标系统“做什么”的问题，如果不知道问题是什么就试图解决问题，只会白白浪费时间和金钱，最终得出的结果很可能是毫无意义的。软件描述阶段是软件项目的早期阶段，在该阶段，软件分析人员应与用户进行合作，针对有待开发的软件系统进行分析规划和规格描述，确定软件做什么，为今后的软件开发做好准备。

需求工程是软件过程中特别关键的阶段，这个阶段的错误将不可避免地带来系统设计和实现阶段的后续问题。需求工程过程(见图 2-1)的目标是生成一个意见一致的需求文档，定义能满足客户需求的系统。

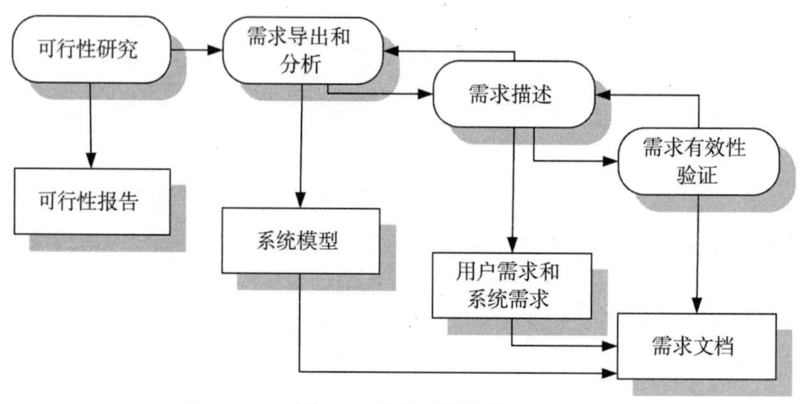

图 2-1　需求工程过程

需求工程过程主要有以下 4 个阶段。

(1) 可行性研究。可行性研究是指明现有的软件、硬件技术能否实现用户对新系统的要求，从业务角度来决定系统开发是否划算，以及在预算范围内能否开发出来，进而判断该系统是否值得进行更细致的分析。研究结果将以“可行性研究报告”的形式提交。

(2) 需求导出和分析。这是一个通过对现有系统进行分析、与潜在用户和购买者进行讨论，以及进行任务分析等方式来推导系统需求的过程。此外，还可以开发一个或多个不同的系统模型和原型来推导用户真正的需求，这些都会帮助分析员了解所要描述的系统。

(3) 需求描述。需求描述就是把在分析活动中收集的信息以需求文档的形式确定下来。在需求文档中要表达出用户需求和系统需求两个层次的内容，用户需求是指从客户和最终用户的角度对系统需求的抽象描述；系统需求是指对系统要提供的功能、性能、操作、数据等多方面的详尽描述。

(4) 需求有效性验证。该活动用于检查需求的现实性、一致性和完备性。在这个过程中，若发现需求文档中存在错误，则必须加以改正，从而得到与用户达成一致意见的“软件需求规格说明书”。需求有效性验证是软件开发的关键步骤，其结论不仅是今后软件开发的基本依据，同时也是用户对软件产品进行验收的基本依据。

当然，需求工程过程中的各项活动并不是严格按顺序进行的。在定义和描述期间，需求分析继续进行，这样，在整个需求工程过程中会不断有新的需求出现。因此，分析、定义和描述是交替进行的。

2.1.2　软件设计与实现

1. 软件设计

软件设计主要用于解决系统“如何做”的问题。软件设计是对系统的结构、系统的数据、系统构件间的接口，以及所用算法的描述。设计人员不可能一次就能完成一个完整的设计，这是一个反复的过程。在设计过程中要不断添加设计要素和设计细节，并对之前的设计方案进行修正。

图 2-2 是信息系统软件设计过程的抽象模型，从图中可以看出设计过程中的各个活动是按顺序进行的，事实上，设计过程中的活动是交替进行的。从一个阶段到另一个阶段的反馈及其引发的返工在所有的设计过程中都是不可避免的。

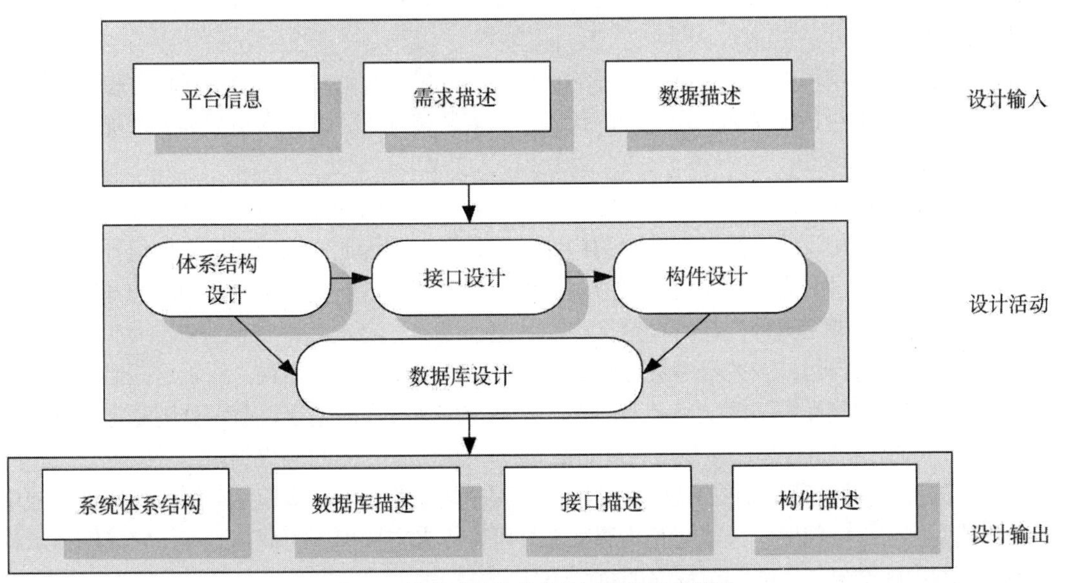

图 2-2 信息系统软件设计过程的抽象模型

软件平台是软件执行的环境，设计人员必须考虑怎样使系统与软件环境集成得最好，因此平台信息是设计过程的基本输入。需求描述就是对软件必须实现的功能、性能和可靠性进行说明。大部分系统都是对数据进行输入、处理、输出，因此，数据描述就显得尤为重要。

不同类型的系统其设计过程中的活动会有所不同，以下为信息系统设计过程中的 4 个基本活动。

(1) 体系结构设计。识别系统总体结构、确定基本构件(组件、子系统或模块)之间的关系及其分布方式，并确定哪些构件是可以复用的。

(2) 接口设计。定义系统构件之间的接口。接口的描述必须是无二义性的。在有精确接口定义的前提下，构件不必知道其他构件的具体实现情况即可使用它们。一旦接口描述达成一致，构件就可以进行并行设计和开发了。

(3) 构件设计。针对每个系统构件设计它的运行方式，即对构件基于某个细化的设计模型进行一系列的详细设计。设计模型可用于自动生成一个代码框架。

(4) 数据库设计。设计系统数据结构并确定这些数据结构的表示方式。在这个阶段，需要考虑是否复用现有数据库或创建一个新的数据库。

这些活动会产生一组设计输出，这些输出的细节和表现形式有很大的差异。对于要求极高的系统，必须提供详细的设计文档给出简洁、准确的描述，以“概要设计说明书”和“详细设计说明书”的形式提交。若采用模型驱动方法，这些输出就可能以图形形式呈现；若采用敏捷开发方法，设计过程的输出就可能不会有单独的描述文档，而是在程序代码中直接表示。

结构化设计方法和面向对象的设计方法都是典型的模型驱动方法，它们依赖于创建系统的图形模型，模型设计得越充分详细，生成系统的代码框架就越符合系统需求。

2. 软件实现

软件设计阶段之后就是促使软件实现的程序开发阶段。对于一些安全性能要求极高的系统，在系统实现之前需要完成所有的详细设计，一般情况下，后续的设计阶段和程序开发阶段是交织在一起的。

详细的设计模型可以极大地减少编码的工作量，开发人员通过软件模型可以直接得到一个程序的框架，其中包括定义和实现界面的代码。大多数情况下，开发人员只需要增加每个程序构件的工作细节即可。

程序设计没有统一的模式。一些开发人员从熟悉的构件开始做起，然后再做不熟悉的构件。其他人可能会采取相反的方法，把熟悉的构件留到最后，因为他们已经知道该如何开发这些构件。一些开发人员喜欢先定义系统中要用的数据，然后使用这些数据来驱动程序的开发；而另外一些人则是在需要用某种数据时再定义。

开发人员要对自己开发的程序进行测试，以便及时发现明显的错误，纠正这些错误的过程称为调试。错误检测和程序调试不是一回事，检测是发现存在的错误，而调试则是定位并改正这些错误。程序员在进行程序调试时，首先要对程序的行为有一个最初的预期，然后执行程序，观察输出结果是否同预期一致。调试的过程中，程序员需要一步一步地手动跟踪代码，并使用一些测试用例来定位问题。一些交互式调试工具可以用来支持程序的调试过程，它能够显示程序中变量的中间结果，也能跟踪程序的执行语句。

2.1.3 软件有效性验证

软件有效性验证是指评估系统是否符合它的描述和客户的预期。

图 2-3 给出了一个分成 3 个阶段的测试过程，首先是系统构件测试，然后是系统集成测试，最后是使用客户数据对系统进行接收测试。理想情况是，在系统集成前，尽早地发现构件缺陷和接口问题。然而，一旦发现缺陷，就需要对程序进行调试，这又会引起一系列测试阶段的反复。有的构件错误只有在集成时才会暴露，因此，这个过程是一个反复的过程，不断会有信息从后面的阶段反馈到前面的阶段。

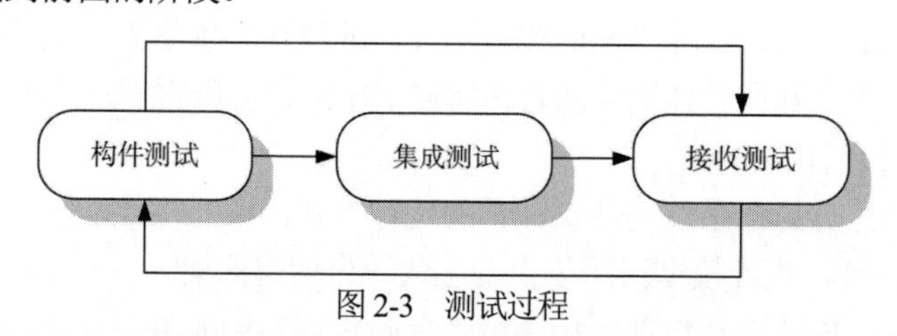

图 2-3　测试过程

测试过程中包括以下阶段。

(1) 构件(或单元)测试阶段。构件测试是指由开发人员对组成系统的构件进行测试。每个构件都会被单独地进行测试，而不受其他系统构件的影响。构件可能是简单的实体，如一个函数或对象类，也可能是这些实体的一个相关集合。

(2) 集成测试阶段。这个阶段既要关注无法预测的构件间的交互和构件界面问题所引发的错误，也要关注系统是否满足了功能上和非功能上的需求，并测试系统的总体特性。对于大型系统来说，这可能是一个多阶段的过程，首先需要对构件所构成的子系统进行测试，然后测试由这些子系统构成的最终系统。

(3) 接收测试阶段。这个阶段不再使用模拟数据来测试系统，而是用客户提供的真实数据测试系统。真实数据能以不同的方式测试系统，因此，可以揭示系统需求定义中的错误和遗漏。此外，接收测试还能发现系统需求中类的设计问题，当系统功能和性能无法满足用户的需求时，则无法通过接收测试。

若系统是为特定客户开发的，接收测试就被称为“alpha 测试”，“alpha 测试”用于确认开发人员和客户双方是否都承认交付的系统满足最初的需求定义。

当一个系统要作为软件产品在市场上销售时，所要进行的测试称为“beta 测试”。“beta 测试”就是将系统交付给所有愿意使用该系统的潜在客户使用，以获取他们的反馈，找出系统开发人员无法预见的错误。开发人员通过收集反馈，修改系统并发布另外一个测试版本或正式销售版本。

2.1.4 软件进化

软件进化的任务是保障软件正常运行并对软件进行维护和更新。为了排除软件系统中可能潜在的错误，使系统适应用户需求及操作环境的变化，需要不断对系统进行修改或扩充。为使系统具有较强的生命力，对于每一项维护活动都应准确地记录下来，作为正式的文档资料加以保存。在适当的时候要对软件进行评价，如果经过修改或补充，软件仍不能适应新的需求，则该软件就应该被新的软件所替代。

自从有软件开发以来，就有软件开发过程和软件进化(软件维护)过程之分。软件开发是一项创造性的活动，从一个初始的概念发展成一个可实际工作的系统，整个过程充满了智慧和灵感。相比之下，人们通常认为软件维护是单调无趣的。虽然维护成本经常是最初开发成本的数倍，但是人们并不认为维护过程具有挑战性。

现在看来这种划分越来越不恰当了。现在完全从头开始开发的系统很少，而将软件系统的开发和维护看成一个连续的过程更有意义。因此，不再将软件工程分为开发和维护两个完全独立的过程，而是将其看成一个进化过程，即软件在其生命周期内不断地随着需求的变更而变更的进化式过程。软件进化式过程如图 2-4 所示。

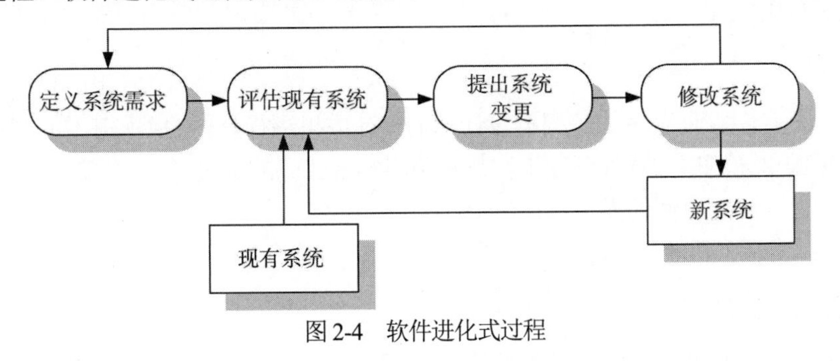

图 2-4 软件进化式过程

2.1.5 软件开发团队组成

在软件开发过程中，不同阶段通常由承担不同职责的人员负责，而不同的项目所需要的软件开发团队的组织结构是不同的。图 2-5 所示是常见的信息系统软件开发团队的组织结构。

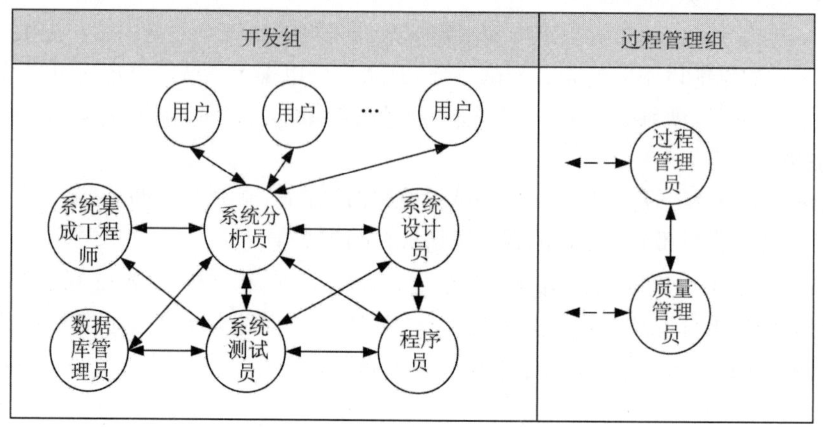

图 2-5 软件开发团队组织结构

1. 系统分析员

(1) 需求分析师：与客户交流，准确获取客户需求。需求分析师是项目前期与客户打交道最多的人。对于客户来说，他可以代表整个项目组；对于项目组成员来说，他的意见可以代表客户的意见。项目组内所有与客户需求相关的事情都必须得到他的认可。

(2) 系统分析师：对软件项目进行整体规划、分析需求、设计软件的核心架构、指导和领导项目开发小组进行软件开发和软件实现，并对整个项目进行全面的管理。他是项目的推动者，也是项目成功的关键。

(3) 分析员：根据客户的需求写出描述软件需求和功能的文档。

2. 系统设计员

(1) 系统架构师：负责设计系统的整体架构，需要考虑从需求到设计的每个细节，以确保项目具备高效、易开发、易维护、升级简单等特性。系统架构师也常常被视为技术总监，对部门内所有软件项目中技术层面的事负责。

(2) 软件设计师：将系统分析师和系统架构师所划分的构件进一步细化，保障每个构件按既定的标准和要求完成。

3. 程序员

(1) 软件开发工程师(程序员)：根据设计师的设计成果进行具体的编码工作，对自己编写的代码进行基本的单元测试。软件开发工程师是最终实现代码的成员。

(2) UI 设计：负责软件的界面设计与制作。

(3) 美工：负责公司软件产品的美工设计。

4. 数据库管理员

数据库管理员根据业务需求和系统性能分析、建模，设计数据库，完成数据库操作，确保数据库操作的正确性、安全性。他是项目组中唯一能对数据库进行直接操作的人，也是对项目中与数据库相关的所有重要的事情做最终决定的人。

5. 系统测试员

系统测试员对最终软件产品进行全面测试，确保最终软件系统满足产品需求并遵循系统设计。他们会在系统测试前制订全面的测试计划，在测试后提供完整的测试报告，以保证测试过程的完整性。

6. 系统集成工程师

系统集成工程师负责进行数据库的安装和维护，数据平台的安装、配置和使用，以及其他应用服务器的安装和配置。系统集成工程师的具体工作内容包括硬件集成、系统初始化、系统配置、软件安装、系统性能优化等。

7. 过程管理员

过程管理员负责人员安排和项目分工，保证按期完成任务，对项目的各个阶段进行验收，对项目参与人员的工作进行考核，管理项目开发过程中的各种文档，直接对公司领导层负责。他既要处理与客户的关系，又要协调项目小组成员之间的关系。过程管理员是在整个项目开发过程中对项目组内所有非技术性重要事情做出决定的人。

8. 质量管理员

通常三四个开发人员组成一个开发小组，在开发小组中，由一个质量管理员带领大家进行开发活动。质量管理员通常由小组内技术和业务比较好的成员担任。

在软件开发过程中，各成员分工明确，职能清晰，他们紧密协作，完成项目从需求分析、系统设计、系统实施、系统测试到系统部署的全过程，把握每个阶段的完成质量。

团队的凝聚力对于一个项目的成功至关重要，首先需要一位值得尊重的团队领导，他既是一位优秀的程序员，又是一位具有很强管理能力的项目主管，能在开发过程中做出正确的判断与决策。同时，团队成员之间的关系应该保持融洽，并且在目标上达成一致，在遇到困难时，能够勇于接受挑战，共同承担责任。

2.2 软件过程模型概述

为了能高效地开发出高质量的软件产品，通常用一个合理的框架——软件过程模型来描述软件开发过程中的各项活动流程。软件过程模型是对软件过程的抽象表示。

2.2.1 软件过程模型

1. 瀑布模型

瀑布模型(waterfall model)又称为经典生命周期模型，它是一个系统的、顺序的软件开发模型，开发过程如瀑布一样从一个阶段到下一个阶段，故得名“瀑布模型”。瀑布模型如图 2-6 所示。

瀑布模型的一个变体称为 V 模型(V-model)，如图 2-7 所示。V 模型描述了测试计划同需求定义、系统设计及代码生成等相关动作之间的关系。当软件开发团队沿着 V 模型左侧的步骤向下推进工作时，基本问题和需求被逐步细化，形成了对问题及解决方案的详尽描述。一旦编码结束，团队会沿着 V 模型右侧的步骤向上推进工作，其本质上是进行了一系列的测试(质量保证)，这些测试验证了 V 模型左侧生成的每个模型。实际上，瀑布模型和 V 模型没有本质区别，V 模型提供了一种将验证和确认动作应用于早期软件工程工作中的直观方法。

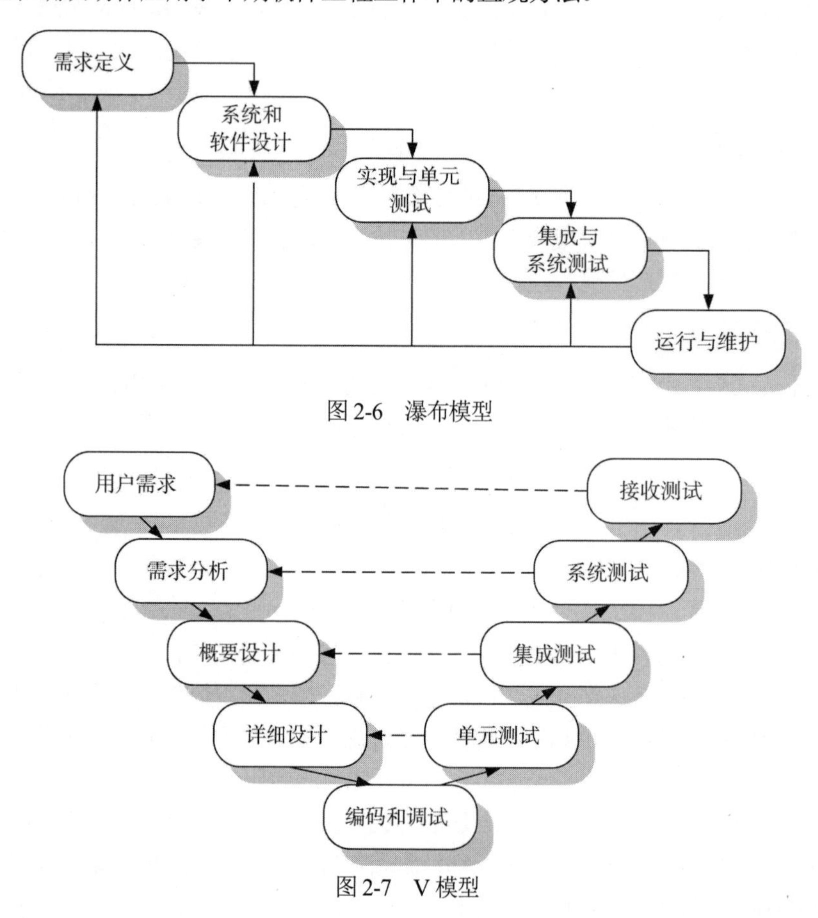

图 2-6　瀑布模型

图 2-7　V 模型

在瀑布模型中，原则上应在上一个阶段完成且经过评审后，下一个阶段才能启动。每个阶段的结果是一个或多个经过核准的文档。然而，在实际过程中，这些阶段经常是重叠的，即彼此间有信息交换。例如，在设计阶段可能发现需求中的问题；在编程阶段又可能发现设计中的问题，以此类推。软件过程不是一个简单的线性模型，它涉及对开发活动的反复。每个阶段产生的文档在后续阶段都可能被修改，以反映发生的变化。由于生成和确认文档的成本很高，因此这种反复是非常昂贵和费时的。

瀑布模型是软件工程最早的范例，但在过去的 50 多年中，对该模型的批评使它最热情的支持者都开始质疑其有效性。在应用瀑布模型的过程中，人们遇到的问题包括以下几种。

(1) 实际项目很少遵守瀑布模型提出的顺序。虽然线性模型可以引入迭代，但它是用间接的方式实现的，结果随着项目组工作的推进，变更可能造成混乱。

(2) 客户通常难以清楚地描述所有的需求，而瀑布模型却要求客户明确需求，这就很难适应在许多项目开始阶段必然存在的不确定性。

(3) 只有在项目接近尾声时客户才能得到可执行的程序。如果在可执行程序评审之前没有发现系统中存在的重大缺陷，那么将造成严重的损失。

(4) 在分析一个实际项目时，瀑布模型的线性特性在某些项目中会发生“阻塞状态”，由于任务之间存在依赖性，开发团队的一些成员要等待另一些成员完成工作。事实上，花在等待上的时间可能超过花在生产性工作上的时间。在线性过程的开始阶段和结束阶段，这种阻塞状态更容易发生。

因此，瀑布模型适用于以下情况：需要对某个已经存在的系统进行明确定义的适应性调整或增强(如政府修改了法规，导致财务软件必须进行相应修改)，或者是新的开发项目(需求可以准确定义且相对稳定)，或者是开发人员对目标和应用领域很熟悉。瀑布模型反映了在其他工程项目中使用的一类过程模型，并且在整个项目中它很容易结合通用的管理模式进行管理，因此，基于该方法的软件过程仍然广泛应用于软件开发。

2. 增量模型

在初始软件需求有明确定义的情况下，迫切需要提供一套功能有限的软件产品给用户使用并听取用户的使用意见和建议，在后续版本中再进行功能细化和扩展，直到产生一个完善的系统。在这种条件下，需要选用一种增量的形式生成软件产品的过程模型。

增量模型(见图 2-8)综合了线性过程流和并行过程流的特征。随着时间的推移，增量模型在每个阶段都运用线性序列，每个线性序列都会生成软件的可交付增量。

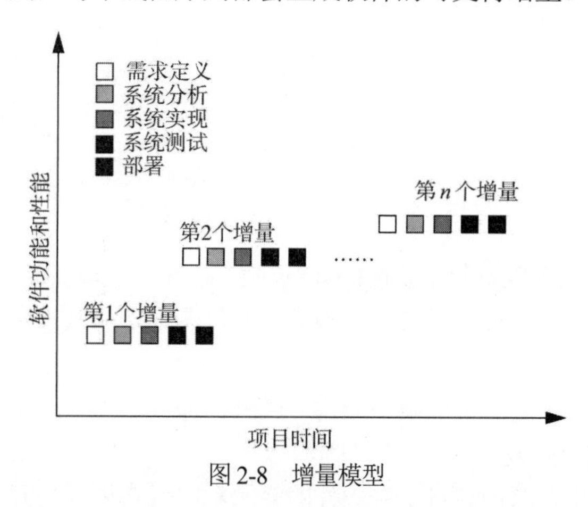

图 2-8　增量模型

在运用增量模型时，第 1 个增量往往是核心产品，它满足了最重要或最紧急的功能需求，不包含过多的附加特性。客户使用该核心产品并进行仔细评估，然后根据评估结果制订下一个增量计划。这个计划应说明需要对核心产品进行修改的内容，也应说明需要增加的特性和功能。每一个增量的交付都会重复这一过程，直到最终产品的产生。

例如，采用增量模型开发文字处理软件，在第 1 个增量中提供基本的文件管理、编辑和文档生成功能；在第 2 个增量中提供更为复杂的编辑和文档生成功能；在第 3 个增量中提供拼写和语法检查功能；在第 4 个增量中提供高级页面排版功能。

增量模型与瀑布模型相比有以下 3 个主要优点。

(1) 降低了适应用户需求变更的成本。重新分析和修改文档的工作量相比于瀑布模型要少很多。

(2) 在开发过程中更容易得到用户对已开发工作的反馈意见。用户可以评价软件的现实版本，并且可以看到已经实现的功能，方便用户判断工程进度。

(3) 可以更快地交付和部署有用的软件。用户可以更早地使用软件并创造商业价值。

如果客户要求在一个不可能完成的时间内提交软件，那么可以建议他届时只提交一个或几个增量，此后再提交软件的其他增量。但是，增量模型也存在一个很大的问题，即伴随着新的增量的添加，系统结构会逐渐退化。除非投入时间和金钱来改善系统结构，否则定期的变更会损坏系统结构。随着时间的推移，对系统进行变更将会变得越来越困难，而且成本也将逐渐上升。大型系统需要一个稳定的框架或体系结构，负责开发不同部分的团队需要根据体系结构明确其职责。这需要提前制订计划，而不能只依赖增量式的开发。

3. 构件复用模型

对象技术将事物实体封装成包含数据和数据处理方法的对象，并将其抽象为类。经过适当设计和实现的类或类的集合称为构件。构件具有一定的通用性，因此，构件可以在不同的软件系统中被复用，在基于构件复用的软件开发过程中，软件由构件装配而成，这就如同使用标准零件装配汽车。构件复用技术能带来更好的复用效果，并且具有工程特性，更符合按照工业流程生产软件的需求。

构件复用模型的工作流程如图 2-9 所示。构件复用模型以构件复用为驱动。

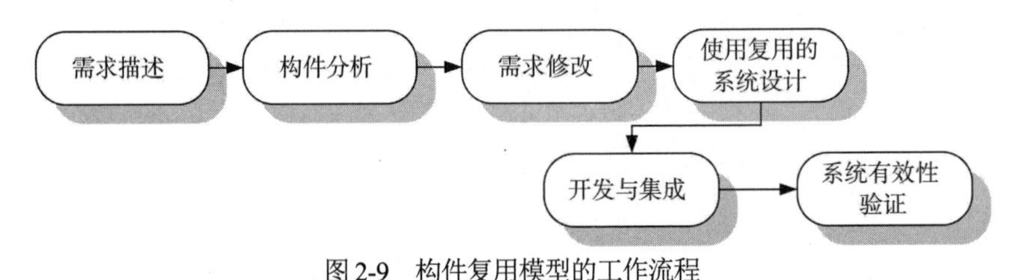

图 2-9　构件复用模型的工作流程

构件复用模型主要包含以下几个阶段的任务。

(1) 需求框架描述。描述软件系统功能构成，并将各项功能以设定的构件为单位进行区域划分。

(2) 构件复用分析。按照需求框架中的构件成分，分析哪些构件是现成的、哪些构件可以买到、哪些构件需要自己开发。

(3) 需求修改与细化。以提高对现有构件的复用和降低新构件的开发为目的，调整需求框架，并对已经确定的需求框架进行细化，由此获得对软件系统的详细需求定义。

(4) 系统设计。基于构件技术设计系统框架，设计需要开发的新构件。

(5) 构件开发。有的构件不可复用，需要开发新构件。

(6) 系统集成。根据设计要求，将诸多构件整合在一起构成一个完整的系统。

构件复用模型的优势是减少了需要开发的软件数量，缩短了软件交付周期，提高了软件的质量，降低了开发风险。它的成功主要依赖于有可以使用的、复用的构件，以及集成这些构件的系统框架。

2.2.2　应对变更

在软件开发过程中，需求的变更是不可避免的，这通常意味着已经完成的工作要重做，这将直接导致最终产品难以实现。软件开发人员需要一种专门应对变更的软件过程模型。

1. 原型模型

有时，客户定义了软件的一些基本任务，但是没有详细定义功能和特性需求，而当开发人员对算法的效率、操作系统的适用性和人机交互的形式等情况并没有把握时，采用原型开发模型是最好的办法。

首先，软件开发人员与客户进行沟通，定义软件的整体目标，明确主要需求以后，再进一步定义内容。其次，软件开发人员快速设计出一个原型供用户使用，并根据用户的反馈不断修改原型，从而逐步了解用户的需求。这就是典型的“迭代”过程。

原型的形式不限于可执行的程序，基于模型系统的用户界面也可以有效地帮助用户细化界面设计。尽管许多原型系统是临时的，甚至可能会被抛弃，但也有一些原型系统会演化为实际系统。

1) 抛弃式原型

抛弃式原型是指快速建立一个反映用户主要需求的原型系统，让用户在计算机上试用它，之后根据用户提出的修改意见，不断修改原型系统，直到用户满意。在抛弃式原型模型(见图 2-10)中，原型的用途是获取用户的真正需求，一旦需求确定了，原型将被抛弃，然后再按线性流程进行实际项目的开发。

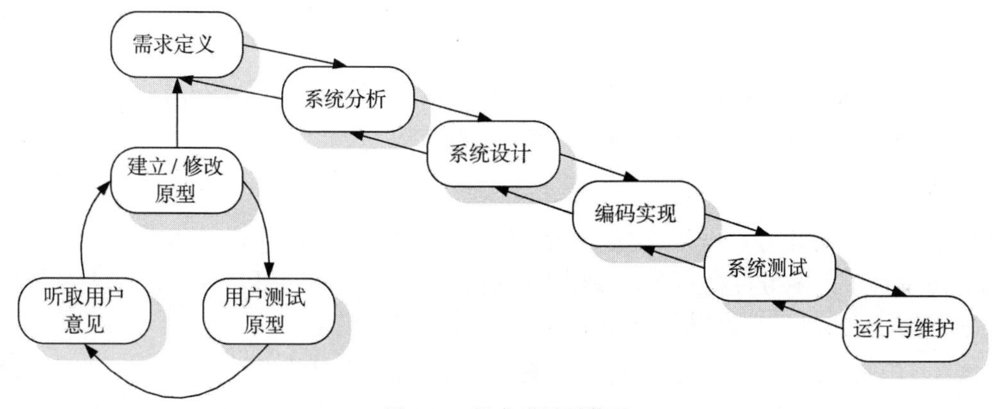

图 2-10 抛弃式原型模型

抛弃式原型的优点主要有：通过原型可以准确获取用户的需求，在开发过程的后续阶段不会因为前期需求错误而进行较大的返工；开发人员通过原型系统已经知道系统应该实现哪些功能，因此设计和编码阶段发生错误的可能性比较小。

抛弃式原型的缺点主要有：对于一个大型的复杂的系统，如果不经过全面分析和整体性划分，直接在屏幕上逐个模拟是很困难的；对于涉及大量运算、逻辑性较强的程序模块，很难构造出模型供客户评价。

抛弃式原型只适用于小型、简单、处理过程比较明确、没有大量运算和逻辑处理过程的系统。

2) 进化式原型

进化式原型的开发过程是，针对待开发的软件系统，先开发一个原型系统供用户使用，然后根据用户的反馈不断修改原型系统，使它逐步接近并最终达到开发目标。与抛弃式原型不同的是，进化式原型所要创建的原型是一个今后要投入应用的系统，只是该原型系统在功能、性能等方面还有许多不足，还没有达到最终的开发目标，需要不断改进。

进化式原型模型如图2-11所示。

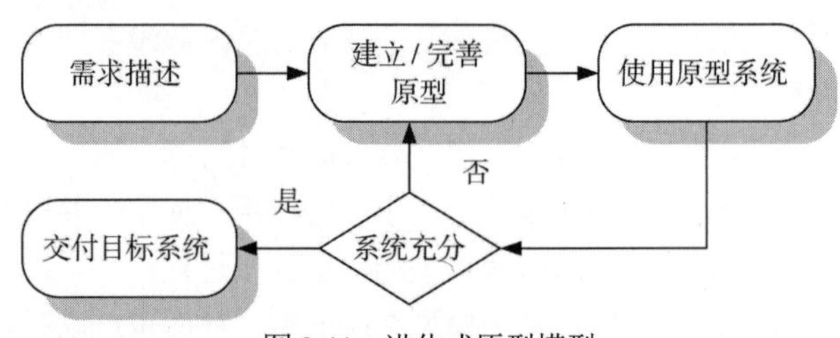

图2-11 进化式原型模型

进化式原型是通过不断发布新的软件版本而使软件逐步完善的，因此，这种开发模型特别适用于开发用户急需的软件产品。它能够快速地向用户交付一个可以投入实际运行的软件，并能够很好地适应用户需求的变更。

进化式原型要面临如下几个问题。

(1) 不可能调整原型以满足非功能性的要求。例如，性能、安全性、鲁棒性和可靠性等需求，在原型开发时可能会被忽略。

(2) 开发过程中的快速更改必然意味着原型是没有文档的。唯一的设计描述就是原型的代码，这不利于长期维护。

(3) 原型开发过程中的变更可能会破坏系统的结构，导致后续系统维护困难且成本高昂。

(4) 在原型开发过程中机构的质量标准通常会被放宽。

2. 螺旋模型

螺旋模型最初是由Boehm于1988年提出的，它是将瀑布模型与进化式原型模型相结合，并增加了风险分析的一种软件过程模型。螺旋模型适用于指导大型软件项目的开发，它将软件项目开发划分为制订计划、风险分析、实施开发及用户评估四类活动。

软件风险是软件项目开发过程中普遍存在的问题，不同项目的风险大小不同。在制订项目开发计划时，系统分析员在回答项目的需求是什么、投入多少资源、如何安排开发进度等问题后才能制订计划，仅凭经验或初步设想来回答这些问题，难免会带来一定的风险。项目规模越大，问题越复杂，资源、成本、进度等因素的不确定性就越大，承担的风险也就越大。人们进行风险分析与管理的目的就是在造成危害之前及时对风险进行识别、分析，并采取相应的对策，从而消除或减少风险所造成的损失。

螺旋模型(见图2-12)沿着螺旋线旋转，并通过笛卡儿坐标的4个象限分别进行如下活动。

(1) 制订计划。确定软件目标，选定实施方案，弄清项目开发的限制条件。

(2) 风险分析。分析所选方案，考虑如何识别和消除风险。

(3) 实施开发。实施软件开发。

(4) 用户评估。评价开发工作，提出修正建议。

项目进程沿着螺旋线每旋转一圈，表示开发出一个较前一个版本更为完善的新软件版本。例如，在第一圈确定了初步目标、方案和限制条件后，进入右上象限，进行风险识别和分析。如果开发风险过大，超出了开发人员和用户的承受范围，项目就有可能因此而终止。在大多数情况下，项目进程会沿着螺旋线由内向外逐步延伸，最终得到满意的软件。如果对所开发项目的需求有了较深的理解或需求基本确定，就无须开发原型，采用普通的瀑布模型即可，这在螺旋模型中被认为是单圈螺线。相反地，若需要开发原型，甚至需要不止一个原型的帮助，那就要经历多圈螺线。

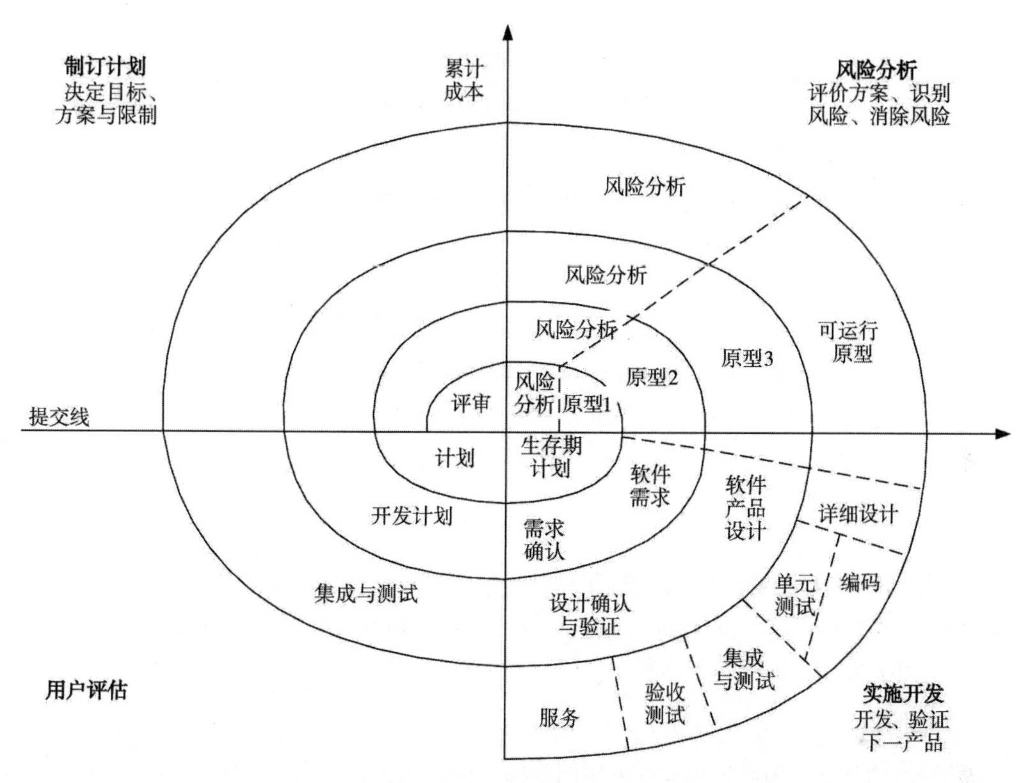

图2-12　螺旋模型

螺旋模型的优点在于它吸收了“进化”的概念，使得开发人员和用户对每个演化阶段出现的风险均有所了解并对此做出反应。但使用该模型需要丰富的风险评估经验和专业知识，如果项目的风险较大且未被及时发现，势必会造成重大损失。实际上，对软件项目进行风险分析也需要投入费用，若项目风险分析费用过高，甚至超过了项目的开发费用，那显然就不合适了。一般大型项目才存在较高的风险，才有进行详细风险分析的必要。因此，螺旋模型更适用于大型的软件项目。

2.2.3　统一软件开发过程

统一软件开发过程(RUP)是基于统一建模语言(UML)的一种面向对象的软件过程模型。RUP是一个通用的过程框架，适用于不同类型的软件系统、不同的应用领域和不同规模的项目。RUP的突出特点是由用例驱动，以架构为核心，采用迭代和增量的开发策略。

用例描述了用户对系统功能的需求，用于驱动的目的是使开发过程中的每个阶段都可以回溯用户的需求。以系统架构为核心是指必须关注体系结构模型的开发，保证开发的系统能平滑无缝地进行。RUP 中对迭代的支持有两种方式：①每个阶段都可以被迭代地执行，其结果一次次增量式地得到改善。②所有阶段作为一个整体也可以进行增量式的执行。统一软件开发过程模型如图 2-13 所示。

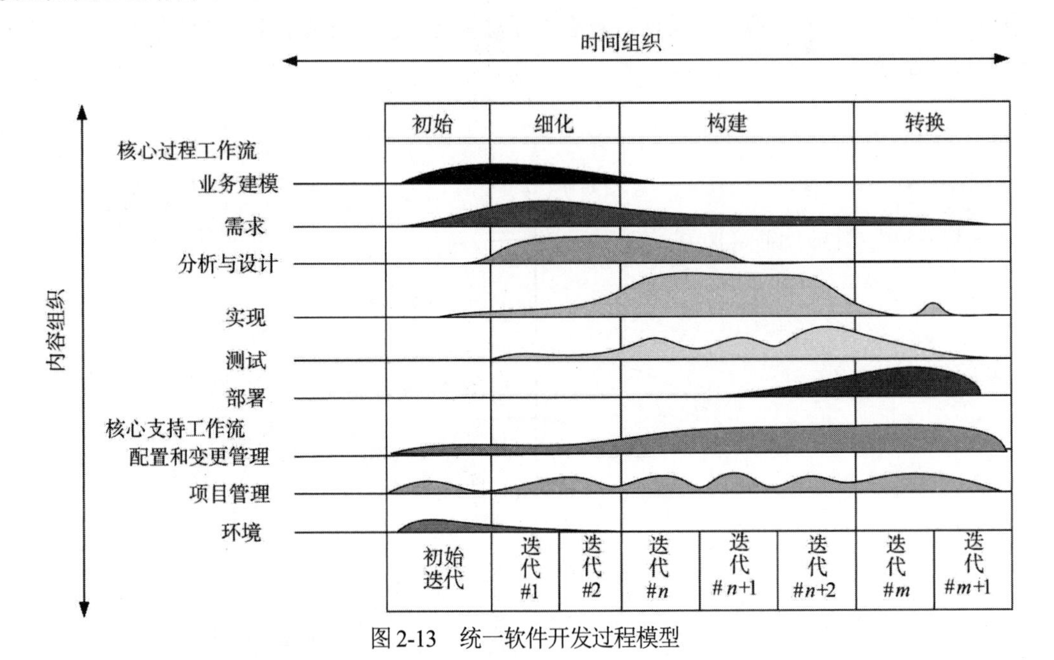

图 2-13　统一软件开发过程模型

RUP 是一个阶段化的模型，识别出了软件过程中的 4 个独立阶段。然而，不同于瀑布模型(瀑布模型各个阶段与过程活动是等同的)，RUP 最重要的创新在于把阶段和工作流相分离，并强调将软件部署到用户环境中的重要性。RUP 的 4 个基本阶段如下。

1. 初始阶段

初始阶段的目标是为系统建立业务用例并确定项目的边界。为了达到该目标，需要识别所有与系统交互的外部实体，在较高层次上定义交互的特性，还需要识别所有用例并描述一些重要的用例，通过与利益相关者协作定义软件的业务需求，提出系统的大致架构并制订开发计划，以保证项目开发具有迭代和增量的特性。初始阶段主要定义验收规范、风险评估、所需资源估计，以及体现里程碑的进度计划等。

2. 细化阶段

细化阶段的目标是分析问题域、建立健全体系结构基础，以及淘汰项目中风险最高的元素。细化阶段扩展了初始阶段定义的用例和体系结构，以分析设计为重点，得到了系统用例模型、需求模型、设计模型、实现模型和部署模型。在某些情况下，细化阶段会建立一个可执行的“体系结构基线”，这是建立可执行系统的第一步，体系结构基线证明了体系结构的可实现性，但并没有提供系统使用所需的所有功能和特性。另外，在细化的最终阶段将评审项目计划以确保项目的范围、风险和交付日期的合理性。该阶段通常要对项目计划进行修订。

3. 构建阶段

构建阶段的目标是开发所有构件和应用程序，把它们集成为客户需要的产品，并详尽测试所有功能。在这个阶段结束时，就得到了一个能工作的软件系统，以及能交付给用户的相关文档。

4. 转换阶段

转换阶段是 RUP 的最后阶段，软件被提交给最终用户进行 Beta 测试，在真实的使用环境下，使用真实的用户数据进行测试，收集用户的反馈以修复缺陷或进行必要的变更。另外，软件开发团队会创建系统发布所必需的支持信息(如用户手册、问题解决指南及安装步骤)。在转换阶段结束时，软件增量成为可用的发布版本。

在以上过程中，RUP 定义了 6 个核心过程工作流和 3 个核心支持工作流。

1) 核心过程工作流

(1) 业务建模。使用业务用例对业务过程进行建模。

(2) 需求。找出与系统进行交互的参与者并开发用例，完成对系统需求的建模。

(3) 分析与设计。使用体系结构模型、构件模型、对象模型和时序模型来创建并记录设计模型。

(4) 实现。实现系统中的构件并将它们合理组织在子系统中。从设计模型自动地生成代码有助于加快此环节。

(5) 测试。测试是一个迭代过程，它的执行是与实现紧密相连的。系统测试紧随实现环节的完成。

(6) 部署。创建并向用户分发产品版本，并将其安装到工作环境中。

2) 核心支持工作流

(1) 配置和变更管理。此工作流用于管理对系统的变更。

(2) 项目管理。此工作流用于管理系统开发。

(3) 环境。此工作流用于为软件开发团队提供可用、合适的软件工具。

每个阶段都有多次迭代，每次迭代只根据系统架构考虑系统的一部分需求，针对这部分需求进行分析、构件设计、实现、测试和部署工作，每次迭代都是在系统已完成部分的基础上进行的，每次都给系统增加一些新的功能，如此循环往复，直至完成最终项目。

2.3 敏捷软件开发

在全球性、快速变化的业务环境中，软件已成为业务运营必不可少的一部分，为了抓住新机遇、应对竞争压力，必须快速开发新软件。因此，快速的软件开发和交付已成为软件系统较为关键的需求，很多企业宁愿牺牲一定的软件质量、降低某些需求也想赢得软件的快速交付。

2001 年，Kent Beck 和其他 16 位知名软件开发者、软件工程师及软件咨询师(被称为敏捷联盟)共同签署了敏捷软件开发宣言。该宣言声明，我们正在通过亲身实践和帮助他人实践的方式来揭示更好的软件开发之路。通过这项工作，我们认识到：

- 个体和交互胜过了开发过程和工具。
- 可运行的软件胜过了详尽的文档。
- 客户合作胜过了合同谈判。
- 对变更的良好响应胜过了按部就班的遵循计划。

敏捷不仅体现为有效地响应变更，还要加强团队成员之间、技术和业务人员之间、软件工程师和经理之间的沟通和协作态度；它强调快速交付可以运行的软件而不那么看重中间产品(这并不总是好事情)；客户应该积极参与开发过程，提出对新系统的需求并对需求排序，评估系统的迭代；软件以增强的方式进行开发，客户指定在每个增量中想要包含的需求；预料系统的变更，并设计系统以适应这些变更。

敏捷方法适用于需求萌动、快速改变的小型或中型软件产品，以及开发团队人员数量较少、组织结构紧凑的团队，而不太适用于安全性、可靠性要求极高的大型系统。

在系统维护中，关键的文档是系统需求文档，它明确定义了软件系统应该做什么，如果没有这些信息，将很难评估所建系统的变更影响。许多敏捷方法非正式地、增量式地收集需求，没有建立有条理的需求文档。为此，使用敏捷方法很可能使后续的系统维护变得更困难、更昂贵。

敏捷联盟提出了在敏捷开发过程中应遵循的 12 条原则。

(1) 首要任务是通过尽早、持续交付有价值的软件来使客户满意。

(2) 即使在开发的后期，也要接受需求的变更。敏捷过程利用变更为客户创造竞争优势。

(3) 经常性地交付和运行软件，交付的时间间隔可以是几个星期或几个月，越短越好。

(4) 在整个项目开发期间，业务人员和开发人员必须每天都在一起工作。

(5) 围绕有积极性的个人构建项目，为他们提供所需的环境和支持，并且相信他们能够完成工作。

(6) 在团队内部，最富有效果和效率的信息传递方式是面对面交谈。

(7) 软件可运行是衡量进度的首要标准。

(8) 敏捷过程提倡可持续的开发速度。责任人、开发人员和用户应该为保持一个长期、稳定的开发速度而努力。

(9) 关注优秀的技能和好的设计会增强敏捷能力。

(10) 最大限度地减少不必要的工作，这是根本。

(11) 最好的架构、需求和设计出自于自组织的团队。

(12) 每隔一段时间，团队就要反省如何才能更有效地工作，并进行相应的调整。

并不是每一个敏捷过程模型都应该遵循这 12 条原则，一些模型可以选择忽略一项或多项原则的重要性。然而，上述原则体现了一种敏捷精神，这种精神可以应用于任何一种过程模型。

下面以极限编程(extreme programming，XP)为例，介绍敏捷过程模型。

XP 使用面向对象方法作为推荐的开发范型，包括策划、设计、编码和测试 4 个框架活动的规则和实践。图 2-14 描述了极限编程过程，并指出了与各框架活动相关的关键概念和任务。

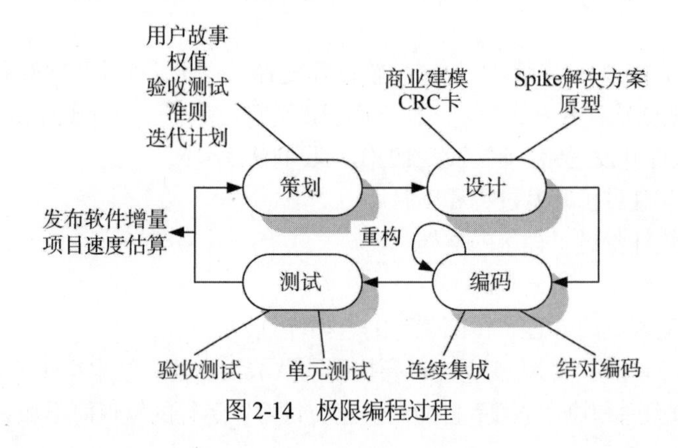

图 2-14　极限编程过程

1. 策划

在策划活动中，用户首先建立一系列描述待开发软件的必要特征与功能的“故事”，并将其书写在一张索引卡上，然后根据对应特征或功能的全局业务价值标明权值(即优先级)。XP 团队成员评估每一个故事，并给出以开发周数为度量单位的成本。如果某个故事的成本超过了 3 个开发周，就请客户把该故事进一步细分，重新赋予权值并计算成本。新故事可以在任何时刻书写。客户和 XP 团队共同决定如何把故事分组，并置于团队将要开发的下一个发行版本中。一旦形成关于一个发布版本的基本承诺，XP 团队将按以下 3 种方式之一对待开发的故事进行排序。

(1) 所有选定的故事将在几周之内尽快实现。

(2) 具有最高权值的故事将移到进度表的前面，并首先实现。

(3) 具有高风险的故事将首先实现。

项目的第一个发行版本发布之后，XP 团队计算项目的进度。简而言之，项目速度是第一个发行版本中实现的用户故事个数。项目速度将用于估计后续发行版本的发布日期和进度安排，确定是否对整个开发项目中的所有故事有过分承诺。一旦存在过分承诺，就要调整软件发行版本的内容或改变最终交付日期。在开发过程中，客户可以增加故事、改变故事的权值、分解故事或去掉故事，XP 团队由此重新考虑剩余的发行版本，并相应地修改计划。

2. 设计

XP 设计严格遵循保持简洁(keep it simple，KIS)原则，使用简单的表述。另外，设计为故事提供不多也不少的实现原则，不鼓励额外功能性设计。

XP 鼓励使用类—责任—协作者(CRC 卡)作为有效机制，在面向对象语境中考虑软件、CRC 卡的确定，组织和当前软件增量相关的对象和类。CRC 卡也是 XP 过程中唯一的设计工作产品。如果在某个故事设计中遇到困难，XP 推荐立即建立这部分设计的可执行原型，实现并评估设计原型，目的是在软件正式开发前降低风险，对可能存在问题的故事确认最初的估计。

XP 鼓励重构，重构是指以不改变代码外部行为而改进其内部结构的方式来修改软件系统的过程，重构就是在编码完成之后改进代码设计，因此，重构既是构建技术，又是设计技术。

XP 的关键是设计可以在编码开始前后同时进行，重构意味着设计随着系统的构建而连续进行。实际上，构建活动本身为 XP 团队提供了关于如何改进设计的指导。

3. 编码

XP 提倡在故事开发和基本设计完成之后，团队不直接开始编码，而是先开发一系列用于检测本次软件增量发布的单元测试。一旦建立起单元测试，开发人员就能够专注于必须实现的内容以通过单元测试，不需要添加任何额外的东西。编码完成之后，就可以立即完成单元测试，从而向开发人员提供即时反馈。

编码活动中的关键概念是结对编程。XP 建议两个人使用同一台计算机共同为一个故事开发代码。这一方案提供了实时解决问题和实时质量保证的机制，同时也使得开发人员能集中精力于手头的问题。实施过程中，不同成员担任的角色略有不同。例如，一名成员负责设计特定部分的编码细节，而另一名成员确保编码遵循特定的标准，或者确保故事相关的代码满足已开发的单元测试，并根据故事进行验证。

当结对的两个人完成其工作后，他们所开发的代码将与其他人的工作集成起来。有些情况下，这种集成作为专门的集成团队的日常工作进行实施。还有一些情况下，结对者自己负责集成，这种“连续集成”策略有助于避免兼容性和接口问题，建立能及早发现错误的“冒烟测试”环境。

4. 测试

测试优先的开发方式是 XP 较为重要的创新之一。XP 提倡先写测试程序，再写代码，这就意味着在写程序的同时可以运行测试代码，以便在开发过程中及时发现问题。

在测试优先的开发方式下，预先建立的单元测试应当使用一个可以自动实施的框架，一个能快速且容易执行的测试集合，无论什么时候有功能添加进来，测试都可以执行，由新代码所引起的问题都能够马上被发现，并且每天都可以进行系统的集成测试和确认测试。这可以为 XP 团队提供连续的进展指示，也可以在发生问题时及早提出预警。

XP 验收测试也称为客户测试，由客户规定技术条件，并着眼于客户可见的、可评审的系统级特征和功能。验收测试根据本次软件发布中所实现的用户故事而确定。

本章小结

- 软件过程是产生一个软件系统的一系列活动。软件过程模型是对这些过程的抽象表示。
- 需求工程是对开发软件进行描述的过程。描述的目的是向开发人员传达客户对系统的需求。
- 设计与实现过程是将需求描述转换为一个可运行的软件系统的过程。系统化的设计方法用来完成这个转换。
- 软件有效性验证是检查系统是否符合它的描述和用户的真正需要的过程。
- 软件进化是修改已存在的软件系统，以适应用户新的需求的过程。变更是一个持续的过程，软件必须在变更过程中保持可用。
- 一般软件过程模型实例包括瀑布模型、增量模型、构件复用模型。
- 能够应对变更的过程模型包括抛弃式原型、进化式原型、螺旋模型。
- 统一软件开发过程是新式过程模型，它创新性地将活动和阶段进行了分离。

思政园地

软件过程模型中的增量模型、原型法、螺旋模型、RUP 模型都充分地体现了版本迭代的思想，迭代思维也可以运用在成长和成事两个方面。

迭代式成长：一生很长，起点不决定终点。

迭代就是你想去远方，但你不可能一步迈过去，你想去山顶，但你不可能一步登上去，你需要无数步，每一步都可以称为一次迭代，每一次迭代得到的结果都会作为下一次迭代的初始值，每一次迭代都是为了接近目标。一生太长了，永远不要对自己说做到这样就差不多了。每年都应该给自己定一个迭代的方向和目标，同时在接下来的一年里耐心地执行，每年给自己“升级一个版本”，相信下一个十年，又是一番天地。

迭代式成事：鲁莽定律开局，用迭代思维持续行动。

人生总有很多左右为难的事，如果你在做与不做之间纠结，那么不要反复推演，立即去做。莽撞的人反而更容易赢。如果你不开始干，你脑子里就会在论证“要不要干”，而你一旦开干之后，你就开始了“怎么干好”的论证，也就是说，你一旦开局了，就进入了迭代模式，你每多干一步就离成功更近了一步，因为问题都是在做事的过程中逐一被解决的，空想不解决任何问题。

本章练习题

一、选择题

1. 软件生命周期包括可行性分析和项目开发计划、需求分析、总体设计、详细设计、编码、(　　)、维护等活动。

A. 应用　　B. 测试　　C. 检测　　D. 以上答案都不正确

2. 软件过程模型有很多种，下列选项中，(　　)不是软件过程模型。

A. 螺旋模型　　B. 增量模型　　C. 功能模型　　D. 瀑布模型

3. 软件生命周期中时间最长的阶段是(　　)。

A. 需求分析阶段　　B. 总体设计阶段　　C. 测试阶段　　D. 维护阶段

4. 增量模型是一种(　　)的模型。

A. 整体开发　　B. 非整体开发　　C. 灵活性差　　D. 较晚产生工作软件

5. 对于原型的使用建议，以下说法不正确的是(　　)。

A. 开发周期很长的项目，能够使用原型

B. 当系统的使用可能变化较大、不能相对稳定时，能够使用原型

C. 当缺乏开发工具或对原型的可用工具不了解时，能够使用原型

D. 当开发人员对系统某种设计方案的实现没信心或没有较大把握时，能够使用原型

6. 原型模型的主要特点之一是(　　)。

A. 开发完毕才见到产品　　B. 及早提供工作软件

C. 及早提供全部完整软件　　D. 开发完毕才见到工作软件

7. 在软件开发过程中，系统分析员主要负责(　　)。

A. 系统详细功能设计　　B. 通过需求设计系统总体结构

C. 和用户沟通，获取系统需求　　D. 数据库设计与数据库管理

二、简答题

1. 为什么说在需求工程过程中区分用户需求和系统需求是重要的？

2. 简述软件设计过程中的主要活动及这些活动的输出，并说明这些活动的输出之间可能存在的关系。

3. 原型模型的两种实现方案各有什么特点？各适用于哪些情况？

4. 为什么说构件复用模型是一种有利于按工业流程生产软件的过程模型？

5. 为什么说 Boehm 提出的螺旋模型是一个适应性模型，可以同时支持更新避免和变更容忍活动？为什么在实践中这个模型还没有被广泛应用？

6. 统一软件开发过程和螺旋模型相比有哪些优势？

7. 敏捷方法的原则与传统方法有哪些区别与联系？在什么情况下不建议使用敏捷方法来开发软件？

三、应用题

1. 某企业计划开发一个“综合信息管理系统”，该系统涉及销售、供应、财务、生产、人力资源等多个部门的信息管理，该企业的设想是按部门的优先级逐个实现，边开发边应用。针对这一需求，你认为采用哪种软件过程模型比较合适？为什么？

2. 假设你要开发一个软件，它的功能是把 73624.9385 这个数开平方，所得到的结果应该精确到小数点后 4 位。一旦实现并测试完之后，该产品将被抛弃。你打算采用哪种软件过程模型？为什么？

3. 假设你被任命为一家软件公司的负责人，你的工作是管理该公司已被广泛应用的文字处理软件的新版本开发。由于市场竞争激烈，公司规定了严格的完成期限并且已对外公布。你打算采用哪种软件过程模型？为什么？

4. 某公司计划采用新技术开发一款新的手机软件产品，并希望尽快占领市场，假设你是项目经理，你会选择哪种软件过程模型？为什么？

第3章 可行性研究

大型软件系统的开发通常是一项耗资多、周期长、风险大的工程，在进行项目开发之前进行可行性研究对于规避风险非常必要。可行性研究是指指明现有的软件、硬件技术能否实现用户对新系统的要求，从业务角度来决定系统开发是否划算及在预算范围内能否开发出来，最后判断该系统是否值得进行更细致的分析。读完本章，你将了解以下内容。

- 可行性研究的任务有哪些？
- 可行性研究的工作过程及内容是什么？
- 可行性研究的基本工具(系统流程图、数据流图)如何使用？
- 什么是成本/效益分析方法？

3.1 可行性研究的任务

可行性研究实质上是一次大大简化了的系统分析和设计过程，即在较高层次上以较抽象的方式进行系统分析和设计。在早期阶段判断系统是否“可行”，既避免了不必要的风险，又对系统的内部结构、功能、数据及所采用的技术有了一个初步的把握。可行性研究的任务如下。

1. 建立系统逻辑模型

对于在问题定义阶段初步确定的规模和目标，如果是正确的就进一步加以肯定；如果有错误就应及时改正；如果对目标系统有任何约束和限制，也必须把它们清楚地列举出来。在澄清了问题定义之后，分析员应该导出系统的逻辑模型，然后从系统逻辑模型出发，探索若干种可供选择的主要解法(即系统实现方案)。

2. 系统实现方案的可行性研究

对于每种解法都应该仔细研究它的可行性，一般来说，至少应该从下述 3 个方面研究每种解法的可行性。

(1) 技术可行性。现有的技术能实现这个系统吗?

对要开发的项目功能、性能和限制条件进行分析，确定在现有的资源条件下技术风险有多大，判断项目是否能实现，即为技术可行性研究的内容。这里的资源包括已有的或可以得到的硬件、软件资源，以及现有的技术人员的技术水平和已有的工作基础。

技术可行性常常最难决断，因为系统的目标、功能、性能往往比较模糊，因此，技术可行性的评估与分析和定义过程并行进行是非常必要的。一般来说，进行技术可行性研究要考虑以下内容。

- 开发的风险：在给出的限制范围内，能否设计出软件系统并实现必备的功能和性能？
- 资源的有效性：用于开发软件系统的人员是否存在问题？用于建立资源的其他资源是否具备？
- 技术：相关技术的发展是否支持这个软件系统？

(2) 经济可行性。经济效益能超过它的开发成本吗?

进行开发成本的估算及效益的评估，确定要开发的项目是否值得投资开发，即为经济可行性研究的内容。

对于大多数系统(除国防系统、法律委托系统和高技术应用系统外)，在衡量经济上是否合算时，应设一个“底线”。经济可行性研究涉及范围较广，包括成本/效益分析、公司的长期经营策略、对其他单位或产品的影响、开发所需的成本和资源，以及潜在的市场前景等。

(3) 社会可行性。系统在社会的法律法规内行得通吗？

研究要开发的项目是否存在侵犯、妨碍等责任问题，确认开发项目的运行方式在用户组织内是否行得通，判断现有管理制度、人员素质和操作方式是否可行，即为社会可行性研究的内容。

社会可行性研究涉及的范围也比较广，包括合同、责任、侵权、用户组织的管理模式，以及一些技术人员不理解的法律法规问题等。

3. 方案选择

分析员应该为每个可行的方案制定一个粗略的实现进度，以便对不同的方案进行比较评估。成本和时间限制都会给方案的选择带来影响。对于一些合理的方案应加以权衡考虑。

进行可行性研究的根本目的是为以后的行动方针提供建议。如果问题没有可行的解，分析人员应该建议停止开发这项工程，以避免时间、资源、人力和金钱的浪费。如果问题值得解，分析员应该推荐一个较好的解决方案，并为工程制订一个初步的计划。可行性研究需要的时间长短取决于工程的规模。一般来说，可行性研究的成本只占预期工程总成本的 5%～10%。

3.2 可行性研究的重要性

可行性研究是在制定某一建设或科研项目之前，对其进行具体、深入、细致的技术论证和经济评价，旨在确定一个在技术上合理且经济上合算的最优方案。可行性研究的重要性不容忽视，主要体现在以下几个方面。

1. 投资决策的依据

可行性研究是投资决策的重要依据。通过详细的分析，可以确保项目的投资方向是明确且合理的。

2. 筹集资金的参考

对于项目开发单位来说，可行性研究也是筹集资金的重要依据。银行和其他金融机构通常会根据可行性研究报告来决定是否为项目提供贷款或其他形式的融资。

3. 协议签订的保障

在项目开发前，通常会与多个部门或机构签订各种协议和合同。可行性研究为协议的签订提供了保障，确保各方都对项目的方向和目标达成了共识。

4. 促进经济发展

加强可行性研究对于国家的经济发展也具有重要的意义。通过研究项目的可行性，可以更有效地利用资源，从而促进经济发展。

可行性分析案例——投资软件公司失败的教训

某高校学生想开发一套名为Soft3D的图形系统，此系统下至开发工具，上至应用软件，无所不包。该学生从实验室拉来一位聪明绝顶的师弟做技术伙伴 ，一想到Microsoft公司的二维Windows系统即将被Soft3D打击得狼狈不堪，他们就乐不可支且冲劲十足。

1998年7月，他们做了一套既不是科研又不全像商品的软件，宣传了几个月都没有人要。

1998年10月，该学生用光了30万元的资金，只好关闭公司。

(1) 开发人员的错误。设计方案技术难度很大(有一些是热门的研究课题)，只有30万元资金的小公司根本没有财力与技术力量去做这件事。开发人员以技术为中心而没有以市场为中心去做产品，以为自己喜欢的软件别人也一定会喜欢，结果做出一个洋洋洒洒却没人要的软件。

(2) 投资方的错误。投资方是个精明的商人，他把开发人员的设计方案交给美国的一个软件公司进行分析，结论是“否定的”。开发人员不懂商业，又容易相信别人，当投资方让他签订不公正的合同时，他竟然向投资方借钱买下本来就属于自己的30%的技术股份。投资方在明知Soft3D软件不能成功的情况下，却为了占开发人员的便宜而丧失了应有的精明，最终导致双方利益都受损。

这个投资公司失败的案例充分说明，仅凭一腔热血盲目地开发一个软件是非常容易失败的。在技术可行性方面，该软件的技术要求太高，当前市面上还没有成熟的可解决方案，而且他们只有两个人，技术的可行性是不满足要求的。在经济可行性方面，一套操作系统的开发需要庞大的经济投入，他们只有30万元的资金，是很难完成的。还有一个最重要的问题，他们的开发完全是围绕自己的喜好，没有考虑用户的需求。任何软件的开发都要以用户为中心，这是唯一不变的宗旨，因此，这是他们项目失败的主要原因。另外，投资方违背了可行性报告的结果(结果是否定的)，继续投资开发，导致这样的结果是必然的。可行性研究的重要性在此案例中体现得淋漓尽致。

3.3 可行性研究过程

典型的可行性研究过程有下述一些步骤。

1. 确定项目规模和目标

分析人员对项目有关人员进行调查访问，仔细阅读和分析有关材料，对项目的规模和目标进行定义和确认，清晰地描述项目的一切限制和约束，确保系统分析人员正在分析的问题确实是要解决的问题。

2. 研究目前正在使用的系统

正在运行的系统可能是一个人工操作系统，也可能是旧的计算机系统，若要开发一个新的计算机系统代替现有的系统，那么现有的系统就是重要的信息来源。分析人员需要研究现有系统的基本功能及存在的问题，计算运行现有系统需要多少费用，了解用户对新系统有什么新的功能要求，判断新系统运行时能否减少使用费用，等等。

分析人员应该收集、研究和分析现有系统的文档资料，实地考察现有系统，在考察的基础上访问有关人员；描述现有系统的高层系统流程图，与有关人员一起审查该系统流程图是否正确；确认系统流程图是否反映了现有系统的基本功能和处理流程。如果系统流程存在不合理、烦琐的流程，则可以考虑流程优化。

3. 建立新系统的高层逻辑模型

根据对现有系统的分析研究，逐渐明确新系统的功能、处理流程，以及所受的约束，然后使用建立逻辑模型的工具——数据流图和数据字典来描述数据在系统中的流动和处理情况。注意，现在还不是软件需求分析阶段，不进行完整、详细的描述，只是概括地描述高层的数据处理和流动情况。

4. 导出和评价供选择的解法

在建立了新系统的高层逻辑模型后，就要从技术角度出发提出实现高层逻辑模型的不同方案，即导出若干较高层次的物理解法。

5. 推荐行动方针

从技术可行性、经济可行性和社会可行性 3 方面对各种方案进行评估，排除行不通的方案，即可得到可行的方案。若工程可以进行，则应该选择一种最好的方案，并且说明选择该方案的理由。

6. 草拟开发计划

接下来，应为所推荐的方案草拟一份开发计划，具体过程如下：制定工程进度表；估计对各类开发人员和各种资源的需要情况，并指明什么时候使用及使用多长时间；估计系统生命周期每个阶段的成本；最后给出下一个阶段(需求分析)的详细进度表和成本估计。

7. 编写可行性研究报告

分析人员应该把上述可行性研究各个步骤的工作结果整理成清晰的文档，请用户、客户组织的负责人及评审组审查，以决定是否开发这项工程、是否接受可行的实现方案。

3.4 系统流程图与工作流程

系统流程图可以帮助分析人员了解原有系统的工作流程或企业的手工工作流程，通过对流程的了解，为新系统确定要实现的功能奠定基础。系统流程图是概括地描绘物理系统的传统工具，它的基本思想是用图形符号以黑盒子形式描绘组成系统的每个部件(程序、文档、数据库、人工过程等)。

系统流程图表达的是数据在系统各部件之间流动的情况，而不是对数据进行加工处理的控制过程，因此，尽管某些系统流程图的符号和程序流程图的符号形式相同，但它实际上是物理数据流图而不是程序流程图。

3.4.1　系统流程图规范

当以概括的方式抽象地描绘一个实际系统时，仅仅使用表 3-1 中列出的系统流程图基本符号就足够了。

表 3-1　系统流程图基本符号

符号	名称	说明
	处理	能改变数据值或数据位置的加工或部件，如程序、处理机、人工加工等都是处理
	输入输出	表示输入或输出，是一个广义的不指明具体设备的符号
	连接	指转出到图的另一部分或从图的另一部分转来，通常在同一页上
	换页连接	指转出到另一页图或由另一页图转来
	数据流	用来连接其他符号，指明数据流动方向

当需要更具体地描绘一个物理系统时，还需要使用表 3-2 中列出的系统流程图扩展符号，利用这些符号可以把一个广义的输入输出操作具体化为读写存储在特殊设备上的文件(或数据库)，把抽象处理具体化为特定的程序或手工操作等。

表 3-2　系统流程图扩展符号

符号	名称	说明
	穿孔卡片	表示用穿孔卡片输入或输出，也可表示一个穿孔卡片文件
	文档	通常表示打印输出，也可表示用打印终端输入数据
	磁带	表示用磁带输入或输出，也可表示一个磁带文件
	联机存储	表示任何种类的联机存储，包括磁盘、磁鼓、软盘和海量存储器件等
	磁盘	表示用磁盘输入或输出，也可表示存储在磁盘上的文件或数据库
	磁鼓	表示用磁鼓输入或输出，也可表示存储在磁鼓上的文件或数据库
	显示	CRT 终端或类似的显示部件，可用于输入或输出，也可既输入又输出
	人工输入	表示人工输入数据的脱机处理，如填写表格
	手动操作	表示人工手动操作完成的处理，如在合同上签名

3.4.2 系统流程图分析案例

下面通过简单的例子来了解系统流程图的使用。

某装配厂有一个存放零件的仓库，仓库中现有的各种零件的数量及每种零件的库存量临界值等数据都记录在库存清单主文件中。当仓库中的零件数量有变化时，应该及时修改库存清单主文件，如果哪种零件的库存量少于它的库存量临界值，就应该报告给采购部门以便订货，规定每天向采购部门发送一次订货报告。

该装配厂使用一台小型计算机处理更新库存清单主文件和产生订货报告的任务。

零件库存量的每一次变化称为一个事务，由放在仓库中的CRT终端输入到计算机中。系统中的库存清单程序对事务进行处理，更新存储在磁盘上的库存清单主文件，并把必要的订货信息写在磁带上。最后，报告生成程序每天都会读一次磁带，并打印出订货报告。

图3-1所示的系统流程图描绘了上述系统的概貌。

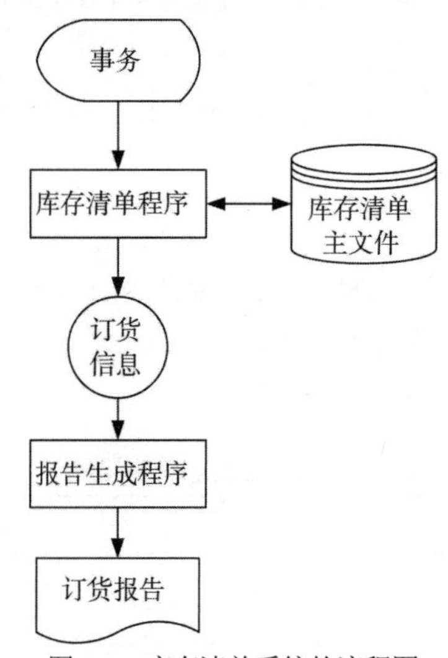

图3-1 库存清单系统的流程图

3.4.3 分层

当面对比较复杂的系统时，比较好的处理方法是分层次地描绘这个系统，达到化繁为简的目的。首先用一张高层次的系统流程图描绘系统总体概貌，表明系统的关键功能；然后分别把每个关键功能扩展到适当的详细程度，画在单独的一页纸上。

这种分层次的描绘方法便于阅读者按照从抽象到具体的过程逐步了解一个复杂的系统。

3.5 数据流图与系统功能

数据流图(dataflow diagram，DFD)是一种图形化技术，是系统逻辑功能的图形表示，它描绘信息流和数据从输入移动到输出的过程中所发生的变换。在数据流图中没有任何具体的物理部件，它只是描绘数据在软件中流动和被处理的逻辑过程。

数据流图清晰地表达了数据的输入、处理(功能)、输出，以及它们之间流动的数据，即使不是专业的计算机技术人员也很容易理解它，因此，数据流图是分析员与用户之间极好的通信工具。此外，在设计数据流图时只需要考虑系统必须完成的基本逻辑功能，完全不需要考虑怎样具体地实现这些功能，所以，它也是今后进行软件设计的很好的出发点。

3.5.1　数据流图规范

数据流图有 4 种基本符号：正方形表示数据的源点或终点；圆角矩形表示变换数据的处理；箭头表示数据流，即特定的数据流动方向；开口矩形表示数据存储。

- 源点和终点：源点和终点代表系统之外的人、物或组织。它们发出或接收系统的数据，其作用是提供系统和外界环境之间关系的注释性说明。
- 数据处理(加工)：是指对数据执行某种操作或变化，它以数据结构或数据内容作为加工对象。数据处理需要描述对数据进行了怎样的处理才使得输入的数据变换为输出的数据，反映的是系统的功能。每个数据处理操作都应该有一个名称，用来概括、代表它的意义。
- 数据流：是指沿箭头方向传送数据的通道，数据流不代表控制流，没有分支和循环，数据流反映处理的对象。
- 数据存储：数据存储在数据流图中起到保存数据的作用，可以是数据库文件或任何形式的数据组织。在数据流图中要注意指向数据文件的箭头的方向，读数据的箭头指向加工处理，写数据的箭头指向数据存储，如果既读又写，则是双向箭头。

3.5.2　数据流图分析案例

假设一家工厂的采购部每天需要一张订货报表，报表按零件编号排序，表中列出了所有需要再次订货的零件。对于每个需要再次订货的零件，报表中应包含以下数据：零件编号、零件名称、订货数量、目前价格、主要供应者、次要供应者。零件入库或出库称为事务，通过放在仓库中的 CRT 终端把事务报告给订货系统。当某种零件的库存数量小于库存量临界值时就应该再次订货。

数据流图包括源点/终点、处理、数据流和数据存储 4 部分，找出相应的内容。

首先，考虑数据的源点和终点。从描述可知“采购部每天需要一张订货报表”“通过放在仓库中的 CRT 终端把事务报告给订货系统”，因此，采购员是数据终点，而仓库管理员是数据源点。

其次，考虑处理。从问题描述可知“采购部需要报表”，因此产生报表的处理。仓库管理员的日常事务(工作)导致零件库存量发生改变，因此产生订货信息，从而得到采购部门需要的报表。

然后，考虑数据流。系统把订货报表送给采购部，因此订货报表是一个数据流；事务需要从仓库送到系统中，显然事务是另一个数据流。

最后，考虑数据存储。产生报表和处理事务这两项处理在时间上明显不匹配，每当有一个事务发生时就立即处理它，然而每天只要求产生一次订货报表。因此，用来产生订货报表的数据必须被存放一段时间，也就是应该有一个数据存储——订货信息。由于有库存临界值，需要有库存清单(保存库存临界值信息)，也就是应该有另一个数据存储——库存清单。

根据上述分析，列出了相应的数据流图元素，如表 3-3 所示。

表 3-3　数据流图元素

源点/终点	处理
采购员 仓库管理员	产生报表 处理事务
数据流	**数据存储**
订货报表 　零件编号 　零件名称 　订货数量 　目前价格 　主要供应者 　次要供应者 事务 　零件编号 　事务类型 　数量	订货信息 　零件编号 　零件名称 　订货数量 　目前价格 　主要供应者 　次要供应者 库存清单 　零件编号 　库存量 　库存量临界值

把系统看作一个大的加工，然后根据“系统从外界的哪些源接收哪些数据流，以及系统将哪些数据流送到外界的哪些终点”的思路，就可以画出订货系统顶层数据流图，如图 3-2 所示。

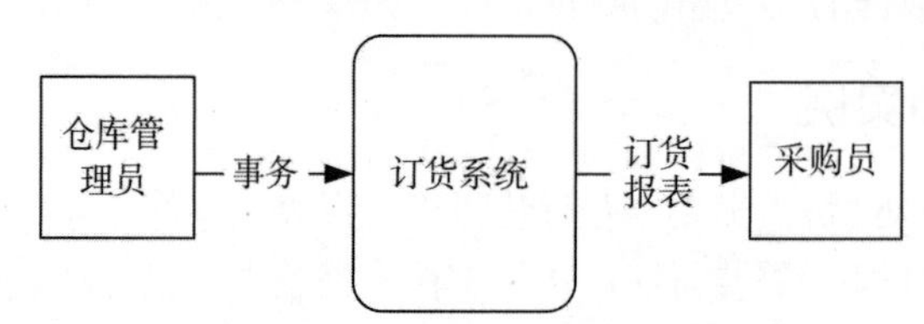

图 3-2　订货系统顶层数据流图

顶层数据流图表现的信息非常有限，下一步应该对顶层数据流图进行细化，从而得到订货系统功能级数据流图(见图 3-3)。从表 3-3 中可知，“产生报表”和“处理事务”是系统必须完成的两个主要功能，它们将代替图 3-2 中的“订货系统”。

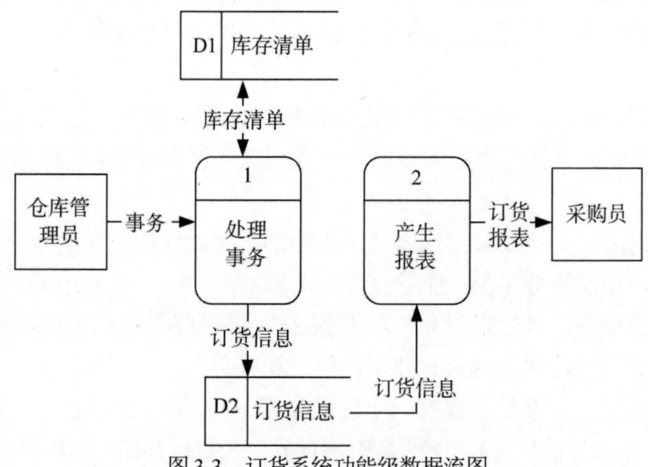

图 3-3　订货系统功能级数据流图

接下来，对功能级数据流图中描绘的系统的主要功能进行细化(考虑通过系统的逻辑数据流)：当发生一个事务时必须先接收它，然后按照事务的内容修改库存清单，最后如果更新后的库存量小于库存量临界值，则应该再次订货，即处理订货信息。

“处理事务”功能被分解为“接收事务”“更新库存清单”和“处理订货”。订货系统细化数据流图如图 3-4 所示。

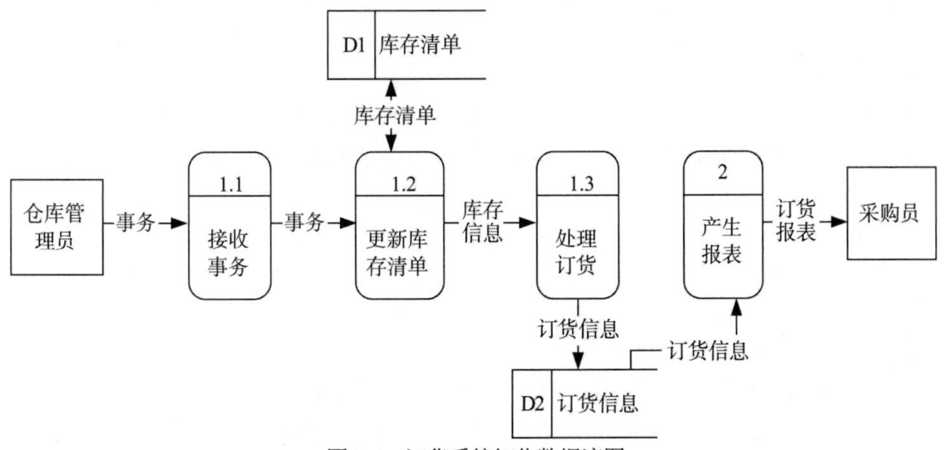

图 3-4 订货系统细化数据流图

3.5.3 命名

数据流图中每个成分的命名直接影响数据流图的可读性，在命名时应注意以下问题。

1. 为数据流(或数据存储)命名

数据流的名称应代表整个数据流(或数据存储)的内容，若命名时遇到了困难，则很可能是因为对数据流图的分解不恰当。

2. 为处理命名

在命名时应先为数据流命名，再为处理命名，名称应该反映整个处理的功能，最好由一个具体的及物动词加上一个具体的宾语组成。

3.5.4 用途

数据流图的基本用途是作为信息交流的工具，另一个主要用途是作为分析和设计的工具。

当用系统流程图描绘一个系统时，系统的功能和实现每个功能的具体方案是混在一起的。为了更好地描绘系统，应该着重描绘系统所完成的功能而不是系统的物理实现方案，数据流图是实现这个目标的良好工具。当用数据流图辅助物理系统设计时，可通过划大自动化边界，形成不同的物理系统。

3.6 成本/效益分析

经济效益通常表现为减少运行费用或(和)增加收入。但是，投资开发新系统往往存在一定的风险，系统的开发成本可能比预计的高，效益可能比预计的低。在什么情况下投资开发新系统更划算呢？成本/效益分析的目的正是从经济角度分析开发一个特定的新系统是否划算，从而帮助客户组织的负责人做出正确的投资决定。

3.6.1 成本估算

成本估算最好使用几种不同的估算技术以便相互校验。下面介绍3种估算技术。

1. 代码行技术

代码行技术是比较简单的定量估算方法，它把开发每个软件功能的成本和实现这个功能需要使用的源代码行数联系起来。通常根据经验和历史数据估计实现一个功能需要的源程序行数。

当估计出源代码行数以后，用每行代码的平均成本乘以行数就可以确定软件的成本。每行代码的平均成本主要取决于软件的复杂程度和薪资水平。

2. 任务分解技术

任务分解技术是指先把软件开发工程分解为若干个相对独立的任务，再分别估计每个单独的开发任务的成本，最后将其累加起来得出软件开发工程的总成本。

典型环境下各个开发阶段需要使用的人力百分比大致如表3-4所示。当然，应该针对每个开发工程的具体特点，参照以往经验尽可能准确地估计每个阶段实际需要使用的人力(包括书写文档需要的人力)。

表3-4 典型环境下各个开发阶段需要使用的人力百分比

任务	人力/%
可行性研究	5
需求分析	10
设计	25
编码和单元测试	20
综合测试	40
总计	100

3. 自动估计成本技术

采用自动估计成本的软件工具不仅可以减轻人的劳动，还可以使估计的结果更客观。但是，采用这种技术必须建立在长期收集的大量历史数据的基础上，而且要有良好的数据库系统支持。

软件成本除了系统程序的开发成本外，还需要考虑其他项目的费用，包括计算机机房费用、计算机及外围设备和计算机网络的购置费用、系统调试和安装费用、系统相关人员的培训费用、雇用人员的人力资源成本、一般消耗品费用、技术服务性费用等。

3.6.2　成本/效益分析的方法

成本/效益分析的第一步是估计开发成本、运行费用和新系统将带来的经济效益。运行费用取决于系统的操作费用(如操作员人数、工作时间、消耗的物资等)和维护费用。系统的经济效益等于因使用新系统而增加的收入加上使用新系统可以节省的运行费用。因为运行费用和经济效益两者在软件的整个生命周期内都存在，总效益和生命周期的长度有关，所以应该合理地估计软件的寿命。

一般来说，应该比较新系统的开发成本和经济效益，以便从经济角度判断这个系统是否值得投资。但是，投资是现在进行的，效益是将来获得的，不能简单地比较成本和效益，应该考虑货币的时间价值。

1. 货币的时间价值

通常用利率的形式表示货币的时间价值。假设年利率为 i，如果现在存入 P 元，则 n 年后可以得到的钱数为

$$F=P(1+i)^n$$

这也就是 P 元钱在 n 年后的价值。反之，如果 n 年后能收入 F 元钱，那么这些钱的现在价值是

$$F=P/(1+i)^n$$

例如，修改一个已有的库存清单系统，使它能每天发送给采购员一份订货报表。修改已有的库存清单程序并编写产生报表的程序，估计共需 5000 元；系统修改后能及时订货将消除零件短缺问题，估计因此每年可以节省 2500 元，5 年共可节省 12 500 元。但是，不能简单地把 5000 元和 12 500 元相比较，因为前者是现在投资的钱，后者是若干年以后节省的钱。

假定年利率为 12%，利用上面计算货币现在价值的公式可以算出修改库存清单系统后每年预计节省的钱的现在价值，如表 3-5 所示。

表 3-5　将来的收入折算成现在值

年	将来值/元	$(1+i)^n$	现在值/元	累计的现在值/元
1	2500	1.12	2232.14	2232.14
2	2500	1.25	1992.98	4225.12
3	2500	1.40	1779.45	6004.57
4	2500	1.57	1588.80	7593.37
5	2500	1.76	1418.57	9011.94

2. 投资回收期

通常用投资回收期衡量一项开发工程的价值。投资回收期是指使累计的经济效益等于最初投资所需要的时间。显然，投资回收期越短就能越快获得利润，这项工程也就越值得投资。

例如，修改库存清单系统两年以后可以节省 4225.12 元，比最初的投资(5000 元)还少 774.88 元，第三年以后将再节省 1779.45 元。774.88÷1779.45=0.44，因此，投资回收期是 2.44 年。

3. 纯收入

衡量工程价值的另一项经济指标是工程的纯收入，也就是在整个生命周期之内系统的累计经济效益(折合成现在值)与投资之差。这相当于比较投资开发一个软件系统与把钱存在银行中(或贷给其他企业)这两种方案的优劣。如果纯收入为零，则工程的预期效益与在银行存款一样，但是开发一个系统存在风险，因此，从经济观点来看这项工程可能是不值得投资的。如果纯收入小于零，那么这项工程显然不值得投资。

例如，上述修改库存清单系统，工程的纯收入预计为 9011.94－5000＝4011.94(元)。

4. 投资回收率

如果已知现在的投资额，并且已经估计出将来每年可以获得的经济效益，那么，给定软件的使用寿命之后，怎样计算投资回收率呢？设想把数量等于投资额的资金存入银行，每年年底从银行取回的钱等于系统每年预期可以获得的效益，在时间等于系统寿命时，正好把在银行中的存款全部取光，那么，年利率等于多少呢？这个假想的年利率就等于投资回收率。

根据上述条件不难列出下面的方程式。

$$P=F1/(1+j)+F2/(1+j)^2+\cdots+Fn/(1+j)^n$$

其中：P 是现在的投资额；Fi 是第 i 年年底的效益(i=1，2，…，n)；n 是系统的使用寿命；j 是投资回收率。

解出这个高阶代数方程即可求出投资回收率(假设系统的使用寿命 n=5)。例如，上述修改库存清单系统，工程的投资回收率是 41%～42%。

可行性研究进一步探讨问题定义阶段所确定的问题是否有可行的解。在对问题正确定义的基础上，首先，通过分析问题(往往需要研究现在正在使用的系统)，导出试探性的解；其次，复查并修正问题定义；再次，分析问题，改进提出的解法。经过定义问题、分析问题、提出解法的反复过程，最终提出一个符合系统目标的高层次的逻辑模型。根据该逻辑模型设想各种可能的物理系统，并且从技术、经济和操作等方面分析这些物理系统的可行性。最后，系统分析员提出一个推荐的行动方针，提交给用户和客户组织负责人审查批准。

本章小结

- 可行性研究的目的是在最短的时间内判断项目是否可行。
- 可行性研究首先要弄清项目规模和目标，对现有系统或工作流程进行研究，导出目标系统的高层逻辑模型，然后分析目标系统在技术、经济、社会 3 个方面是否可行。
- 系统流程图帮助分析员了解原有的系统流程或原有的企业工作流程。
- 数据流图是系统逻辑功能的图形表示，是分析员与用户之间良好的沟通工具。
- 成本/效益分析的目的是从经济角度评价开发一个新的软件项目是否可行。

思政园地

可行性研究阶段回答是否有行得通的解，包括技术可行性、经济可行性和社会可行性等。技术可行性的研究需要我们具备扎实的专业技术功底；经济可行性的研究需要我们具备预算决算的财务分析能力；社会可行性的研究需要我们树立正确的世界观和价值观。为了做出客观公正的判断，我们需要从大局出发，怀有一颗公正之心，关注组织的发展前途。

本章练习题

一、选择题

1. 可行性研究需要从 3 个方面分析项目的可行性，不包括(　　)。
   A. 技术可行性　　B. 经济可行性
   C. 人员可行性　　D. 社会可行性
2. 下列选项中，(　　)是系统逻辑功能的图形表示。
   A. 系统流程图　　B. 软件结构图
   C. PAD 图　　D. 数据流图
3. 下列选项中，(　　)可以概括地描绘物理系统的工作流程，用图形符号以黑盒子形式描绘组成系统的每个部件(程序、文档、数据库、人工过程等)。
   A. 系统流程图　　B. 软件结构图
   C. PAD 图　　D. 数据流图
4. 下列选项中，(　　)不是数据流图的基本符号。
   A. 数据源点　　B. 变化数据的处理
   C. 数据存储　　D. 分支
5. 假定年利率为 12%，一年后可以收到 5000 元，那么这笔钱的当前价值约为(　　)元。
   A. 5600　　B. 4464　　C. 4400　　D. 5464

二、简答题

1. 软件开发的早期阶段为什么要进行可行性研究？应该从哪些方面研究目标系统？
2. 软件可行性研究的工作步骤有哪些？简要地叙述各步骤的主要工作内容。
3. 衡量经济效益的方式有哪几种？

三、应用题

1. 为方便储户，某银行拟开发计算机储蓄系统。储户填写的存款单或取款单由业务员输入系统，如果是存款，系统记录存款人姓名、住址、存款类型、存款日期、利息等信息，并打印出存款单给储户；如果是取款，系统计算利息并打印出利息清单给储户。写出问题定义并分析此系统的可行性。

2. 目前医院住院的病人主要由护士护理，这样做不仅需要大量的护士，而且由于不能随时观察危重病人的病情变化，还可能会延误抢救时机。某医院打算开发一个以计算机为中心的患者监护系统，写出问题定义并分析该项目的可行性。

患者监护系统的基本功能包括：随时接收每个病人的生理信号(脉搏、体温、血压、心电图等)；定时记录病人情况并形成患者日志；当病人的生理信号超出医院规定的安全范围时，向值班护士发出警告信息。此外，护士在需要时还可以打印出某个指定病人的病情报告。

3. 为了反对和打击恐怖极端组织主义行为，很多国家计划开发或正在开发一种对大量公民及其行动进行跟踪的计算机系统。写出问题定义并分析该项目的可行性。

第4章 结构化需求分析

对大多数人来说，若要建造一幢数百万元的房子，他们一定会与建筑师详细讨论各种细节，他们深知，在房屋完工后再进行修改可能会带来经济上的损失，并且意识到变更细节也可能会带来风险。然而，在涉及软件开发时，人们却采取了比较随意的态度。软件项目中 40%～60%的问题都源于需求分析阶段埋下的“祸根”。可许多组织仍在基本的项目功能上采用一些不规范的方法，这样导致的后果便是一条鸿沟——开发人员开发的软件与用户想得到的软件之间存在着巨大的期望差异。对于大型和复杂的软件系统开发，需要面对的问题之一是需求工程。需求工程关心的是系统的功能、基本特性、系统操作的约束条件，以及软件开发过程。因而，可以将需求工程看成是软件客户和用户与软件开发人员之间的沟通过程。读完本章，你将了解以下内容。

- 需求的定义、层次和分类是什么？
- 需求工程的活动包含哪些内容？
- 结构化需求分析方法的案例。

4.1 需求

4.1.1 需求的定义

IEEE 软件工程标准词汇表(1997 年)中定义的“需求”如下。

(1) 用户为解决问题或达到目标所需要具备的条件或能力。

(2) 系统或系统部件为满足合同、标准、规范或其他正式规定文档所需要具备的条件或能力。

(3) 对(1)或(2)所描述的条件或能力的文档化表述。

其中，(1)是从用户角度定义的，(2)是从开发人员、系统的角度定义的。

“需求”这个术语在软件行业中的用法很不一致。在某些情况下，需求被视为对系统应该提供的服务或对系统的约束的高层抽象描述，而在另一些极端情形下，它又被定义为是对系统功能的详细的、用数学方法的形式化描述。

例如，当一家公司要与某机构签订一个大型软件开发项目的合同时，该公司就要尽量概要地定义对该项目的要求，而且描述中不应限制解决方案。这时就需要一个文本形式的需求以便多个承包商竞标。一旦签订了合同，承包商就要为客户写出更详细的系统定义，要让用户能看懂，并要确认系统到底需要提供哪些服务。这两种文件都被称为需求文档。

4.1.2 需求的层次

需求通常体现为 3 个层次：业务需求、用户需求和系统需求，如图 4-1 所示。

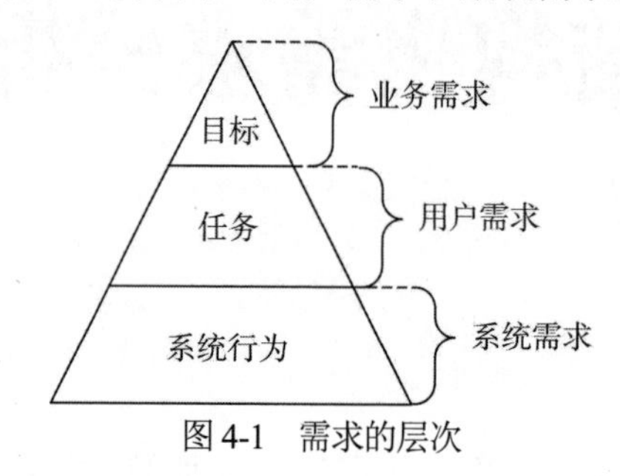

图 4-1 需求的层次

1. 业务需求(business requirement)

抽象层次最高的需求称为业务需求，是系统建立的战略出发点，表现为高层次的目标，它描述为什么要开发系统。

例如，对车辆调度管理系统有业务需求 BR1。

BR1：实现车辆的统一管理和有效使用。

业务需求通常来自项目的投资人、购买产品的顾客、实际用户的管理者、市场营销部门或产品策划部门。

为了满足业务需求，需求工程师需要描述系统高层次的解决方案，定义系统应该具备的特性。高层次的解决方案及系统特征指出了系统建立的方向，参与各方必须就它们达成一致，保证涉众朝着同一个方向努力。系统特性以支持业务需求的满足为衡量标准，说明了系统为用户提供的各项功能，它限定了系统的范围。定义良好的系统特性可以帮助用户和开发人员确定系统的边界。

对于业务需求 BR1，高层次的解决方案如 SS1，系统特性如 SF1。

SS1：实现一个申请子系统和一个调度子系统，让两者互相配合实现统一管理。 SF1：① 工作人员需要用车时要提出申请。 ② 安排专人对所有的车辆申请进行统一的调度和安排。 ③ 调度时要实现车辆的高效使用，防止公车私用。

2. 用户需求(user requirement)

高层次的目标是由组织的专门部门提出的，但普通用户才是组织中任务的实际执行者，只有通过一套具体且合理的业务流程才能真正地实现目标。

用户需求就是执行实际工作的用户对系统所能完成的具体任务的期望，描述了系统能够帮助用户做些什么。

用户需求主要来自系统的使用者——用户。在有些情况下，系统的直接用户是不可知的(如通用的软件系统或社会服务领域的软件系统)，因此，用户需求也可能来自间接的渠道，如销售人员、售后支持人员。

在上述的车辆调度管理系统中，关于车辆使用的用户需求如 UR1 所示。

> UR1：在需要使用车辆时，用户首先需要填写一个车辆使用申请单，然后等待申请单的反馈信息，并根据反馈信息使用车辆。

用户需求表达了用户对系统的期望，但是要透彻、全面地了解用户的真正意图，仅仅拥有期望是不够的，还需要知道期望的背景知识，因此，对于所有的用户需求，都应该有充分的问题域知识作为背景支持。而在实际工作中，用户在表达自己的期望时，通常不会提及需求所涉及的问题域知识，所以需求工程师需要根据用户的需求整理完整的问题域知识。例如，对 UR1 需求补充问题域知识 PD1。

> PD1：① 申请单的内容包括申请人、对车辆的要求、预计的用途……
> ② 申请单的反馈内容包括安排的车辆、出发时间、驾驶员……

3. 系统需求(system requirement)

用户需求是从用户的角度进行描述的，主要使用的是自然语言。自然语言存在二义性，容易产生混乱、理解有误等问题，因此，需求工程师需要将用户需求进一步明确和细化，将其转换为系统需求。

系统需求是用户对系统行为的期望，一系列的系统需求联系在一起可以帮助用户完成任务，达成用户需求，进而满足业务需求。系统需求可以直接转换为系统行为，定义了系统中需要实现的功能，描述了开发人员需要实现什么。

例如，可以将用户需求 UR2 转换为系统需求 SR1。

> UR2：软件必须提供表达和访问外部文件的手段，这些外部文件是由其他工具创建的。
> SR1：① 为用户提供定义外部文件类型的工具。
> ② 每种外部文件都具有一个相关联的工具。
> ③ 每种外部文件类型在界面上都用专门的图标来表示。
> ④ 提供一种工具，使用图标表示由用户定义的外部文件类型。
> ⑤ 当用户选择了一个外部文件图标时，选择的效果是启动与该外部文件类型相关的工具。

从上例可以看出，用户需求比较抽象，而系统需求增加了很多具体细节，对待开发系统应该提供的功能和服务给出了比较详细的解释。不同的读者会以不同的方式来阅读需求，因此，需要给出不同详细程度的需求。图 4-2 给出了关于用户需求和系统需求的不同类型读者。用户需求的读者一般不关心系统是如何实现的，他们很可能是管理阶层的人。而系统需求的读者需要了解关于系统如何工作的更详细的内容，因为他们关心系统将如何支撑业务过程，或者因为他们参与了系统的具体实现。

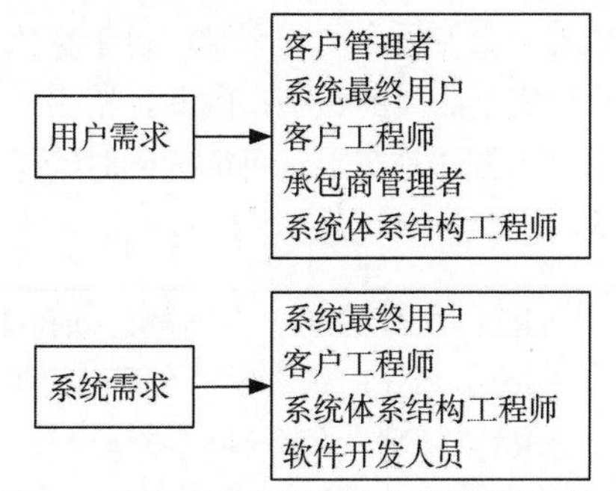

图 4-2　用户需求和系统需求的不同类型读者

4.1.3 需求的分类

软件需求可分为功能需求和非功能需求。

1. 功能需求(functional requirement)

功能需求包括对系统应该提供的服务、如何对输入做出反应，以及系统在特定条件下的行为的描述。在某些情况下，功能需求可能还需要明确声明系统不应该做什么。

例如，大学图书馆系统为学生和教工从图书馆借阅图书和文献提供服务。下面的两个功能需求分别是 FR1 和 FR2。

FR1：用户能从总的数据库中查询或选择其中一个子集。
FR2：系统能提供适当的浏览器供用户阅读馆藏文献。

软件工程中的许多问题往往源自对需求的描述不够严密。系统开发人员自然想把需求描述得含糊一点，这样可以简化对它的实现。然而，客户却不希望这样做，因为他们需要不断地建立新的需求，不断地变更系统。当然，这样会延迟系统的交付，也会增加成本。

对于 FR2，因为图书馆系统需要传递各种格式的文献，所以这个需求要求浏览器必须支持所有格式的文献。然而，FR2 没有表达清楚，没有说明浏览器对任何一种文献格式都必须适用。开发人员迫于进度压力很可能仅提供一个文本格式的浏览器，就说该需求已经实现了。

理论上讲，系统功能需求描述应该具有全面性和一致性。全面性意味着对于用户所需的所有服务都应该给出描述。一致性意味着需求描述不能前后矛盾。在实际过程中，对大型而复杂的系统而言，要做到需求描述既全面又一致几乎是不可能的，一方面是因为系统固有的复杂性，另一方面是因为项目相关人员的观点不同，需求也会发生矛盾。在刚开始描述需求时，这些矛盾可能不明显，只有深入地分析问题才能发现。一旦在评审时或者在随后的生命周期阶段发现问题，就必须对其加以改正。

2. 非功能需求(nonfunctional requirement)

非功能需求是对系统提供的服务或功能给出的约束，包括时间约束、开发过程的约束、标准等。非功能需求常用于整个系统，通常不用在单个系统或服务中。

例如，速度需求 NR1，容量需求 NR2，吞吐量需求 NR3，负载需求 NR4，实时性需求 NR5。需求的定义要适合运行环境，过于宽松的需求会导致用户的不满，过于苛刻的需求会给系统的设计造成不必要的负担，因此，给出一个合适的量化目标是非常关键的，也是非常困难的。比较常见的方法是在限定目标的同时给予一定的灵活性(如 NR6)，或者提出多个不同层次目标的要求(如 NR7)。

NR1：所有的用户查询都必须在 10 秒内完成。
NR2：系统应该能够存储至少 10 万条销售记录。
NR3：解释器每分钟应该至少解析 500 条没有错误的语句。
NR4：系统应该允许 200 个用户同时进行正常的工作。
NR5：监测到病人异常后，监控器必须在 0.5 秒内发出警报。
NR6：98%的查询不能超过 10 秒。

NR7：(最低标准)在 200 个用户并发时，系统不能崩溃；
(一般标准)在 200 个用户并发时，系统应该在 80%的时间内能正常工作；
(理想标准)在 200 个用户并发时，系统应该保持正常的工作状态。

事实上，功能需求和非功能需求之间的区别并不像定义得那么明显。若用户需求是关于保密性的，则表现为一个非功能需求。然而，当具体开发时，它可能导致其他功能性的需求，如系统中用户授权的需求。

4.2 需求工程

4.2.1 需求工程的任务

需求工程有以下 3 个主要任务。

(1) 需求工程不仅要说明软件系统的应用环境及其目标，以及用来达成这些目标的软件功能，还要说明在设计和实现这些功能时上下文环境对软件完成任务所用的方式、方法，以及所施加的限制和约束，即要同时说明软件需要“做什么”和“为什么”要做。

(2) 软件工程必须将目标、功能和约束反映到软件系统中，转换为可行的软件行为，并对软件行为进行准确的规格说明。需求规格说明是需求工程最为重要的成果，是项目规划、设计、测试、用户手册编写等很多后续软件开发阶段的工作基础。

(3) 现实世界是不断变化的，因此，需求工程还需要妥善处理目标、功能和约束随着时间推移的演化情况。

4.2.2 需求工程的活动

需求工程为了完成其任务，需要执行一系列的活动，具体如图 4-3 所示。

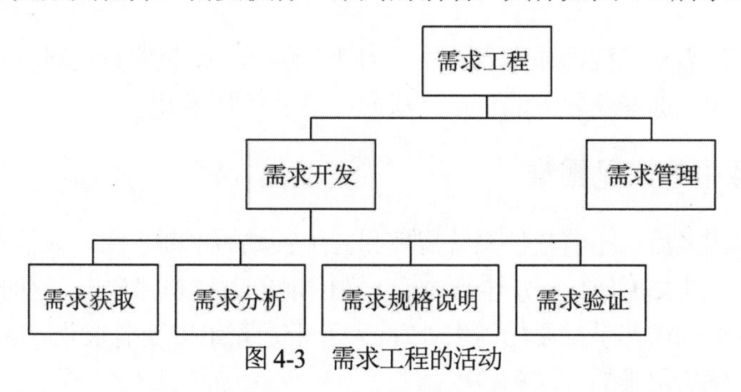

图 4-3　需求工程的活动

需求工程活动包括需求开发和需求管理两个方面。

1. 需求开发

需求开发是因为需求工程的“需求”特性而存在的，是专门用来处理需求的软件技术，包括需求获取、需求分析、需求规格说明和需求验证 4 个具体的活动。

(1) 需求获取。需求获取的目的是从项目的战略规划开始建立最初的原始需求。它需要研究系统将来的应用环境，确定系统的涉众，了解现有的问题，建立新系统的目标，获取为支持新系统的目标而需要的业务过程细节和具体的用户需求。

(2) 需求分析。需求分析的目的是保证需求的完整性和一致性。它以需求获取阶段输出的原始需求和业务过程细节为出发点，将目标、功能和约束转换为软件行为，建立系统模型，然后在抽象的系统模型中进行分析，标识并修复其中的不一致缺陷，发现并弥补遗漏的需求。

(3) 需求规格说明。需求规格说明的目的是将完整的、一致的需求与能够满足需求的软件行为以文档的方式明确地固定下来。

(4) 需求验证。需求验证的目的是保证需求及其文档的正确性，即确保需求正确地反映了用户的真实意图。它的另一个目的是通过检查和修正，保证需求及其文档的完整性和一致性。需求验证之后的需求及其文档应该是得到所有涉众一致同意的需求规格说明。

2. 需求管理

需求管理是因为需求工程的“工程”特性而存在的，其目的是在需求开发活动之后，保证所确定的需求能够在后续的项目活动中有效地发挥作用，保证各种活动的开展都符合需求要求。

4.3 需求获取

需求获取就是进行需求收集，即从人员、资料和环境中得到系统开发所需要的相关信息。获取过程并不是简单地将定义良好的需求从人、文档或环境中直接转移到获取的结果文档上，需求工程师必须利用各种方法和技术来“发现”需求。

需求开发的过程包含学习和认知的过程，而学习和认知的过程是递进的，即学习一点，增加一些认知，然后在新的认知的基础上继续学习，因此，需求获取和需求分析是交织在一起的。需求工程师需要获取一些信息，随即进行分析和整理，理解、认知到一定程度后再确定进一步要获取的内容。

在需求获取中，需求工程师通常需要执行的任务包括：收集背景资料；定义项目前景和范围；选择信息的来源；选择获取方法，执行获取；记录获取结果。

4.3.1 需求获取中的常见困难

20 世纪 90 年代之后，随着软件系统规模和应用领域的不断扩大，人们在需求获取中要面对的困难越来越多，需求获取不充分导致项目失败的现象也越来越突出。这时人们逐渐意识到，需求获取和需求分析同样都是重要的需求处理活动，于是开始接受需求获取的复杂性和困难性，并为此开发出很多解决困难的方法和技术。

在需求获取过程中很多困难是普遍存在的，了解这些困难对更好地了解需求获取活动的复杂性有重要意义。常见的困难体现如下。

1. 用户和开发人员的背景、立场不同

1) 知识理解困难

用户和开发人员具有不同的领域背景，因此，用户在传递一个信息时，开发人员可能理解不了用户表达信息所使用的概念。若要解决这个问题，开发人员就应在展开需求获取之初，尽力去

研究应用的背景，理解组织的业务状况，形成一个能够和用户进行有效沟通的粗略的知识框架。

2) 默认知识现象

默认知识是指在表达者看来非常简单，以至于不值得专门进行解释或提及的知识。例如，“使用 Word 编辑文档，要在退出之前保存文档”中的“保存”就是一个默认知识。对于不了解 Word 的用户来说，如果描述为“先单击‘文件’菜单，然后再单击‘保存’菜单项”，则更利于理解。面对这个问题，开发人员只能利用有效的获取方法和技巧(角色扮演、观察等)来发现并获取默认知识。

2. 普通用户缺乏概括性、综合性的表述能力

在一个复杂的业务中，当普通用户遇到“你希望系统帮助你解决什么困难”等问题时常常会无所适从，尤其是当他们没有相关系统的使用经验时。因此，寄希望于由用户主动、完全、充分地表达需求是不太可行的。

为了解决这个困难，开发人员应在与用户接触之前就先行确定获取的内容主题，然后设计具体的应用环境和场景条件，让用户在执行细节业务的场景中来描述问题、表达期望。

3. 用户存在认知困境

用户认知困境的典型形式是在很多情况下无法明确地告诉开发人员自己到底需要什么，但是当开发人员提供一个明确的解决方案时，用户却能够迅速地判断出该方案是否解决及为什么解决了自己的问题。

为了解决这个困难，开发人员需要利用有效的需求获取方法和技巧，引导用户去发现自己尚未形成明确认知的知识。例如，在有限理解的基础上设计初始原型，然后结合用户反馈逐步修正解决方案，逐步接近用户的真实意图。

4. 用户越俎代庖

1) 用户提出的不是需求，而是解决方案

如果一个人需要解决问题 A，同时他非常确定如果解决了问题 B，就肯定能解决 A，于是他就转而要求解决问题 B。这个逻辑无可厚非，问题在于 A 属于业务问题，B 属于方案设计问题，而由用户来确认问题 B 能够解决问题 A 是不合适的，因为开发人员比他们具有更好的专业知识。

例如，在一个实际案例中，一个组织想要提高其数据库的容灾能力，但他们向开发人员提出的要求却是实现“数据复制”和“双机热备”，而根据开发人员的了解和其组织的业务特点，还存在着其他更好的解决方案。

2) 用户固执地坚持某些特征和功能

开发人员一般都会听到一句非常无奈的话：“我们就是要求系统能够……，至于能不能实现、怎么实现，那是你们开发人员的事情。”软件系统开发是一个工程性的任务，折中与妥协在其中起着极其重要的作用，需求的确定也不例外。在需求确定的过程中，用户要衡量需求的收益，开发人员要衡量需求的成本和可行性，然后两者通过协商不断调整需求直至其可以被接受。用户的固执要求意味着他们代替开发人员执行了这个协商过程。

若要解决用户越俎代庖带来的困难，就要求开发人员在需求获取的过程中，注意保持业务

领域和解决方案的区分界限。此外，越俎代庖式需求的出现，往往意味着用户还拥有一些重要的隐藏需求没有被发现，因此，开发人员应该分析用户的深层目的，找到隐藏在背后的需求。

5. 缺乏用户参与

1) 用户数量太多，选择困难

随着系统规模和功能的不断扩大，有的系统拥有大量角色各异的用户，要覆盖所有用户来获取需求已经变得越来越不可能。因此，如何选择用户，以在需求获取可以有效进行的同时保证需求的完整性和代表性，就成了难题。

2) 用户认识不足，不愿参加

在很多情况下，用户认识不到开展需求工作的重要性。在通常情况下，用户会在简单地提出要求后，就急不可耐地要求看到开发人员的进展，在得不到满足后，又会抱怨开发人员能力不足、领悟力不够。事实上，软件系统的开发是一项非常复杂的任务，用户应该在需求开发阶段进行积极的配合。

3) 用户情绪抵制，消极参与

一个软件被引入问题域之后，它在解决问题的同时也可能会产生其他的附带影响，其中就包括可能会对某些用户产生不利的影响，并引起他们的情绪抵制，消极地参与需求获取活动。

4) 没有明确的用户

在很多情况下，待开发的新系统(如商用软件、社会服务领域的软件等)是没有明确的用户存在的。这就要求开发人员尽可能地去寻找用户的合适替代源。没有明确的用户参与就否认用户参与对需求开发的重要性是错误的。

总的来说，若要解决缺乏用户参与的困难，开发人员在进行需求获取时，就应该对系统的用户及用户的替代源等相关涉众进行分析，了解他们的特征、类别、任务、取向等，并在需求获取中采取对策，避免用户参与不足现象的发生。

4.3.2 定义项目前景和范围

在开始一个项目之初，首先要考虑一个问题——为什么要启动该项目？即项目的目标是什么？项目的目标是系统的业务需求。若要发现系统的业务需求，则应从用户的问题入手。

在问题分析的过程中，还可以根据问题确定系统高层次的解决方案和系统特性，它们可以帮助回答项目启动之初的第二个问题——项目打算做些什么？

业务需求、高层次的解决方案及系统特性被记录下来，定义为项目前景和范围文档。前景描述了产品的作用及最终的功能，它将涉众都统一到一个方向上。范围为项目划定了需求的界限。

1. 明确问题

若要分析涉众的问题，首先要明确问题，将它们变得清晰，变得适合进行分析。例如，在一个生产企业的供销系统中，问题P1无法指明解决的方向，是不明确的问题，软件系统无法提供帮助。

P1　决策者：生产的废品过多。

2. 发现业务需求

每一个明确、一致的问题都意味着涉众存在一些相应的期望目标，即业务需求。每个问题对应目标的过程就是发现业务需求的过程。例如，对于问题 P1，其业务需求为 BR1。

BR1：提高销售订单的准确性，减少因此而产生的废品。

为提高业务需求的可行性和可验证性，可以将 BR1 进一步明确为 BR2。

BR2：提高销售订单的准确性，在使用后 3 个月内，减少 50%因此而产生的废品。

3. 定义解决方案及系统特性

1) 确定高层次的解决方案

通过定义高层次的解决方案，常常可以尽早地发现可能会在开发人员和用户之间造成困难的歧义理解。例如，对于业务需求 BR2，开发人员可能会倾向于解决方案 SS1，但用户可能会倾向于解决方案 SS2。

SS1：调整销售订单的格式，在各个环节加强人工检查。 SS2：用软件来分析订单的各种特征，及早识别出不准确的销售订单，提交人工处理。

很明显，这两个解决方案之间存在很大的差距，因此尽早地就高层次解决方案取得一致意见非常重要。

2) 确定系统特性和解决方案的边界

在选定解决方案之后，要进一步明确该解决方案需要具备的功能特征，即系统特性。然后依据这些功能特征，分析解决方案需要和周围环境形成的交互作用，定义解决方案的边界。

例如，为解决方案 SS1 定义的边界如图 4-4 所示。

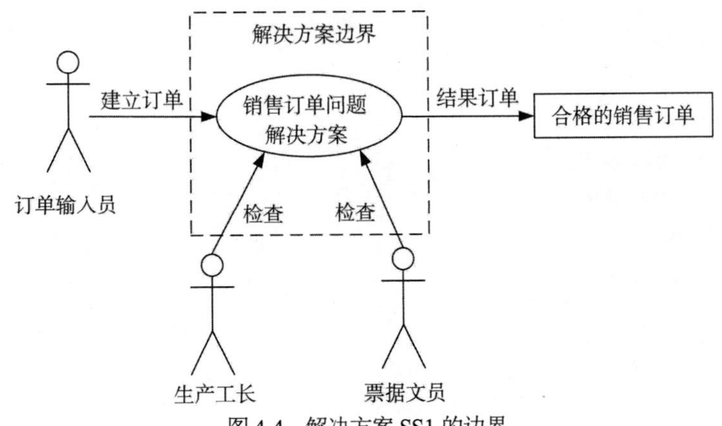

图 4-4　解决方案 SS1 的边界

3) 确定解决方案的约束

约束会影响整个系统的方案选择，实现和提交解决方案的能力也同样受到约束的限制，甚至有时约束还会迫使开发人员重新考虑整个解决方案。

例如，对解决方案 SS1，可以确定的约束如表 4-1 所示。

表 4-1　解决方案 SS1 的约束

约束源	约束	理由
操作性	销售订单数据的一份完整备份必须被保存在原有系统的数据库中一年的时间	数据丢失的风险太大，所以新旧系统要并行运行至少一年的时间
系统及操作系统	应用在服务器上不可以占用超过 20M 的空间	服务器上可用的存储空间有限
设备预算	系统必须在已有的服务器和主机上开发	成本控制及已有的系统维护
人员资源	固定的人力资源，没有外部资源	在现有预算下操作成本已经固定
技术要求	应用面向对象的方法	相信这种技术的应用会增加生产率并增强软件的可靠性

4. 前景与范围文档

业务需求、高层次的解决方案和系统特性都应该被定义到项目前景与范围文档中，为后续的开发工作奠定基础。

前景与范围文档主要由需求工程师来填写，但文档的负责人一般是项目的投资负责人、执行主管或其他类似角色。

一个可以参考的项目前景与范围文档模板如图 4-5 所示。

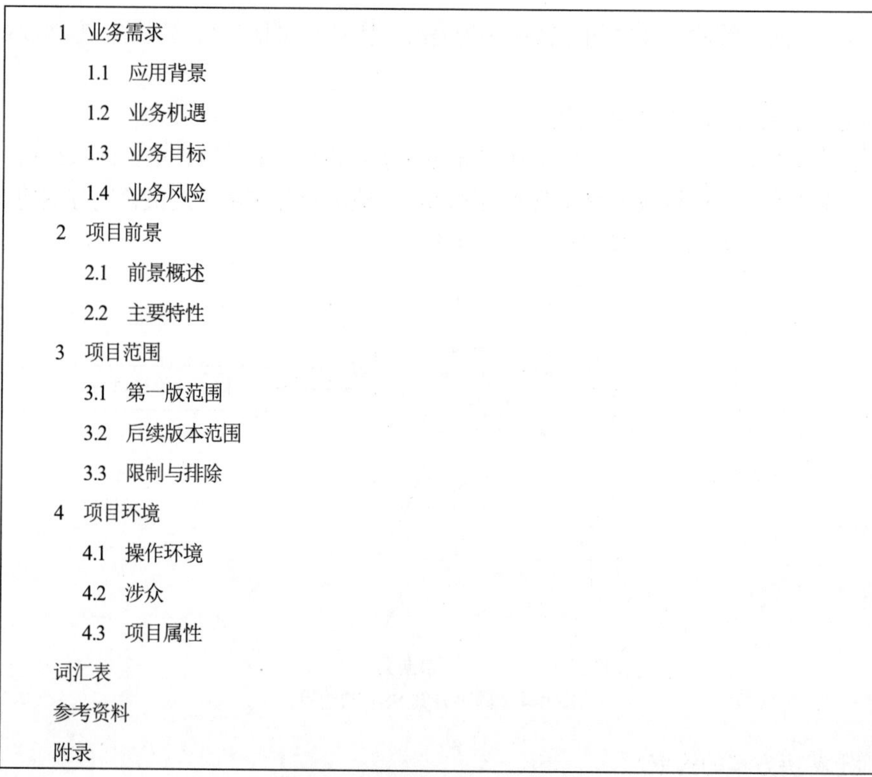

1　业务需求
　1.1　应用背景
　1.2　业务机遇
　1.3　业务目标
　1.4　业务风险
2　项目前景
　2.1　前景概述
　2.2　主要特性
3　项目范围
　3.1　第一版范围
　3.2　后续版本范围
　3.3　限制与排除
4　项目环境
　4.1　操作环境
　4.2　涉众
　4.3　项目属性
词汇表
参考资料
附录

图 4-5　项目前景与范围文档模板

4.3.3　选择信息的来源

在需求获取的过程中，信息的主要来源包括以下几个。

1. 涉众

涉众包括用户、客户、领域专家、用户替代源(市场人员、销售人员)等。

2. 硬数据

硬数据既包括登记表格、单据、报表等定量文档，也包括备忘录、日志等定性文档。

3. 相关产品

相关产品包括原有系统、竞争产品、协作产品。

4. 重要文档

重要文档包括原有系统的规格说明、竞争产品的规格说明、协作产品的规格说明、客户的需求文档。

5. 相关技术标准和法规

相关技术标准和法规包括相关法律、法规及规章制度，行业规范、行业标准，领域参考模型。

4.3.4　需求获取的方法

需求获取包括一系列的方法和活动，如研究资料法、问卷调查法、用户访谈法、实地观察法和原型法等。

1. 研究资料法

任何组织或单位中都有大量的计划、报表、文件和资料。这些资料分为两类：一类是企业外部的资料，如各项法规、市场信息等；另一类是企业内部的各种资料，如企业有关计划、指标、经营分析报告、合同、账单、统计报表等。对这些资料进行研究分析，有助于了解生产经营情况和正常的操作程序，理解信息的处理方式，从而明确需求。但这些资料只反映静态的、历史的情况，无法反映企业的动态活动和过程，因此，还必须借助其他方法获取更复杂、更全面的需求。

2. 问卷调查法

问卷调查法是通过调查问卷的方式进行调查的一种收集需求的技术。一般调查问卷分为自由格式和固定格式两种。自由格式的调查问卷为回答者提供了灵活回答问题的方式。固定格式的调查问卷则需要事先设定选项或答案供用户选择。

问卷调查法的优点如下。

(1) 多数调查问卷可以被快速地回答。

(2) 如果希望从多人处获取信息，那么调查问卷是一种低成本的数据采集技术。

(3) 调查问卷的形式可以保护个人的隐私，并且便于整理和归纳。

问卷调查法的缺点如下。

(1) 由于是背对背地进行调查，对回答问题的质量难以把握。

(2) 模糊、隐含的问题不便于采用问卷调查法。

3. 用户访谈法

用户访谈法就是面对面地与用户交谈。一般把用户访谈分为两种类型，即结构化访谈和非结构化访谈。在结构化访谈中，开发人员向访谈对象提出一系列事先确定好的问题，问题可以是开放性的或封闭式的。在非结构化访谈中，没有事先确定的问题，开发人员只是向访谈对象提出访谈的主题或问题，只有一个谈话的框架。

用户访谈法的优点如下。

(1) 访谈为分析人员提供了与访谈对象自由沟通的机会。通过建立良好的人际关系，有利于让访谈对象愿意为该项目的开发做出努力。

(2) 通过访谈可以挖掘更深层次的用户需求。

(3) 访谈允许开发人员提出一些个性化的问题。

用户访谈法的缺点如下。

(1) 成功的访谈很大程度上取决于分析人员的经验与技巧。

(2) 访谈占用的时间较多，访谈后的资料整理也需要花费较多的时间。

4. 实地观察法

为了深入地了解系统需求，有时需要通过实地观察辅助开发人员挖掘需求。实地观察法一般用来验证通过其他方法调查得到的信息。当系统特别复杂时，应该采用这种方法。

实地观察法的优点如下。

(1) 通过观察得到的数据准确、真实。

(2) 通过观察有利于了解复杂的工作流程和业务处理过程，而这些有时是很难用文字描述清楚的。

实地观察法的缺点如下。

(1) 实地观察法需要在特定的时间进行观察，并不能保证得到平时的工作状态，有些任务不可能总是按照观察人员观察时看到的方式执行。

(2) 这种方法比较花费时间，整理数据比较麻烦。

5. 原型法

原型法在软件系统的很多开发阶段都起着非常重要的作用，其中就包括需求获取阶段。在需求模糊或不确定性较大的情况下，原型法尤为有效。

4.4 需求分析

在软件工程的发展中，针对需求的分析有很多方法，其中比较具有代表性的是面向对象方法和结构化方法。

面向对象方法是目前业界使用的主流方法。从结构化方法到面向对象方法发展的历程中，面向对象方法吸收了结构化方法的重要思想，但这并不意味着面向对象方法可以完全取代结构化方法，它们有各自的优点和局限性。结构化方法和面向对象方法有着完全不同的思想基础，它们各成体系，不能在一个方法体系中相融。本章主要介绍结构化方法，面向对象方法在第 6

章中会详细介绍。

结构化方法是把现实世界描绘为数据在信息系统中流动，以及在数据流动过程中数据向信息的转化。它帮助开发人员定义系统需要做什么(处理需求)、系统需要存储和使用哪些数据(数据需求)、需要什么样的输入和输出，以及如何把这些功能结合在一起来完成任务。

结构化方法包括过程建模和数据建模。

4.4.1　过程建模

过程建模就是分析需求获取活动获得的信息，发现系统的功能和其与外界的交互，建立能够实现系统功能的过程分解结构，形成系统的过程模型，并用图形的方式将过程模型描述出来。同时，过程模型也需要定义系统中涉及的数据的结构。

过程建模使用的技术主要有：数据流图、微规格说明(mini-specification)和数据字典(data dictionary)。数据流图用来建立过程的分解结构。微规格说明用来描述 DFD 过程分解结构中最底层过程的处理逻辑。数据字典用来说明系统中涉及的数据的结构。

1. 数据流图

数据流图是过程建模所使用的主要建模技术。

1) 基本元素

数据流图的基本元素有 4 种：外部实体、过程、数据流和数据存储。最终建立的数据流图会以图形的方式表示，它的表示法主要有两种：DeMarco-Yourdon 表示法和 Gane-Sarson 表示法。数据流图的基本元素如表 4-2 所示。

表 4-2　数据流图的基本元素

基本元素	DeMarco-Yourdon 表示法	Gane-Sarson 表示法
外部实体	Lable	Lable　Lable
过程	Lable	ID Lable
数据流	—Label→	—Label→
数据存储	Label	ID　Label

(1) 外部实体。外部实体是指处于待构建系统之外的人、组织、设备或其他软件系统。所有的外部实体联合起来构成了软件系统的外部上下文环境，它们与软件系统的交互流就是软件系统与其外部环境的接口，这些接口共同定义了软件系统的系统边界。对软件系统进行功能分析就是从系统的边界出发逐步深入的。

在 DeMarco-Yourdon 表示法中，外部实体使用矩形来描述。在 Gane-Sarson 表示法中，外部实体使用双矩形或矩形来描述。在图形描述中，外部实体都需要一个名称来标识自己，它们通常会使用能够代表其特征的名词作为名称。

(2) 过程。过程是指施加于数据的动作或行为，它们使数据发生变化。过程描述的内容是对数据处理行为的概括，这种概括可能会表现为不同的抽象层次。在最高的抽象层次上，可以将整个软件系统的功能都描述为一个过程，实现用户所有期待的数据处理行为。在较高的抽象层次上，可以将软件系统中的某项业务处理描述为一个过程，而这项业务处理又包括很多具体的细节任务。在较低的抽象层次上，过程描述的可能是用户的一次活动，这项活动具有原子性特征。在最低的抽象层次上，过程描述的可能仅仅是一个逻辑行为，体现为软件系统的一个命令执行过程。

在 DeMarco-Yourdon 表示法中，过程使用圆形来描述。在 Gane-Sarson 表示法中，过程使用圆角矩形来描述。在图形描述中，过程使用“动词”命名，以体现自己的功能。在 Gane-Sarson 表示法中，过程还拥有一个能够唯一标识自己的 ID，ID 通常是“*.*.*…”形式的数字编码。

(3) 数据流。数据流是指数据的流动，它是系统与其环境之间或者系统内两个过程之间的通信形式。数据流必须和过程产生关联，它要么是过程的数据输入，要么是过程的数据输出。

在 DeMarco-Yourdon 表示法和 Gane-Sarson 表示法中，都使用带有箭头的线描述数据流，箭头的方向是数据流的流向。在图形描述中，数据流通常会使用能够代表数据流内容的名词作为名称。

在过程建模中，除要了解数据流的流向和使用外，清晰定义数据流的具体内容也是非常重要的工作。因此，需求工程师在使用 DFD 进行过程建模时，通常会配合使用数据字典，利用数据字典来描述 DFD 的数据流内容。

(4) 数据存储。数据存储是软件系统需要在内部收集、保存，以供日后使用的数据集合。如果说数据流描述的是运动的数据，那么数据存储描述的就是静止的数据。

如果在过程建模之外还进行了数据建模，那么数据流图的数据存储和实体关系图中的实体应该存在一定的对应关系。不过，数据存储描述的内容不一定会和实体关系图中描述的内容完全相同，因为数据存储不仅可以描述数据库方式的存储，还可以描述文件方式的存储，甚至可以描述手工方式的存储，如文件柜、档案柜等。

数据存储区的数据流入和流出通常表示实际的数据流入和流出。因此，如果流入和流出存储区的数据流包含与存储区相同的信息，则不用为数据流专门指定名称。但是如果流入和流出存储区的数据流包含存储区中信息的子集，就必须指定这个数据流的名称。

下面以食物订货系统为例进行说明。

食物订货系统数据流图(DeMarco-Yourdon 表示法)如图 4-6 所示。食物订货系统数据流图(Gane-Sarson 表示法)如图 4-7 所示。

食物订货系统包括 3 个外部实体：顾客、厨房和管理者。首先，食物订货系统需要接收顾客的食物订单，并在接收后向顾客呈送一个收条，然后将订单转交系统内部的功能处理。其次，食物订货系统要能够将已经接收的食物订单及时地转交给厨房，这样厨房才能够根据订货的情况进行生产。最后，食物订货系统要能够基于一段时间的事务积累，为管理者提供管理报表，反映组织的生产状况。

食物订货系统的内部功能有 4 个。第一个功能是接收顾客的食物订单，向顾客呈送收条，并将订单及时转交给厨房，同时启动对订单的后续处理(第二个功能和第三个功能)。第二个功能是处理顾客食物订单，根据订单生成并记录食物的销售事务。第三个功能也是处理顾客食物订单，但其目的是根据订单更新库存信息，以保证生成的原材料供应。第四个功能是根据一段时间内的食物销售情况和库存情况生成管理报表，向管理者反映组织的生产状况。

在食物订货系统中，食物销售记录和库存记录用于完成系统的功能(产生管理报表)、组织希望存储的数据。

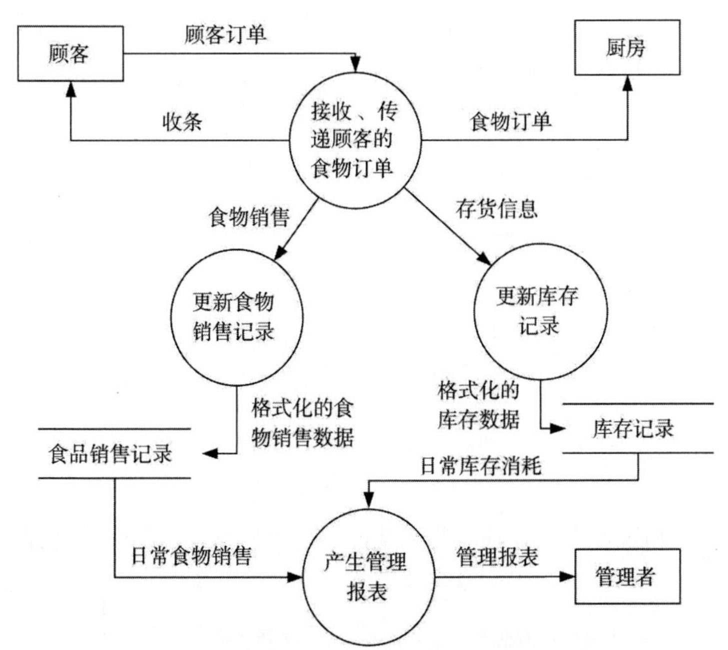

图 4-6　食物订货系统数据流图(DeMarco-Yourdon 表示法)

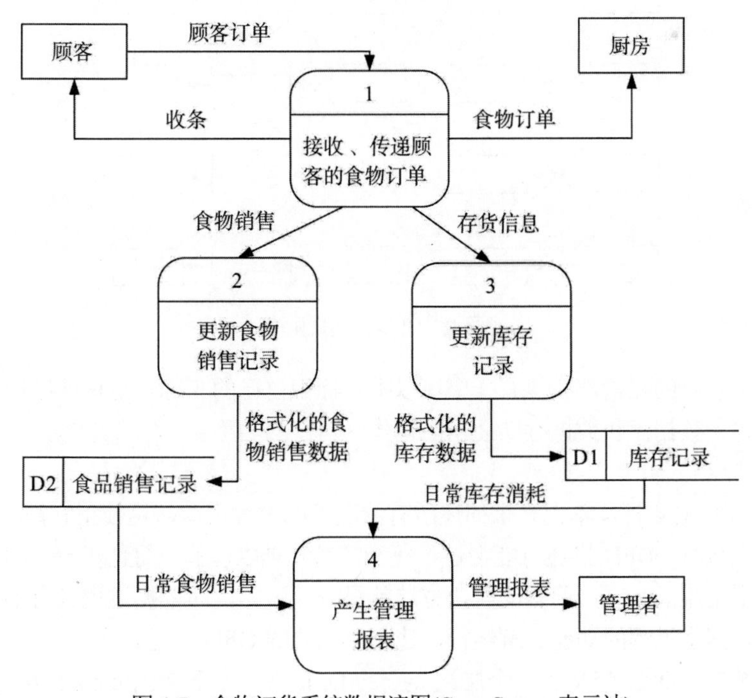

图 4-7　食物订货系统数据流图(Gane-Sarson 表示法)

2) 规则

在利用 DFD 描述系统过程模型时，有一些必须遵守的规则。这些规则可以保证过程模型的正确性，具体如下。

(1) 过程是对数据的处理，必须有输入，也必须有输出，而且输入数据集和输出数据集应该存在差异，如图 4-8 所示。

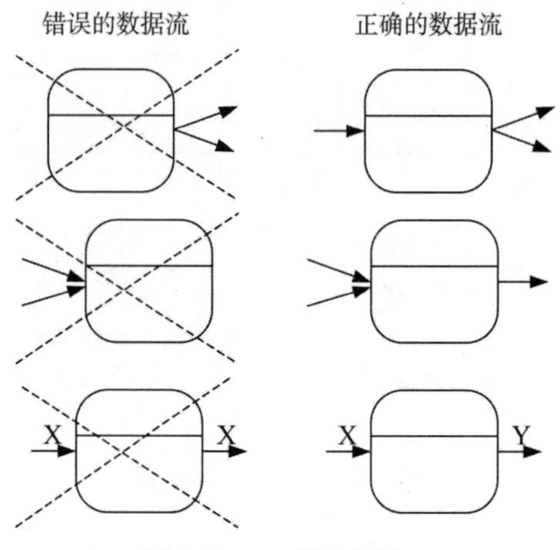

图 4-8　DFD 描述规则(1)

(2) 数据流必须与过程产生关联，要么是过程的数据输入，要么是过程的数据输出，如图 4-9 所示。

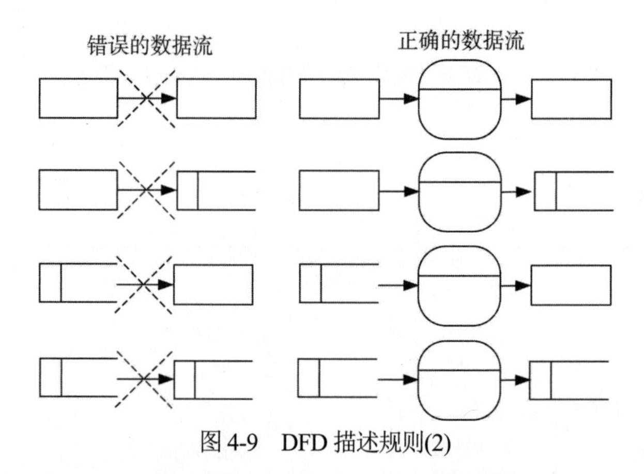

图 4-9　DFD 描述规则(2)

(3) DFD 中所有的元素都应该有一个可以唯一标识自己的名称。过程使用动词作为自己的名称，外部实体、数据流和数据存储使用名词作为自己的名称。

3) 分层结构

DFD 使用简单的 4 种基本元素来描述所有情况下的过程模型，这使得它简单易用。然而，当面对复杂的系统时，DFD 描述可能会过于复杂，以致难以理解。而且在一个图上表示出所有系统过程也是很困难的。这一问题的解决方法就是分而治之，即依据过程具有不同抽象层次表述能力的特点，基于过程的功能分解结构，建立层次式的 DFD 描述。

在分层结构中，DFD 定义了 3 个层次类别的 DFD 图：上下文图(context diagram)、0 层图

(level-0 diagram)和 N 层图(level-N diagram，N>0)。DFD 的层次结构示意图如图 4-10 所示。

(1) 上下文图。上下文图是 DFD 最高层次的图，是系统功能的最高抽象。上下文图将整个系统视为一个过程，该过程可以实现系统的所有功能。上下文图中存在且仅存在一个过程，表示整个系统。

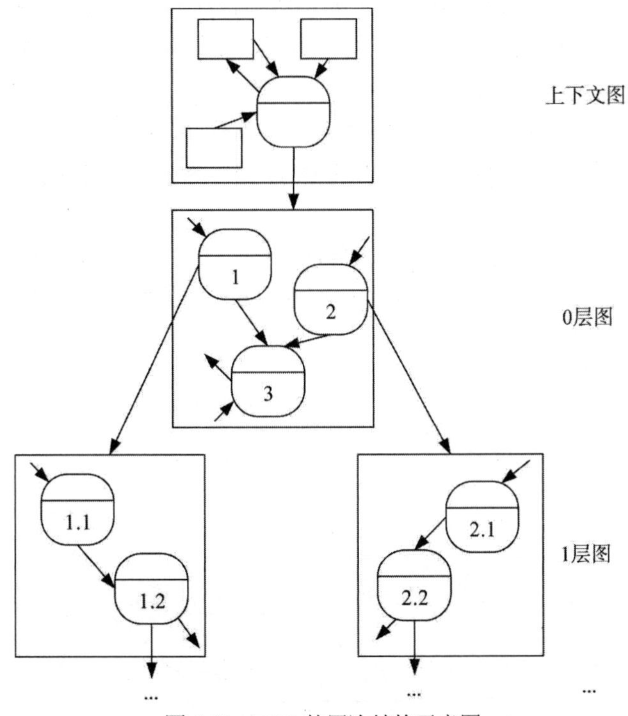

图 4-10　DFD 的层次结构示意图

在上下文图中需要表示出所有和系统进行交互的外部实体，并描述交互的数据流，包括系统输入和系统输出。因此，上下文图通常用来描述系统的上下文环境、定义系统的边界。因为数据存储是系统内部的功能实现，所以上下文图中不会出现数据存储的实例。食物订货系统的上下文图如图 4-11 所示。

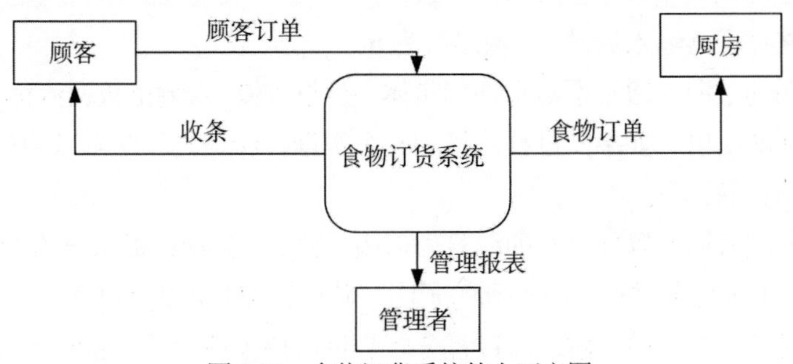

图 4-11　食物订货系统的上下文图

(2) 0 层图。在 DFD 的层次结构中，位于上下文图下面一层的就是 0 层图。它被认为是上下文图中单一过程的细节描述，是对该单一过程的第一次功能分解。例如，图 4-7 就是一个 0 层图，它很好地描述了图 4-11 中“食物订货系统”过程的功能，也表示整体系统的所有功能。

0 层图通常被用作整个系统的功能概图。为了概述整个系统的功能，在建立 0 层图时需要分析需求获取的信息，归纳系统的主要功能，并将它们描述为几个高层的抽象过程，在 0 层图中加以描述。有一些重要的数据存储也会在 0 层图中描述。

为了保证 DFD 图的可理解性，0 层图应该被描述得简洁、清晰。在描述复杂的系统时，0 层图中不应该出现太过具体的过程和数据存储。需求工程师要根据系统的复杂程度掌握 0 层图中过程的抽象程度。

(3) *N* 层图(*N*>0)。0 层图中的每个过程都可以进行分解，以展示更多的细节，被分解的过程称为父过程，分解后产生的揭示更多细节的 DFD 图称为子图。对 0 层图进行过程分解产生的子图称为 1 层图。

0 层图中较为复杂的过程应该是按照功能分解的做法扩展成一个更详细的数据流图。功能分解是一个拆分功能的描述，将单个复杂的过程变为多个更具体、更精确的过程。功能分解示意图如图 4-12 所示。

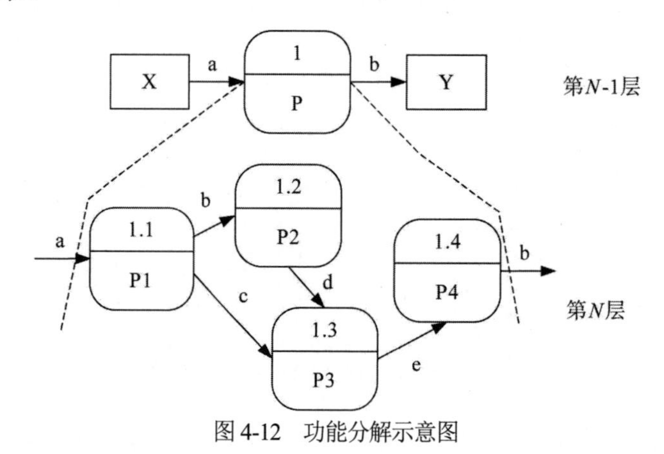

图 4-12　功能分解示意图

在图 4-12 中，P 被分解之后，出现了 4 个更加具体的子过程，也出现了一些新的数据流。需要注意的是，在功能分解过程中，要确保父过程与子图的平衡，即 DFD 子图的输入流、输出流必须和父过程的输入流、输出流保持一致。图 4-12 中父过程的输入流是 a，输出流为 b；把子图视为一个整体，其输入流是 a，输出流为 b。

在低于 0 层图的子图上通常不显示外部实体。父过程的输入输出数据流称为子图的接口流，在子图中从空白区域引出。如果父过程连接到某个数据存储，则子图可以不包括该数据存储，也可以包括该数据存储。

子图中过程的编号需要以父过程的编号为前缀。例如，食物订货系统的 1 层图如图 4-13 所示，它是对图 4-7 中过程 1 进行分解得到的子图，其过程编号规则为 1.*。

子图的过程还可以继续被分解，即过程分解是可以持续进行的，直至最终产生的子图都是原始 DFD 图。对 *N* 层图进行过程分解后产生的子图称为 *N*+1 层图(*N*>0)。

如何快速、有效地判定一个 DFD 图是否是原始 DFD 图？当分解产生的子图为下述情景之一时，可以判定其为原始 DFD 图，此时应该停止持续的功能分解活动。

① 所有过程都已经被简化为一个选择、计算或数据库操作。

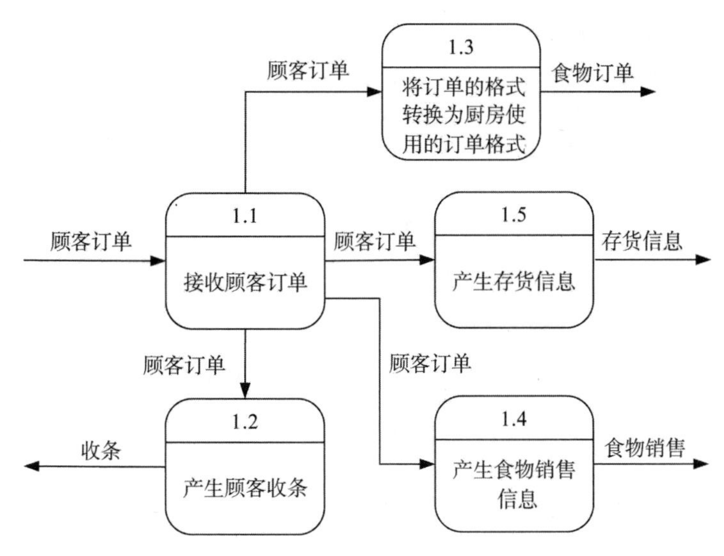

图 4-13　食物订货系统的 1 层图

② 所有的数据存储都仅仅表示了一个单独的数据实体。

③ 用户已经不关心比子图更加细节的内容，或者子图的描述已经详细得足以支持后续的开发活动。

④ 每一个数据流都已经不需要进行更详细的切分，以展示对不同数据的不同处理方式。

⑤ 每一个业务表单、事务、计算机的屏幕显示和业务报表都已经被表示为一个单独的数据流。

⑥ 系统的每一个最底层菜单选项都能在子图中找到独立的过程。

2. 微规格说明

在完成功能分解之后，可以建立完整的 DFD 层次结构。在这个结构中，所有的复杂过程都被解释为一个低层次的 DFD 子图。但是层次结构中最低层次的原始过程却没有得到更为详细的展示。为了充分描述系统功能，需要描述这些原始过程的处理逻辑，这个任务就是利用微规格说明技术来实现的。

微规格说明是一些用来描述过程处理逻辑的技术，主要有结构化语言：判定表和判定树 3 种。

1) 结构化语言

结构化语言借用了结构化程序设计的一些逻辑特点，比自然语言更加严谨和精确。因此，可以采用一种结构化语言来描述微规格说明。

结构化语言的语法分为内外两层，外层语法描述操作的控制结构，如顺序、选择和循环等，这些控制结构将过程中的各个操作连接起来。内层的语法一般没有什么限制。

【例 4-1】学校关于奖励制度的规定如下：学生每学期已修课程成绩的比率中，如果优秀比率占 70%，并且表现优良的学生可以获得一等奖学金，表现一般的学生可以获得二等奖学金；如果优秀比率占 50%以上，并且表现优良的学生可以获得二等奖学金，表现一般的学生可以获得三等奖学金。

对于上述制度规定，用结构化语言描述微规格说明如下。

```
计算某学生的学习成绩优秀比率
IF  优秀比率大于70%
    IF  表现优良  THEN
        获得一等奖学金
    ELSE
        获得二等奖学金
   END IF
IF  成绩优秀比率大于50%且小于70%
    IF  表现优良  THEN
        获得二等奖学金
    ELSE
        获得三等奖学金
    END IF
END IF
```

结构化语言非常适合用来描述一系列处理步骤和相对简单的控制逻辑的处理。结构化语言不适合描述具有下列特点的处理：①判定逻辑复杂；②很少有(或没有)顺序处理的逻辑。

2) 判定表

判定表是一种判定逻辑的表示方法，相比于结构化语言，它可以更好地描述复杂的判定逻辑。

判定表由4部分组成，其基本结构如表4-3所示。

表4-3 判定表的基本结构

条件和行动	规则
条件声明	条件选项
动作声明	动作选项

条件声明是进行判定时需要参考的条件列表。条件选项是那些条件可能取到的值。动作声明是判定后可能采取的动作。动作选项表明那些动作会在什么样的条件下发生。

【例4-2】细化例4-1给出的奖励条件：学生每学期已修课程成绩的比率。优秀比率占70%以上，中以下所占比率小于15%，并且表现优良的学生可以获得一等奖学金；表现一般的学生可以获得二等奖学金。优秀比率占70%，中以下所占比率小于20%，并且表现优良的学生可以获得二等奖学金；表现一般的学生可以获得三等奖学金。优秀比率占50%以上，中以下所占比率小于15%，并且表现优良的学生可以获得二等奖学金；表现一般的学生可以获得三等奖学金。中以下所占比率小于20%，并且表现优良的学生可以获得三等奖学金；表现一般的学生可以获得四等奖学金。

用判定表描述判定逻辑如表4-4所示。

表 4-4　用判定表描述判定逻辑

条件	成绩比率 优秀≥70%	Y	Y	Y	Y	N	N	N	N
	成绩比率 优秀≥50%	—	—	—	—	Y	Y	Y	Y
	成绩比率 中以下≤15%	Y	Y	N	N	Y	Y	N	N
	成绩比率 中以下≤20%	—	—	Y	Y	—	—	Y	Y
	表现 优良	Y	N	Y	N	Y	N	Y	N
	表现 一般	N	Y	N	Y	N	Y	N	Y
动作	一等奖学金	✔							
	二等奖学金		✔	✔		✔			
	三等奖学金				✔		✔	✔	
	四等奖学金								✔

结合上述例子给出判定表的构造步骤。

(1) 列出所有的条件，填写判定表的“条件声明”象限。本例中包括成绩优秀比率、成绩中以下比率和表现共 3 个条件。

(2) 列出所有的动作，填写判定表的“动作声明”象限。本例中包括一、二、三和四等奖学金共 4 个等级。

(3) 计算所有可能的、有意义的条件组合，确定组合规则个数，填写判定表的“条件选项”象限。本例中，3 个条件均有 2 种取值，但因条件 1 与条件 2 只有其中一个条件的取值为 Y 时，条件组合才有意义，所以规则个数应该是 4。

(4) 将每个组合得到的动作填入“动作选项”象限。

(5) 简化规则，合并或删除等价的操作。合并的原则如下：找出动作选项在同一行的，检查上面的每一个条件的取值是否影响该操作的执行，如果条件的取值不起作用，则可以合并等价操作，否则不能简化。在本例中，获得二等奖学金的组合有 3 个，经过分析，发现优秀率占 70%，中以下比率小于 15%，表现一般的获得二等奖学金；优秀率占 70%，中以下比率小于 20%，表现优良的获得二等奖学金；优秀率占 50%，中以下比率小于 15%，表现优良的获得二等奖学金。3 个组合中每个条件都有作用，不能简化。

(6) 重新排列简化后的判定表。判定表的主要优点是能够保证判定分析的完备性。因为判定表列出了所有可能出现的判定条件和动作，所以基于判定表的描述通常很少会发生规则遗漏或考虑不周的情况。

3) 判定树

如果判定过程非常复杂，那么使用判定表进行描述会使得表的规模非常庞大，导致不易理解。此时，可以使用判定树来描述判定逻辑。与判定表 4-4 等价的判定树如图 4-14 所示。

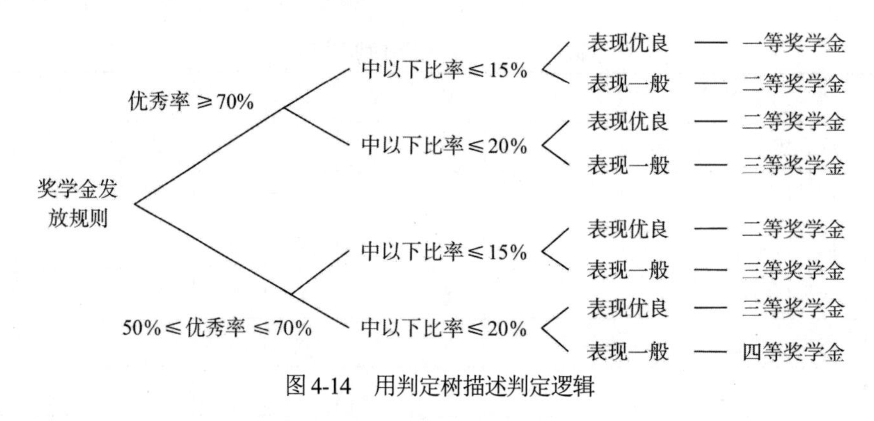

图 4-14　用判定树描述判定逻辑

4) 处理逻辑描述技术的选择

前面介绍了 3 种可以用来描述处理逻辑的技术：结构化语言、判定表和判定树。在具体情况下，应该如何选择呢？可参考如下指导原则。

(1) 结构化语言：如果包含一般顺序执行的动作或循环执行的动作，建议选用结构化语言描述。

(2) 判定表：如果存在复杂的条件组合或动作，或者要求确保判定分析的完备性，建议选用判定表描述。

(3) 判定树：如果条件和动作的顺序非常关键，或者希望用更加直观的方式来描述各种组合和动作，建议选用判定树描述。

3. 数据字典

DFD 的层次结构中，除对原始过程的逻辑内容进行细致的描述外，对涉及的数据流和数据存储也需要进行详细的说明，此时，可以通过数据字典技术来完成。

数据字典列出了 DFD 中涉及的所有数据元素(数据流、数据存储)，并定义了每个元素的名称、表示方法、单位/格式、使用范围、使用地点、使用方法，以及其他描述信息。数据字典的数据元素说明格式如表 4-5 所示。

表 4-5　数据字典的数据元素说明格式

项目	内容
名称	数据元素的原始名称
别名	数据元素的其他名称
使用地点	使用该数据元素的位置
使用方法	该数据元素扮演的角色(输入流、输出流或数据存储等)
使用范围	该数据元素存在的范围
描述	对数据元素内容的描述
单位/格式	数据元素的数据类型

数据字典要求对数据元素的描述要精确、严格和明确，因此，在说明数据元素的数据结构时，数据字典常常会使用类似于 BNF(巴克斯-诺尔范式)的严格说明技术。数据字典常用的说明符号如表 4-6 所示。

表 4-6　数据字典常用的说明符号

符号	含义	示例
=	由……组成，定义为……	姓名=姓+名
+	和，指明顺序关系	
( )	内容可选	电话号码=(区号)+本地号
[ ]	内容多选一	数字=[0|1|2|3|4|5|6|7|8|9]
|	分隔[ ]内部的多个选项	
$n\{\}m$	循环，最少 n 次，最多 m 次	区号=3{数字}4
..	连接符	数字=0..9
**	注释	区号=3{数字}4 **区号为 3 到 4 位数字

按照表 4-6 的说明符号，可以精确地定义某单位的电话号码的数据结构，如表 4-7 所示。

表 4-7　电话号码数据结构定义

定义	说明
电话号码=[内线|外线]	电话号码可能是内线或外线
内线=3{数字}3	内线是 3 位数字
外线=9+[特服号码|普通电话号码]	外线要先拨 9，然后再拨特服号码或普通电话号码
特服号码=[110|120|…]	特服号码有 110、120 等
普通电话号码=(区号)+本地号	普通电话号码为可选区号加本地号
区号=3{数字}4	区号是 3 到 4 位数字
本地号=8{数字}8	本地号是 8 位数字
数字=[0|1|2|3|4|5|6|7|8|9]	数字为 0 到 9 中的任意一个

按照表 4-5 的数据元素说明格式，结合数据结构的定义和其他描述信息，数据字典就可以很好地说明 DFD 中的数据元素。数据元素定义示例如表 4-8 所示。

表 4-8　数据元素定义示例

名称	电话号码
别名	号码
使用地点和方法	read_phone_number(input) display_phone_number(output) analyze_long_distance_calls(input)
描述	电话号码=[内线|外线] 内线=3{数字}3 外线=9+[特服号码|普通电话号码] 特服号码=[110|120|…] 普通电话号码=(区号)+本地号 区号=3{数字}4 本地号=8{数字}8 数字=[0|1|2|3|4|5|6|7|8|9]
格式	字母数字

4.4.2 数据建模

过程建模以数据在系统中的产生和使用为重点，以进行数据转换的过程为核心，建立层次结构的过程模型来描述系统，它同时描述了系统的行为和数据。不过在数据说明方面，过程模型更多的是侧重数据产生与使用的时间、地点和方式，而没有描述数据的定义、结构和关系等特性。数据建模能够弥补过程建模在数据说明方面的缺陷，它描述数据的定义、结构和关系等特性。

数据建模最常用的方法是实体关系图(entity relationship diagram，ERD)，也称为 ER 图。ER 图使用实体、属性和关系 3 个基本的构建单位来描述数据模型。ER 图表示法如图 4-15 所示。图 4-16 是学生选课的 ER 图。

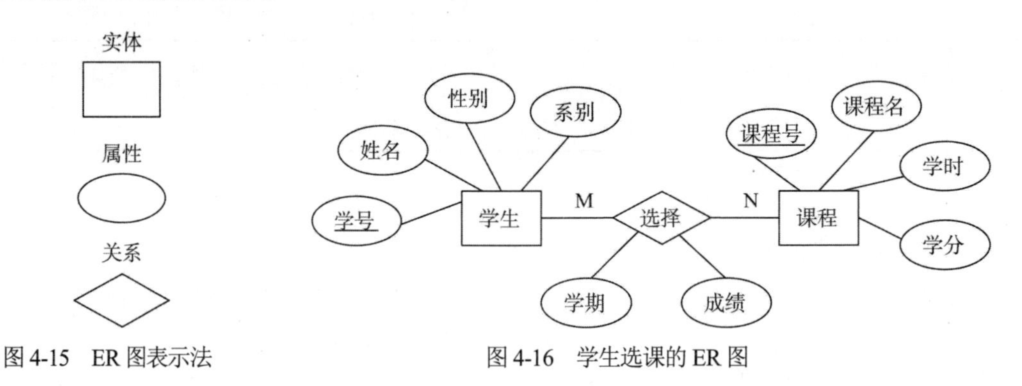

图 4-15　ER 图表示法　　图 4-16　学生选课的 ER 图

1. 实体

实体是描述事物的元素，是需要在系统中收集和存储的现实世界事物的类别描述。例如，学生和课程等。

2. 属性

1) 属性的概念

在确定了实体之后，还需要了解如何描述实体，属性就是可以对实体进行描述的特征。一系列属性集成起来就可以描述一个实体的实例。属性是实体的特征，不是数据。属性会以一定的形式存在，这种存在才是数据，被称为属性的值。在图形表示法中，属性通常使用名词作为自己的名称。

2) 标识符

一个属性的实体通常有很多实例，因此，在把这些实例归类为实体进行统一形式的描述之后，有必要提供一种唯一确定和表示每个实例的手段。ERD 采用的手段是为实体指定一个属性或多个属性的组合，它们用来唯一地确定和表示每一个实例，这些属性或属性组合称为实体的标识符(identifier)，又称为键(key)。

一个实体可能有多个键。例如，“学生”实体，可以用“学号”作为键来唯一地标识学生，也可以使用“身份证号”作为键来唯一地标识学生。这些键称为候选键(candidate key)。虽然所有的候选键都能用来标识实例，但通常会从多个候选键中选择固定的某一个键来进行实例表示，这个被选中的候选键称为主键(primary key)，没有被选作主键的候选键称为替代键

(alternate key)，常在作为主键的属性下加下画线。标识符示例如图 4-17 所示。

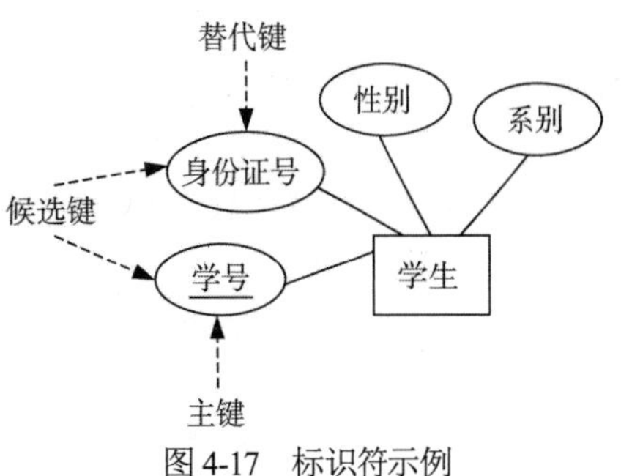

图 4-17 标识符示例

3. 关系

1) 关系的概念

实体并不是孤立存在的，它们之间彼此交互，互相影响，共同支持业务任务的完成。关系就是存在于一个或多个实体之间的自然业务联系。例如，“学生”与“课程”之间是“选择”关系。所有的关系都隐含着双向性，意味着可以从两个方向上解释。在命名关系时，通常使用动词表达关系中实体的相互作用。

2) 关系的度数

关系的度数(degree)是指参与关系的实体数量，是衡量关系复杂度的一个指标。只有一个实体参与的关系存在于实体的不同实例之间，称为一元关系。存在于两个实体之间的关系最为常见，称为二元关系。存在于 $N(N>2)$ 个实体之间的关系统称为 N 元关系。关系的度数示例如图 4-18 所示。

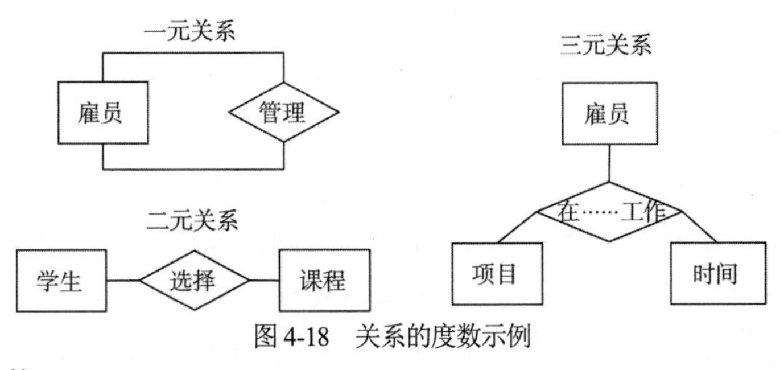

图 4-18 关系的度数示例

3) 关系的基数

衡量关系复杂性的另一个指标是关系的基数(cardinality)，也称为关系的约束(constraint)。一个实体在关系中的基数定义了在关系中其他实体实例确定的情况下，该实体实例可能参与关系的数量。从关系数量的角度，可以将关系分为 3 种，如图 4-19 所示。

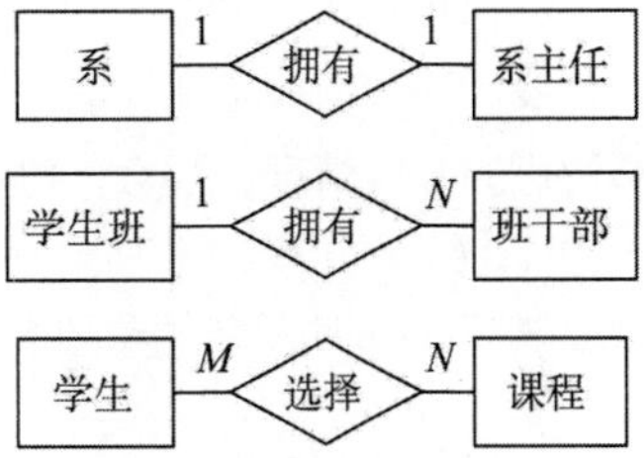

(1) 一对一(1:1)。例如，学校中系和系主任，一个系有一名系主任，一个系主任只属于一个系。

(2) 一对多(1:N)。例如，学生班和班干部，一个学生班可以有多名班干部，一个班干部只属于一个学生班。

(3) 多对多(M:N)。例如，学生和课程，一个学生可以选择多门课程，一门课程也可由多名学生选择。

图 4-19 3 种关系的示例

另外，关系本身也可能有属性，这在多对多的关系中尤为常见。在图 4-18 中，学生和课程之间的关系为“选择”，其属性包括学期和成绩。

4. ER 图的创建

前面介绍了使用 ER 图描述数据模型的方法，方法中描述的对象反映了数据建模时的关注内容。但是，在需求分析中更重要的是先建立数据模型，然后才能使用 ER 图将其描述出来。

建立数据模型就是为一个系统从无到有建立 ER 图的过程，ER 图的创建才是数据建模的核心。

ER 图的创建方法主要有两种：依据充分描述信息的 ER 图创建；依据硬数据表单的 ER 图创建。

1) 依据充分描述信息的 ER 图创建

如果在创建 ER 图之前，已经充分获取了所需要的数据描述信息，那么 ER 图的创建过程就是从这些描述中辨识和描述数据模型元素的过程。在这个过程中，ER 图的创建工作会相对比较简单。

在充分获得描述信息的情况下，ER 图的创建工作可以按照下列步骤进行。

(1) 辨识实体。从描述信息中寻找系统需要收集和存储的信息，然后将其建模为实体。在寻找信息时，可以重点关注描述信息中的名词，并以系统是否需要收集其相关的特征为依据来判定是否将其建立为独立的实体元素。

(2) 确定实体的标识符。为每个实体选择能够唯一标识实例且比较稳定的属性作为标识符。

(3) 建立实体之间的关系。从描述信息中辨识实体之间存在的业务联系，描述为独立的关系元素，并判断各个关系的建立是否会产生新的关联实体、是否会影响已有的实体特性。

(4) 添加详细的描述信息。在得到一个初步的框架之后，进一步从描述中挖掘信息，为数据模型添加详细的描述信息，包括实体的详细属性和关系的基数。

【例 4-3】某大学为提高学生对新技术的学习和理解，为学生设立了研讨班制度。制度规定如下：研讨班在每学年开始时开设，持续一个学年。每个研讨班确定一个或几个研究方向。每个研讨班由一位或几位教师主持。在研讨班开设之后，学生可以根据教师(姓名)和研讨班的方向来选择和参加某个研讨班。所有的学生必须且只能参加一个研讨班的学习。研讨班时常会开展活动，由教师来决定活动的时间、地点、主题和做报告的学生(姓名)。在每次的活动中，由一位或多位同学围绕活动主题做学习报告，交流自己对新技术的学习心得。每个学生一次活动最多只能做一个报告，但每个学生至少会在一次活动中做一个报告。教师对每个活动中的学生报告进行一次点评和指导，提出建议和意见。

假设现在需要开发一个系统来支持研讨班制度的贯彻，其主要功能如下：①支持研讨班制度的开展，为教师和学生提供一个课内外交流的信息通道和平台；②管理开设的各个研讨班，记录研讨班的开展情况。那么，可以依据上面的制度说明，建立局部的数据模型，具体如下所述。

(1) 辨识实体。

辨识实体时发现的重要名词如图 4-20 所示。

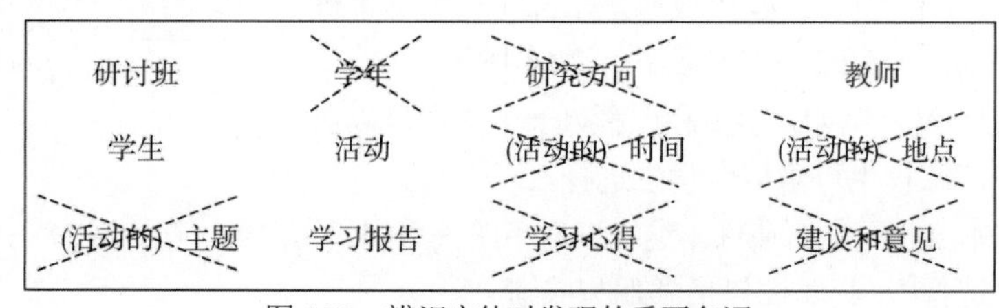

图 4-20　辨识实体时发现的重要名词

因为系统要支持研讨班的开展，所以作为研讨班构成要素的“教师”“学生”和“研讨班”自然是系统需要收集和存储的数据。又因为系统需要记录研讨班的开展情况，所以作为研讨班主要内容的“活动”自然也是系统需要收集和储存的数据。

在剩下的名词中，“学年”和“研究方向”是对研讨班的描述，系统并不需要关于学年和研讨班的更加详细的特征信息，因此它们应该作为研讨班实体的属性而不是具有自身特性的独立实体在系统中出现。以研究方向为例，系统仅仅希望收集关于研究方向的简单描述，不需要了解研究主题、发展历史、发展状况、领头人等更加详细的信息。

同样的道理，“(活动的)时间”“(活动的)地点”“(活动的)主题”也应该是活动实体的属性而不是独立的实体。

在剩下的 3 个名词中，“学习报告”是活动的内容，是对活动的描述，系统需要更进一步了解关于学习报告的内容和教师评价，所以它应该作为一个独立实体存在。而“学习心得”和“建议和意见”是对学习报告的描述，系统不需要收集它们更进一步的特征，所以它们不应该作为独立实体出现。

初步辨识的实体如图 4-21 所示。

(2) 确定实体的标识符。

为辨识出来的实体确定标识符，如图 4-22 所示。

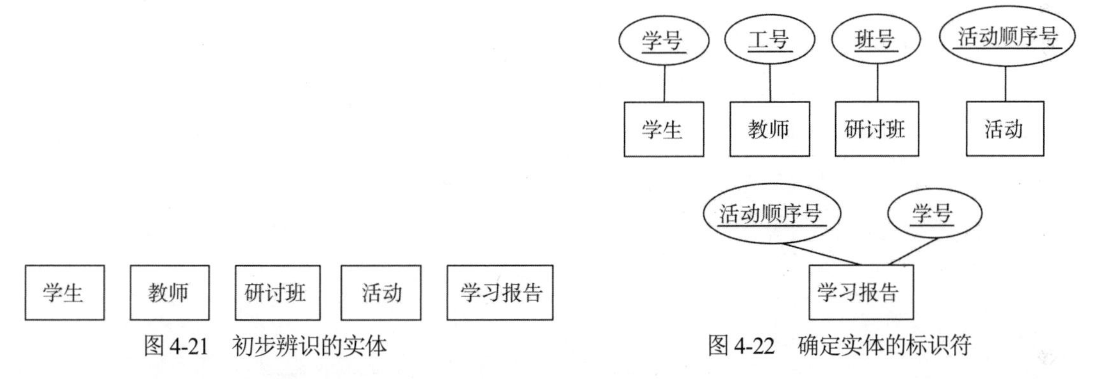

图 4-21　初步辨识的实体　　图 4-22　确定实体的标识符

(3) 建立实体之间的关系。

从描述中可以发现实体之间的关系如下。

① 教师“主持”研讨班。

② 学生“参加”研讨班。

③ 研讨班“开展”活动。

④ 活动“包含”学习报告。

⑤ 学生“做”学习报告。

⑥ 教师“点评和指导”学习报告。

建立实体联系之后的 ER 图如图 4-23 所示。注意，当一些实体的特性做出调整之后，它们的标识符也会发生变化。“学习报告”要依赖于“学生”和“活动”实体才能标识自己，而且它的两个标识符也是“学生”实体和“活动”实体的标识符，所有标识符都要去除。

(4) 添加详细的描述信息。

最后，依据描述信息建立 ER 图的详细内容，包括实体的属性、关系和基数等。最终建立的 ER 图，如图 4-24 所示。

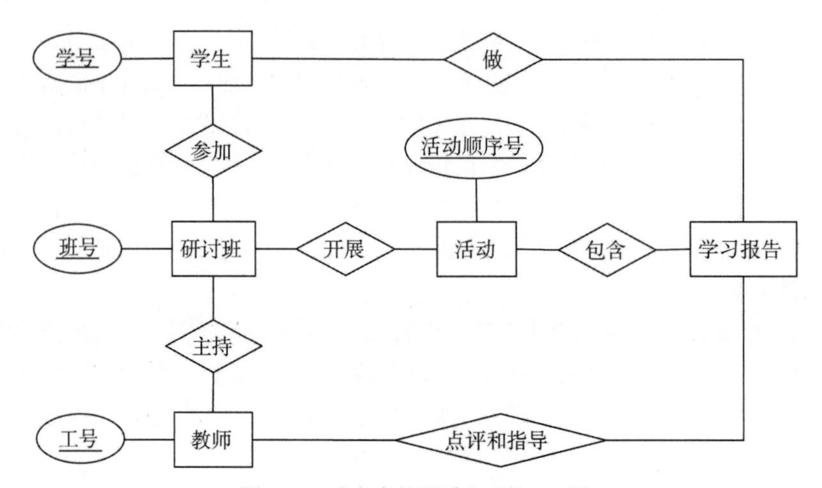

图 4-23　建立实体联系之后的 ER 图

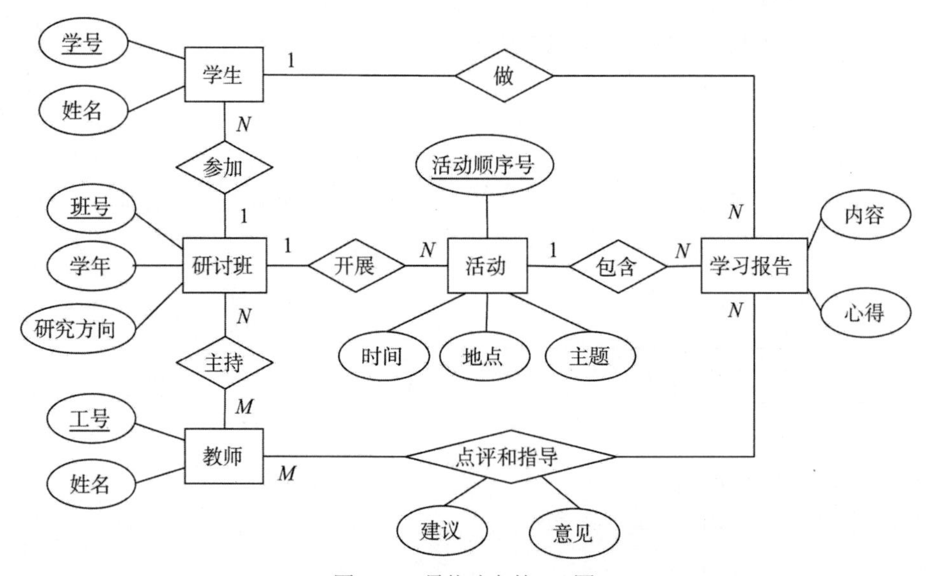

图 4-24　最终建立的 ER 图

2) 依据硬数据表单的 ER 图创建

除文本的信息描述外，硬数据表单也是建立数据模型的理想资料。依据硬数据表单建立数据模型的情况在实践中非常常见。

【例 4-4】邮政特快专递服务(EMS)表单是一个比较复杂的表单，如图 4-25 所示。请依据复杂的 EMS 硬数据表单创建 ER 图。

面对复杂的硬数据表单，可以依照下列步骤建立 ER 图。

(1) 分析表单内容，确定表单主题。首先要分析表单的内容，确定表单试图说明的主题，然后将每个主题描述为一个独立的数据实体。

例如，图 4-25 所展示的邮政特快专递服务(EMS)表单，在不考虑“交寄人签字”和“收件人签字”的情况下，可以将表单内容分为包裹、收件人和寄件人 3 个主题。据此建立初始的 ER 图如图 4-26 所示。

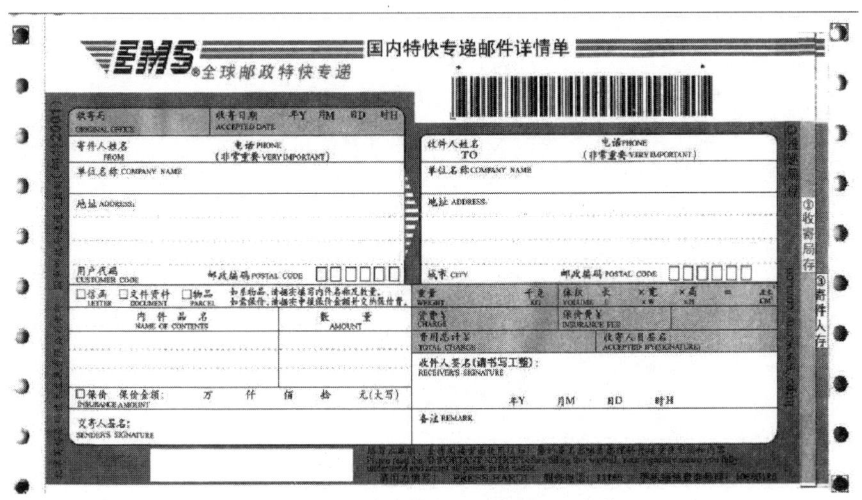
EMS 全球邮政特快专递
国内特快专递邮件详情单
收寄局 ORIGINAL OFFICE　收寄日期 ACCEPTED DATE　年Y 月M 日D 时H
寄件人姓名 FROM　电话 PHONE (非常重要 VERY IMPORTANT)
单位名称 COMPANY NAME
地址 ADDRESS:
用户代码 CUSTOMER CODE　邮政编码 POSTAL CODE
□信函 LETTER　□文件资料 DOCUMENT　□物品 PARCEL
内件品名 NAME OF CONTENTS　数量 AMOUNT
□保价 保价金额: 万 仟 佰 拾 元(大写) INSURANCE AMOUNT
交寄人签名: SENDER'S SIGNATURE
收件人姓名 TO　电话 PHONE (非常重要 VERY IMPORTANT)
单位名称 COMPANY NAME
地址 ADDRESS
城市 CITY　邮政编码 POSTAL CODE
重量 WEIGHT 千克 KG　体积 VOLUME 长 ×宽 ×高 = 立方 CM
资费 CHARGE　保价费 INSURANCE FEE
费用总计 TOTAL CHARGE　收寄人员签名 ACCEPTED BY(SIGNATURE)
收件人签名(请书写工整): RECEIVER'S SIGNATURE　年Y 月M 日D 时H
备注 REMARK
①收寄局存　③寄件人存
请用力书写 PRESS HARD

图 4-25　邮政特快专递服务(EMS)表单

(2) 建立主题之间的关系。在确定主题之后，依据表单的内容，建立主题之间的关系。EMS 表单主题之间的关系如图 4-27 所示。

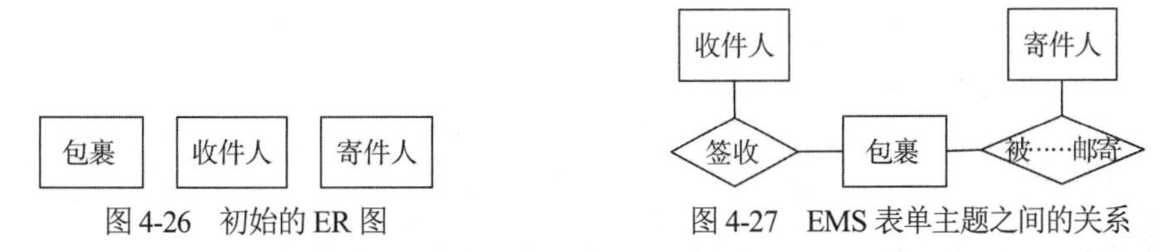

图 4-26　初始的 ER 图　　　　图 4-27　EMS 表单主题之间的关系

(3) 围绕主题组织表单的项目。在确定主题、建立主题之间的关系之后，就可以逐一处理表单中包含的项目，将它们分派到各自的主题，并将这些项目作为属性围绕主题进行组织。

例如，EMS 表单的项目可以按照如图 4-28 所示的分割方式围绕主题进行组织，结果如图 4-29 所示。

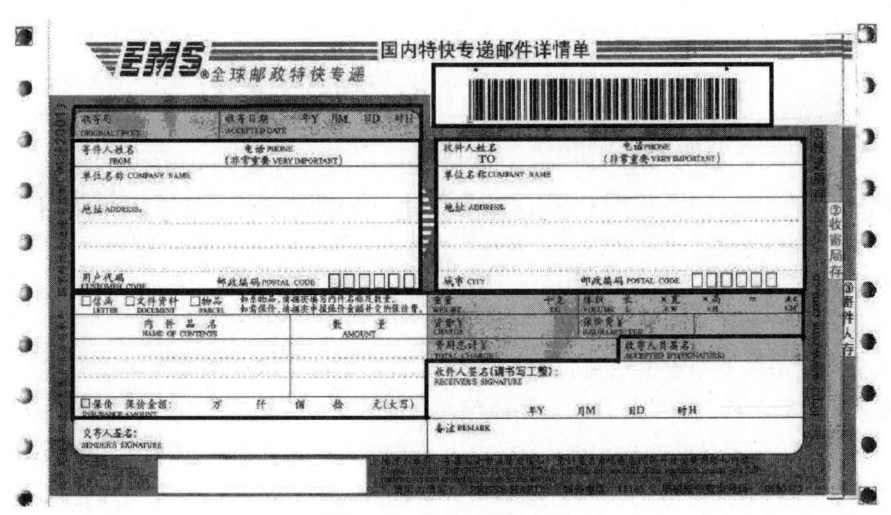
EMS 全球邮政特快专递
国内特快专递邮件详情单
收寄局 ORIGINAL OFFICE　收寄日期 ACCEPTED DATE　年Y 月M 日D 时H
寄件人姓名 FROM　电话 PHONE (非常重要 VERY IMPORTANT)
单位名称 COMPANY NAME
地址 ADDRESS:
用户代码 CUSTOMER CODE　邮政编码 POSTAL CODE
□信函 LETTER　□文件资料 DOCUMENT　□物品 PARCEL
内件品名 NAME OF CONTENTS　数量 AMOUNT
□保价 保价金额: 万 仟 佰 拾 元(大写) INSURANCE AMOUNT
交寄人签名: SENDER'S SIGNATURE
收件人姓名 TO　电话 PHONE (非常重要 VERY IMPORTANT)
单位名称 COMPANY NAME
地址 ADDRESS
城市 CITY　邮政编码 POSTAL CODE
重量 WEIGHT 千克 KG　体积 VOLUME 长 ×宽 ×高 = 立方 CM
资费 CHARGE　保价费 INSURANCE FEE
费用总计 TOTAL CHARGE　收寄人员签名 ACCEPTED BY(SIGNATURE)
收件人签名(请书写工整): RECEIVER'S SIGNATURE　年Y 月M 日D 时H
备注 REMARK
①收寄局存　③寄件人存

图 4-28　项目的分割方式

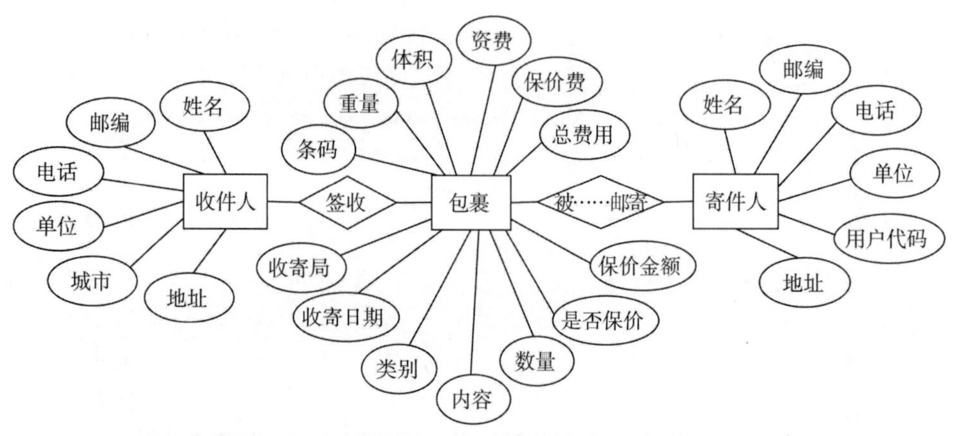

图 4-29　围绕主题组织项目

(4) 补充 ER 图的详细信息。经过前面 3 个步骤，可以得到一个较好的 ER 图框架，在此基础上，补充一些详细的信息，如关系的基数、实体的标识符，就可以得到最终的 ER 图。经过详细的信息补充后，EMS 表单的最终 ER 图如图 4-30 所示。

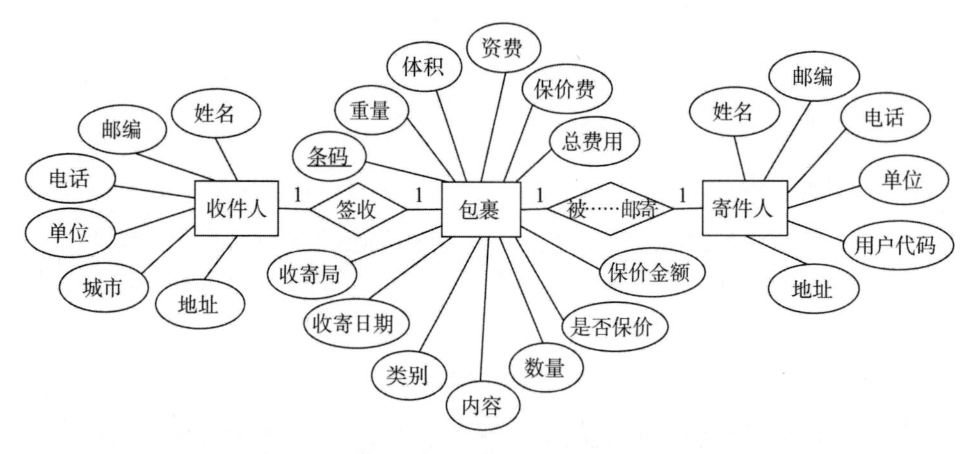

图 4-30　EMS 表单的最终 ER 图

4.4.3　过程模型与数据模型的联系

结构化的分析方法使用 ER 图来描述系统的数据，使用过程模型来描述系统行为，但是在 ER 图和过程模型的协同问题上却始终没有形成有效的解决方案，实践也表明了这一点。

在实现 ER 图与过程模型同步的技术中，功能/实体矩阵(function/entity matrix)是一种较为常见的技术。

功能/实体矩阵的一个简单示例如表 4-9 所示。该示例描述了一个课程注册系统的过程模型和数据模型的协同关系。表的行反映的是课程注册系统的过程模型，列出了系统的功能。表的列反映的是课程注册系统的数据模型，列出了系统的实体。表中的数据单元说明了对应行的功能会对所对应列的数据进行的操作。操作分为创建(create)、读取(read)、更新(update)和删除(delete)4 种，在单元中被分别标记为 C、R、U、D，因此，功能/实体矩阵又称为 CRUD 矩阵。

表 4-9　功能/实体矩阵示例

功能/实体	学生	课程	注册
修改课程信息		RU	
注册课程	R	R	C
取消课程注册	R	R	D

建立功能/实体矩阵的过程也是一次极好的检查，有助于验证过程模型和数据模型的正确性，发现其中的错误、遗漏、冗余和不一致。例如，没有任何关联功能的实体都是可疑的，不对任何数据进行操作的过程也都是可疑的。

4.4.4　结构化分析的局限性

结构化分析方法最大的贡献是明确提出了标准化分析工作的思想和路线，告别了基于文本的分析，迎来了建模技术的使用，开创了一个至今不衰的先河。

结构化分析的局限性体现在如下几个方面。

(1) 虽然有了功能/实体矩阵等分析技术，但是过程模型和数据模型的连接仍然是一个较难的工作。

(2) 结构化分析向结构化设计的过渡(数据流图到结构图)，中间有着难以逾越的鸿沟。

(3) 结构化分析过于重视对已有系统的建模，随着很多复杂应用的出现，结构化分析方法举步维艰。

4.5　需求规格说明

需求获取活动收集了需求信息，需求分析活动深入地理解了需求信息，并建立了能够满足用户需要的软件解决方案。在经过需求获取活动和需求分析活动的处理之后，软件系统的涉众和需求工程师应该能够就软件的需求和解决方案达成共识。为保证软件开发的成功，这种共识还需要完整地传递给开发人员。需求规格说明活动就是将需求及其软件解决方案进行定义和文档化，并传递给开发人员的需求工程活动。

4.5.1　需求规格说明文档的类型

在需求开发的过程中，会产生许多不同类型的需求规格说明文档。一些常见的需求文档如图 4-31 所示。

项目前景和范围文档是描述项目的前景和范围时形成的文档。如果客户需要进行项目招标，那么招标工作通常是基于用户需求文档进行的。

在得到用户需求之后，需求工程师需要对其进行建模和分析，细化系统需求并形成系统需求规格说明文档，从整个系统的角度出发，描述系统的需求和解决方案。系统需求规格说明文档的内容比较抽象，具有概括性的特点。大多数的系统开发项目都是以系统需求规格说明文档为基础签约的。

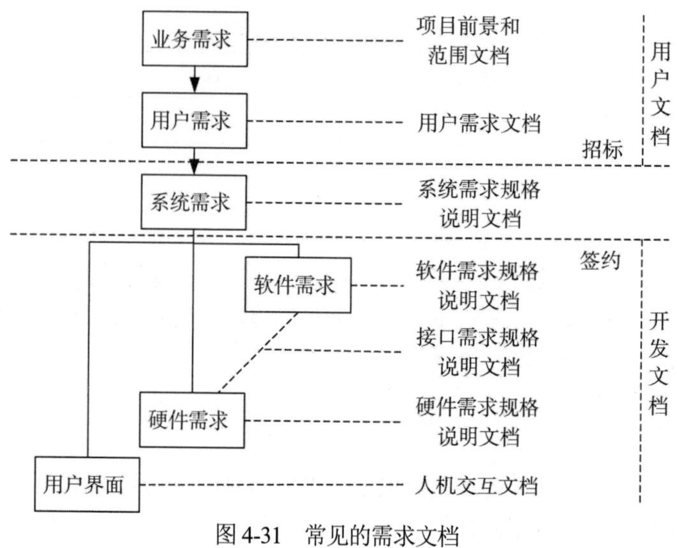

图 4-31　常见的需求文档

软件需求规格说明文档是对整个系统功能中分配给软件部分的详细描述。硬件需求规格说明文档是对整个系统功能中分配给硬件部分的详细描述。接口需求规格说明文档是对整个系统中需要软件、硬件协同实现部分的详细描述。人机交互文档是对整个系统功能中需要进行人机交互部分的详细描述。

本节描述的需求规格说明文档主要是指软件需求规格说明文档。

4.5.2　软件需求规格说明文档的读者

软件需求规格说明文档以信息交流为主要目标，常见的读者群体如图 4-32 所示。

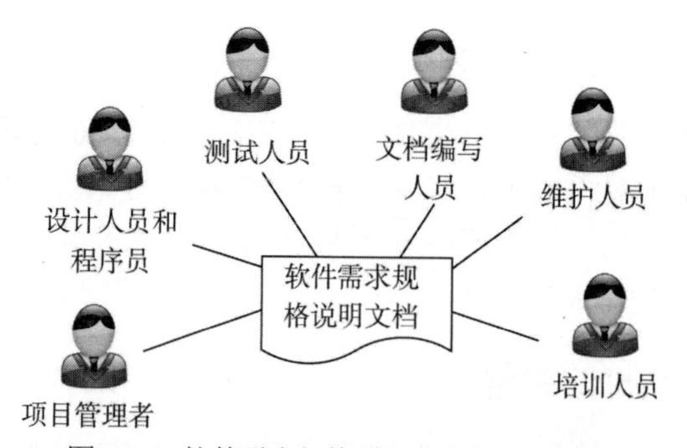

图 4-32　软件需求规格说明文档的读者群体

项目管理者基于软件需求规格说明文档进行软件的估算。设计人员和程序员依据文档来完成设计和编码工作。测试人员根据文档内容设计测试计划，指导后期的软件测试活动。文档编写人员依据文档内容着手计划用户手册的编写，在软件活动完成之后，再结合实际软件的素材进行最终手册的编写。软件维护需要在充分理解软件现有需求的基础上进行，因此，软件需求规格说明文档是维护人员执行维护任务的重要依据。培训人员需要理解文档内容，合理安排培训的内容和方式。

4.5.3　软件需求规格说明文档模板

在编写软件需求规格说明文档时，可以选择一份合适的文档模板。如今，有很多软件需求规格说明文档模板可供选择，其中比较权威的是 IEEE 830—1998 标准给出的模板，如图 4-33 所示。

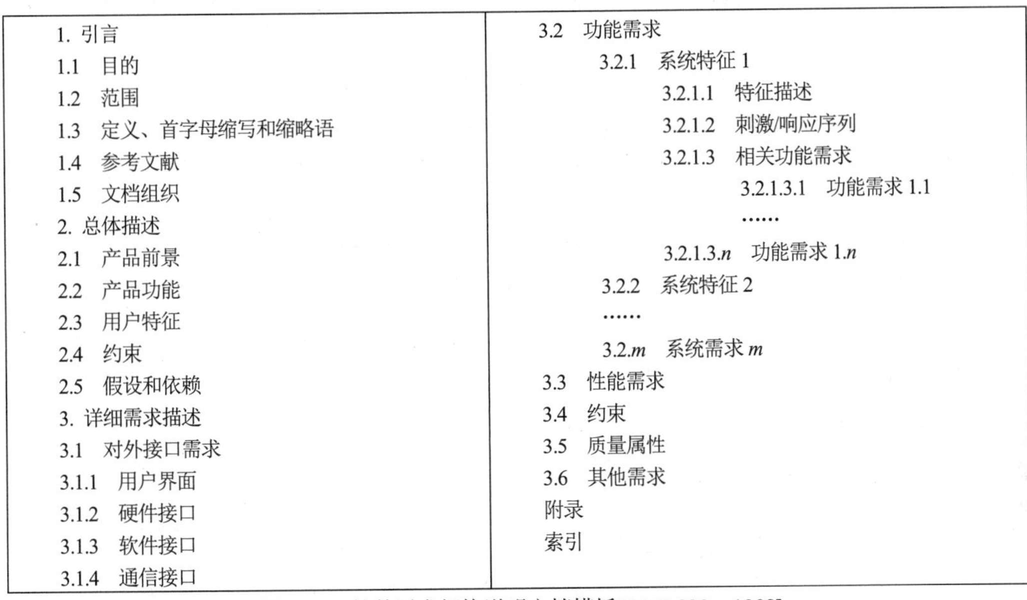

1. 引言
1.1　目的
1.2　范围
1.3　定义、首字母缩写和缩略语
1.4　参考文献
1.5　文档组织
2. 总体描述
2.1　产品前景
2.2　产品功能
2.3　用户特征
2.4　约束
2.5　假设和依赖
3. 详细需求描述
3.1　对外接口需求
3.1.1　用户界面
3.1.2　硬件接口
3.1.3　软件接口
3.1.4　通信接口
3.2　功能需求
3.2.1　系统特征 1
3.2.1.1　特征描述
3.2.1.2　刺激/响应序列
3.2.1.3　相关功能需求
3.2.1.3.1　功能需求 1.1
……
3.2.1.3.*n*　功能需求 1.*n*
3.2.2　系统特征 2
……
3.2.*m*　系统需求 *m*
3.3　性能需求
3.4　约束
3.5　质量属性
3.6　其他需求
附录
索引

图 4-33　软件需求规格说明文档模板[IEEE 830—1998]

4.6 需求验证

4.6.1　需求验证的概念

“验证”其实包含两层含义：验证(validation)与确认(verification)。这两个概念往往会被混淆。

需求验证，即检查一个文档或制品是否符合另一个文档或制品。在需求层，验证需求规格说明文档是否符合需求定义。

需求确认，即检查需求定义是否准确地反映了客户的需要。确认是一项棘手的工作，因为只有少数文档可用作基础来说明需求定义是正确的。

本节中使用“需求验证”代表“需求验证”和“需求确认”。也就是说，一方面，它要确保以正确的形式建立需求(需求验证)，得到足以作为软件创作基础的需求；另一方面，它要确保得到内容、语义正确的需求(需求确认)和准确反映用户意图的需求。

4.6.2　需求验证的方法

1. 需求评审的概述

评审(review)又称为同级评审(peer review)，是指由作者之外的其他人来检查产品问题的方法。评审主要采用的是静态分析手段，是需求评审的一种主要方法。原则上，每一个需求都应该经过评审。

2. 参与评审的人员

(1) 组织者。组织者负责整个项目中审查活动的组织和规划。

(2) 仲裁者。仲裁者负责确保整个审查过程的正确进行，协调审查活动。

(3) 作者。作者是创建或维护软件需求规格说明文档的人，在评审中作为听众听取评论，并在需要时解答审查人员的问题。

(4) 阅读人员。在审查会议上，阅读人员负责逐一解释软件需求规格说明文档的内容，并在每次解释后由审查人员指出可能存在的问题或缺陷。

(5) 记录人员。在审查会议上，记录人员负责记录审查中发现的问题及修改建议。

(6) 收集人员。有些评审过程并不会举行集中的会议，而是由分散的检查人员各自独立完成检查。这时，就需要由收集人员分别收集检查人员的检查结果。

(7) 审查人员。在需求评审中，审查人员包括领域专家、用户代表、技术人员(需要根据被审查的文档内容开展工作的人，如设计人员、测试人员等)、观察员(具有相关经验的人，如作者的同级伙伴、相关产品的需求工程师等)。

3. 评审的过程

常见的评审过程可以分为6个阶段，如图4-34所示。

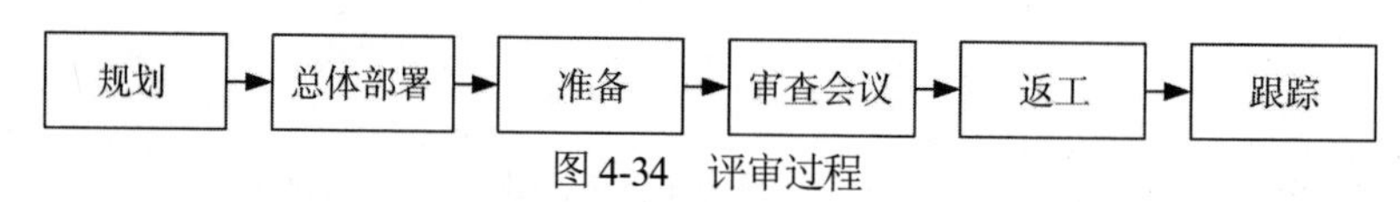

图4-34 评审过程

(1) 规划阶段。作者和仲裁者共同制订审查计划，决定审查会议的次数，安排每次审查会议的时间、地点、参加人员和审查内容。

(2) 总体部署阶段。作者和仲裁者向所有参与审查会议的人员描述待审查材料的内容、审查的目标及一些假设，并分发文档。

(3) 准备阶段。审查人员各自独立执行检查任务，记录检查中发现的问题，以准备开会讨论，或者提交给收集人员。

(4) 审查会议阶段。通过会议讨论，识别、确认和分类发现的错误。

(5) 返工阶段。作者修改发现的缺陷。

(6) 跟踪阶段。仲裁者要确认所有发现的问题都得到了解决，所有的错误都得到了修正。

4. 评审的类型

评审的类型如图4-35所示。

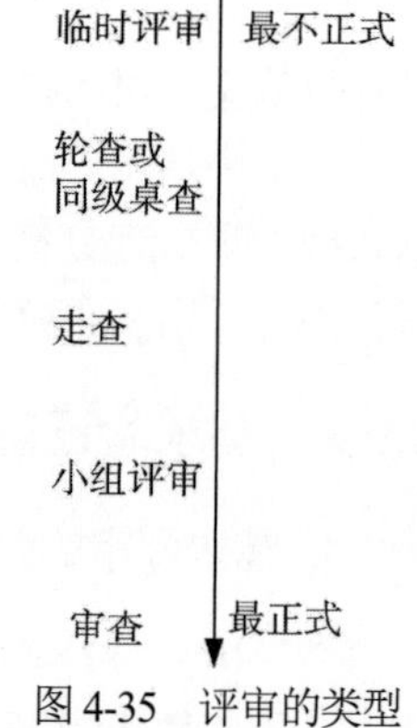

图4-35 评审的类型

(1) 临时评审是最不正式的评审类型，它只是作者临时(如工作中遇到问题时)发起的评审活动。

(2) 轮查或同级桌查是指同时请作者的多个同事分别进行产品检查。检查人员可能会在各自的检查中相互沟通，但是最终参加会议讨论的可能只是一部分甚至少数检查人员。

(3) 走查是指产品的作者将产品逐一地向同事介绍，并希望他们给出意见。评审小组很少参与审查问题的跟踪和修正，也很少进行耗时的事先准备工作。

(4) 小组评审是“轻型审查”。和严格的审查相比，它的总体会议和跟踪审查步骤被简化或省略了，一些评审者的角色也可能会被合并。

(5) 审查是最正式的评审类型，需严格遵守整个评审过程。通常情况下，审查还会收集评审过程中的数据，并改进自身的评审过程。

不同评审方法在过程和活动上的区别如表 4-10 所示。

表 4-10 不同评审方法在过程和活动上的区别

评审类型	规划	准备	会议	纠错	跟踪
临时评审	否	否	是	是	否
轮查或 同级桌查	否	是	可能	是	否
走查	是	否	是	是	否
小组评审	是	是	是	是	否
审查	是	是	是	是	是

4.7 需求管理

在需求开发活动之后，设计、测试、实现等后续的软件系统开发活动都需要围绕需求开展工作。需求的影响力贯穿于整个软件的产品生命周期。在需求开发结束之后，还需要保证需求作用的持续、稳定和有效发挥，这就是需求管理的任务。

需求管理阶段的主要任务包括建立和维护需求基线、建立需求跟踪信息、进行变更控制。

4.7.1 建立和维护需求基线

需求基线(requirements baseline)就是被明确和固定的需求集合，是项目团队需要在某一特定产品版本中实现的特征和需求集合。

建立良好的配置管理，对需求基线进行版本控制，是进行有效需求管理的前提和基础。

若要实现需求基线的版本控制，首先要标识每项需求，记录它的相关属性，如 ID、来源、产生日期、产生理由、优先级、预计实现成本等，然后为每一个需求文档建立唯一的版本号标识。

在建立初步的版本控制之后，所做的变更必须被明确地加以记录。记录的内容包括变更情况、变更日期、变更原因等。

基线的版本控制工作可以使用版本管理工具来进行。

4.7.2 建立需求跟踪信息

在实际的软件系统开发中，面对业务和技术都不断变化的环境，软件系统在开发或演化过程中发生与需求基线不一致的、偏离的风险越来越大。为了避免这种现象，控制软件开发的质量、成本和时间，人们提出了需求跟踪(requirements traceability)的方法。

需求要具有双向跟踪能力：一是后向跟踪，即跟踪需求的去向，寻找特定需求的导出需求，或者寻找实现特定需求的相关项目资产；二是前向跟踪，即跟踪需求的来源，寻找导出特定需求的更高一级的需求，或者寻找提出特定需求的用户。

4.7.3 进行变更控制

考虑到现实世界的多变性，一个成功的项目在建立一致的需求基线之后仍然应该积极地接受来自外界需求变化的请求，并做出及时的调整与反馈。需求的变更是正当和不可避免的，在需求开发之后冻结需求是不恰当的做法。但是，需求变更又可能会给项目带来很大的负面影响，随意的需求变更也是不恰当的做法。

需求变更控制就是以可控的、一致的方式进行需求基线中需求的变更处理，包括对变化的评估、协调、批准或拒绝、实现和验证，如图4-36所示。需求变更控制不是要限制或拒绝需求的变化，它是以一种可控制的、严格的过程方式来执行需求的变更。

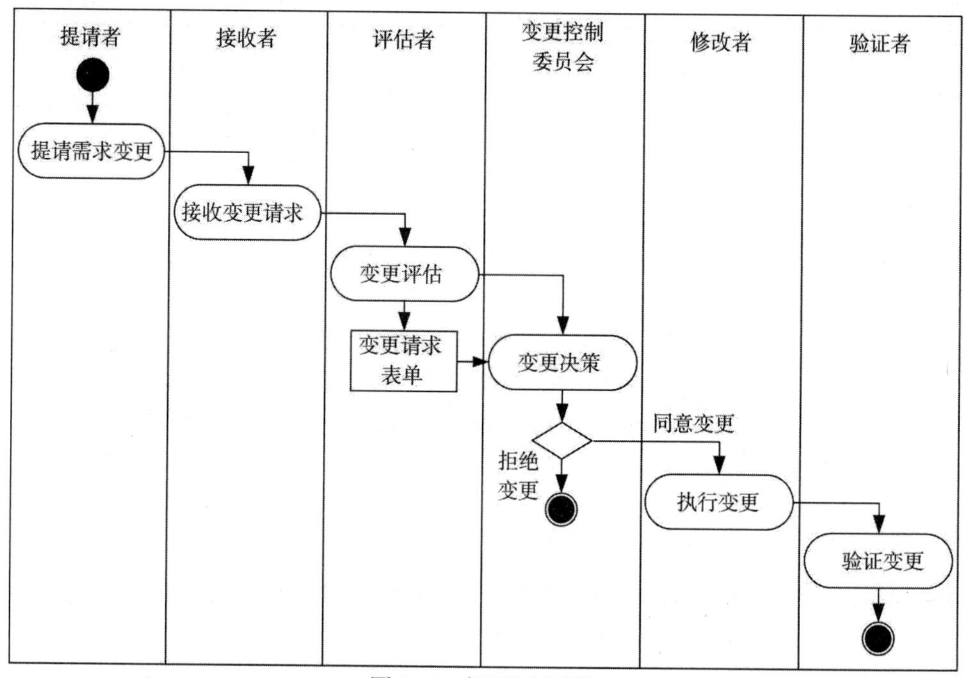

图4-36　变更控制过程

变更控制过程的具体描述如下。

(1) 需求的提请者需要通过正式的渠道提出需求的变更请求。

(2) 提交的需求变更请求会被接收者接收。接收者接收到请求之后会给每一个请求分配一个唯一的标识标签。

(3) 评估者评估需求变化可能带来的影响。项目可能会指定固定的评估人员来进行评估。变更评估的内容要以正式文档的方式固定下来，并提交给变更控制委员会(change control board，CCB)。变更请求表单如图4-37所示。

(4) 变更控制委员会依据需求变更评估的信息，做出拒绝变更或同意变更的决定。

(5) 经过变更控制委员会批准的变更请求会被通知给所有需要修改工作产品的团队成员，由他们完成变更的修改工作。

项目名称	请求编号：
提请人： 提请理由及优先级： 变更请求描述：	提请日期：
评估人： 评估优先级： 影响范围： 工作量估算： 变更评价：	评估日期： 变更类型：
提交CCB日期： CCB决定：	CCB决策日期：
修改人： 修改结果：	修改日期：
验证人： 验证结果：	验证日期：
备注：	

图 4-37　变更请求表单

(6) 为了确保变更涉及的各个部分都得到了正确的修改，通常还需要执行验证工作。验证完成后，修改者才可以将修改后的工作产品付诸使用，并重新定义需求基线以反映这一变更。

4.8 结构化需求分析方法案例

【例 4-5】使用 DFD 描述常见的电梯控制系统。一个控制系统控制多个电梯。每个电梯被置于一个相应的甬道之中，在卷扬机的作用下在甬道内做上下运动。甬道内安装了多个传感器，通常每个电梯停靠点为一个，用来感应电梯的实时位置。电梯内部和建筑的每个电梯停靠楼层都设置了指示器，用来告知用户电梯的实时位置和运行状况。电梯内和建筑的每个电梯停靠层都设有按钮，用户可以通过这些按钮提出服务申请并进出电梯。控制系统调度用户的申请，让电梯以最有效的方式满足用户的服务要求。

1. 创建上下文

检查需求获取中得到的系统业务需求，并对其进行分析，具体如表 4-11 所示。其中，外部输入和外部输出是指和系统之外的对象的数据交互，内部输入和内部输出是指和系统内部其他局部解决方案形成的数据交互。

表 4-11　电梯控制系统的业务需求分析

业务需求	实现业务需求需要的系统特征	对外交互
BR1：控制电梯按照常规方式运转行	SF1.1：能够控制卷扬机，实现服务请求的电梯运动	内部输入：调度要求 外部输出：卷扬机控制信号

(续表)

业务需求	实现业务需求需要的系统特征	对外交互
BR1：控制电梯按照常规方式运转行	SF1.2：感应器能够感应电梯位置，并转交给指示器	外部输入：感应器感知信号 外部输出：指示器要求信号
	SF1.3：用户利用按钮发出服务请求	外部输入：按钮信号 内部输出：服务请求
BR2：保证用户出入电梯的安全	SF2.1：系统要根据服务请求和电梯的运行状态控制电梯门的开关	内部输入：服务请求、电梯状态 外部输出：门控命令
BR3：电梯按一定的调度方式服务用户	SF3.1：系统从服务请求队列中建立高效率的调度	内部输入：服务请求 内部输出：调度要求

根据业务需求分析，可以建立电梯控制系统的上下文图，如图 4-38 所示。

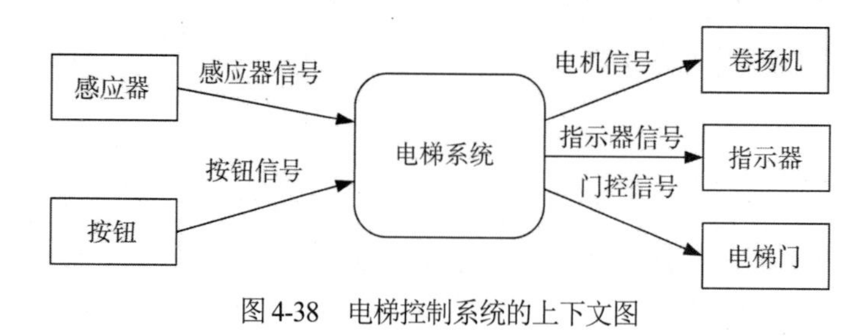

图 4-38　电梯控制系统的上下文图

2. 建立 0 层图

检查需求获取的信息，寻找需要系统做出响应的事件，如表 4-12 所示。

表 4-12　电梯控制系统的外部事件及其响应

外部事件	系统响应
用户利用按钮发出服务请求	系统首先要记录请求，以备调度。如果请求时电梯处于运行状态，则系统需要重新执行请求调度，并在需要的情况下更改运行目标
用户利用按钮发出开关门请求	系统查看电梯状态，如果处于静止状态且处于目前楼层，则发出门控命令，否则不予处理
感应器信号发生变化	系统要根据新的信号更新电梯状态，并通知指示器改变显示
电梯活动	电梯开始运行，系统要改变电梯状态为运行状态，然后根据等待的服务请求调度确定电梯的运行目标，结合电梯目前位置，控制卷扬机开始工作。 电梯停止，系统更新电梯状态为静止状态，移除已完成的请求，然后控制卷扬机停止运行，并在停止后开启电梯门

根据外部事件及其响应情况建立 0 层图，如图 4-39 所示。

3. 功能分解，产生 *N* 层图

过程 1 可分为“记录服务请求”和“服务请求调度”子过程，如图 4-40 所示。过程 3 可分为“更新电梯位置”和“指示器控制”子过程，如图 4-41 所示。过程 4 可分为“更新电梯状态”

“卷扬机控制”和“移除服务请求”子过程，如图 4-42 所示。

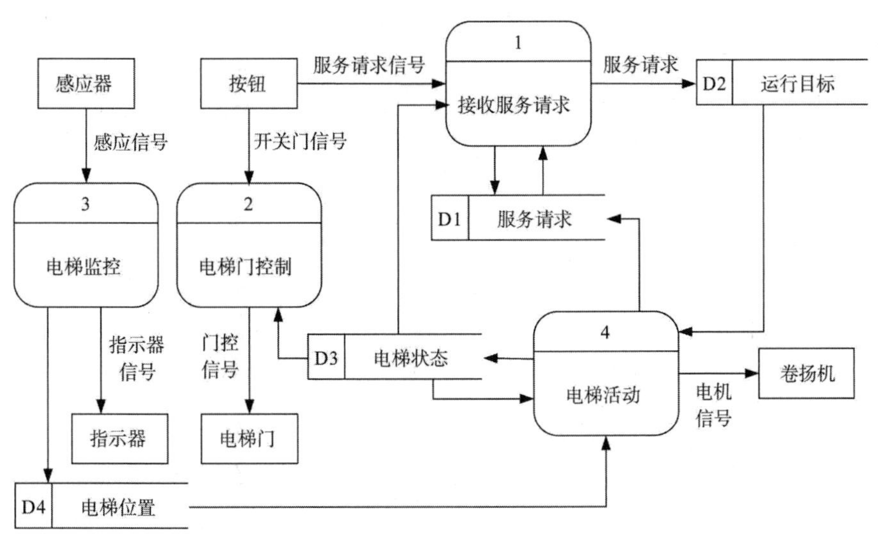

图 4-39　电梯控制系统的 0 层图

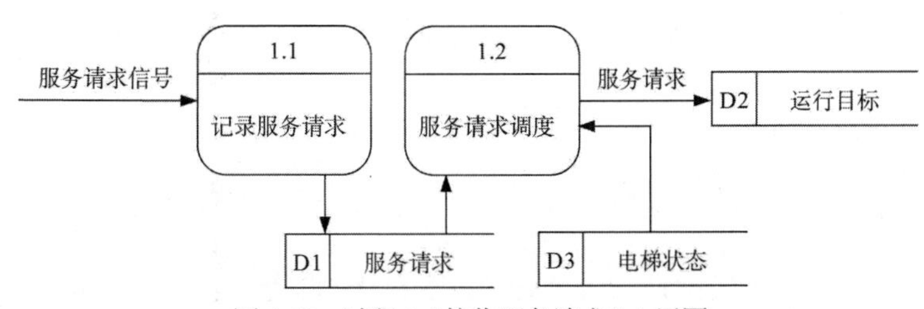

图 4-40　过程 1“接收服务请求”1 层图

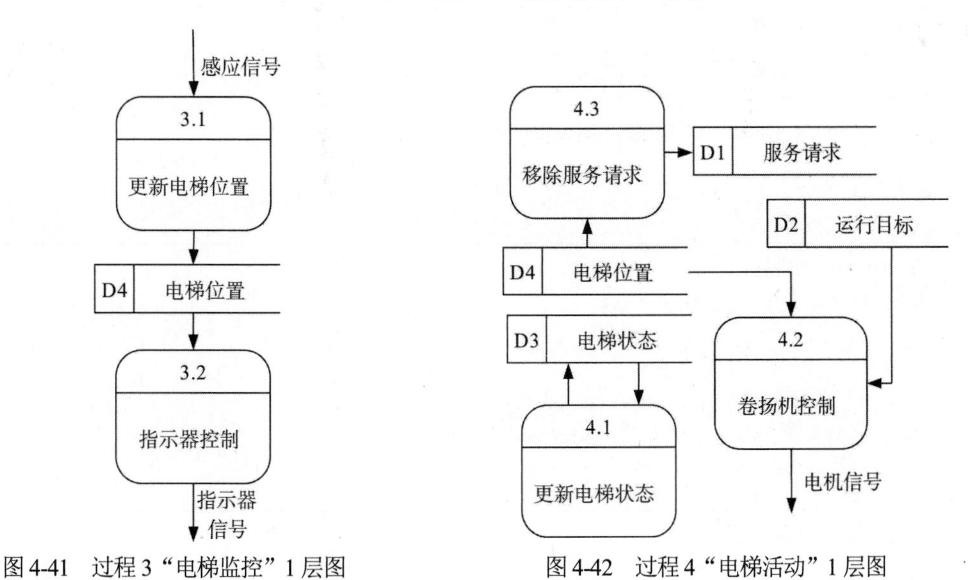

图 4-41　过程 3“电梯监控”1 层图

图 4-42　过程 4“电梯活动”1 层图

电梯控制系统总体的 1 层图如图 4-43 所示。

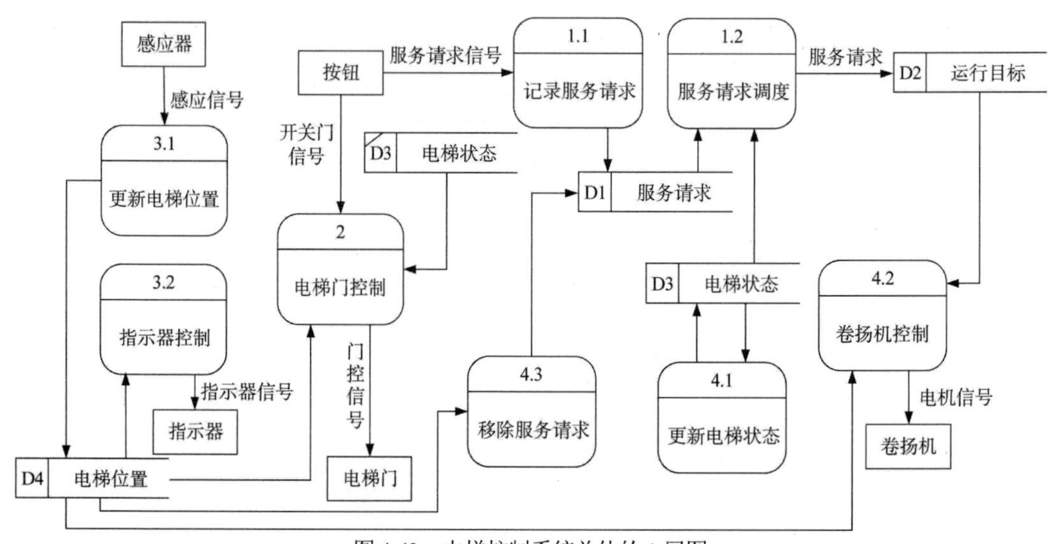

图 4-43　电梯控制系统总体的 1 层图

4. 定义原始过程的逻辑说明

最终的 DFD 描述包括 8 个原始过程，它们的逻辑说明如下。

过程 1.1：记录服务请求

```
IF  服务请求信号为 lift_request
//lift_id 为本电梯号
取 lift_request 的 lift_id+floor_id，在数据存储 D1 中插入新纪录
ELSE
取 floor_request 的 floor_id+direction，在数据存储 D1 中插入新纪录
ENDIF
```

过程 1.2：服务请求调度

```
从 D3 中读取当前电梯的状态 status
IF  status=running
从 D1 中提取本电梯的待处理服务请求列表 request_list
   dest_floor=Scheduling(request_list)//使用调度算法，得出目标楼层
取本电梯号 lift_id 和 dest_floor，在数据存储 D2 中插入新纪录
ENDIF
```

过程 2：电梯门控制

```
从 D3 中读取当前电梯的状态 status
IF  status=stopping
从 D4 中读取当前电梯的位置 cur_floor_id
   IF  开关信号的 floor_id=cur_floor
根据开关信号的 signal 向电梯门发送控制信号
       ENDIF
   ENDIF
```

过程 3.1：更新电梯位置

```
从感应器信号中获取电梯号 lift_id，楼层号 floor_id
更新数据存储 D4 中的 LID 为 lift_id 的值，FID 为 floor_id 的值
```

过程 3.2：指示器控制

```
取 D4 中的数据 LID 和 FID
根据 LID 和 FID 向指示器发送控制信号
```

过程 **4.1**：更新电梯状态

```
从 D3 中读取电梯的状态 status
IF  status=running
   status=stopping
ELSE
   status=running
ENDIF
使用 status 更新 D3 中 ID=lift_id 的记录
```

过程 **4.2**：卷扬机控制

```
从 D4 中读取当前电梯的位置 cur_floor_id
从 D2 中读取当前电梯的目标 dest_floor_id
IF  |cur_floor_id-dest_floor_id|≤1
根据电梯和卷扬机的物理参数设置减速参数 slow
ENDIF
IF  cur_floor_id>dest_floor_id
   direction=down
ELSE
   direction=up
ENDIF
根据 slow 和 direction 向卷扬机发送控制信号
```

过程 **4.3**：移除服务请求

```
从 D4 中读取当前电梯的位置 cur_floor_id
从 D1 中删除(FID=cur_floor_id 并且(LID=lift_id 或者 LID=NULL))的数据
```

5. 定义数据存储和数据流的数据说明

最终的 DFD 描述中涉及的数据存储和数据流的简单说明如表 4-13 所示。

表 4-13　数据存储和数据流说明

数据存储	数据流(仅 0 层图部分)
D1 服务请求=LID+FID+DIRE	服务请求信号=lift request|floor request
LID=lift_id|NULL	电梯状态=running|stooping
FID=floor_id	电梯位置=floor_id
DIRE=direction|NULL	开关门信号=floor_id+signal
D2 运动目标=LID+FID	门控信号=signal
LID=lift_id	感应器信号=lift_id+floor_id
FID=floor_id	指示器信号=lift_id+floor_id
D3 电梯状态=ID+STATUS	电机信号=slow+fast+direction
ID=lift_id	
STATUS=running|stopping	
D4 电梯位置=LID+FID	signal=hi|lo**hi 和 lo 为电子脉冲信号
LID=lift_id	lift request=lift_id+floor_id
FID=floor_id	floor request=floor_id+direction

(续表)

数据存储	数据流(仅 0 层图部分)
lift_id=0..MAX_LIFT floor_id=0..MAX_FLOOR direction=up|down NULL=0	lift_id=0..MAX_LIFT floor_id=0..MAX_FLOOR direction=up|down

本章小结

- IEEE 软件工程标准词汇表(1997 年)中定义的“需求”如下：①用户为解决问题或达到目标所需要具备的条件或能力；②系统或系统部件为满足合同、标准、规范或其他正式规定文档所需要具备的条件或能力；③对①或②所描述的条件或能力的文档化表述。
- 需求分为 3 个层次：业务需求、用户需求和系统需求。
- 需求可分为功能需求和非功能需求。
- 需求工程的活动包含需求获取、需求分析、需求规格说明、需求验证和需求管理。

思政园地

需求工程需要回答“系统做什么”的问题，包括需求获取、需求分析、需求规格说明和需求验证等环节。需求获取是需求工程中较为关键的一步，要想获取用户的真实需求，需要站在用户的角度进行思考，设身处地、真心实意地为用户着想，让用户能感受到“我们是为他好”，从而获得用户的信任和认可，以此进一步建立良好的沟通氛围，引导用户敞开心扉表达出自己的真实感受和需求。由此，需求工程进入良性循环，为后续的设计和开发奠定了良好的基础。

结构化需求分析的思想从抽象到具体，符合人类认识事物的规律。“从抽象上升到具体”是辩证思维的重要方法之一，这种方法建立在唯物主义基础之上，与形而上学和唯心主义划清了界限。

本章练习题

一、选择题

1. 需求的层次不包括(　　)。

   A. 业务需求　　　　B. 系统需求

   C. 用户需求　　　　D. 功能需求

2. 需求工程的主要目的是(　　)。

A. 系统开发的具体方案　　B. 进一步确定用户的需求

C. 解决系统“做什么”的问题　　D. 解决系统“如何做的”问题

3. 需求获取的方法不包括(　　)。

A. 猜测法　　B. 原型法　　C. 研究资料法　　D. 问卷调查法

4. 结构化需求分析的主要描述手段有(　　)。

A. 系统流程图和模块图　　B. DFD 图、数据字典、微规格说明

C. 软件结构图、微规格说明　　D. 功能结构图、微规格说明

5. 数据流图是进行软件需求分析的常用图形工具，其基本图形符号是(　　)。

A. 输入、输出、外部实体和过程　　B. 变换、过程、数据流和存储

C. 过程、数据流、数据存储和外部加工　　D. 变换、数据存储、过程和数据流

6. 绘制分层 DFD 图的基本原则是(　　)。

A. 父过程与子图平衡的原则　　B. 数据守恒原则

C. 分解的可靠性原则　　D. 数据流封闭的原则

7. 下述软件开发的结构化方法中，(　　)是编写微规格说明比较常用的方法。

A. 结构化语言　　B. 判定表

C. 判定表、判定树　　D. 结构化语言、判定表、判定树

8. 数据字典用来定义(　　)中各个成分的具体含义。

A. 流程图　　B. 功能结构图

C. 系统结构图　　D. 数据流图

9. 在 ER 图中，基本成分包括(　　)。

A. 数据、对象、实体　　B. 控制、关系、对象

C. 实体、关系、控制　　D. 实体、属性、关系

10. 软件需求规格说明文档的内容不应该包括(　　)。

A. 对重要功能的描述　　B. 对算法的详细过程描述

C. 对数据的要求　　D. 软件的性能

二、应用题

1. 某学校成绩管理系统的主要功能描述如下。

(1) 每门课程的成绩由平时成绩和考试成绩构成。其中，平时成绩反映学生平时的表现；课程结束后进行期末考试，该考试成绩就是这门课程的考试成绩。

(2) 每门课程的主讲教师将学生的平时成绩和考试成绩上传至成绩管理系统。

(3) 在记录学生成绩之前，系统需要验证这些成绩是否有效。根据学生信息文件来确认该学生是否选修了这门课程，若没有选修这门课程，那么这些成绩是无效的；如果选修了这门课程，则根据课程信息文件和班级信息文件来验证平时成绩和考试成绩是否有效，如果验证通过，那么这些成绩是有效的，否则无效。

(4) 对于有效成绩，系统将其保存在课程成绩文件中。对于无效成绩，系统会单独将其保存在无效成绩文件中，并将详细情况提交给教务处。在教务处没有给出具体处理意见之前，系统不会处理这些成绩。

(5) 若一门课程的所有有效成绩都已经被系统记录，则系统会发送课程完成通知给教务处，告知该门课程的成绩已经齐全。教务处根据需要，请求系统生成相应的成绩列表，用来提交给考试委员会审查。

(6) 在生成成绩列表之前，系统会生成一份成绩报告给主讲教师，以便核对是否存在错误。主讲教师将核对之后的成绩报告上传至系统。

(7) 系统根据主讲教师核对后的成绩报告，生成相应的成绩列表，并递交考试委员会进行审查。考试委员会在审查之后，上传一份成绩审查结果至系统。对于所有通过审查的成绩，系统将会生成最终的成绩单，并通知给每个选课学生。

现在采用结构化方法对这个系统进行分析，即可得到如图 4-44 所示的上下文图和如图 4-45 所示的 0 层数据流图。

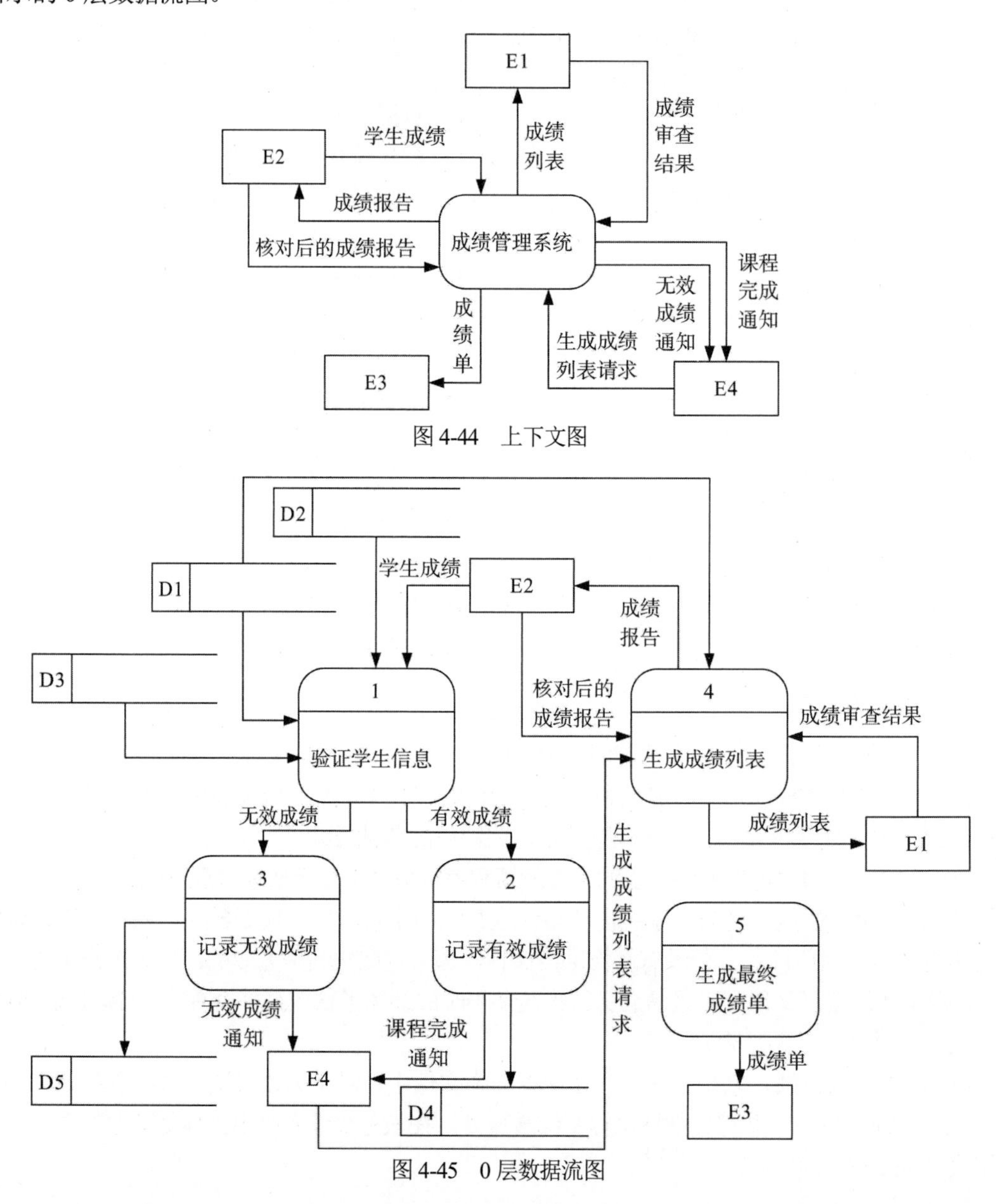

图 4-44　上下文图

图 4-45　0 层数据流图

① 使用说明中的词语，给出图 4-44 中外部实体 E1～E4 的名称。

② 使用说明中的词语，给出图 4-45 中数据存储 D1～D5 的名称。

③ 图 4-45 中的数据流缺少了 3 条数据流，根据说明及图 4-44 中的数据流提供的信息，分别指出这 3 条数据流的起点和终点，填写在表 4-14 中。

表 4-14　指出 3 条数据流的起点和终点

数据流名称	起点	终点

2. 请根据以下描述绘制某库存管理系统的数据流图，该系统的数据流描述如下。

(1) 根据计划部门传来的收货通知单和已存在的物资编码文件，建立物资采购单流水账。

(2) 根据技术部门的物资验收报告和物资采购单流水账，更新物资台账文件。

(3) 对物资台账分类汇总，将结果存储于物资总账文件中。

(4) 物资出库：物资使用部门填写物资出库单。系统根据物资总账文件的库存情况判断是否能够出库，如果能够出库，则记录出库单，并更新物资总账文件。

3. 旅游价格折扣分类如表 4-15 所示，请用判定表和判定树分别表达逻辑问题。

表 4-15　旅游价格折扣分类

旅游时间	旺季(7～9 月、12 月)		淡季(1～6 月、10 月、11 月)	
订票量	≤20	＞20	≤20	＞20
折扣率	5%	15%	20%	30%

4. 北京某高校可用的电话号码有以下几类。

(1) 校内电话号码由 4 位数字组成，第 1 位数字不是 0。

(2) 校外电话分为本市电话和外地电话两类。

(3) 拨校外电话需要先拨 0。

(4) 若是本市电话则再接着拨 8 位数字(第 1 位不是 0)。

(5) 若是外地电话则先拨 3 位区码再拨 8 位电话号码(第 1 位不是 0)。

请按照数据字典的说明符号，定义电话号码的数据结构。

5. 某仓库主要管理零件(包括零件编号、名称、颜色、重量)的订购和供应等事项。仓库向工程项目(包括项目编号、项目名称、开工日期)供应零件，并且根据需要向供应商(包括供应商编号、名称、地址)订购零件。请根据该仓库的管理设计一个 ER 模型。

第 5 章

结构化软件设计

需求分析解决软件系统“做什么”的问题，而软件设计解决软件系统“怎么做”的问题。软件设计就是在需求分析的基础上建立解决方案，满足用户的需求。软件设计可分为概要设计和详细设计两个阶段。概要设计阶段包括体系结构设计、数据设计和接口设计。详细设计即过程设计。读完本章，你将了解以下内容。

- 软件设计的任务、原则、图形工具和启发规则有哪些？
- 常用的结构化软件设计的方法有哪些？
- 结构化软件设计案例。

5.1 软件设计的相关概念

5.1.1 软件设计的任务

从工程管理角度，可以将软件设计分为两个阶段：概要设计阶段和详细设计阶段。在结构化软件设计方法中，概要设计阶段将软件需求转化为数据结构和软件的系统结构。概要设计阶段要完成体系结构设计、数据设计和接口设计。详细设计阶段要完成过程设计，即对结构的表示进行细化，得到软件详细的数据结构和算法描述。软件设计阶段和设计内容如图 5-1 所示。

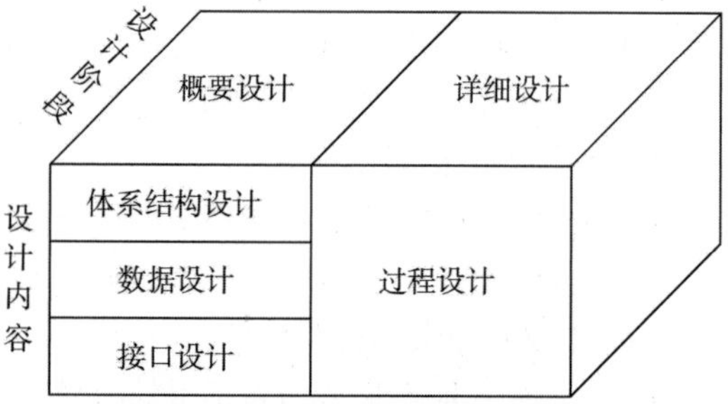

图 5-1　软件设计阶段和设计内容

1. 体系结构设计

结构化软件设计方法可以分为两类：一类是根据系统的数据流进行设计，称为面向数据流的设计，也称为过程驱动的设计；另一类是根据系统的数据结构进行设计，称为面向数据结构的设计，也称为数据驱动的设计。

在结构化设计方法中，体系结构设计用于定义软件模块及其之间的关系。

2. 数据设计

数据设计是指根据需求分析阶段所建立的实体关系图(ER 图)来确定软件涉及的文件系统结构及数据库的表结构。

3. 接口设计

接口设计包括外部接口设计和内部接口设计。外部接口设计包括用户界面设计、目标系统与其他硬件设备和软件系统设计两种。内部接口设计是指系统内部各种元素之间的接口设计。

4. 过程设计

过程设计是指确定软件各个组成部分的内部数据结构和算法。

5.1.2　软件设计的原则

软件设计过程中应该遵循的原则包括模块化、抽象、信息隐藏和模块独立性。

1. 模块化

模块是能够独立完成一定功能的程序语句的集合，即数据结构和程序代码的集合体，如函数、过程、子程序都可以称为模块。模块是构成软件的基本单位。模块可以使软件系统按照其功能组成进行分解，可以将一些大的、复杂的软件问题分解成诸多小的、简单的软件问题。

模块化是把一个大的软件系统分解成多个模块的过程，每个模块完成一个子功能。从软件成本角度来看，模块化划分有一个最小成本模块数范围。当模块数目增加时，每个模块的规模将减小，开发单个模块的成本就减少了。随着模块数目继续增加，设计模块间接口所需要的连接成本将增加。最佳模块化划分粒度，如图 5-2 所示。

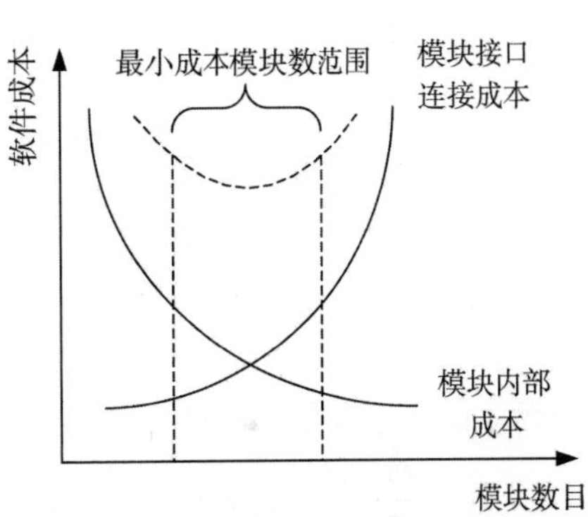

图 5-2　最佳模块化划分粒度

2. 抽象

抽象是从众多的事物中抽取公共的、相似的方面，忽略它们之间的差异，即抽取出事物的本质特性，避开不必要的细节。软件开发的过程就是一个从抽象到具体的过程。

3. 信息隐藏

信息隐藏是指一个模块内部的实现细节对于不需要这些信息的模块来说是不能访问的，即采用封装技术，将模块内的实现细节隐藏起来，模块外部只能通过模块间的接口进行消息传递。信息隐藏有利于后期软件的修改，确保当一个模块内部进行修改时，不会影响其他模块。

4. 模块独立性

模块独立性是指软件系统中每个模块只完成一个相对独立的子功能，且与软件系统中的其他模块通过接口建立简单的联系。模块的独立性越高，越易于开发、测试和维护。

模块的独立性可以从两个方面来衡量：耦合和内聚。耦合用于衡量不同模块彼此间互相依赖(连接)的紧密程度。内聚用于衡量一个模块内部各个元素彼此结合的紧密程度。良好的模块设计追求低耦合和高内聚。

1) 耦合

耦合是对软件结构中各模块之间关联程度的度量。一般模块之间可能存在的耦合方式有 7 种类型，如图 5-3 所示。

(1) 非直接耦合。如果两个模块之间没有直接联系，即它们之间的联系完全是通过主模块的控制和调用来实现的，则称为非直接耦合。这种耦合的模块独立性最强。

(2) 数据耦合。如果两个模块之间仅通过参数表传递简单的数据，则称为数据耦合。数据耦合是松散的耦合，模块之间的独立性比较强。例如，在图5-4中，“开发票”模块传递“水费单价”给“计算水费”模块，“计算水费”模块返回“金额”给“开发票”模块。两个模块之间相互独立，通过简单的数据进行参数传递，软件程序结构中一定会出现这种耦合。

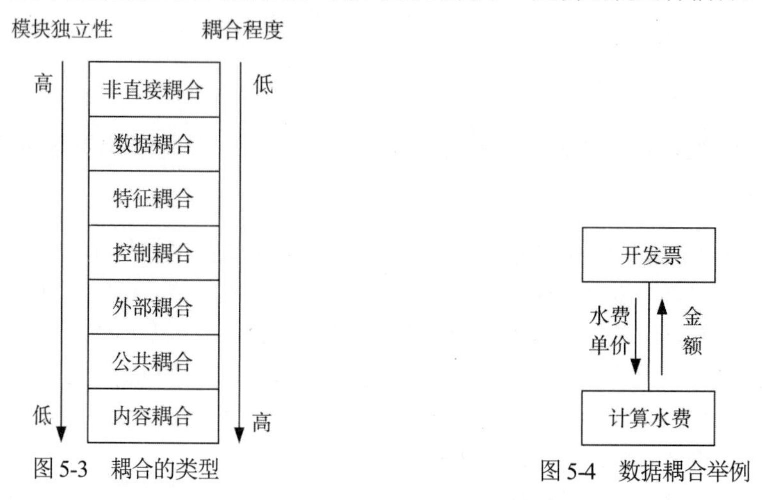

图5-3 耦合的类型

图5-4 数据耦合举例

(3) 特征耦合。如果两个模块通过传递数据结构(不是简单的数据，而是记录、数组等数据结构)进行联系，但实际只使用数据结构中的部分数据，则称为特征耦合。例如，在图5-5中，因为模块间传递的数据结构“住户情况”不是简单的数据，对于“计算水费”模块，只需要用到“住户情况”中的“用水量”；对于“计算电费”模块，只需要用到“住户情况”中的“用电量”。为避免冗余数据的传递，降低数据结构操作的复杂性，可以将该特征耦合转化为如图5-6所示的数据耦合。在软件设计中，应尽量避免使用特征耦合。

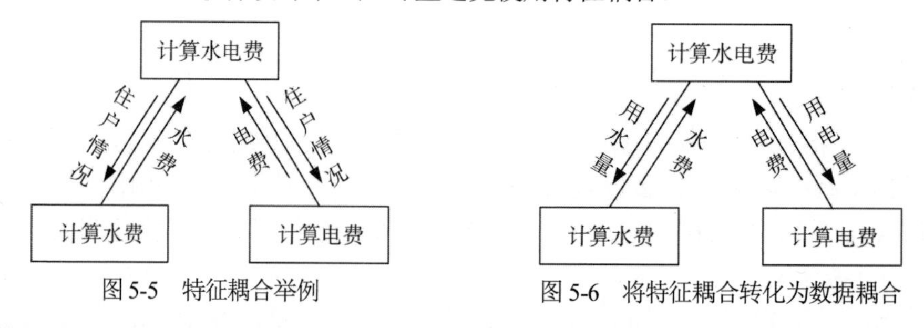

图5-5 特征耦合举例

图5-6 将特征耦合转化为数据耦合

(4) 控制耦合。如果一个模块传递给另一个模块的参数中包含了控制信息，且该控制信息用于控制接收模块中的执行逻辑，则称为控制耦合。

控制耦合的实质是在单一接口上选择多功能模块中的某项功能。因此，对被控制模块进行任何修改，都会影响控制模块。另外，控制耦合也意味着控制模块必须知道被控制模块内部的一些逻辑关系，这样会降低模块的独立性。

例如，在图5-7中，A模块传递给B模块的是一个控制信息“平均分或最高分”。B模块接收到该控制信息后，会有选择地执行模块中的“计算平均分”或“计算最高分”命令。如果修改B模块的内容，则A模块的内容必然会受到影响。另外，A模块必须要知道B模块内部的逻辑关系，因此降低了模块间的独立性。

可以将该控制耦合转化为如图 5-8 所示的数据耦合。去除模块间控制耦合的方法如下：①将被调用模块 B 内的判定上移到调用模块 A 中进行；②将被调用模块 B 分解成两个单一功能模块 B1 和 B2，从而降低模块间的耦合程度。

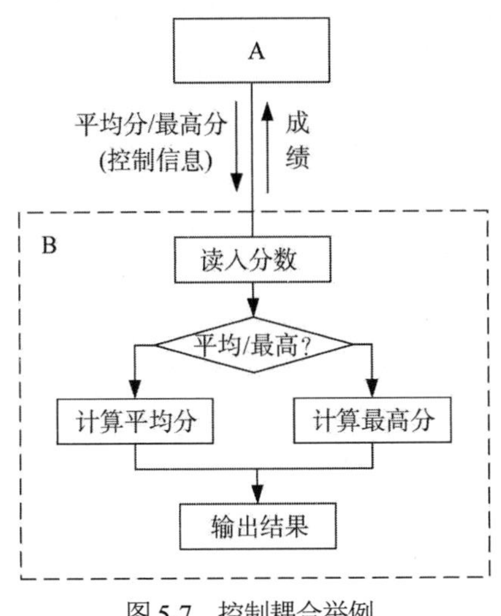

图 5-7　控制耦合举例

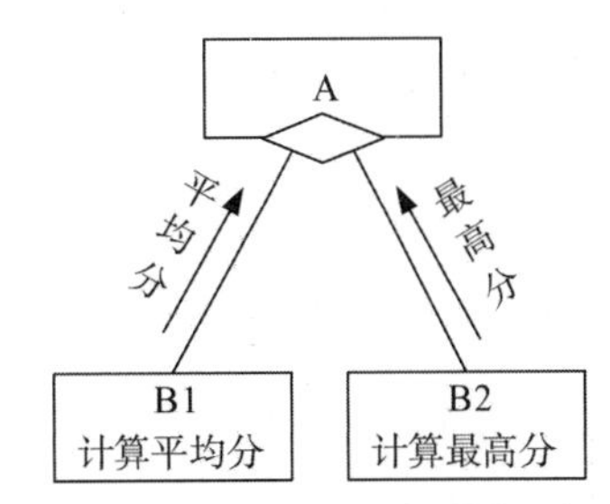

图 5-8　将控制耦合转化为数据耦合

(5) 外部耦合。如果一组模块都访问同一全局简单变量而不是同一全局数据结构，并且不通过参数表传递该全局变量的信息，则称为外部耦合。

例如，C 语言程序中各个模块都访问被说明为 extern 类型的外部变量，各个模块之间属于外部耦合。外部耦合引起的问题类似于公共耦合，区别在于：在外部耦合中不存在依赖于一个数据结构内部各项的物理安排。

(6) 公共耦合。若一组模块都访问同一个公共数据环境，则它们之间的耦合就称为公共耦合。公共的数据环境可以是全局数据结构、共享的通信区、内存的公共覆盖区等。这种耦合会引起下列问题。

① 所有公共耦合模块都与某一个公共数据环境内部各项的物理安排有关，若修改某个数据的大小，则将会影响所有的模块。

② 无法控制各个模块对公共数据的存取，严重影响软件模块的可靠性和适应性。

③ 公共数据名的使用明显降低了程序的可读性。

只有当模块之间有很多共享的数据，且通过参数表传递不方便时，才使用公共耦合。否则，使用模块独立性比较高的数据耦合。

(7) 内容耦合。如果发生下列情形，则两个模块之间就发生了内容耦合。

① 一个模块直接访问另一个模块的内部数据。

② 两个模块有一部分程序代码重叠(只可能出现在汇编语言中)。

③ 一个模块有多个入口。

在内容耦合的情形下，所访问模块的任何变更，或者用不同的编译器对它再编译，都会导致程序出错。现在大多数高级程序设计语言已经设计成不允许出现内容耦合。它一般出现在汇编语言程序中。这种耦合是模块独立性最弱的耦合。

综上所述，模块化设计的最终目标是建立模块间耦合尽可能松散的系统。耦合是影响模块结构和软件复杂程度的一个重要因素，应该采用如下设计原则：尽量使用数据耦合，少用控制耦合和特征耦合，限制公共环境耦合，完全不用内容耦合。

2) 内聚

内聚是对模块内部各个元素彼此结合的紧密程度的度量。在理想情况下，一个内聚性高的模块应当只做一件事情。一般模块的内聚性分为 7 种类型，如图 5-9 所示。

(1) 功能内聚。如果模块内所有处理元素属于一个整体，完成一个单一的功能，则称为功能内聚，如“计算实发工资”模块、“打印发票”模块等。

功能内聚是最高程度的内聚，有利于实现软件的重用，从而提高软件开发的效率。在把一个系统分解成模块的过程中，应当尽可能地使模块达到功能内聚这一级。

(2) 顺序内聚。如果一个模块的各个成分和同一个功能密切相关，而且一个成分的输出作为另一个成分的输入，则称为顺序内聚。例如，在图 5-10 中，由“读入三角形的三条边”“计算三角形的面积”“输出三角形的面积”成分构成的求 A 模块是满足顺序内聚的。

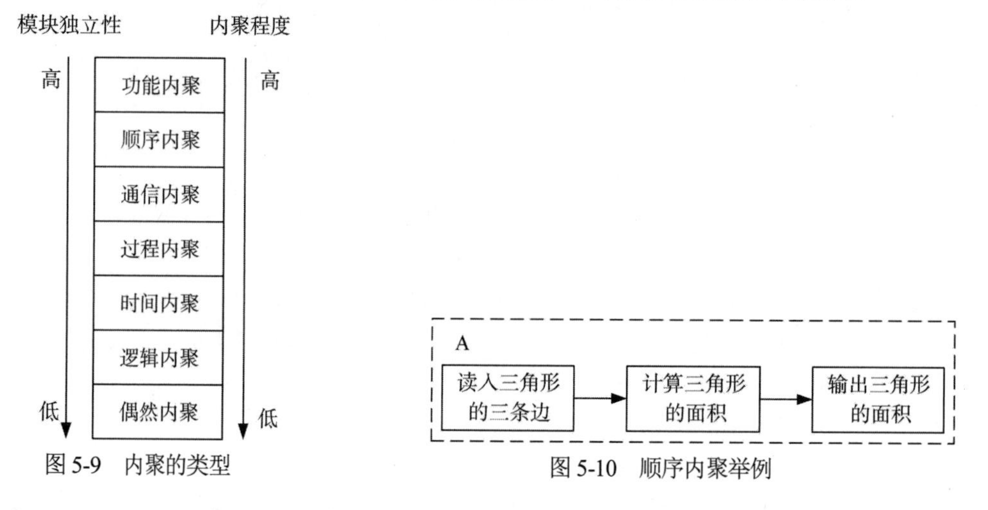

图 5-9　内聚的类型

图 5-10　顺序内聚举例

在顺序内聚的模块内，后执行的语句或语句段依赖于先执行的语句或语句段，以先执行的部分为条件。顺序内聚模块的可理解性很强，属于高内聚类型的模块。

(3) 通信内聚。如果一个模块内的各功能部分都使用了相同的输入数据或产生了相同的输出数据，则称为通信内聚。例如，在图 5-11 中，A 模块内部的“产生工资报表”和“计算平均工资”两个功能部分都使用了相同的输入数据“员工工资记录”，故属于通信内聚。

(4) 过程内聚。如果一个模块内部的处理是相关的，而且必须以特定次序执行，则称为过程内聚。例如，在图 5-12 中，A 模块内部的“统计成绩”和“打印成绩”两个处理必须按照先后顺序来执行，故属于过程内聚。

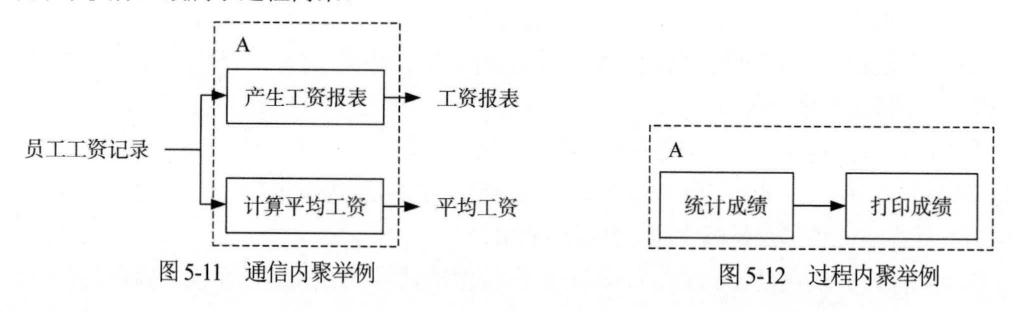

图 5-11　通信内聚举例

图 5-12　过程内聚举例

过程内聚仅包含完整功能的一部分，所以它的内聚程度较低，但模块间的耦合程度比较高。

(5) 时间内聚。如果一些模块完成的功能必须在同一时间内执行(如系统的初始化)，但这些功能只是因为时间因素而被划分为一个模块，则称为时间内聚。例如，在图 5-13 中，“紧急故障处理模块”必须在同一时间内完成“关闭文件”“发出警报”和“保留现场”任务，故属于时间内聚。

(6) 逻辑内聚。如果一个模块把几种相关的功能组合在一起，每次被调用时，由传递给模块的判定参数来确定该模块应执行哪一种功能，则称为逻辑内聚。例如，在图 5-14 中，“被调模块”根据输入的“判定”信息，要么“从文件读一个记录”，要么“向文件写一个记录”，故属于逻辑内聚。

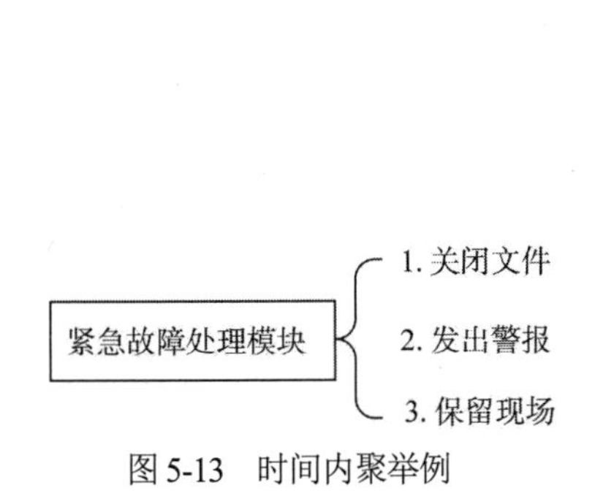

图 5-13　时间内聚举例

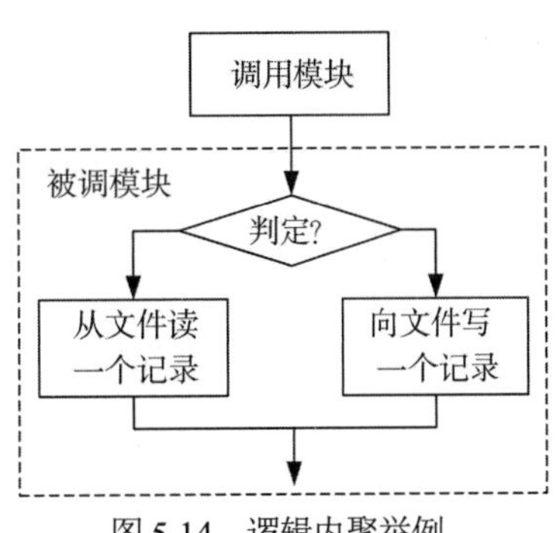

图 5-14　逻辑内聚举例

逻辑内聚模块是单入口、多功能模块(如菜单模块)，根据接收到的指令信号，执行不同的处理功能。

(7) 偶然内聚。如果一个模块完成一组任务，这些任务彼此间即使有关系，也是很松散的，则称为偶然内聚。例如，有时在写完程序后，发现一组没有任何联系的语句在多处出现，为了节省空间将这些语句作为一个模块设计，这样就出现了偶然内聚。

综上所述，位于高端的几种内聚类型最好，位于中端的几种内聚类型可以接受，位于低端的内聚类型不好，一般不能使用。因此，人们总是希望一个模块的内聚类型向内聚程度高的方向靠拢。

5.1.3　结构化设计图形工具

结构化软件设计通常需要借助一定的图形工具来建立和设计模型。常用的结构化设计图形工具包括结构图和 HIPO 图。

1. 结构图

结构图(structure chart，SC)是精确表达软件模块结构的图形表示工具。它作为软件设计文档的一部分，清楚地反映了软件模块之间的层次调用关系和联系，严格地定义了各个模块的名字、功能和接口。

1) 结构图的图形符号

(1) 模块。模块用矩形框表示，框中写模块名，名字要恰当地反映模块的功能。例如，在图 5-15 中，有 A、B 和 C 3 个模块。

(2) 模块间的调用关系。两个模块之间用单向箭头连接，箭头从调用模块指向被调用模块，表示调用模块调用了被调用模块。在图 5-15 中可以看出，模块 A 调用了模块 B 和模块 C。注意，有些结构图中也会通过连线表示模块间的调用关系，这时只要调用与被调用模块的上下位置保持正确即可。

(3) 模块间的信息传递。当一个模块调用另一个模块时，调用模块把数据信息或控制信息传送给被调用模块，以使被调用模块能够运行。而被调用模块在执行过程中又把它产生的数据或控制信息传送给调用模块。

在模块连接线的旁边画出短箭头，并在短箭头附近标注信息的名称。用尾端带有空心圆的短箭头表示数据信息，用尾端带有实心圆的短箭头表示控制信息。

在图 5-15 中，模块 B 需要把要查询到的学生的“学号”数据信息传送给模块 A，在模块 A 查询结束后，要把一个“是否查找成功”的控制信息和一个查找成功时的学生“成绩”的数据信息传送给模块 C。

(4) 模块中的条件调用和循环调用。当模块 A 有条件地调用另一个模块 B 时，在模块 A 的箭头尾部标以一个菱形符号；当模块 A 反复地调用模块 C 和模块 D 时，在调用箭头尾部标以一个弧形符号，如图 5-16 所示。在结构图中，这种条件调用所依赖的条件和循环调用所依赖的循环控制条件通常都无须注明。

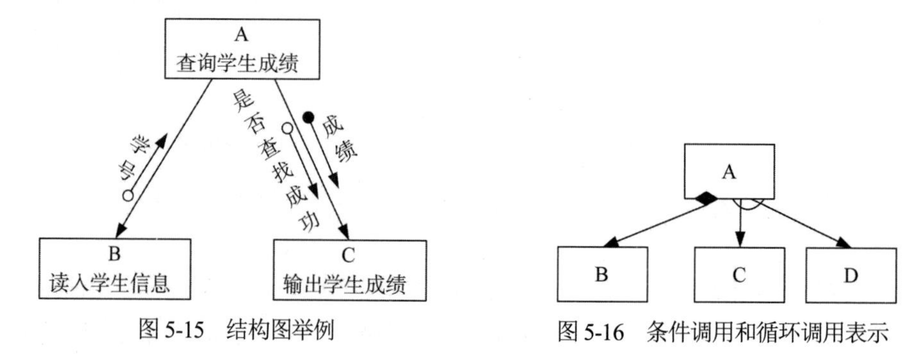

图 5-15　结构图举例　　图 5-16　条件调用和循环调用表示

2) 结构图举例

高校教务管理系统的结构图如图 5-17 所示。教务管理系统的总控模块为顶层模块，它调用审查接收申请、注册登记和选课登记 3 个模块。

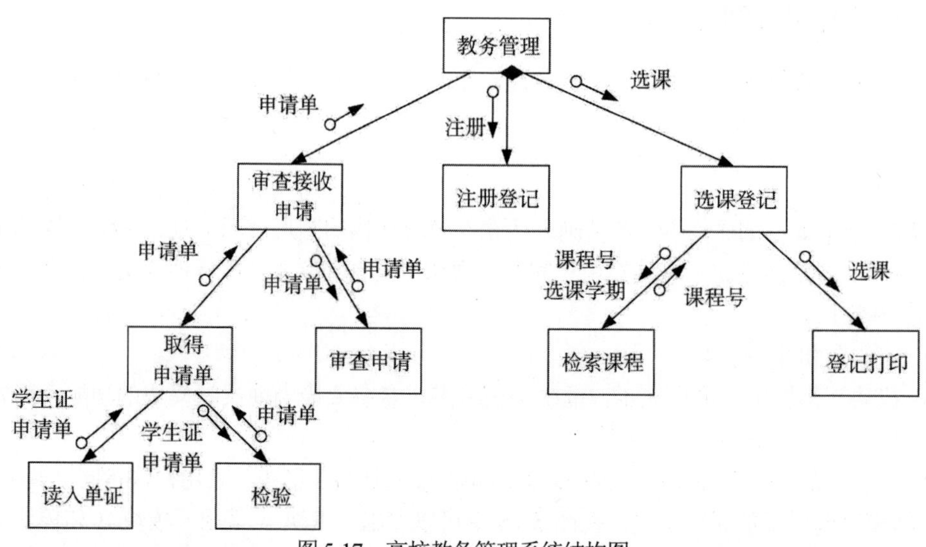

图 5-17　高校教务管理系统结构图

注意，结构图并不严格地表明调用次序，虽然多数人习惯按照调用次序从左向右绘制结构图，但这并不是结构图的固定要求。

2. HIPO 图

HIPO(hierarchy plus input-process-output)图是美国 IBM 公司在 20 世纪 70 年代中期推出的表示软件系统结构的工具。HIPO 图由 H 图和 IPO 图两部分组成。H 图描述软件总的模块层次结构；IPO 图描述每个模块输入/输出数据、处理功能及模块调用的详细情况。

1) H 图

H 图也称为层次图，用树形结构的一系列多层次的矩形框描述软件系统的结构，作用类似于结构图。矩形框表示软件系统的模块。除顶部以外的其他模块都需要按照一定的规则编号，以便检索。矩形框之间的直线表示模块之间的调用关系，同结构图不指明模块间的调用顺序。例如，高校教务管理系统的 H 图如图 5-18 所示。H 图与结构图的不同之处在于：H 图不涉及数据流、控制流等附加信息。

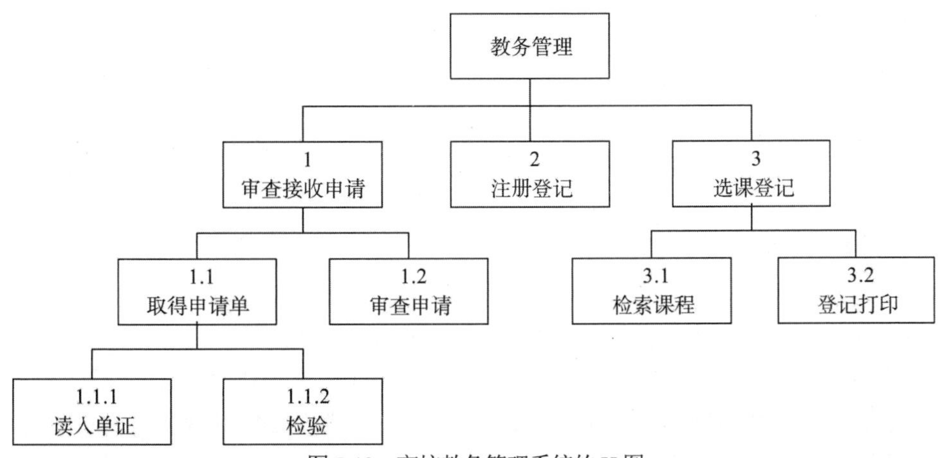

图 5-18　高校教务管理系统的 H 图

2) IPO 图

H 图只说明了软件系统由哪些模块组成及其控制层次结构，并未说明模块间的信息传递及模块内部的处理。因此，对于一些重要的模块还必须根据数据流图、数据字典及 H 图绘制具体的 IPO 图。

IPO 图是输入、处理、输出图的简称。IPO 图使用的符号既少又简单，能够方便地描述输入数据、数据处理、输出数据之间的关系。图 5-19 为高校教务管理系统“3 选课登记”模块的 IPO 图。

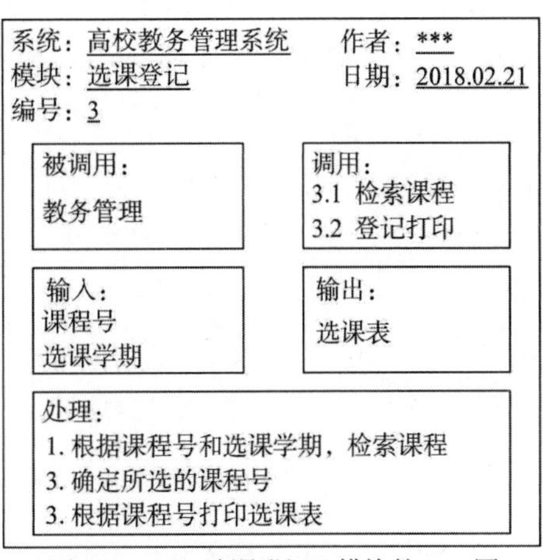

图 5-19　“3 选课登记”模块的 IPO 图

注意，HIPO 图中的每张 IPO 图内都应该明显地标出它所描绘的模块在 H 图中的编号，以便跟踪、了解这个模块在软件结构中的位置。IPO 图提供了有关模块更加完整的定义和说明，从而有利于实现由概要设计向详细设计的过渡。另外，在需求分析阶段也可以使用 IPO 图简略地描述系统的主要算法(即数据流图中各个过程的基本算法)。

当然，在需求分析阶段，IPO 图中的许多附加信息暂时还不完整，但是在软件设计阶段可以进一步补充和修正这些图，将其作为设计阶段的文档。

在进行结构化设计的实践中，当一个系统的模块结构图非常复杂时，可以采用 H 图(层次图)将其进行抽象表示。如果为了对模块结构图中的每一个模块进行进一步描述，则可以配以相应的 IPO 图。

5.1.4 软件设计的启发规则

人们在开发软件的长期实践中积累了丰富的经验，总结这些经验得出了一些启发规则，这些启发规则能够帮助我们找到改进软件设计、提高软件质量的途径。

1. 模块规模应该适中

模块的大小可以用模块中所含语句的数量来衡量。通常，规定模块中的语句为 50～100 行，保持在一页纸之内，最多不超过 500 行。这对提高程序的可理解性是有好处的。基本的准则是要保证模块的独立性。

对于规模太大的模块，可以将其进一步分解，生成一些下级模块或同层模块。对于规模太小的模块，可以将其与调用它的上级模块合并，但有时也有例外，例如，如果是规模很小的功能内聚性模块，当被多个模块共享或调用该模块的上级模块功能很复杂时，则一定不要把它合并到其他模块中去。

2. 消除重复功能，改进软件结构

在得到系统的初始结构图之后，可以审查、分析结构图。如果发现几个模块的功能有相似之处，则可以加以改进。例如，在图 5-20(a)中，阴影部分是相同的，此时，不可以把两者进行合并。如果按照图 5-20(b)所示的方式进行合并，那么模块内部必须设置许多查询开关，这样会使模块降到逻辑内聚一级。一般处理方法是，找出 M1 和 M2 的相同部分，将其从 M1 和 M2 中分离出去，从而重新定义一个独立的下层模块，如图 5-20(c)所示。对于 M1 和 M2 剩余的部分，根据情况还可以将其与它的上级模块合并，以减少控制的传递和接口的复杂性，这样就形成了如图 5-20(d)和图 5-20(e)所示的方案。

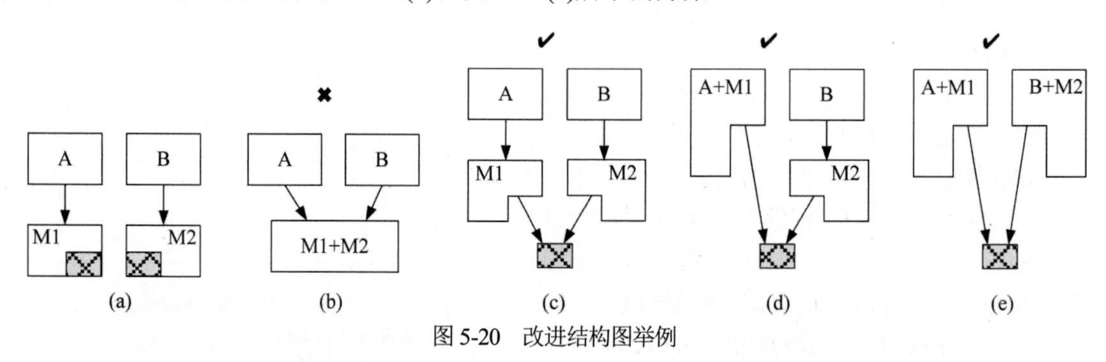

图 5-20 改进结构图举例

3. 深度、宽度、扇入和扇出适中

1) 深度

结构图中的层次数称为结构图的深度，如图 5-21 所示的结构图的深度为 4。

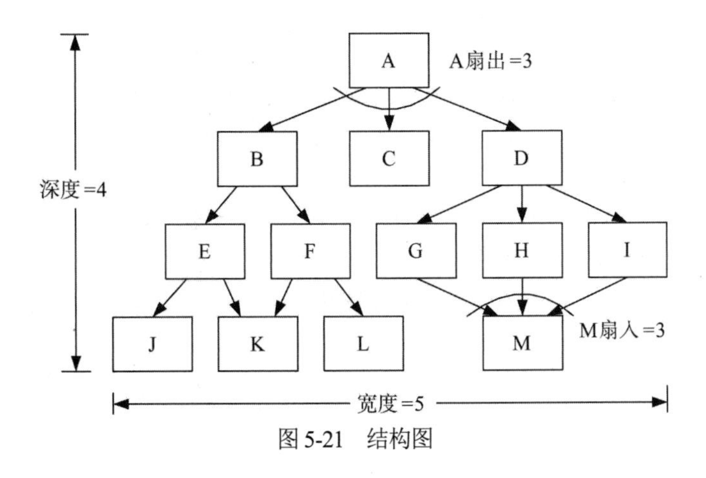

图 5-21　结构图

2) 宽度

结构图中同一层模块的最大模块数称为结构图的宽度，如图 5-21 所示的结构图的宽度为 5。

3) 扇入

在结构图中调用一个给定模块的模块数目称为扇入，在图 5-21 中，模块 M 的扇入为 3。

4) 扇出

结构图中一个模块直接调用的下属模块的数目称为扇出，在图 5-21 中，模块 A 的扇出为 3。

以下是关于结构图的一些设计经验，仅供参考。

(1) 适当的扇出数是 2～5，最多不要超过 9，平均扇出数是 3 或 4。扇出数过大，会使结构图的宽度变大，宽度越大，结构图越复杂。扇出数过小，会使结构图的深度大大增加，不但增加了模块接口的复杂性，还增加了调用和返回的时间成本，降低了工作效率。

(2) 一个模块的扇入数越大，说明共享该模块的上级模块数目越多。

(3) 一个设计良好的软件模块结构，往往呈“清真寺状”，如图 5-22(a)所示。“顶为尖，下层逐渐加宽，底层收窄”，即顶层扇出比较高，中层扇出较少，底层扇入较高。图 5-22(b)所示为“金字塔状”结构图，“金字塔状”结构图底层模块复用性低，不是良好的软件结构图。

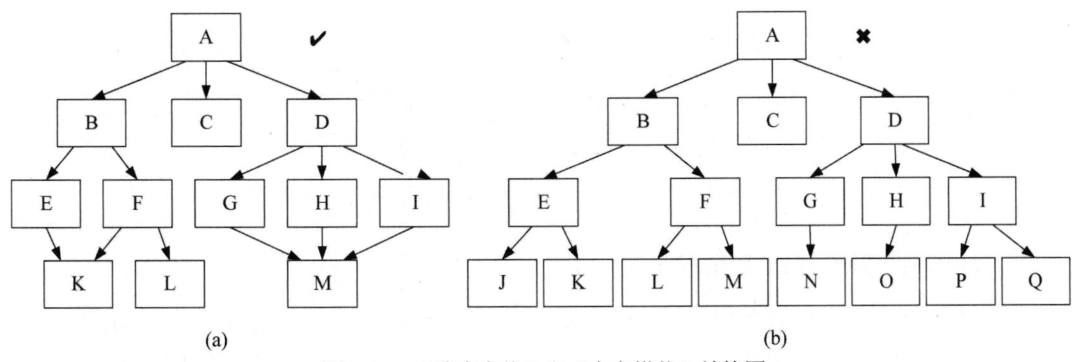

图 5-22　“清真寺状”和“金字塔状”结构图

4. 模块的作用域在控制域之内

1) 模块的控制域

模块的控制域是指该模块本身及所有直接或间接从属于它的模块的集合。在如图 5-23(a)所示的结构图中，模块 M 的控制域为{M，A，B，C}，模块 A 的控制域为{A，B}。

2) 模块的作用域

模块的作用域是指受该模块内一个判定影响的所有模块的集合。在图 5-23(b)中，模块 A 的作用域为{B}；在图 5-23(c)中，模块 A 的作用域为{C}。

3) 作用域是控制域的子集

在一个设计良好的软件系统中，模块的作用域是控制域的子集。例如，在图 5-23(b)中，模块 A 的作用域{B}是控制域{A，B}的子集，所以该软件结构设计良好；在图 5-23(c)中，模块 A 的作用域{C}不是控制域{A，B}的子集，所以该软件结构设计欠佳，需要改进。

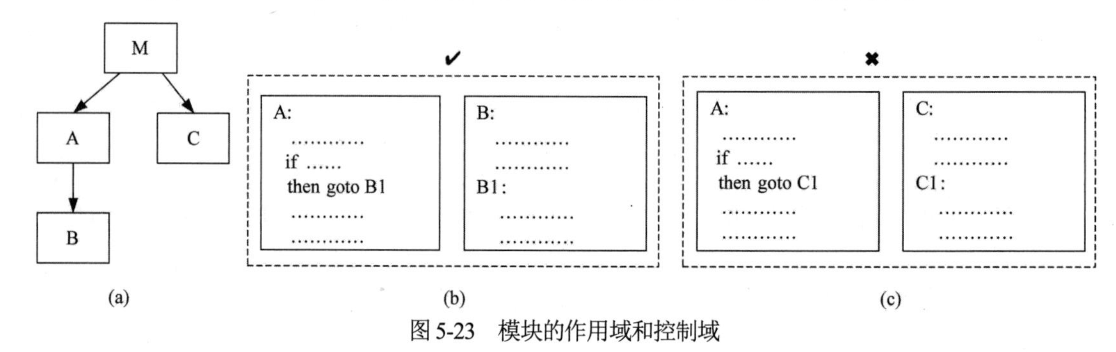

图 5-23　模块的作用域和控制域

可以采用以下方法将模块的作用域移到控制域之内。

(1) 将判定所在的模块合并到上层调用模块中。在图 5-24(a)中，可以将判定所在的模块 A 合并到上层调用模块 M 中。

(2) 将受判定影响的模块下移到控制域之内。在图 5-24(b)中，若将受判定影响的模块 C 下移到模块 A 之下，则模块 A 的作用域便在控制域之内了。

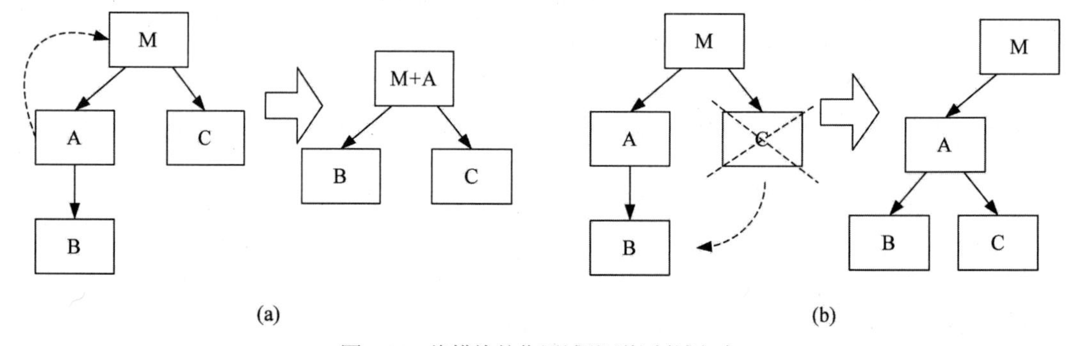

图 5-24　将模块的作用域移到控制域之内

5. 力争降低模块接口的复杂程度

模块接口过于复杂是程序出错的一个主要原因，复杂的接口往往会带来较高的耦合度。因此，接口的参数应尽量采用简单数据类型，不传递与功能模块无关的数据。例如，求一元二次方程的根的模块 QUAD_ROOT(TBL，ROOT)，其中，数组 TBL 用于传递方程的系数，数组 ROOT 用于返回求得的根。为了简化模块接口、提高可读性，可以将该模块接口改为 QUAD_ROOT(A，B，C，ROOT1，ROOT2)，其中，A、B 和 C 是方程的系数，ROOT1 和 ROOT2 是求得的根。

另外，应尽量限制接口参数的个数。接口参数太多，往往是由于功能模块功能混杂。因此，过多的参数往往意味着模块还有进一步分解的必要。

5.2 体系结构设计

在结构化设计方法中，体系结构设计定义软件模块及其之间的关系。本节主要介绍面向数据流的设计方法。面向数据流的设计工作与软件需求分析阶段的结构化需求分析方法相衔接，可以很方便地将用数据流图表示的信息映射成软件的结构，称为常用的结构化软件设计方法。

5.2.1 数据流类型

典型的数据流类型有变换型数据流(变换流)和事务型数据流(事务流)。数据流类型不同，映射成的软件结构也不同。通常，一个系统中的所有数据流均可视为变换流，只有遇到有明显事务特征的数据流时，才视为事务流。

1. 变换流

信息沿输入通路进入系统，同时由外部形式变换成内部形式，进入系统的信息通过变换中心，经过加工处理以后再沿输出通路变换成外部形式离开软件系统，这种信息流称为变换流，如图 5-25 所示。

2. 事务流

在图 5-26 中，数据流“以事务为中心”，即数据流沿输入通路到达事务中心 T，事务中心 T 根据输入数据的类型在若干条活动通路中选出一条来执行，这种数据流称为事务流。

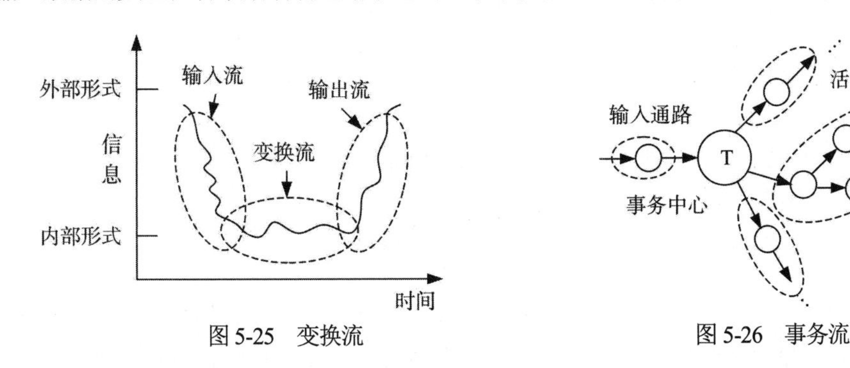

图 5-25　变换流　　　　图 5-26　事务流

5.2.2 变换流的映射方法

变换型数据流映射成软件结构的过程如下。

1. 划定输入流和输出流的边界，确定变换中心

变换型数据流的特征是可明显地分成输入、变换和输出 3 个部分，因此，可划定输入流和输出流的边界，并确定变换中心。

在划分输入流和输出流的边界前，需要先了解物理输入、物理输出、逻辑输入和逻辑输出的概念。物理输入指系统输入端的数据流。物理输出指系统输出端的数据流。逻辑输入指变换中心的输入数据流。逻辑输出指变换中心的输出数据流。

1) 确定逻辑输入

根据 DFD，从物理输入端开始，一步一步地向系统的中间移动，直到遇到的数据流不再被视为系统的输入为止，则其前一个数据流就是系统的逻辑输入。也就是说，逻辑输入就是离物理输入端最远的，但仍被视为系统输入的数据流。

2) 确定逻辑输出

根据 DFD，从物理输出端开始，一步一步地向系统的中间移动，找到离物理输出端最远的，但仍被视为系统输出的数据流，即为系统的逻辑输出。

3) 确定变换中心

确定了逻辑输入和逻辑输出后，位于逻辑输入和逻辑输出之间的部分就是变换中心。

映射过程中应注意以下事项。

(1) 这种划分因人而异，并不唯一，但差别不会太大，并可通过以后的结构图改进进行调整。

(2) 从输入设备获得的物理输入一般要经过编辑、数制转换、格式变换、合法性检查等一系列预处理，才能变成逻辑输入传送给中心变换部分。同样，从中心变换部分产生的逻辑输出要经过格式转换、组成物理块、缓冲处理等一系列处理后，才能成为物理输出。因此，有可能存在这样的系统：仅有输入部分和输出部分，没有中心变换部分。

例如，对第 4 章中的“食物订货系统数据流图”进行细化，得到如图 5-27 所示的数据流图，其中虚线划定了输入流和输出流的边界。

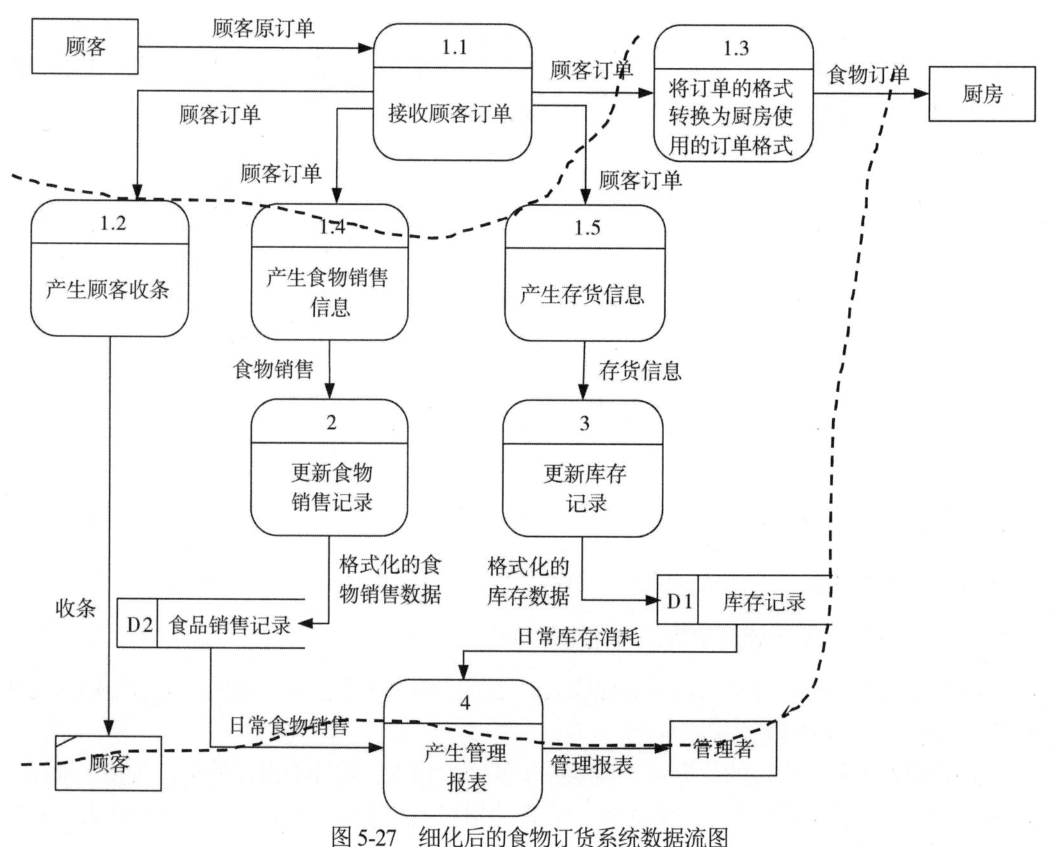

图 5-27　细化后的食物订货系统数据流图

2. 进行第一级分解

第一级分解是将 DFD 映射成变换型的程序结构，如图 5-28 所示。图 5-27 经过第一级分解后得到的结构图如图 5-29 所示。

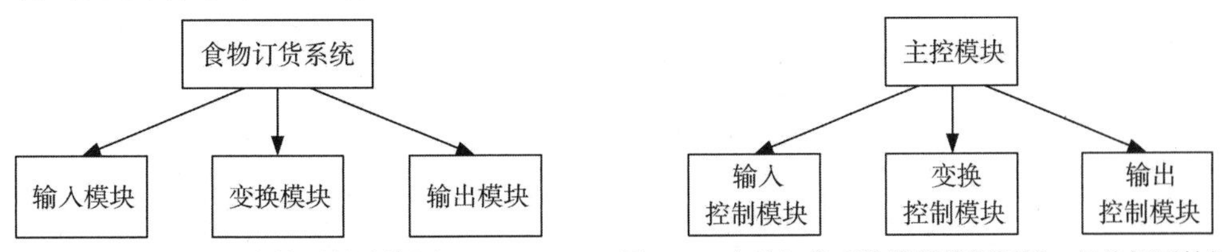

图 5-28　变换型的结构图　　图 5-29　食物订货系统数据流图经第一级分解后的结构图

对于大型的软件系统，在进行第一级分解时可多分解几个模块，以减少最终结构图的层次数。例如，每条输入或输出路径画一个模块，每个主要变换功能各画一个模块。

3. 进行第二级分解

1) 输入控制模块的分解

从变换中心的边界开始，沿着输入路径向外移动，把输入路径上的每个过程及对物理输入的接收映射成结构图中受输入控制模块控制的一个下层模块。

2) 输出控制模块的分解

从变换中心的边界开始，沿着输出路径向外移动，把输出路径上的每个过程及对物理输出的发送映射成结构图中受输出控制模块控制的一个下层模块。

3) 变换控制模块的分解

把变换中心的每个过程映射成结构图中受变换控制模块控制的一个下层模块。

4) 标注结构图中的输入输出信息

例如，图 5-27 经过第二级分解后得到的初始结构图如图 5-30 所示。

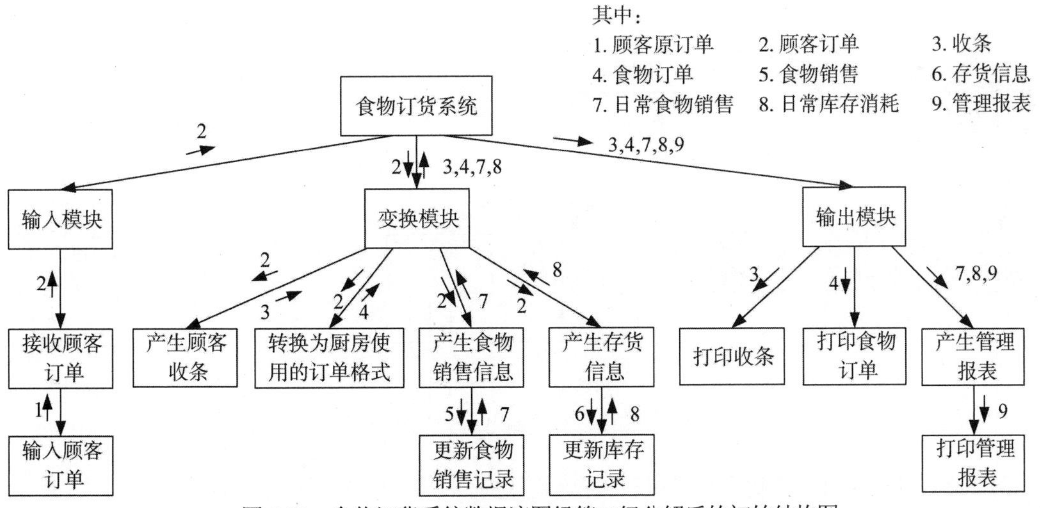

图 5-30　食物订货系统数据流图经第二级分解后的初始结构图

4. 初始结构图的改进

1) “输入模块”的改进

“输入顾客订单”模块比较简单，可以和“接收顾客订单”模块合并，合并后取名为“输入并接收顾客订单”，如图 5-31 所示。

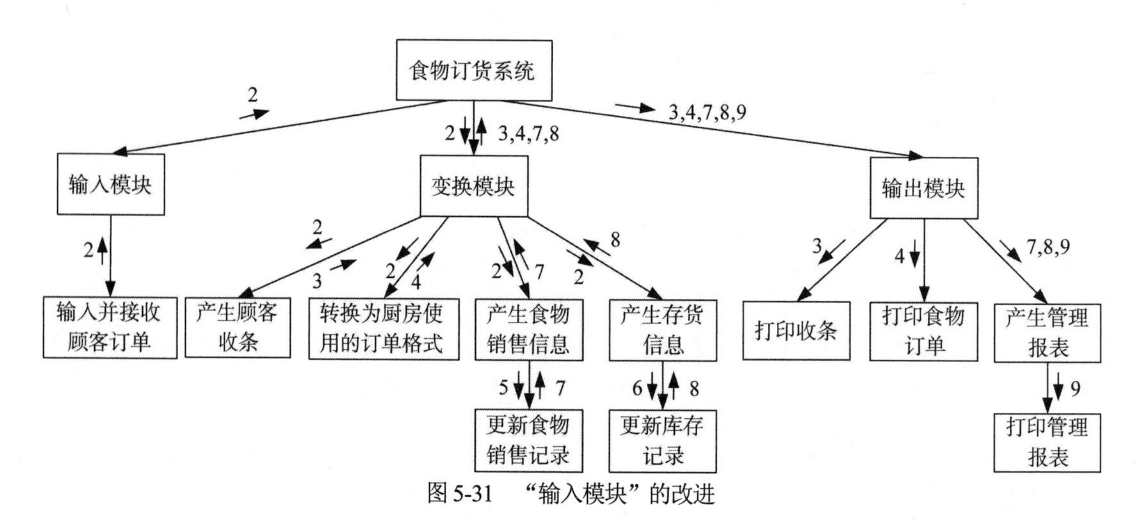

图 5-31 “输入模块”的改进

2) “变换模块”和“输出模块”的改进

(1) 收条在“产生顾客收条”模块产生后，要经过一连串的参数传递送到“打印收条”模块，其耦合度比较大。如果将“打印收条”模块合并到“产生顾客收条”模块，在“产生顾客收条”后立即“打印收条”，那么图中的相关参数的传递就可以省去，从而降低了模块间的耦合度。“产生顾客收条”和“打印收条”两个模块合并后取名为“产生并打印顾客收条”。

(2) 同理，“食物订单”在“转换为厨房使用的订单格式”模块产生，一直到“打印食物订单”模块才使用。因此，可以将这两个模块合并为“转换并打印食物订单”。

“变换模块”和“输出模块”的第一次改进如图 5-32 所示。

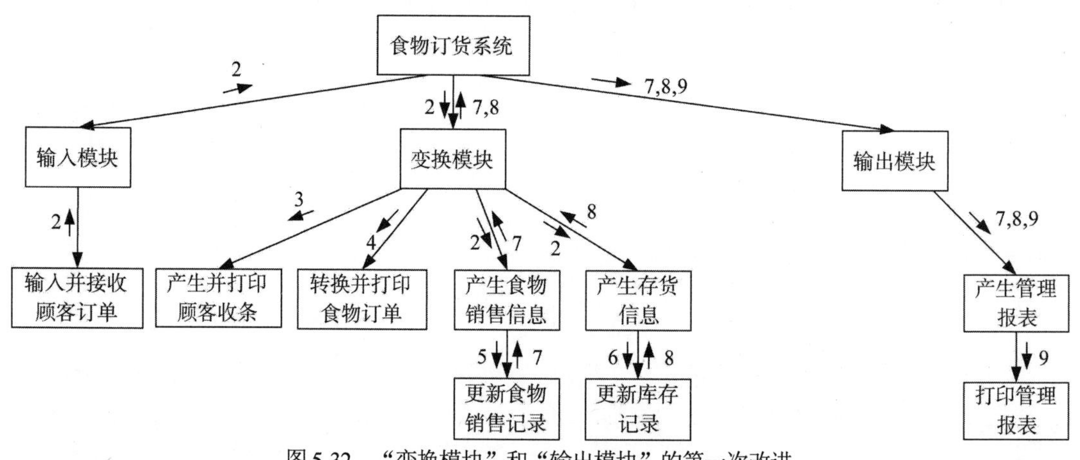

图 5-32 “变换模块”和“输出模块”的第一次改进

(3) 同理，“日常食物销售”在“更新食物销售记录”模块产生，“日常库存消耗”在“更新库存记录”模块产生，却都一直要到“产生管理报表”模块才使用。因此，可以将“产生管理报表”模块移至“更新食物销售记录”和“更新库存记录”模块的下层。“变换模块”和“输出模块”的第二次改进如图 5-33 所示。

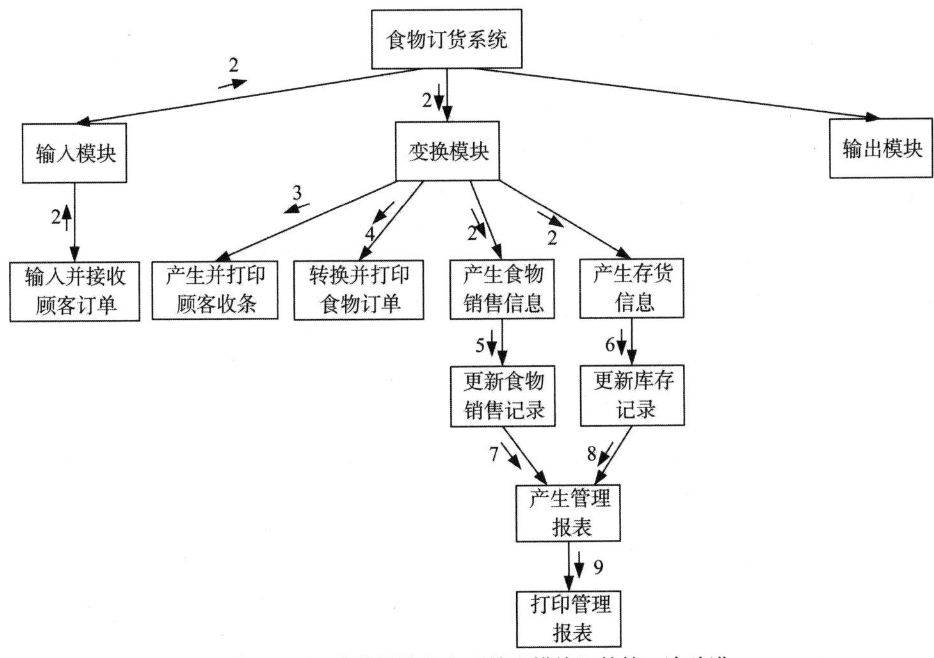

图 5-33 “变换模块”和“输出模块”的第二次改进

(4)“输出模块”的下层模块全部都被合并到其他模块中去了，因此，“输出模块”可以删除。

(5) 对于“输入模块”，它们除了调用底层模块并传递参数外，没有其他实质性的工作，这种模块称为管道模块，可以将其删除，其底层模块改由上层模块调用。“变换模块”也是管道模块，但如果将它删除，则主控模块“食物订货系统”的扇出数就比较大，因此可不予删除。

“变换模块”和“输出模块”的第三次改进如图 5-34 所示。

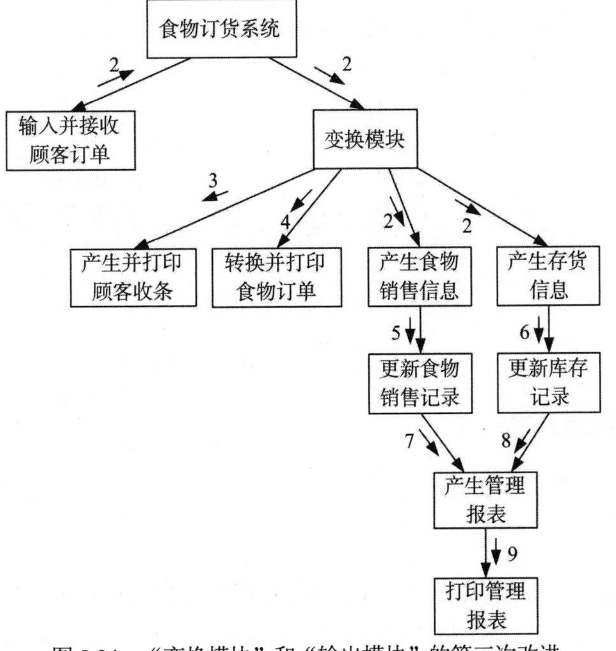

图 5-34 “变换模块”和“输出模块”的第三次改进

(6)“打印管理报表”模块比较简单，可以和“产生管理报表”模块合并，合并后取名为“产生并打印管理报表”。“变换模块”和“输出模块”的第四次改进如图5-35所示。

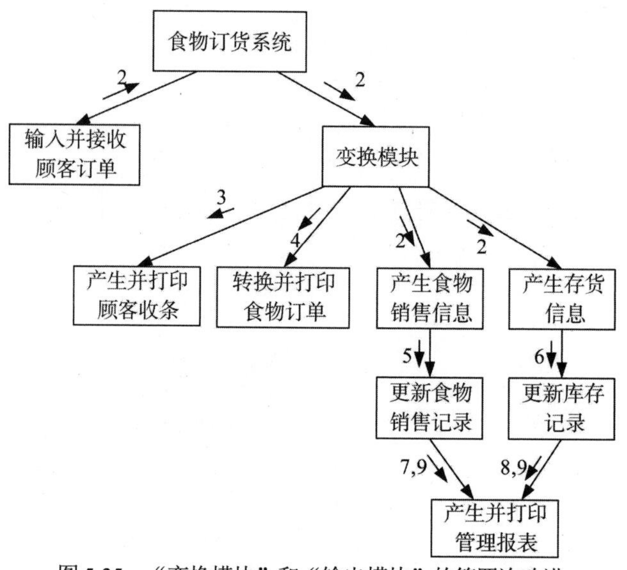

图5-35 “变换模块”和“输出模块”的第四次改进

5. 结构图的改进技巧

(1) 减少模块间的耦合度。可以通过将功能简单的模块合并到与其关系密切的模块中，或者通过调整模块的位置，来减少模块间的参数传递、避免参数长距离传输，以降低耦合度。

(2) 消除管道模块。通常，应删除管道模块，除非删除后上层模块的扇出数太大。

(3) 一个模块的扇出数不宜过大，一般应控制在7±2范围内。当一个模块的扇出数较大时[如图5-36(a)所示]，应考虑重新分解[如图5-36(b)所示]。

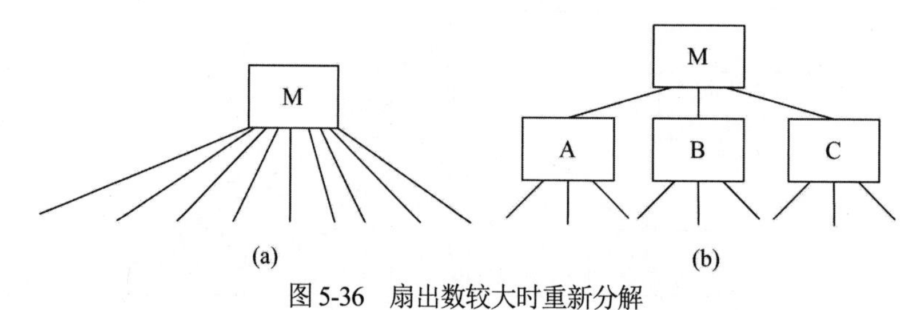

图5-36 扇出数较大时重新分解

(4) 应尽可能研究整个结构图，而不是只考虑其中的一部分。

5.2.3 事务流的映射方法

事务型数据流映射成软件结构的过程如下。

1. 确定事务中心

事务中心位于数条活动通路的起点，这些活动通路呈辐射状从该中心流出。

例如，银行储蓄系统数据流图如图5-37所示。其中，虚线划定了输入流和输出流，并圈出了事务中心。

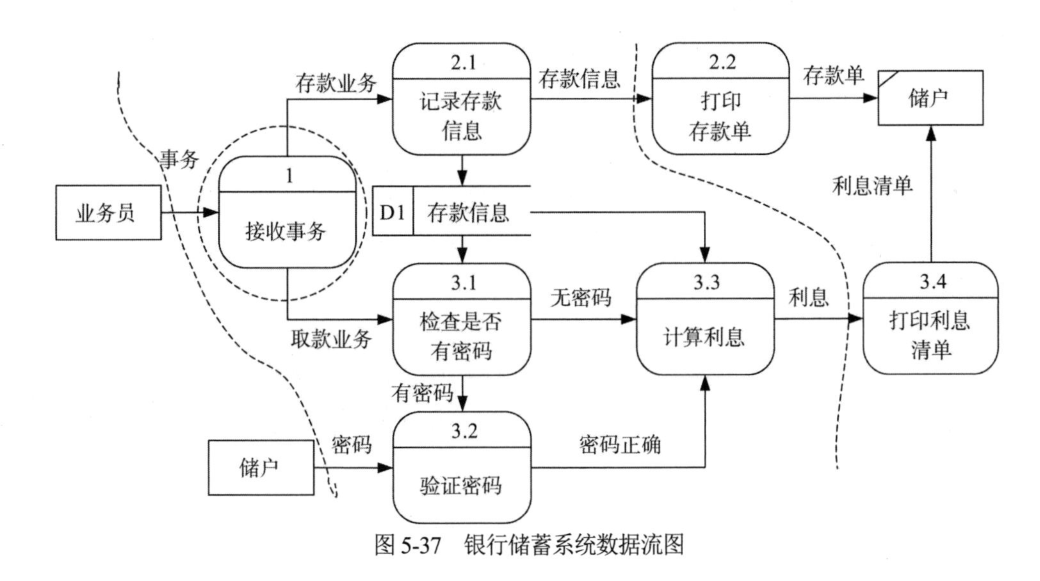

图 5-37　银行储蓄系统数据流图

2. 进行第一级分解

事务型 DFD 经过第一级分解后的结构图如图 5-38 所示。银行储蓄系统数据流图经过第一级分解后的结构图如图 5-39 所示。

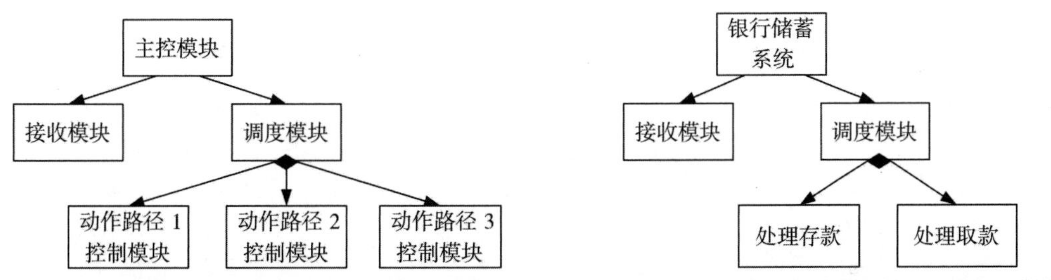

图 5-38　事务型 DFD 经第一级分解后的结构图　　图 5-39　银行储蓄系统数据流图经第一级分解后的结构图

3. 进行第二级分解

1) 接收模块的分解

从事务中心开始，沿着输入路径向外移动，把输入路径上的每个过程及对物理输入的接收映射成结构图中受接收模块控制的一个底层模块。

2) 调度模块的分解

首先确定每条动作路径的流类型(变换流或事务流)，然后运用变换型或事务型分析方法，将每条动作路径映射成与其流特性相对应的、以动作路径控制模块为根模块的结构图，如图 5-40 所示。

4. 初始结构图的改进

(1) 由于调度模块下只有两种事务，因此，可以将调度模块合并到上级模块中，如图 5-41 所示。

(2) “检查是否有密码”模块作用范围不在其控制范围之内，即“输入密码”模块不在“检查是否有密码”模块的控制范围之内，需要对其进行调整，把“输入密码”模块移动到“检查是否有密码”模块下层，如图 5-42 所示。

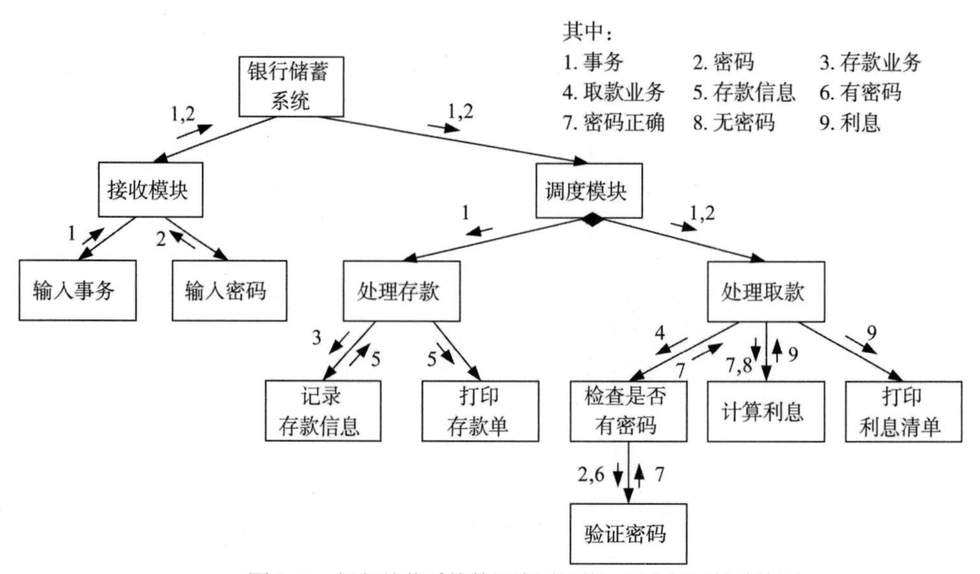

图 5-40　银行储蓄系统数据流图经第二级分解后的结构图

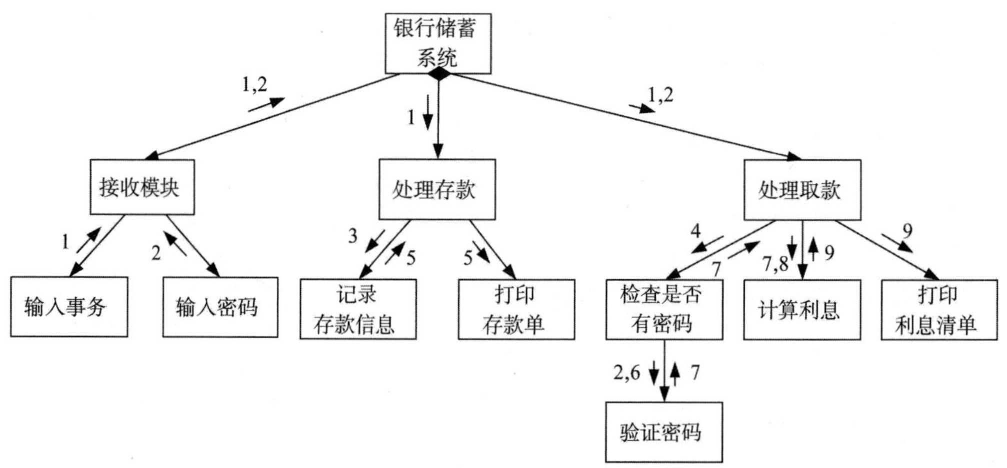

图 5-41　银行储蓄系统结构图的第一次改进

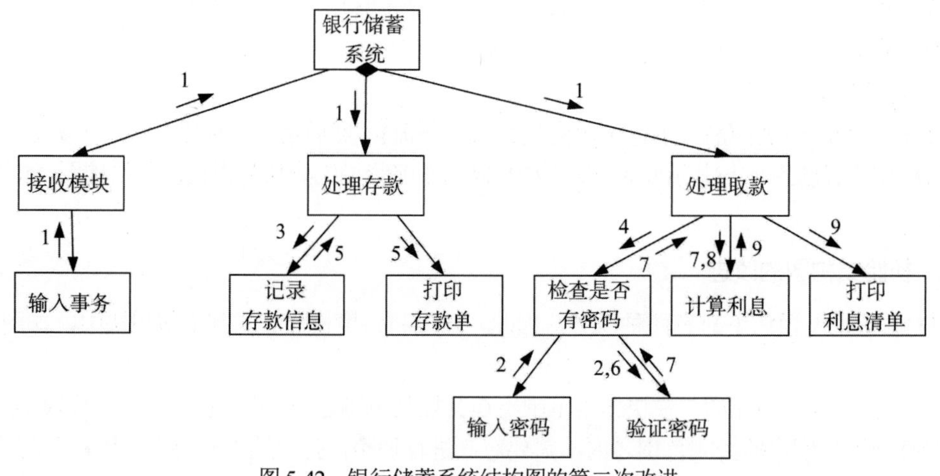

图 5-42　银行储蓄系统结构图的第二次改进

(3)“输入事务”模块比较简单，可以和“接收模块”合并，取名为“接收事务输入模块”，如图 5-43 所示。

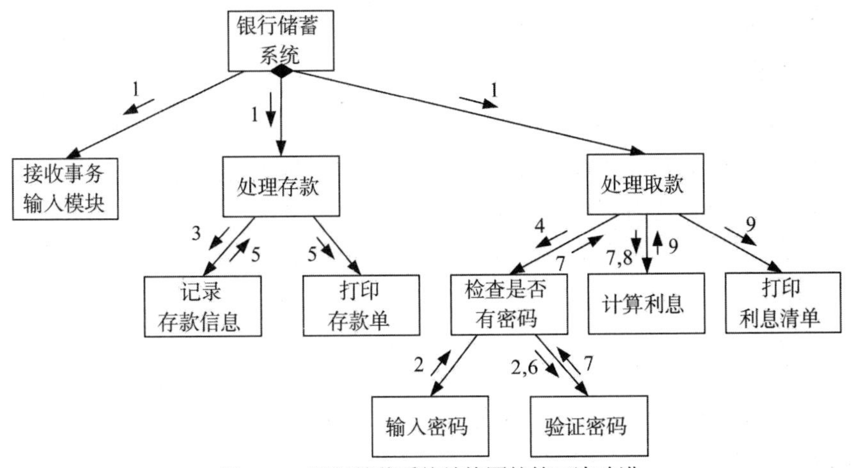

图 5-43　银行储蓄系统结构图的第三次改进

5.3 数据设计

数据是软件系统中的重要组成部分，在设计阶段必须对要存储的数据及其结构进行设计。目前，关系型数据库管理系统相当成熟，大多数设计者会选用关系型数据库进行数据的存储和管理。但在某些情况下，选择文件存储方式仍有其优越性。

5.3.1 文件设计

以下几种情况适合选用文件存储方式。

(1) 数据量较大的非结构化数据，如多媒体信息。

(2) 数据量大，信息松散，如历史记录、档案文件。

(3) 非关系层次化数据，如系统配置文件。

(4) 对数据的存取速度要求极高的情况。

(5) 临时存放的数据。

文件设计的主要工作就是根据使用要求、处理方式、存储的信息量、数据的活动性，以及所能提供的设备条件等，确定文件类型、选择文件媒体、决定文件组织方法、设计文件记录格式，并估算文件的容量。

常见的文件组织方式包括顺序文件、直接存取文件、索引顺序文件、分区文件和虚拟存储文件等。

5.3.2 数据库设计

数据库设计包括概念结构设计、逻辑结构设计和物理结构设计 3 部分。

1. 概念结构设计

数据库的概念结构设计就是设计数据库的概念模型，普遍采用实体关系图(ER 图)的方法。这在“4.4.2 数据建模”一节中已经详细介绍过，此处不再赘述。

2. 逻辑结构设计

概要设计阶段需要建立数据库的逻辑结构，该逻辑结构是一种与计算机技术更加接近的数据模型，它提供了有关数据库内部构造的更加接近于实际存储的逻辑描述。因此，能够为在某种特定的数据库管理系统上进行数据库物理结构创建提供便利。

在结构化设计方法中，可以很容易地将结构化分析阶段建立的 ER 图模型映射成数据库中的逻辑结构，映射的步骤如下。

1) 实体的映射

一个实体可以映射为一个表或多个表。当映射为多个表时，可以采用横切或竖切的方法。

(1) 横切常常用于记录与时间相关的实体对象。在主表中往往只记录最近的实体对象，而将以前的记录转到对应的历史表中。

(2) 竖切常用于记录实例较少但属性很多的实体对象。通常，将经常使用的属性放在主表中，而将其他一些次要的属性放到其他表中。

2) 关系的映射

(1) 1:1 关系的映射。1:1 关系的 ER 图如图 5-44 所示。将 ER 图映射成数据表结构，步骤如下。

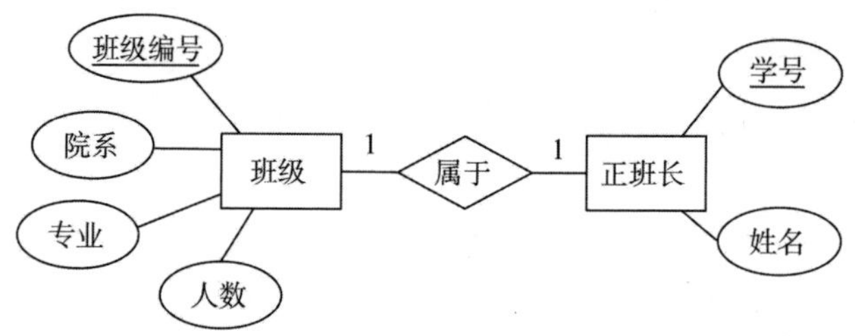

图 5-44　1:1 关系的 ER 图

① 单独建立一个数据表结构。数据表结构由“关系”的属性以及与“关系”相连的各个“实体”的主键构成。可选择与“关系”相连的任一“实体”的主键作为该数据表结构的主键。

班级(<u>班级编号</u>，院系，专业，人数)

正班长(<u>学号</u>，姓名)

属于(<u>学号</u>，班级编号)

② 加入到其他的数据表结构中。将“关系”的属性以及与“关系”相连的一方“实体”的主键加入到另一方“实体”对应的数据表结构中。

班级(<u>班级编号</u>，院系，专业，人数)

正班长(<u>学号</u>，姓名，班级编号)

(2) 1:N 关系的映射。1:N 关系的 ER 图如图 5-45 所示。将 ER 图映射成数据表结构，步骤如下。

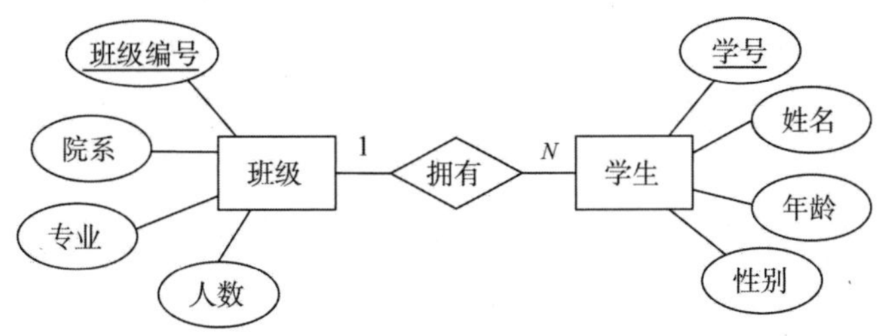

图 5-45　1:*N* 关系的 ER 图

① 单独建立一个数据表结构。数据表结构由“关系”的属性以及与“关系”相连的各个“实体”的主键构成。“*N* 端”的主键为该数据表结构的主键。

班级(班级编号，院系，专业，人数)

学生(学号，姓名，年龄，性别)

拥有(学号，班级编号)

② 加入到其他的数据表结构中。将“关系”的属性和“1 端”的主键加入到“*N* 端”的“实体”对应的数据表结构中。“*N* 端”的主键为该数据表结构的主键。

班级(班级编号，院系，专业，人数)

学生(学号，姓名，年龄，性别，班级编号)

(3) *M*:*N* 关系的映射。*M*:*N* 关系的 ER 图如图 5-46 所示。将 ER 图映射成数据表结构，步骤如下。

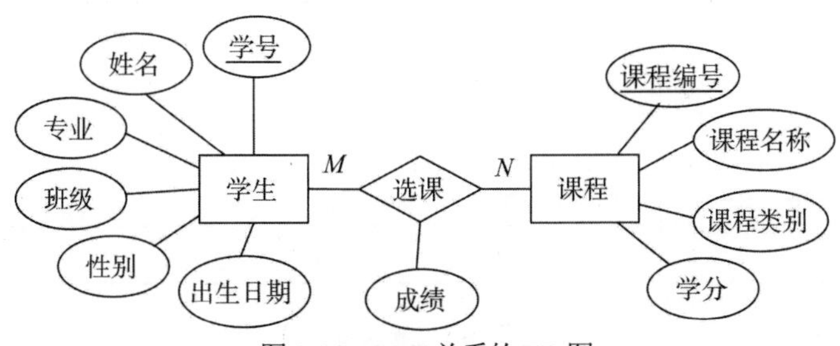

图 5-46　*M*:*N* 关系的 ER 图

单独建立一个数据表结构。数据表结构由“关系”的属性以及与“关系”相连的各个“实体”的主键构成。各“实体”的主码属性共同构成该数据表结构的主键。

学生(<u>学号</u>，姓名，专业，班级，性别，出生日期)

课程(<u>课程编号</u>，课程名称，课程类别，学分)

选课(<u>学号</u>，<u>课程编号</u>，成绩)

3) 规范数据表

为了使数据库的逻辑结构更加科学合理，在设计过程中，还需要按照关系数据规范化的原理对数据表进行规范化处理，由此消除或减少数据表中的不合理现象，如数据冗余、数据更新异常等。

(1) 第一范式：每个属性值都必须是原子值，即仅仅是一个简单值而不含内部结构。

(2) 第二范式：满足第一范式的条件，且每个非关键字属性都由整个关键字决定。

(3) 第三范式：符合第二范式的条件，且每个非关键字属性不能相互依赖，即一个非关键字属性值不依赖于另一个非关键字属性值。

在数据库的实际应用中，为了既能使数据冗余与数据更新异常现象有所减少，又能使数据查询性能不会出现显著下降，大多选用第三范式作为设计优化依据。

3. 物理结构设计

物理结构设计是指在逻辑结构设计的基础上建立数据库的物理模型，即数据库管理系统中的表、索引、视图等。

例如，根据图 5-46 所示的 ER 图构建的数据表结构，建立对应的物理结构设计表，如表 5-1～表 5-3 所示。

表 5-1　学生表

字段名	数据类型	是否为空	约束
学号(stuNo)	int	否	主键
姓名(stuName)	varchar(15)	否	
专业(prof)	varchar(30)	否	
班级(class)	varchar(15)	否	
性别(sex)	char(1)	否	
出生日期(birth)	date	否	

表 5-2　课程表

字段名	数据类型	是否为空	约束
课程编号(courseNo)	int	否	主键
课程名称(courseName)	varchar(15)	否	
课程类别(classfication)	varchar(15)	否	
学分(credit)	int	否	

表 5-3　选课表

字段名	数据类型	是否为空	约束
学号(stuNo)	int	否	主键
课程编号(courseNo)	int	否	主键
成绩(score)	float	否	

5.4 接口设计

5.4.1 接口设计概述

接口设计的依据是数据流图中的自动化系统边界。自动化系统边界将数据流图中的处理划分为手工处理部分和系统处理部分，在系统边界之外的是手工处理部分，在系统边界之内的是系统处理部分。数据流可以在系统外部、系统边界和系统内部流动。穿过系统边界的数据流代表了系统的输入和输出。系统的接口设计是由穿过边界的数据流定义的。在最终的系统中，数据流将成为用户界面中的表单、报表，以及与其他系统进行交互的文件或通信。

接口设计主要包括 3 个方面：人机界面的交互设计；软件与其他软硬件系统之间的接口设计；模块或软件构件间的接口设计。

人机界面是人机交互的主要方式，用户界面的质量直接影响用户对软件的使用、用户的情绪和工作效率、用户对软件产品的评价，以及软件产品的竞争力和寿命。

5.4.2　人机界面的交互设计

人机界面设计的好坏与设计者的经验有直接关系，本节将从一般可交互性、信息显示和数据输入 3 个方面介绍一些界面设计的经验。

1. 一般可交互性

提高可交互性的措施有如下几项。

(1) 在同一用户界面中，所有的菜单选项、命令输入、数据显示和其他功能应始终保持同一种形式和风格。

(2) 通过向用户提供视觉和听觉上的反馈，实现用户与界面之间的双向通信。

(3) 对所有可能造成损害的动作，坚持要求用户确认。

(4) 对大多数动作应允许恢复(UNDO)。

(5) 尽量减少用户记忆的负担。

(6) 提高对话、移动和思考的效率，即尽量减少击键次数，缩短鼠标移动的距离，避免让用户产生无所适从的感觉。

(7) 当用户出错时采取宽容的态度。

(8) 按功能分类组织界面上的活动。

(9) 提供上下文敏感的求助系统。

(10) 用简短的动词和动词短语提示命令。

2. 信息显示

若人机界面上给出的信息不完整、有二义性或难以理解，那么用户肯定不满意。信息显示的形式和方式有多种，下面是一些带有普遍指导意义的原则。

(1) 仅显示与当前上下文有关的信息。

(2) 避免提供过于复杂或难以理解的信息。

(3) 采用统一的标号、约定俗成的缩写和预先定义的颜色。

(4) 允许用户对可视环境进行维护，如放大、缩小图像。

(5) 只显示有意义的错误信息。

(6) 用大写、小写、缩进和分组等方法提高信息的可理解性。

(7) 用窗口(在合适的情况下)分隔不同种类的信息。

(8) 用“类比”手法生动形象地表示信息。

(9) 合理划分并高效使用显示屏。

3. 数据输入

用户与系统交互的大部分时间用于输入命令、提供数据或系统要求的其他输入信息。关于数据输入，应注意以下几点。

(1) 尽量减少用户输入的动作。

(2) 保证信息显示方式与数据输入方式的协调一致。

(3) 允许用户制定输入格式。

(4) 采用灵活多样的交互方式，允许用户自选输入方式。

(5) 隐藏当前状态下不可选用的命令。

(6) 允许用户控制交互过程。

(7) 为所有输入动作提供帮助信息。

(8) 删除所有无现实意义的输入。

5.5 过程设计

概要设计阶段的任务完成后，就进入了详细设计阶段，即过程设计阶段。在该阶段，要决定各个模块的实现算法，并使用过程描述工具精确地描述这些算法。

5.5.1 结构化程序设计

1965 年，Edsger Wybe Dijkstra 在一次会议上指出“可以从高级语言中消除 goto 语句”。1966 年，Bohm 和 Jacopomo 证明了只用 3 种基本的控制结构——顺序、选择和循环，就能实现任何单入口、单出口的程序。20 世纪 70 年代，Edsger Wybe Dijkstra 提出了程序设计要实现结构化的主张，并将这类程序设计称为结构化程序设计。

结构化程序设计采用自顶向下、逐步求精的设计方法，这种方法符合抽象和分解的原则，是人们解决复杂问题的常用方法。采用这种先整体后局部、先抽象后具体的步骤开发的软件一般都具有清晰的层次结构。结构化程序设计方法能提高程序的可读性、可维护性和可验证性，从而提高软件的生产率。

5.5.2 过程设计工具

描述每个模块的执行过程的工具称为过程设计工具，过程设计工具可以分为以下 3 类。其中，判定表和判定树在 4.4.1 小节中已经介绍过，这里不再赘述。

(1) 图形工具：程序流程图、N-S 图、PAD 图、判定树等。

(2) 表格工具：判定表。

(3) 语言工具：伪码。

1. 程序流程图

程序流程图独立于任何一种程序设计语言，其较为直观、清晰，易于学习和掌握。程序流程图的基本控制结构包括顺序型、选择型、先判定型循环、后判定型循环和多情况选择型，如图 5-47(a)～图 5-47(e)所示。任何复杂的程序流程图都应由这 5 种基本控制结构组合或嵌套而成。

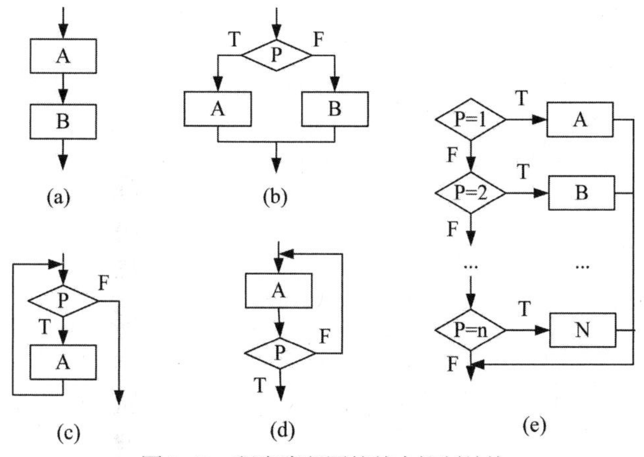

图 5-47　程序流程图的基本控制结构

2. N-S 图

Nassi 和 Shneiderman 提出了一种符合结构化程序设计原则的图形描述工具——盒图，也称为 N-S 图。N-S 图的基本控制结构包括顺序型、选择型、先判定型循环、后判定型循环和多分支选择型，如图 5-48(a)～图 5-48(e)所示。

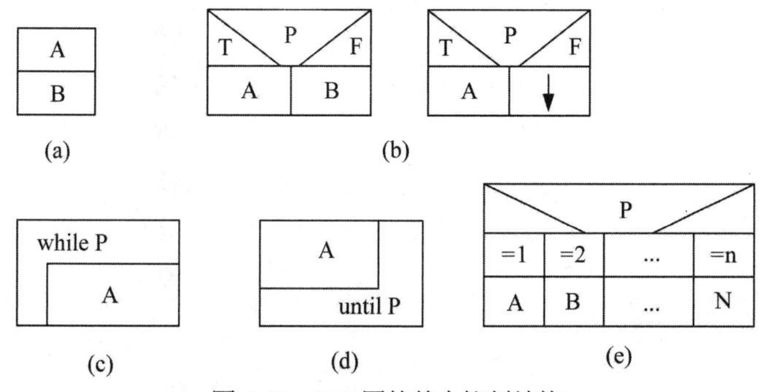

图 5-48　N-S 图的基本控制结构

3. PAD 图

PAD 图，也称为问题分析图，是日本日立公司提出的，它是一种由程序流程图演化而来的用结构化程序设计思想表现程序逻辑结构的图形工具。PAD 图的基本控制结构包括顺序型、选择型、先判定型循环、后判定型循环和多分支选择型，如图 5-49(a)～图 5-49 (e)所示。

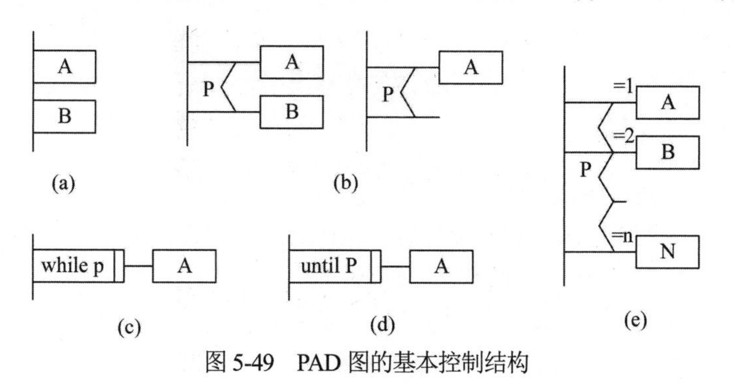

图 5-49　PAD 图的基本控制结构

4. 伪码

伪码是一种介于自然语言和形式化语言之间的半形式化语言，用于描述功能模块的算法设计和加工细节，因此也称为程序设计语言(program design language，PDL)。伪码的语法规则分为“外语法”和“内语法”。外语法应当符合一般程序设计语言常用语句的语法规则；内语法可以用英语中一些简单的句子、短语和通用的数学符号来描述程序应执行的功能。

从第 4 章例 4-1 中可以看出，PDL 具有正文格式，很像高级语言。人们可以很方便地使用计算机完成 PDL 的编辑工作。

5.6 软件设计规格说明书文档

在编写软件设计文档时，可以选择一份合适的文档模板。如今有很多的软件设计规格说明书文档模板可供选择，其中比较权威的是 IEEE 1016—1998 标准给出的模板，如图 5-50 所示。

1. 引言
1.1 目的
1.2 范围
1.3 定义与缩写词
2. 参考文献
3. 分解描述
3.1 模块分解
  3.1.1 模块 1 描述
  3.1.2 模块 2 描述
3.2 同步进程分解
  3.2.1 进程 1 描述
  3.2.2 进程 2 描述
3.3 数据分解
  3.3.1 数据实体 1 描述
  3.3.2 数据实体 2 描述
4. 依赖关系描述
4.1 模块间依赖
4.2 进程间依赖
4.3 数据依赖
5. 接口描述
5.1 模块接口
  5.1.1 模块 1 描述
  5.1.2 模块 2 描述
5.2 进程接口
  5.2.1 进程 1 描述
  5.2.2 进程 2 描述
6. 详细设计
6.1 模块详细设计
  6.1.1 模块 1 详细设计
  6.1.2 模块 2 详细设计
6.2 数据详细设计
  6.2.1 数据实体 1 详细设计
  6.2.2 数据实体 2 详细设计

图 5-50 软件设计规格说明书文档模板[IEEE 1016—1998]

本章小结

- 软件设计的任务、原则、图形工具和启发规则。
- 软件设计分为两个阶段：概要设计阶段和详细设计阶段。概要设计包括体系结构设计、数据设计和接口设计。详细设计即过程设计。
- 软件设计的原则包括：模块化、抽象、信息隐藏和模块独立性。
- 结构化设计图形工具包括：结构图和 HIPO 图。

- 软件设计的启发规则包括：模块规模应该适中；消除重复功能，改进软件结构；深度、宽度、扇入和扇出适中；模块的作用域在控制域之内；力争降低模块接口的复杂程度。
- 常用的结构化软件设计的方法包括：变换流的映射方法和事务流的映射方法。

思政园地

高内聚低耦合，是软件工程中的概念，是判断软件设计好坏的标准，其目的是使程序模块的可重用性、移植性大大增强。内聚是从功能角度来衡量模块内的联系，一个好的内聚模块应当恰好做一件事；耦合是对软件结构中各模块之间关联程度的度量，耦合强弱取决于模块间接口的复杂程度、进入或访问一个模块的点，以及通过接口的数据。

每个人在社会中都如同系统中的一个模块，既要具有个体的独立性，又要与他人形成良好的合作关系。

1. 独立的人格是人生必备的品质

生活独立，不执念过去，不畏惧将来。有独立人格的人懂得如何处理遇到的事情，也懂得尽情地享受生活，面对当前及未来的困难都有能力消释，而不是由父母包办。

拥有独立人格的人，并非总是保持着一种高冷刚韧的形象，而是拥有独立思考的能力，能在社会中游刃有余。

独立的人格也意味着独立的情绪，有独立人格的人不会被肤浅的言论轻易煽动，而是时刻保持理智。

2. 众人拾柴火焰高

(1) 发扬团队协作精神、加强团队协作建设有利于提高企业的整体效能。如果总是把时间花在怎样界定责任、谁来处理事务等问题上，就会让客户、员工团团转，从而会减弱企业成员之间的亲和力，损害企业的凝聚力。

(2) 团队协作有助于企业目标的实现。企业目标的实现需要每一个成员的努力，具有团队协作精神的团队十分尊重成员的个性、重视成员的不同想法，并能够激发成员的潜能，真正使每一个成员参与到团队工作中，风险共担，利益共享，相互配合，完成团队工作目标。

(3) 团队协作是企业创新的巨大动力。人是各种资源中唯一具有能动性的资源。企业的发展需要合理配置人、财、物，而调动人的积极性和创造性是资源配置的核心，团队协作就是将人的智慧、力量、经验等资源进行合理的调动，使之产生最大的规模效益，用经济学的公式表述即为 1+1>2 模式。

本章练习题

一、选择题

1. 软件的(　　)设计又称为总体设计，其主要任务是建立软件系统的总体结构。

　A. 概要　　B. 抽象　　C. 逻辑　　D. 规划

2. 模块独立性是软件模块化提出的要求，衡量模块独立性的标准是模块的(　　)。

A. 内聚性和耦合性　　B. 局部化和封装化
C. 抽象和信息隐藏　　D. 逐步求精和结构图

3. 划分模块时尽量做到(　　)，保持模块的独立性。

A. 高内聚、低耦合　　B. 高内聚、高耦合
C. 低内聚、低耦合　　D. 低内聚、高耦合

4. 为了提高模块的独立性，模块之间最好是(　　)。

A. 公共耦合　　B. 控制耦合　　C. 数据耦合　　D. 特征耦合

5. 面向数据流的软件设计方法可将(　　)映射成软件结构。

A. 控制结构　　B. 数据流　　C. 程序流程　　D. 模块

6. 在面向数据流的软件设计方法中，一般将信息流分为(　　)。

A. 数据流和控制流　　B. 变换流和控制流
C. 事务流和控制流　　D. 变换流和事务流

7. 软件详细设计的主要任务是确定每个模块的(　　)。

A. 外部接口　　B. 功能　　C. 算法和数据结构　　D. 编程

8. 当算法中需要用一个模块去计算多种条件的复杂组合，并根据这些条件完成适当的功能时，可以选择(　　)作为合适的描述工具。

A. 程序流程图　　B. N-S 图　　C. PAD 图　　D. 判定表

9. 在软件开发过程中，常采用与图形相关的信息，(　　)不用于表示软件模块的执行过程。

A. N-S 图　　B. ER 图　　C. PAD 图　　D. 程序流程图

10. 程序中的 3 种基本控制结构是(　　)。

A. 顺序、选择、循环　　B. 数组、递推、排序
C. 递归、子程序、分程序　　D. 递归、递推、迭代

二、应用题

1. 用交换流的映射方法将如图 5-51 所示的数据流转换成软件结构。

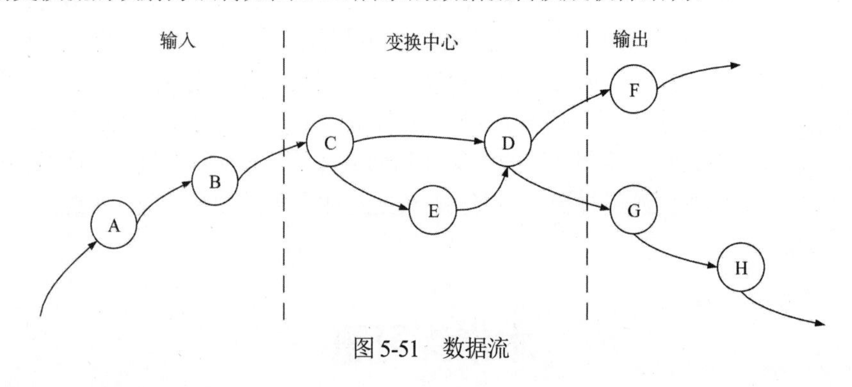

图 5-51　数据流

2. 用面向数据流的方法设计工资支付系统的软件系统结构，如图 5-52 所示。

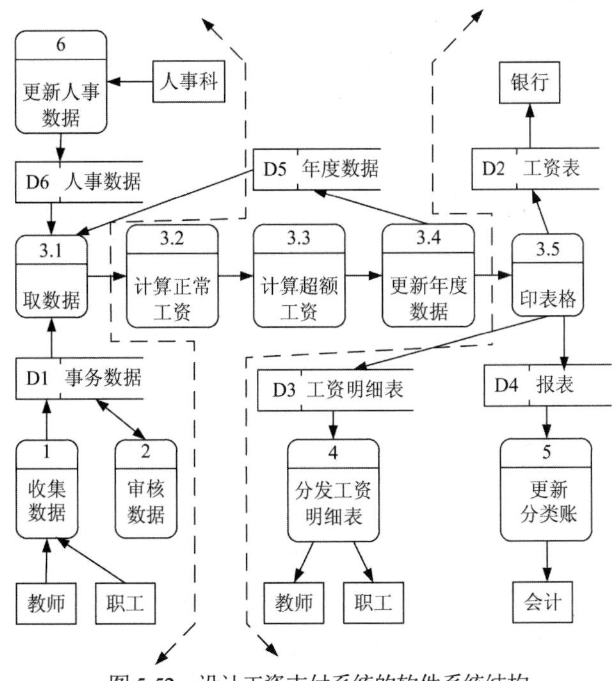

图 5-52　设计工资支付系统的软件系统结构

3. 图 5-53 是考务处理系统中的“统计成绩”子图精化后的 DFD，请运用变换流映射方法将其转换成软件结构图。

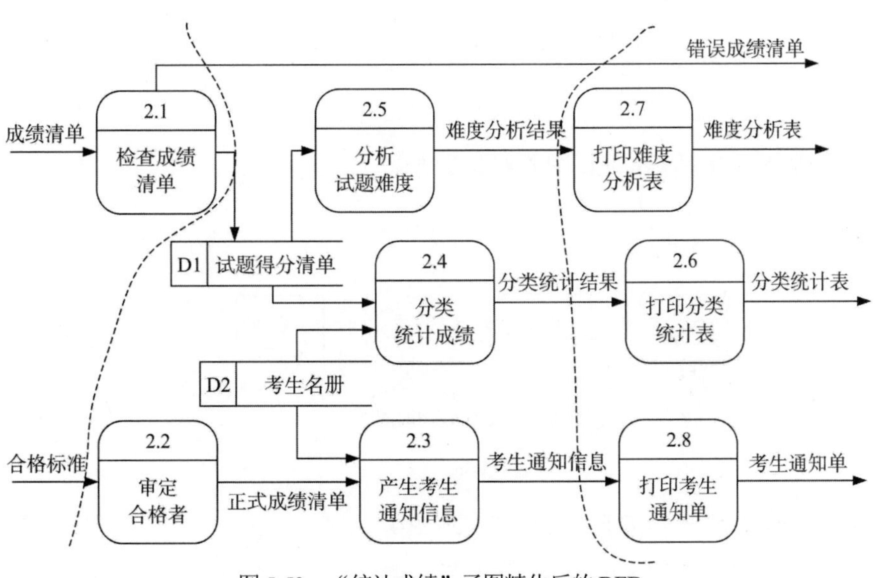

图 5-53　“统计成绩”子图精化后的 DFD

4. 将图 5-54 中用户交互子系统的二级数据流图，用事务型数据流方法映射为软件结构。

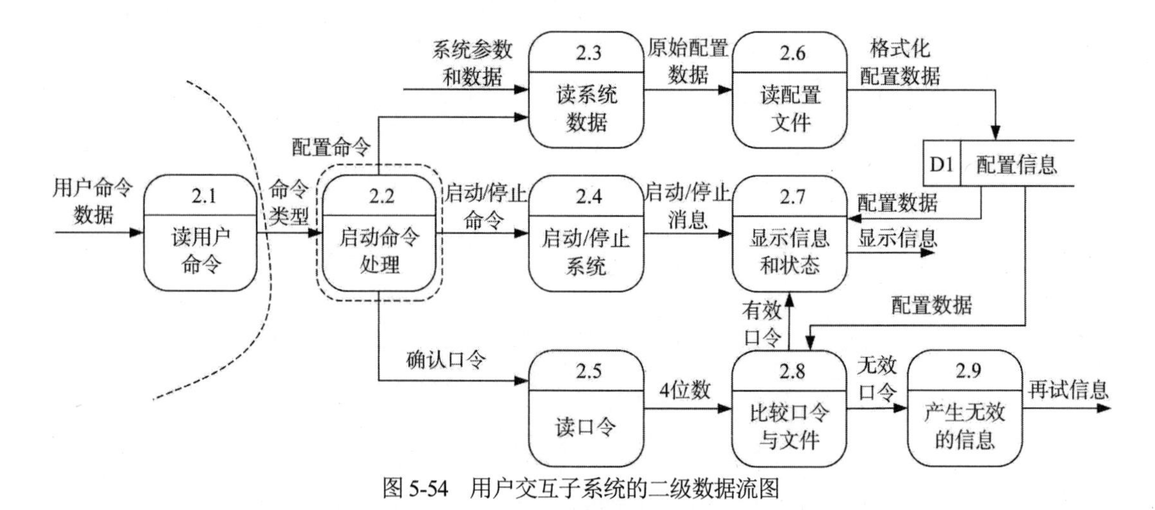

图 5-54 用户交互子系统的二级数据流图

5. 请判断如图 5-55 所示的模块结构图是否合适。已知：

(1) 计时工人工资＝计时制工资额－税收扣款－常规扣款；

(2) 计薪工人工资＝薪金制工资额－税收扣款－常规扣款；

(3) 编外人员工资＝编外人员工资－编外人员税款－编外人员扣款。

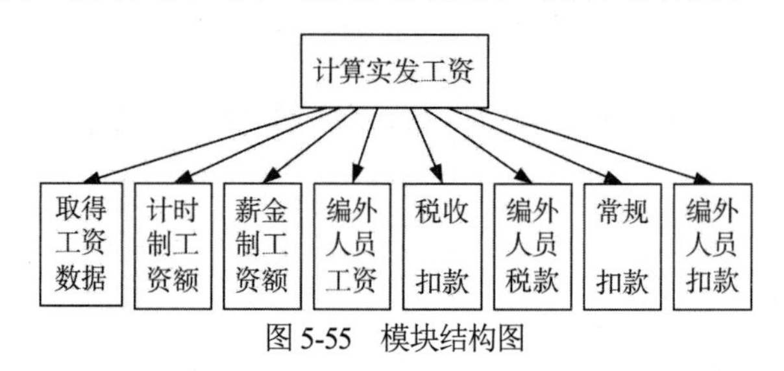

图 5-55 模块结构图

6. 请写出如图 5-56 所示的 ER 图的数据表结构。

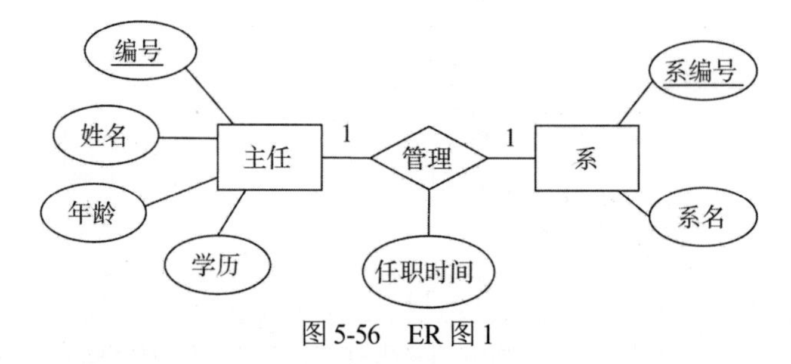

图 5-56 ER 图 1

7. 请写出如图 5-57 所示的 ER 图的数据表结构。

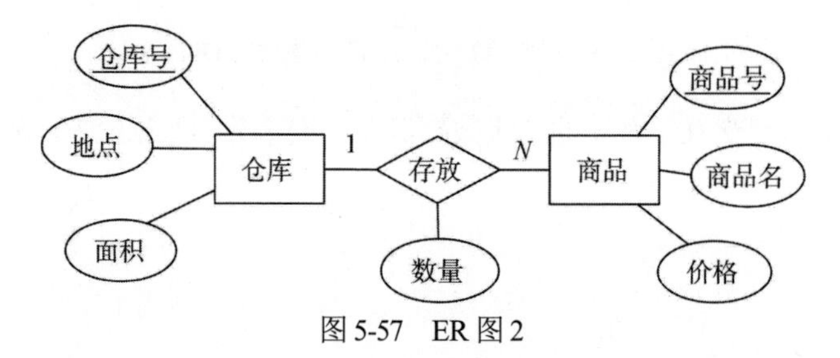

图 5-57 ER 图 2

8. 请写出如图 5-58 所示的 ER 图的数据表结构。

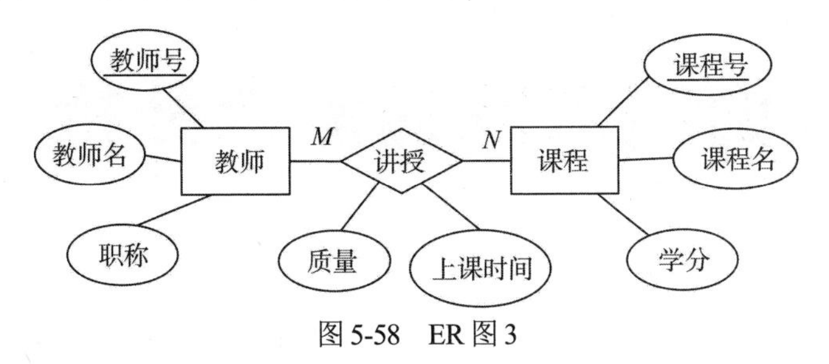

图 5-58　ER 图 3

9. 试分别用 N-S 图和 PAD 图表示如图 5-59 所示的流程图。

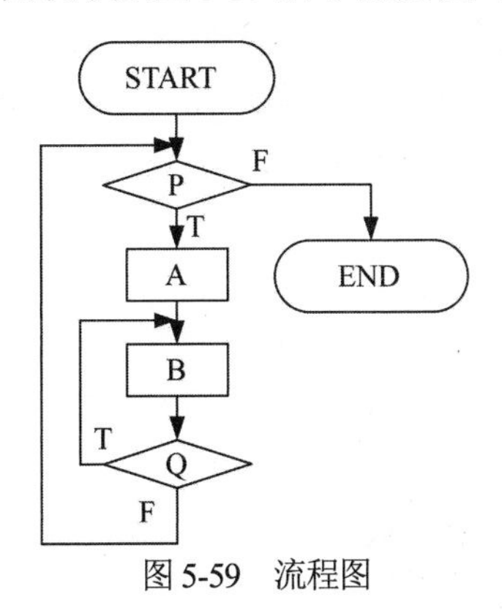

图 5-59　流程图

第 6 章

面向对象的需求分析

面向对象的概念和方法被视为一种全新的软件开发方法，其基本思想是对问题域进行自然分割，以接近人类通常思维的方式来建立对象模型，以便对现实世界的客观实体进行结构模拟和行为模拟，从而使设计出的软件尽可能直接地展现问题求解过程。读完本章，你将了解以下内容。

- 面向对象的基本概念是什么？
- 为什么需要不同类型的模型及基本系统建模角度，如上下文、交互、结构、行为等？
- 统一建模语言(UML)中定义的图形类型有哪些？如何在系统建模时使用这些图形？

6.1 面向对象的基本概念

面向对象的基本概念如下。

(1) 客观世界是由对象组成的，任何客观的事物或实体都是对象，复杂对象可以由简单对象组成。

(2) 具有相同数据和操作的对象，可以规定为一个类，对象是类的一个实例。

(3) 类可以派生出子类，子类既可以继承父类的全部特性(数据和操作)，又可以有自己的新特性。子类与父类形成类的层次结构。

(4) 对象之间通过消息传递相互联系。类具有封装性，其数据和操作等对外界是不可见的，外界只能通过消息请求进行某些操作，提供所需的服务。

软件工程学家 Codd 和 Yourdon 认为：面向对象=对象+类+继承+通信。如果一个软件系统采用这些概念来建立模型，并予以实现，那么它就是面向对象的。

6.1.1 对象与类

1. 对象(object)

按照人们的认知角度，在客观世界中，任何有确定边界、可触摸、可感知的事物，以及某种可思考或可认知的概念(如速度、时间)均可认为是对象。

从不同的角度来看对象有不同的含义，针对系统开发讨论对象的概念，其定义为：对象是系统中用来描述客观事物的一个实体，它是构成系统的一个基本单位，是由一组属性和对这组属性进行操作的一组服务组成的封装体。

属性和服务是构成对象的两个基本要素。其中，属性是用来描述对象静态特征的一个数据项；服务是用来描述对象动态特征(行为)的一个操作序列。属性表示对象的性质，属性值规定了对象的状态；服务是对象可以展现的外部服务，表现对象的行为，也称为方法、操作或行为。

例如，在图6-1中，将两只具体的狗(Katie和Annie)视为两个对象，它们都有名字、品种、年龄、颜色、性别、最喜爱的食物等属性，两个对象都具有摇尾巴、进食、取东西、睡觉等行为(即方法)，通过执行这些方法可以改变狗(对象)的某些属性值。

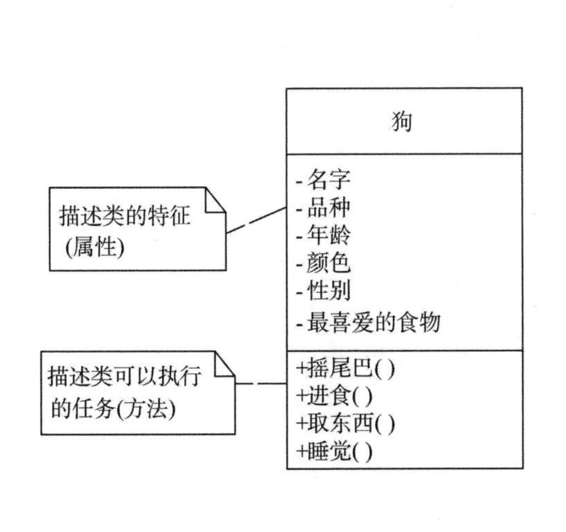

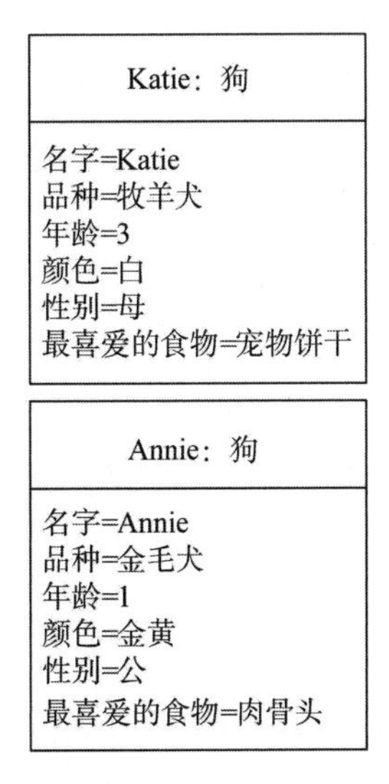

图6-1　对象与类举例

系统中的一个对象，在软件生命周期的不同阶段可能有不同的表现形式。在分析阶段，对象主要是从问题域中抽象出来的反映概念的实体对象；在设计阶段需要结合实现环境增加边界对象和控制对象；而到实现阶段则需要增加与编码实现相关的对象。

2. 类(class)

把众多的事物归结成一些类是人们在认识客观世界时经常采用的思维方法。分类所依据的原则是抽象，即忽略事物非本质的特征，只注意与当前目标有关的本质特征，从而找出事物的共性。在面向对象的方法中，对象按不同的性质划分为不同的类。同类对象在数据和操作方面具有共性。

类是具有相同属性和服务(方法)的一组对象的集合，它为属于该类的全部对象提供了统一的抽象描述，其内部包括属性和服务两个主要部分。例如，在图6-1中，可以将两只具体的狗(对象)Katie和Annie归纳为一个名为“狗”的类，同时可以把它们相同的属性和行为抽离出来，定义为“狗”类的属性和方法。在UML中，使用一个矩形图符来表示类，类的图符分为上、中、下3个部分，分别用来标识类的名称、属性和方法。

3. 实例(instance)

类就好比是一个模板，可以用于产生多个具有相同属性和共同行为的对象。就像工业生产某个特定功能的零部件，首先要制作出它的模具(类)，然后就可以用这个模具(类)生产出多个外观形状一样、功能相同的零部件(对象)。因此，类是对象的抽象，而对象是类的实例，类在现实世界中是不存在的，类被具体化后得到对象，对象是具体存在于客观世界中的类的实例。

【例程 6-1】类的定义与实例化。

```
class Dog{                    //定义狗类
   String name;               //名字属性
   String breed;              //品种属性
   int age;                   //年龄属性
void shaketail(){}            //摇尾巴方法
void eat(){}                  //吃东西方法
 void sleep(){}               //睡觉方法
}
class example1{
Public static void main(String args[]){
Dog katie=new Dog();          //实例化 Dog 类，生成一个对象 katie
Katie.name="katie";           //设置对象 katie 的名字
Katie.breed="Golden";         //设置对象 katie 的品种
Katie.age=8;                  //设置对象 katie 的年龄
Katie.shaketail();            //给对象 katie 发消息，让其执行 shaketail()方法
Katie.eat();                  //给对象 katie 发消息，让其执行 eat()方法
Katie.sleep();                //给对象 katie 发消息，让其执行 sleep()方法
}
}
```

在以上程序中首先定义了名为“Dog”的类，该类具有 name、breed、age 属性，以及 shaketail()、eat()、sleep()方法，作为一个模板被放在程序开头。在“example1”类的主方法 main()中执行程序，首先使用 Dog 类实例化生产一个具体的狗(对象)Katie，然后分别设置 Katie 的 name、breed、age 属性值，最后让 Katie 执行 shaketail()、eat()、sleep()方法。

4. 消息(message)

一个对象让另一个对象执行它的某种方法称为发消息，所发送的消息中需要包含接收消息的对象名、方法名，一般还要对方法中传递的参数加以说明。例如，在例程 6-1 中，Katie.shaketail()就是一条发给对象 Katie 的消息，让它执行 shaketail()方法。

消息的基本格式为：对象名.方法名(参数)。

在面向对象中，所有的功能都是通过对象之间互发消息来实现的，消息机制可以像搭积木一样，快速开发出一个全新的系统。

6.1.2　封装、继承和多态性

在面向对象方法中，对象、类、消息和方法的程序设计范式的基本点在于对象的封装性和继承性。通过封装能将对象的定义和对象的实现分开，通过继承能体现类与类之间的关系，以及由此带来的动态绑定和实体的多态性，从而构成面向对象的各种特性。

1. 封装(encapsulation)

封装是面向对象方法的一个重要原则，它把对象的属性和服务结合成一个独立的系统单元，是一种信息隐藏技术。它将对象的外部特征(可用的方法)与内部实现细节(属性、方法如何实现)分开，使得对象的外部特征对其他对象来说是可访问的，而它的内部细节对其他对象是隐蔽的。

封装信息的作用反映了事物的相对独立性，当我们从外部观察对象时，只需要了解对象所呈现的外部行为(即做什么)，不必关心其内部细节(即怎么做)。因此，当使用对象时，不必知道对象的属性及行为在内部是如何表现和实现的，只需要知道它提供了哪些方法(操作)即可。

【例程 6-2】封装。

```
import java.io.*
class Car{                                   //定义车类
private String Brand;                        //定义私有属性品牌
private int gas;                             //定义私有属性油量
public Car(String vBrand, int vGas){         //构造方法
   Brand=vBrand;
   gas=vGas;   }
public void Run(){                           //汽车开动方法
        if(gas>0)  gas-=10;
 else System.out.println("没油了!不能跑了! ");}
public void Disp()                           //显示汽车当前状态方法
{System.out.println("品牌: "+Brand+"油量: "+gas);}
}
Class example2{
Public static  void main(String args[]){
Car Mycar=new Car("Audi", 10);               //使用 Car 构造方法实例化产生对象 Mycar
Mycar.Disp();                                //显示 Mycar 当前状态
Mycar.Run();                                 //让 Mycar 执行开动方法
System.out.println("汽车正在运行中……");       //输出提示信息
Mycar.Run();                                 //让 Mycar 再次执行开动方法
}
}
```

运行结果如下。

```
品牌：Audi 油量：10
汽车正在运行中……
没油了！不能跑了！
```

在以上程序中，首先定义了名为“Car”的类，该类具有 Brand、gas 属性，以及 Car()、Run()、Disp()方法，而其中 Car 是与类同名的构造方法，在类实例化对象时使用。在“example2”类的主方法 main()中执行程序，首先使用 Car 构造方法实例化生产一个具体的车(对象)Mycar，并为其设置 Brand、gas 两个属性的初始值为 Audi 和 10，然后让 Mycar 车对象执行 Disp()、Run()等方法。在编写程序时，完全不需要知道 Car 类内部是如何定义的，只需要知道要生产一辆车调用 Car()方法、要开这辆车调用 Run()方法、要显示车的状态信息调用 Disp()方法即可，这就是类的封装。

那又是如何隐藏信息的呢？Java 语言是通过访问权限控制来实现的。Java 属性和方法的访问控制符有 private、default、protected 和 public 4 种。Java 中访问控制符的访问控制权限如表 6-1 所示。

表 6-1 Java 中访问控制符的访问控制权限

访问权限	使用范围			
	同一类中	同一包中	同一子类	通用
private	yes	no	no	no
default	yes	yes	no	no
protected	yes	yes	yes	no
public	yes	yes	yes	yes

2. 继承(inheritance)

继承是面向对象方法学中的核心概念，它是指一个类的定义中可以派生出另一个类的定义，派生出的类(子类)可以自动拥有父类的全部属性和服务。继承简化了人们对现实世界的认知和描述，在定义子类时不必重复定义已在父类中定义的属性和服务，只要说明它是某个父类的子类，并定义自己特有的属性和服务即可。

在图 6-2 中，客车类和货车类有一些共同的属性(如品牌、颜色)和相同的方法(如启动、加速、减速)，因此可以抽象出一个父类——汽车类，汽车类与货车、客车类形成父类与子类的层次关系，因此，在编写程序时先定义汽车类，子类自动继承父类的属性和方法，在编写客车类时不需要再定义父类继承过来的品牌、颜色属性，以及启动、加速、减速方法，只需要定义自己特有的客座数属性即可。

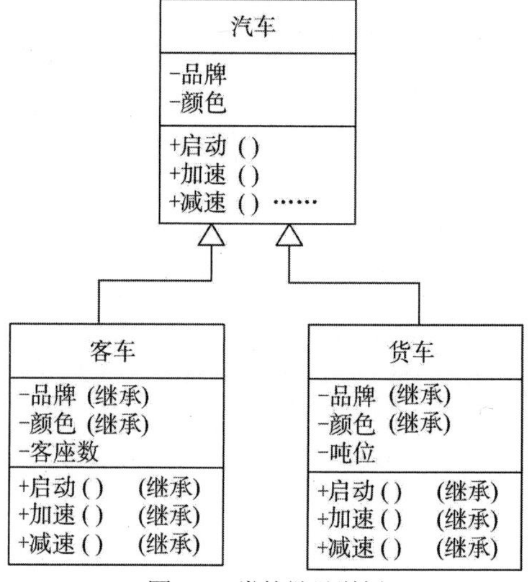

图 6-2 类的继承举例

【例程 6-3】类的继承。

```
class Car{                                          //定义父类 Car
   String brand;
   void setB(String s)  {brand=s;}
   void showB()   {System.out.println(brand);}}
Class Bus extends Car{                              //定义子类 Bus
int gas;                                            //子类 Bus 自有属性 gas
void setG(int g)  {gas=g;}                          //子类 Bus 自有方法 setG()
   void showG()   {System.out.println(gas);}}       //子类 Bus 自有方法 showG()
Class example3{
   public static void main(String args[]){
      Bus bus306=new Bus();
      bus306.setB("Audi");                          //执行父类继承方法 setB()
 bus306.setG(100);                                  //执行自有方法 setG()
 bus306.showB();                                    //执行父类继承方法 showB()
 bus306.showG();  }                                 //执行自有方法 showG()
```

运行结果如下。

```
Audi  100
```

在以上程序中，Car 为父类，Bus 为子类，Bus 继承了父类的 brand 属性和 setB()、showB()方法，同时定义了自己特有的 gas 属性和 setG()、showG()方法。

类的继承是软件复用的一种方式，通过继承属性和行为扩充原有类的功能，节省了程序开发时间。例如，若为某软件订单管理功能增加 10 分钟内取消订单的功能，则不需要重新开发，只需要定义一个子类继承原有类的属性和方法，然后仅增加取消方法和相关属性的定义即可。

3. 多态性(polymorphism)

多态性的概念可以概括为“一个方法，多种实现”。

1) 重写(overriding)

重写是父类与子类之间多态性的一种表现。如果子类中定义的某方法与其父类有相同的名称和参数，则该方法被重写。当子类的对象使用该方法时将调用子类中的定义，对它而言，父类中的定义如同被“屏蔽”了。

2) 重载(overloading)

重载是一个类中多态性的一种表现。如果在一个类中定义了多个同名的方法，它们或有不同的参数个数，或有不同的参数类型，则称为方法的重载。

【例程 6-4】方法的重载。

```
 Class OverLoadDemo{
 void overload(){
 System.out.printfn("第一次重载! "); }
void overload(String str){
 System.out.printfn("第二次重载! "+str); }
void overload(String str1, String str2)
{ System.out.printfn("第三重次载! "+str1+str1);}
Public static void main(string arg[])
{   OverLoadDemo strdemo=newOverLoadDemo();
    strdemo.overload();
    strdemo.overload("Java");
    strdemo.overload("Love ", "China");
} }
```

运行结果如下。

```
第一次重载!
第二次重载!  Java
第三次重载!  Love China
```

在以上程序中，OverLoadDemo 类中 overload()方法有 3 种不同的实现方法，对象收到消息后，根据消息中的参数决定执行哪一种方法。

3) 接口的多态性(interface polymorphism)

在一个接口中定义的抽象方法，可以有多个类以不同的方式实现这个接口中的抽象方法。

【例程 6-5】接口的多态性。

```
Interface Shape                          //接口 Shape
{ public abstract double area();}       //定义抽象方法 area()

Class Circle implements Shape           //定义 Circle 类实现接口 Shape
{ protected double radius;
  public Circle() { radius=0;}
 public Circle(double r) {radius=r;}
Public double getradius(){return radius;}
  public String area()
{return String.fomat("%.2f", Math.PI*radius*radius).toString;}
  }
Class Triangle implements Shape         //定义 Triangle 类实现接口 Shape
{ protected double x, y;
  public Triangle() {x=0;y=0;}
   public Triangle(double a, double B.
 {  x=a;  y=b;}
 public double getx(){return x;}
Public double gety(){return y;}
Public double area() {return x*y/2;}
}

Public class shapeTest
{ public static void main(String args[])
 {  Shape c=new Circle(2);              //Circle 实例化接口 Shape 产生对象 c
     Shape t=new Triangle(3, 4);        //Triangle 实例化接口 Shape 产生对象 t
 System.out.println("\n 半径为: "+c.getradius()+"面积为: "+c.area());
 System.out.println("\n底为: "+t.getx()+"高为: "+t.gety()+"面积为:
"+t.area());
 }}
```

运行结果如下。

```
半径为: 2  面积为: 12.57
底为: 3  高为: 4  面积为: 6
```

在以上程序中，接口 Shape 定义了抽象方法 area()，Circle 类与 Triangle 类都实现了该接口，但是区别在于：Circle 类实现 area()方法求的是圆面积，而 Triangle 类实现 area()方法求的是三角形面积。在 shapeTest 类中使用时，求圆面积用 Cirle 类实例化接口，求三角形面积用 Triangle 类实例化接口，说明用户对接口的使用需求更大，也更加灵活、易变。

多态性的作用在于它允许人们开发灵活的系统，只要指定什么应该发生，而不是如何发生，就可以获得一个易修改、易变更的系统。例如，在一个点餐系统中，接口提供菜品浏览、点菜、结账等方法，但是普通客户和会员在具体的方法实现上会有所不同，会员拥有积分、折扣等特权，这时，就可以采用“一个方法，多种实现”的机制。

6.1.3 面向对象分析概述

面向对象分析，就是抽取和整理用户需求并建立问题域精确模型的过程。这些模型可以从不同角度去表述系统。

(1) 从外部来看，它是对系统上下文或系统环境建模。

(2) 从交互来看，它是对系统与环境之间或是一个系统各组成部分之间的交互建模。

(3) 从结构来看，它是对系统的体系结构和系统处理的数据结构建模。

(4) 从行为来看，它是对系统的动态行为和事件的响应方式建模。

系统建模通常意味着要用一些图形符号进行表示。统一建模语言(UML)已经成为面向对象建模的标准建模语言，UML 中有多种类型的图，可以用于建立不同类型的系统模型。在面向对象的分析过程中，主要使用以下 5 种类型的 UML 图。

(1) 活动图，表示一个过程或数据处理中所涉及的活动。

(2) 用例图，表示一个系统和它所处环境之间的交互。

(3) 时序图，表示参与者和系统之间及系统各部分之间的交互。

(4) 类图，表示系统中的对象类及这些类之间的联系。

(5) 状态图，表示系统是如何响应内部和外部事件的。

基于用例实现的面向对象的建模由以下几个步骤组成。

(1) 与用户进行沟通，了解用户的基本需求。

(2) 确定系统的边界，定义系统做什么、不做什么，以及目标系统和其他外部系统的交互关系，建立上下文模型。

(3) 了解系统的业务流程，建立活动图模型。

(4) 从用户与系统交互的角度，确定目标系统功能，建立用例模型。

(5) 识别问题域内的全部实体对象和类，定义其属性、方法，以及类之间的层次关系，建立系统静态结构模型。

(6) 基于用例，通过时序图描述系统内各对象之间的交互关系。

(7) 识别对象的行为和系统的工作过程，利用状态图从事件驱动角度分析对象状态的变化，完善类图。

(8) 循环执行步骤(1)～(7)，直到完成模型的建立。

6.2 案例说明

接下来，以“网上计算机销售系统”为例进行建模说明。

计算机厂商准备开发一个“网上计算机销售系统”，以便客户通过网络购买计算机。客户可以通过 Web 页面登录系统查看、选择、购买标准配置计算机，也可以选择计算机的配置，购买自定义配置的计算机，可配置的构件(如内存)显示在一个可供选择的表中。根据用户选择的配置，系统可以计算出计算机的价格。客户可以选择在线购买计算机，也可要求销售员在发出订单之前与自己联系，解释订单细节，协商价格。

在准备发出订单时，客户必须在线填写运送和发票地址及付款方式(微信、支付宝、银行卡)，一旦订单被输入，系统会向客户发送一封确认邮件，并附上订单细节。在等待计算机到达的过程中，客户可以在线查询订单的状态。

后端订单处理：销售员验证客户的信用和付款方式，向仓库说明客户所购的计算机，打印发票并请求仓库将计算机运送给客户。

6.3 上下文模型

在系统描述的早期阶段，首先应界定系统的边界，与系统信息持有者确认系统应该实现的功能。我们需要确保系统能够自动支持某些业务过程，而其他业务过程可能需要手工处理或由其他系统支持。同时，我们还需要查看现有系统在功能上可能存在的重复部分，并决定新功能应该在哪里实现。在早期阶段就完成这些决策，可以限制系统成本，减少在系统需求分析阶段和系统设计阶段所要花费的时间。

系统边界一旦确定，接下来就要定义系统上下文和系统与环境之间的依赖关系，第一步是建立一个简单的上下文模型。上下文模型明确了目标系统与其他外部系统的关系，外部系统可能产生数据供目标系统使用，同时也使用该系统产生的数据。这些外部系统可能与目标系统直接连接，也可能通过网络连接。在空间上，这些子系统可能与该系统同在一处，也可能分处在不同的建筑物中，所有这些因素都将影响系统的需求和设计，必须加以考虑。

图 6-3 是一个简单的上下文模型，描述了网上计算机销售系统与它所处的环境中其他系统的联系。可以看出，所要开发的网上计算机销售系统仅负责计算机的销售部分，已明确系统边界，而商品的发货由仓库管理系统负责，商品的运输由物流管理系统负责，3 个系统共享数据，网上计算机销售系统产生等待发货的订单传给仓库管理系统，仓库管理系统又将发货单传给物流管理系统，物流管理系统负责商品的运输，网上计算机销售系统又可以查询物流状态。

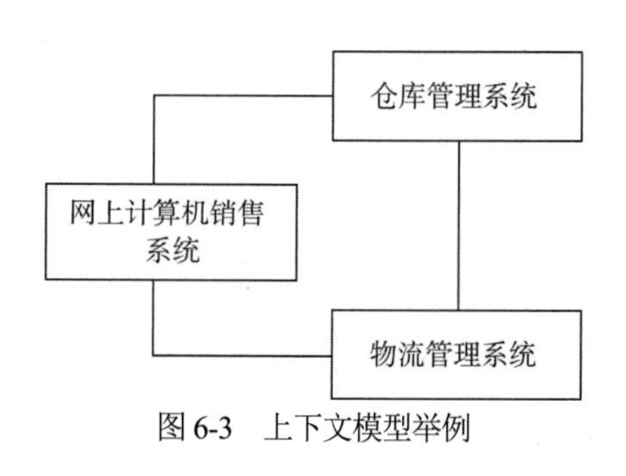

图 6-3　上下文模型举例

6.4 活动图与业务流程

在项目初期了解系统内部的业务流程是非常有必要的，业务流程说明了业务为向所服务的业务主角提供其所需要的价值而必须完成的工作，UML 中最适合描述企业业务流程的就是活动图。活动图本质上是一种流程图，它着重表现一个活动到另一个活动的控制流，是内部处理驱动的流程。

虽然企业内部有许多作业规范(标准化的业务流程)，但随着时间的推移，这些作业规范往往会跟不上实际的作业程序。当开始进行项目开发时，活动图可以有效促进系统分析师与企业的领域专家对企业所关注的作业规范进行良好的沟通。当系统实际上线后，企业的领域专家可以在企业流程发生变化时，重新审视现有的 UML 活动图，并适时做出调整。

6.4.1　活动图规范

下面利用一个退货流程活动图(见图 6-4)来说明活动图中需要具备的几个重要元素。

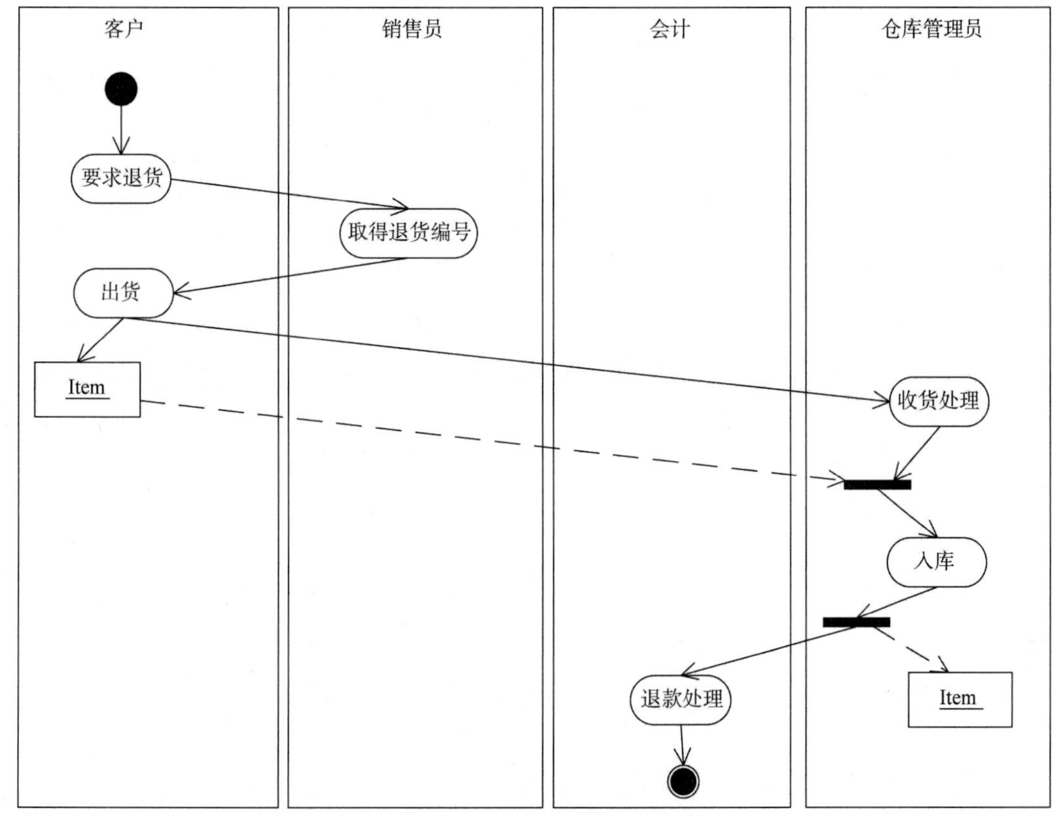

图 6-4 退货流程活动图

1. 起始点

起始点指的是一连串活动的开始点，在一个活动图中有且只有一个起始点。

起始点的图标：●

2. 结束点

结束点指的是一连串活动的终结点，在一个活动图中可以有多个结束点。

结束点的图标：◉

3. 活动

活动是活动图中最重要的元素。一般来说，活动指人或系统的一连串执行细节。在图 6-4 中，“客户通过电话通知要求退货”就是一个活动，而在这个活动中，客户有可能执行一连串的其他活动，如查看通讯录、拨打电话等，我们把这些细节都通过“要求退货”这个活动来表达。

活动的图标：(活动)

4. 对象

活动图能表示对象的值流和控制流。在活动图中，对象可以作为动作的输入或输出，也可以简单地表示指定动作对对象的影响。对象用矩形符号[对象]表示，在矩形的内部有对象名或类名。当对象是一个动作的输出时，用一个从动作指向对象的虚线箭头来表示；当对象是一个动作的输入时，用一个从对象指向动作的虚线箭头来表示，如图 6-4 所示。

5. 迁移

迁移代表流程控制权的迁移。当某一个活动结束后，流程的控制权迁移给另一个活动，如图 6-5 所示。

6. 分支

在图 6-6 中，当指定一个分支时，从分支连接出去的迁移必须要有条件表达式，这在 UML 中称为“约束”。在 UML 中，用“[ ]”来表示约束，即依据条件来约束迁移。

7. 分叉与会合

分叉与会合主要表示对后续活动的同步处理。当某个活动结束后，需要同时进行两个以上的活动，此时必须利用“分叉”来表达；而当某个活动必须要等待其前置的多个活动结束后才可进行时，利用“会合”来表达。分叉与会合的表示法如图 6-7 所示。

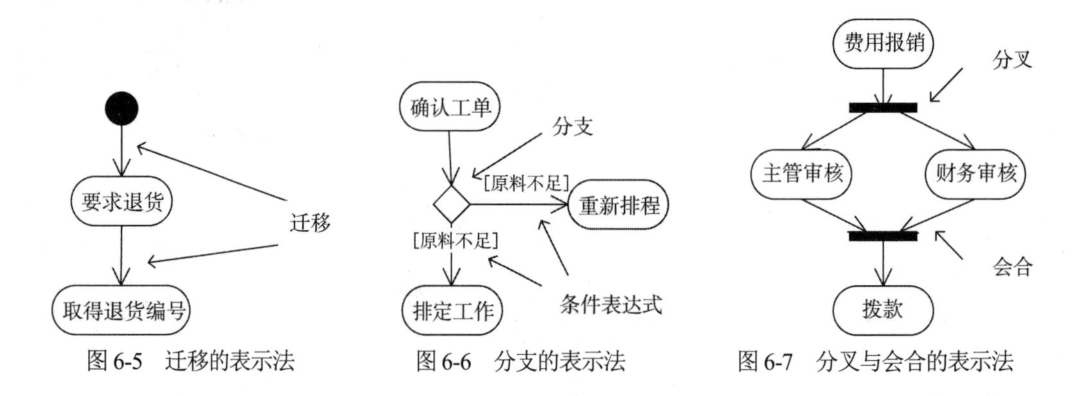

图 6-5　迁移的表示法　　图 6-6　分支的表示法　　图 6-7　分叉与会合的表示法

一般来说，在 UML 活动图中，分叉与会合通常会搭配在一起出现。也就是说，如果在绘制活动图时加入了一个分叉点，那么当活动到某个特定的地方后，多数会有一个会合点。当审核绘制的活动图时，这是一个非常容易判别的参考点。

8. 分区

在活动图中，可以利用分区将活动分配给对应的角色。例如，在图 6-4 中，由于表达了分区，我们可以清楚地知道“要求退货”活动主要由“客户”这个角色发起并执行。分区在 UML 图中用类似泳道的图标来表示。

6.4.2　活动图建模

绘制活动图时，最好和领域专家直接当面沟通，最好在沟通过程中直接绘制活动图，并根据活动图复述一次在沟通时收集到的相关信息。这样，收集到的信息将更加贴近实际。

在绘制活动图时，无须研究活动的细节，活动图所要捕获的是整体业务流程的大方向，而非某个单一活动的准确度，或是其相关的业务规则。有关细节的描述，在讨论“用例”时才需要捕获。如果过早地介入流程细节、需求收集，很容易陷入分析瘫痪。同时，活动图的主要核心是“活动”。因此，在活动图中，要尽可能将“中间生成文件”(包括表单、报表等)排除在外。

网上计算机销售系统的活动图如图 6-8 所示。

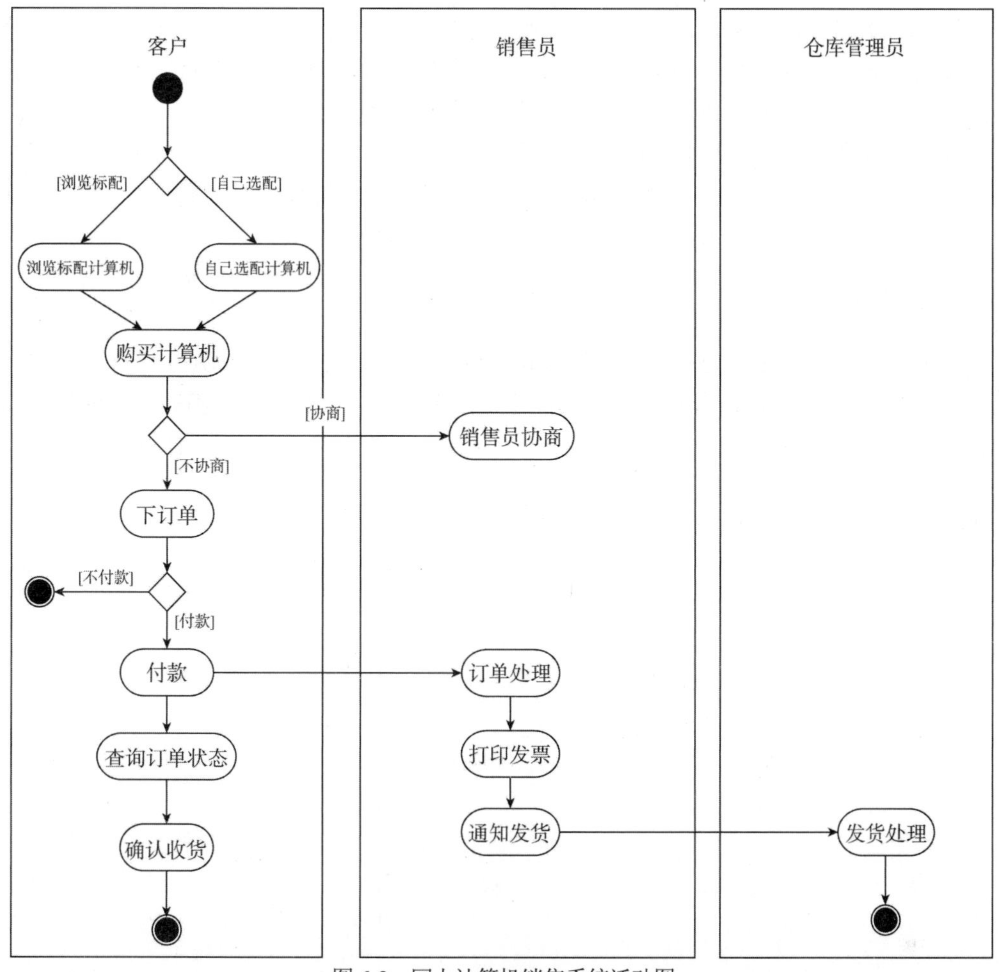

图 6-8　网上计算机销售系统活动图

在图 6-8 中，计算机的销售过程用一连串的活动表示，其中，“客户”下订单后若不付款则交易结束；客户收到货并“确认收货”后还可以在期限内选择退货，退货流程参考图 6-4；仓库管理员负责“发货处理”，该活动属于系统边界外，后期分析时可不做考虑。

6.5 用例图与系统需求

系统分析师与企业在作业流程方面取得共识后，就要开始寻找系统的相关需求。

一个好的需求工具本身应具备以下 3 个特性。

(1) 让用户一目了然，也就是说，要尽量用通俗易懂的文字来描述某个功能需求。

(2) 功能需求的描述应该具有目的性，而非操作性。也就是说，要尽可能地表达出用户进入系统后通过这个功能需求可以达到什么目的。

(3) 应该能够明确地指出使用这个功能需求的相关人员及系统，以便与相关人员沟通，了解该功能需求的细节。

基于以上特性，Jacobson 设计出了“用例”这个需求收集工具，其目的就是让需求收集人员可以轻松地利用这个工具来满足上述要求。在收集需求时，我们并不需要考虑过多与设计有关的内容，只需要把重心放在该功能需求的描述上即可。

当然，根据不同的开发方式，确定功能需求的方法也有所不同。然而，功能需求一旦被确认，整个开发过程将被推动起来，UP(unified process)将这种方式称为“用例驱动”，这是目前大部分软件公司所采用的设计方式。

6.5.1 用例规范

用例是在一个系统中所进行的一连串的处置活动，该活动主要用于满足系统外部的执行者对于系统的某种预期。在信息系统中，每一个信息系统的用例都是一连串完整的流程，而这个流程必须符合用户的观点。也就是说，每一个信息系统的用例都代表着用户对于系统的“某一个完整期望”，即一个完整的功能。

图 6-9 所示的请假系统用例图是一个标准的用例图。

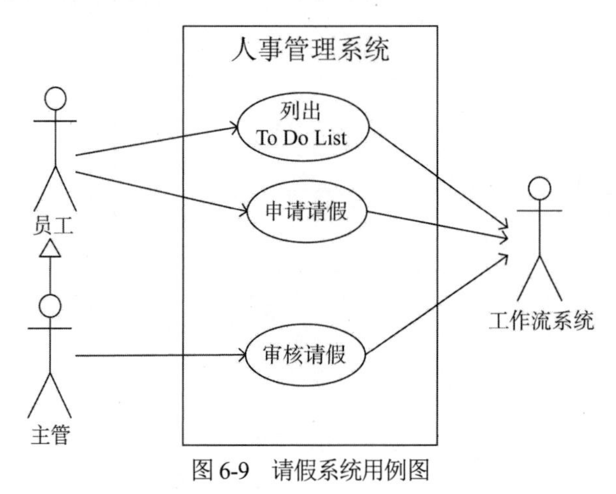

图 6-9　请假系统用例图

1. 用例

用例图中最重要的元素当然是用例。如前所述，用例代表着用户对系统的“完整期望”。即某个特定用户在完成该期望后就可以离开系统。

在图 6-9 中，员工进入系统，申请请假之后，就不需要再对系统执行其他处理，因此“申请请假”代表着“员工”这个用户对系统的一个特定期望。

用例图标是一个椭圆形，示例：

2. 执行者

执行者代表着扮演某些特定角色的用户或系统。对于系统来说，执行者代表系统外部对系统有影响力的用户或外部系统。

执行者的图标是棒状小人图形，示例：

3. 边界

边界代表着系统范围，利用边界可以以可视化的方式展示系统的内部和外部。这样，就可以明确地了解整个系统开发过程中需要关注的部分。

在 UML 中，边界的图标是一个矩形，可在矩形的上方说明研究对象，示例：

在图 6-9 中，工作流系统位于边界之外，因此，可以很明确地知道，现在要开发的系统与“工作流系统”没有关系，设计人员只需要知道与“工作流系统”相关的接口即可，这样可以凝聚开发团队的共识。

4. 泛化

执行者与执行者之间可以有泛化关系。

在图 6-9 中，员工是主管的泛化，这代表员工所参与使用的用例主管都可以参与使用。也就是说，员工在人事管理系统中，可以使用“列出 To Do List”和“申请请假”2 个用例；而主管则可以使用“列出 To Do List”“申请请假”和“审核请假”3 个用例。

泛化关系的图标是一个三角形，由子类指向父类，示例：

5. 关联

根据标准的 UML 定义，在执行者与用例之间，只能使用关联关系表示执行者启动用例。

关联关系的图标是执行者和用例之间带箭头的线，示例：

6. 用例间的关系

用例之间的关系有包含、扩展和泛化。

(1) 包含关系：一个基本用例可以包含其他用例具有的行为。在执行基本用例时，每次都必须执行被包含的用例，被包含的用例可单独执行。例如，在网上预订时需要填写电子表格，不管如何处理网上预订用例，都要运行填写电子表格用例，因此两者之间具有包含关系，如图 6-10 所示。

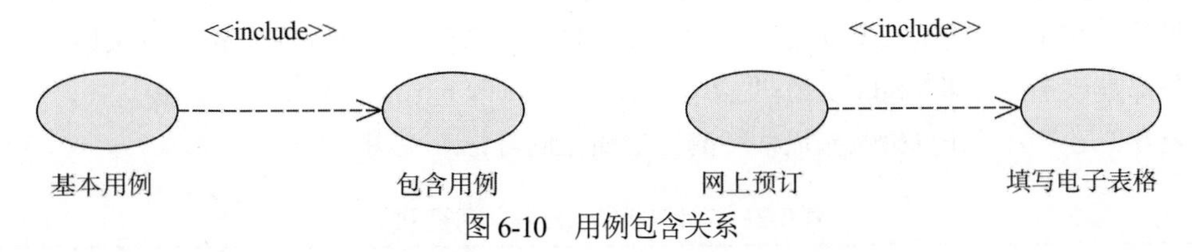

图 6-10　用例包含关系

(2) 扩展关系：当某个基本用例需要附加一个用例来扩展其原有的功能时，附加的扩展用例与原有的基本用例之间的关系就是扩展关系。扩展关系可以有控制条件，当用例实例执行到一个控制点时，控制条件决定是否执行扩展。例如，在汽车租赁系统中，若顺利归还汽车，则执行基本用例“还车”即可；但是如果超过了还车时间或汽车受损，即特定条件为超时或损坏，则执行扩展用例“缴纳罚款”，如图 6-11 所示。

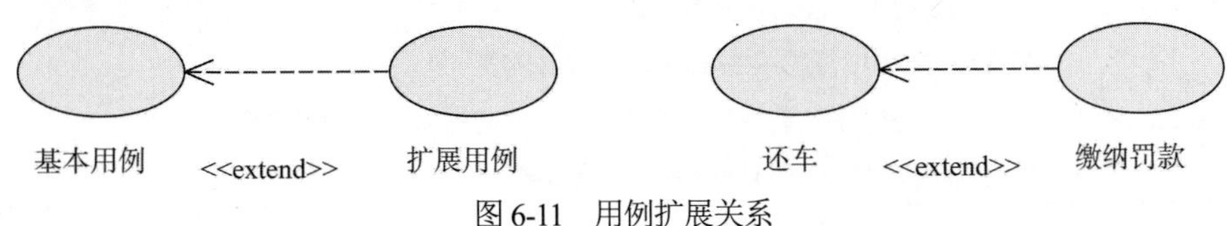

图 6-11　用例扩展关系

(3) 泛化关系：其代表一般与特殊的关系，类似于继承，子用例表示父用例的特殊形式，子用例继承父用例的行为，也可以增加新的行为或覆盖父用例行为。例如，“网上预订”和“电话预订”都具有“预订”这个基本的行为，但是又增加了属于自己特有的行为特征，如图 6-12 所示。

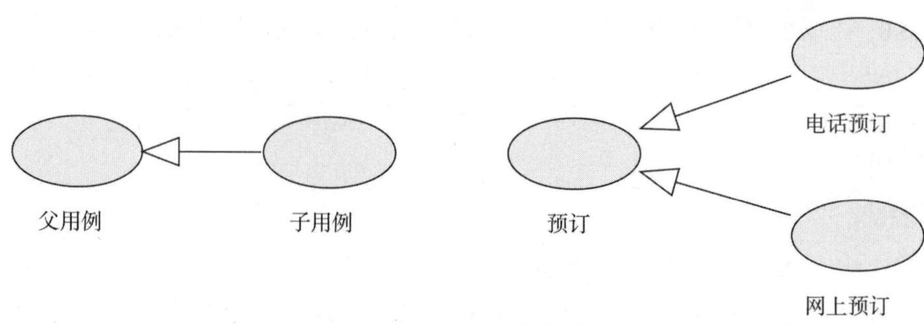

图 6-12　用例泛化关系

6.5.2　从业务流程到用例图建模

由于用例要同时满足管理的需求(符合工作流程)及用户的操作性需求，因此可以通过业务流程来辅助找寻相关的信息系统用例。

接着上一节的工作流程结果，可以根据以下 3 个步骤逐步完成用例建模。

1) 通过与用户进行对话找出信息系统的用例

将活动图中的每个活动都当作用例的候选，然后可以针对每个活动询问用户以下几个问题。

(1) 在这个活动中，谁是主要参与者？

(2) 在活动进行中，需要系统提供服务吗？

(3) 系统需要提供什么服务？

(4) 系统需要其他信息系统的支持吗？

这个方式可以通过与用户之间的沟通，把“系统功能”和“用户目标”巧妙地结合起来，并进一步将业务流程与用户需求联系起来，让系统开发更具整体性。

另外，在对服务命名时，最好使用“动词+名词”的形式，即对于主执行者来说，每个系统服务都是该主执行者主动对系统“做些什么”。

表 6-2 是关于“计算机购买流程”的一个简化问答记录说明。

表 6-2　“计算机购买流程”问答记录

活动	提问/回答
浏览标配计算机	在这个活动中，谁是主要参与者？客户 在活动进行中，需要系统提供服务吗？需要 系统需要提供什么服务？显示标配计算机列表和标配计算机详情 系统需要其他信息系统的支持吗？不需要
购买计算机	在这个活动中，谁是主要参与者？客户 在活动进行中，需要系统提供服务吗？需要 系统需要提供什么服务？直接购买、添加购物车、购物车管理 系统需要其他信息系统的支持吗？不需要

(续表)

活动	提问/回答
下订单	在这个活动中，谁是主要参与者？客户 在活动进行中，需要系统提供服务吗？需要 系统需要提供什么服务？填写收货信息和发票信息、选择付款方式、提交订单 系统需要其他信息系统的支持吗？不需要
付款	在这个活动中，谁是主要参与者？客户 在活动进行中，需要系统提供服务吗？需要 系统需要提供什么服务？支付订单 系统需要其他信息系统的支持吗？需要支付宝、微信、银行等支付系统的支持
订单处理	在这个活动中，谁是主要参与者？销售员 在活动进行中，需要系统提供服务吗？需要 系统需要提供什么服务？浏览订单、查询订单详情、审核订单、修改订单信息、创建销售单、通知发货 系统需要其他信息系统的支持吗？不需要

2) 画用例图

将上述参与者和用例加入用例图中，并建立参与者与用例之间的通信关系，以及用例之间的关系，即可获得计算机销售系统用例图。在建立用例模型时，往往会得到很多用例，如果把所有用例都画在一张图上，那么这个图的清晰度会下降，因此可以引入包机制来管理众多的用例，可将计算机销售系统用例图分为浏览计算机、购买计算机、客户个人中心和销售订单管理4 个包。

(1) 浏览计算机用例图如图 6-13 所示。

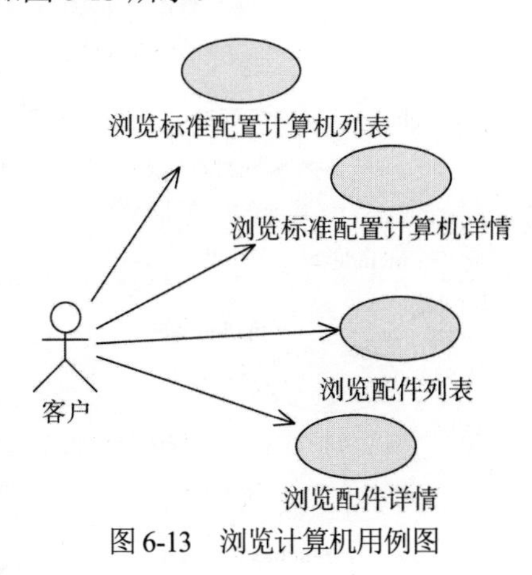

图 6-13　浏览计算机用例图

(2) 购买计算机用例图如图 6-14 所示。

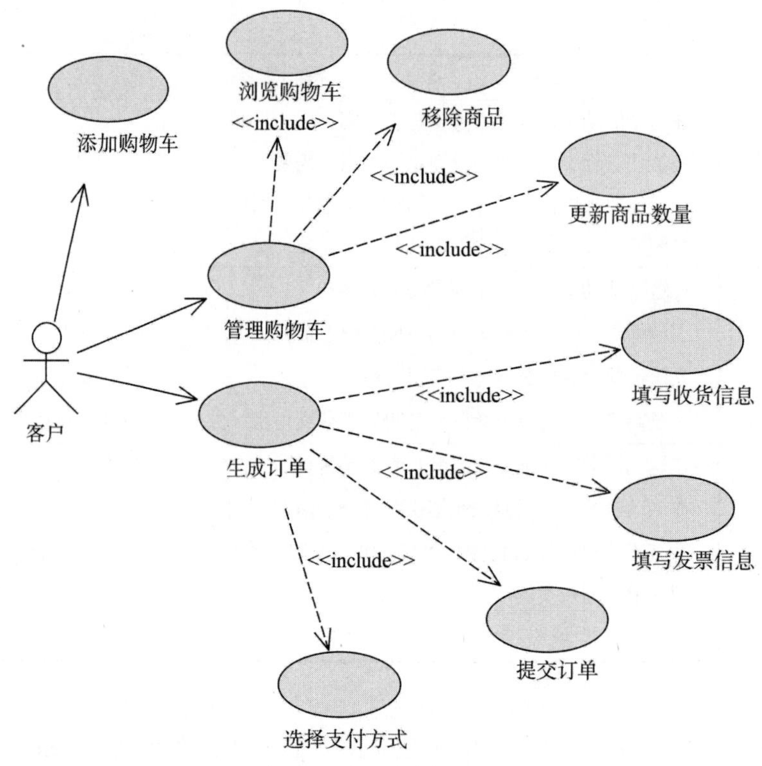

图 6-14　购买计算机用例图

(3) 客户个人中心用例图如图 6-15 所示。

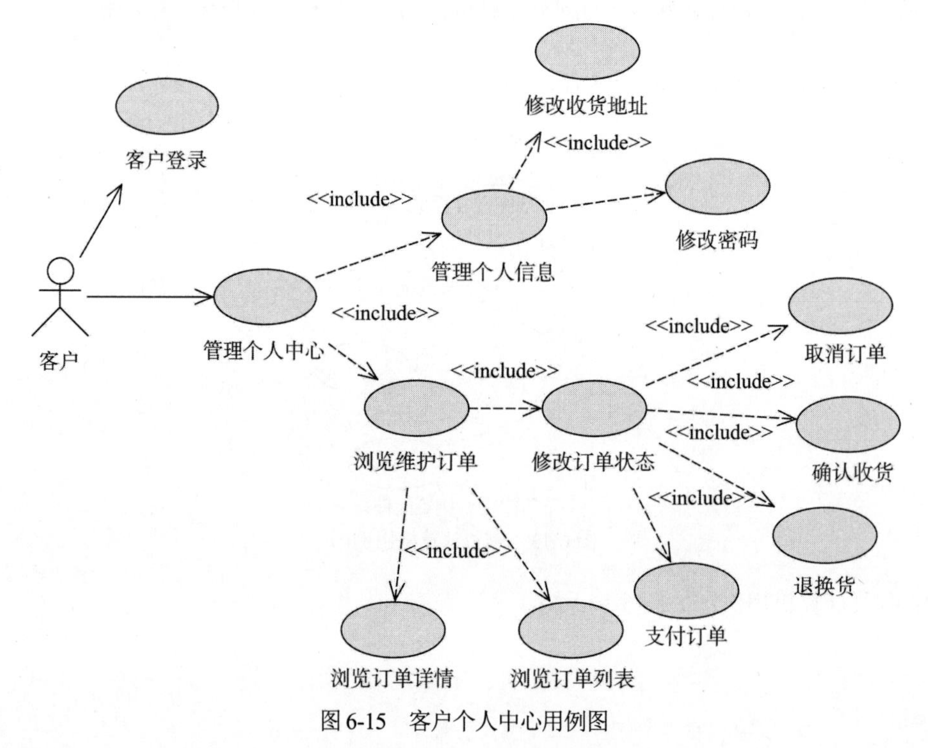

图 6-15　客户个人中心用例图

(4) 销售订单管理用例图如图 6-16 所示。

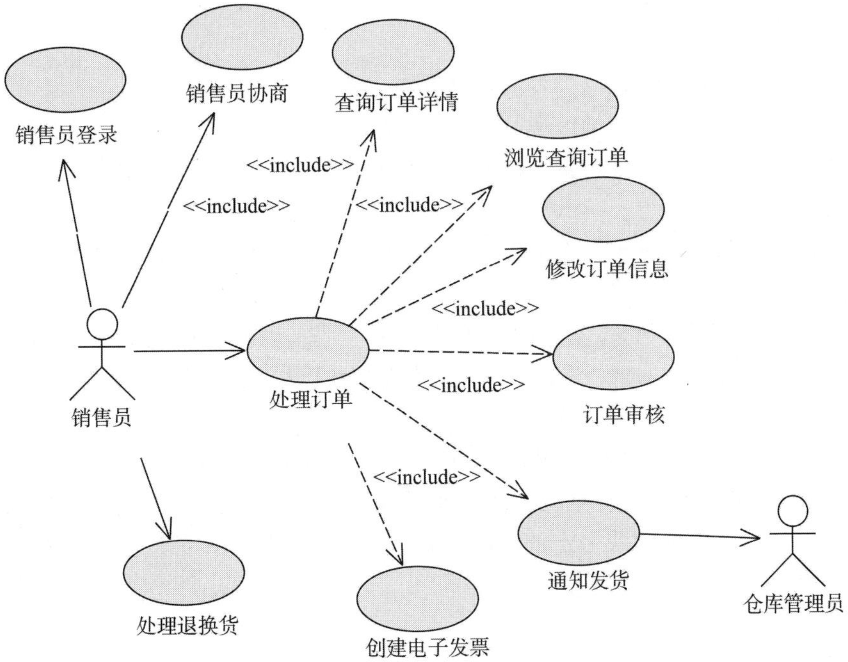

图 6-16　销售订单管理用例图

3) 完成用例的叙述

用例的叙述一般来说至少分成以下 4 种。

(1) 用例的简述：通常用一两句话来说明这个用例的目的是什么。用例的名称可能是一个简化的名称，因此，如果只看名称，用户很难了解该用例在做什么，这时就可以通过简述做进一步的说明。

(2) 用例的正常流：在这个流程中，必须说明执行者和系统交互的过程，不过，在交互过程中必须假设整个流程都要实现，也就是说这是一个“快乐路径”，在流程描述中，所有的句子都必须是“肯定句”。

(3) 用例的替代流：在正常流中，如果有“替代路径”，则必须要用另外的替代流来说明，而不能直接在正常流中写“if-then-else”。

(4) 用例的意外处理：通常指对系统例外状态的处理。意外处理与替代流的区别在于：替代流往往是执行者对流程有不同的指示，因而将流程导向不同的结束点；而意外处理则通常是系统发生错误导致的正常流的意外状况。

通过“迭代增量”开发方式，可定义每个“迭代”分别处理不同的部分：在第一个迭代中，通常只处理正常流中的“精要部分”；在第二个迭代中，增加细节；在第三个迭代中，处理替代流及意外。

以“生成订单”用例为例进行描述。

(1) 简述：该用例允许客户输入一份购物订单，该订单包括提供运送和发票地址，以及关于付款的详细情况。

(2) 参与者：客户。

(3) 前置条件：客户进入购物车管理页面，该页面显示已选择的计算机细节及价格，当用户单击“结算”按钮时，该用例启动。

(4) 正常流。

① 系统显示客户的购买商品列表供客户确认。

② 系统请求客户填写收货地址和发票信息，并选择付款方式。

③ 客户选择“提交”功能，系统显示订单唯一的订单编号，并将订单信息存储到数据库。

(5) 替代流。

① 若客户未填写收货地址，选择“提交”功能，则无法提交，系统会返回订单页面提示客户填写收货地址。

② 若客户未填写发票信息，选择“提交”功能，则默认为无须发票，提交订单。

③ 若客户未选择付款方式，选择“提交”功能，则无法提交，系统会返回订单页面提示客户选择付款方式(网上支付/货到付款)。

(6) 后置条件：如果用例成功，购物订单记录在系统的数据库中，否则系统状态不变。

建立用例模型后，不仅要仔细检查角色和用例的各环节，还要及早地和系统的用户进行讨论，一旦出现用户不理解或否定的情况，就必须和用户协商，共同解决问题，直到用户满意为止。

6.6 静态结构与类图

6.6.1 静态结构与类图的分类

一般来说，系统结构可以分为如下两大类。

(1) 静态结构：该结构像拍摄电视剧时的人物关系图。这个关系图将详细解释所有人物的背景、各角色之间的关系，以及人物的社会经济地位，以便描述该人物可能的对话。

(2) 动态结构：该结构像是拍摄电视剧的分镜表。这个分镜表会详细描述在某一个特定的分镜中，所有人物之间如何交互。

在 UML 中，系统的静态结构使用类图来描述；系统的动态结构则使用时序图来描述。

类是面向对象中最重要的一个概念，它是面向对象的基础，也是面向对象分析设计的最终目标。对类的识别贯穿整个开发过程，在分析阶段，主要识别与问题域相关的类；在设计阶段，需要加入一些反映设计思想、方法及实现问题域所需要的类；在编码阶段，由于语言的特点，可能还需要加入一些其他类。

对象模型中的类包括以下 3 种。

(1) 实体类：实体类是问题域中的核心类，一般是从客观世界中的实体对象归纳和抽象出来的，用于长期保存系统中的信息，并提供针对这些信息的相关处理行为。

(2) 边界类：边界类是从系统和外界进行交互的对象中归纳和抽象出来的，它是系统内的对象和系统外的执行者的连接媒介，外界的消息只有通过边界类的对象实例才能发送给系统。

(3) 控制类：控制类是实体类和边界类之间的“润滑剂”，用于协调系统边界类和实体类之间的交互。例如，某个边界对象必须给多个实体对象发送消息，多个实体对象完成操作后，传回一个结果给边界类，这时，人们可以用控制类来协调这些实体对象和边界对象之间的交互。

如何用最简单的方法表达一个完整的“问题领域”的抽象？当然是建立概念模型。问题域中比较重要的概念不外乎“人、事、时、地、物”这 5 个方面，因此，找出与这 5 个方面相关的实体类，并构造它们之间的关系，就是建立概念模型最简单的方法。反映问题域抽象的概念模型即系统静态结构。

6.6.2　类图规范

类图是开发过程中最重要的一个产物。通过类图，我们可以了解设计人员对其所面对领域的想象，进而了解设计人员关于一些重要设计的表达与观点。

事实上，由于类图的存在，设计人员的想法才有可能完整地表达出来，并且被真正地保存下来。富有经验的设计人员可以通过类图深入了解其他设计人员对系统的看法，没有经验的设计人员，也可以通过类图进行学习。

下面我们来认识类图中的一些重要元素。

1. 类(Class)

类图中最重要的元素就是类。类主要由类名(name)、属性(attribute)及操作(operation)组成。

(1) 类名：类名是访问类的索引，应当使用含义清晰、用词准确、没有歧义的名字。

(2) 属性：属性用来描述该类的对象所具有的特征。在系统建模时，人们只抽取系统中需要使用的对象特征作为类的属性。属性有不同的可见性，利用可见性可以控制外部事件对类中属性的操作方式。可见性的含义和表示方式如表 6-3 所示。

表 6-3　可见性的含义和表示方式

UML 符号	在 Rational Rose 中的显示	意义
+		公有的(public)：能够被系统中其他任何操作查看和使用
−		私有的(private)：仅在类内部可见，只有类内部的操作才能存取操作
#		受保护的(protected)：供类中的操作存取，并且该属性也被其子类使用

属性的语法格式如下。

```
[可见性]属性名[：类型][=初值{约束特性}]
```

其中，“[ ]”部分是可选的，只有属性名是必写的。

(3) 操作：操作用于描述对数据的具体处理方法。存取、改变属性值、执行某个动作等都是操作，操作说明了该类能做什么工作。操作可见性也分为 3 种，其含义和表示方法与属性的可见性相同。

操作的语法格式如下。

```
[可见性]操作名[(参数表)][：返回类型][约束特性]
```

例如，按照 UML 的表示方法，“订货报表”的类图如图 6-17 所示。其中，类的名称是“订货报表”，包含 3 个访问权限私有的属性和 3 个公共的方法。

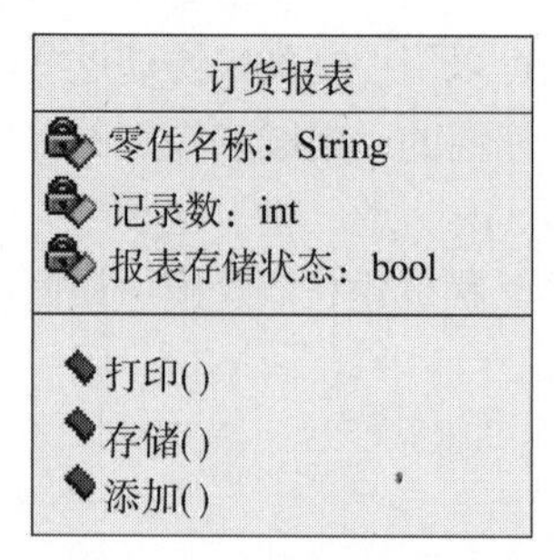

图6-17 “订货报表”的类图

2. 关联(association)

类与类之间最基本的关系就是关联。关联表达了两个类彼此间的结构性关系。例如，诊断类与医生类之间有一个关联，这就代表着“某一个诊断的事件”一定会有“某一个医生”来参与。

关联的图标为类之间的一根直线，示例：医生 —— 诊断

3. 泛化(generalization)关系

泛化关系表达了两个类之间“一般”与“特殊”的关系。一般来说，通常会为了增加系统的弹性而设计泛化关系。

泛化的图标为一个由子类指向超类的箭头，示例：

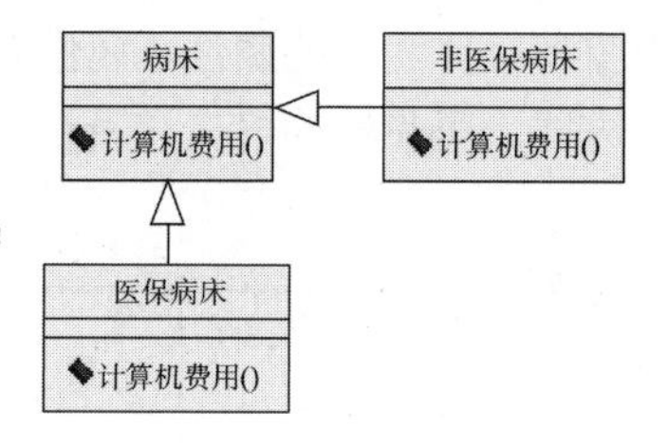

当一个类去实现一个接口时，它们之间的关系也是泛化关系。

4. 整体-部分(whole-part)关系

整体-部分关系是关联的一个特例，因此该关系其实也属于结构性关系。一般来说，针对整体-部分间不同的强度，整体-部分关系又分为聚合(aggregation)关系和组合(composition)关系两种。在聚合关系中处于部分方的类的实例，可以同时参与多个处于整体方的类的实例的构成，同时部分方的类的实例也可以独立存在。而组合关系中部分方的类的实例完全隶属于整体方的类的实例，部分类需要与整体类共存，一旦整体类的实例不存在了，部分类的实例也会随之消失，失去存在的价值。

聚合关系的表示法为在整体对象一侧关联端点有一个空心菱形，示例：车子 ◇—— 轮胎

组合关系的表示法为在整体对象一侧的关联端点有一个实心菱形，示例：车子 ◆—— 引擎（1 *）

5. 依赖(dependency)关系

依赖关系是一种使用关系，互为依赖关系的两个类并没有结构上的关联，一般称为“弱相

关”。其中一个模型元素是独立的，另一个模型元素不是独立的，它依赖于独立的模型元素，需要有独立元素提供服务，如果独立模型改变了，将影响依赖于它的模型元素。

依赖关系的表示法：

6. 多重性(multiplicity)

多重性通常在关联关系或整体-部分关系中使用，代表着对象关系结构中彼此能够允许的最少及最多的数量。例如，一辆汽车最少要有 4 个轮胎，最多可能有 8 个轮胎，那么汽车与轮胎间的多重性就是 4～8。

多重性的表示法：

6.6.3　类图建模

在分析阶段，类的识别通常是在分析问题域的基础上完成的。这个阶段识别出来的类实质上是问题域实体的抽象，应该以这些实体类在问题域中担当的角色来命名。识别对象与类的方法与步骤如下。

1. 筛选类与对象

人们认识世界的过程是一个渐进的过程，需要经过反复迭代、不断深入。初始的对象模型通常是不准确、不完整，甚至是错误的，必须在之后的反复分析中加以扩充和修改。在识别类与对象时，首先需要找出所有候选的类与对象，然后从候选对象中筛选出不正确的或不必要的类与对象。

大多客观事物可分为以下五类。

(1) 可感知的物理实体，如汽车、书、信用卡等。

(2) 人或组织的角色，如学生、教师、经理、管理员、供应处等。

(3) 应记忆的事件，如取款、飞行、订购等。

(4) 两个或多个对象的相互作用，如购买、结婚等。

(5) 需要说明的概念，如保险政策、业务规则等。

例如，在计算机销售系统中，逐项判断系统中是否有对应的实体对象，识别结果如下。

(1) 可感知的物理实体：计算机、计算机配件、发票、仓库。

(2) 人或组织的角色：客户、销售员、库存管理员。

(3) 应记忆的事件：购买、付款、添加购物车。

(4) 两个或多个对象的相互作用：购买、付款、购物车。

(5) 需要说明的概念：此次不适用。

仅仅识别出这些候选对象还远远不够，还需要从中筛选出不正确、不必要的类与对象。可以从以下几个方面筛选类与对象。

(1) 冗余。如果两个类表达了同样的信息，则应该保留在此问题中最富有描述力的类。例如，在计算机销售系统中，“购物单”和“订单”显然指的是同一对象，因此，应该去掉“购物单”，保留“订单”。

(2) 无关。现实世界中存在许多对象，不能把它们都纳入系统，仅需要把与问题密切相关的类与对象放入目标系统即可。例如，“仓库”在本系统的边界之外，不应纳入。

(3) 笼统。在需求描述中常常会使用一些笼统的、泛指的名字，虽然在初步分析时，把它们作为候选对象列出来了，但是，要么系统无须记忆有关它的信息，要么在需求陈述中有更具体的名字对应它们所指的事务，因此，通常把这些笼统或模糊的类去掉。

(4) 属性。有些名词实际上属于对象的属性，应该把这些名词从候选对象中去掉。但如果某个性质具有很强的独立性，则应把它作为类而非属性。例如，订单状态、付款方式都应作为类的属性，而付款则可以作为一个独立的类存在。

(5) 操作。在需求描述中，有时可能会使用一些既可以作为名词，又可以作为动词的词，应该慎重考虑它们在问题中的含义，以便正确地决定把它们作为类还是作为类中的操作。例如，谈到电话时，通常把拨号作为动词，当构造电话模型时，应该把它作为一个操作，而不是一个类。但是在开发电话记账系统时，拨号需要有自己的属性，如日期、时间、通话地点等，因此应该把它作为一个类。

(6) 实现。在分析阶段，不应过早地考虑怎样实现目标系统，应该去掉与实现有关的候选类与对象。在设计和实现阶段，这些类与对象可能是重要的，但在分析阶段过早地考虑它们反而会分散开发人员的注意力，如控制类、边界类等。例如，“Web 页”就属于边界类，在此阶段不应考虑。

使用上述方法对计算机销售系统进行分析，识别出系统的实体类有：客户、销售员、计算机、计算机配件、订单、购物车、付款、发票。

2. 识别属性

属性能使人们对类与对象有更深入、更具体的认识，它可以确定并区分对象与类，以及对象的状态。

在需求描述中通常用名词、名词词组表示属性，如商品的价格、产品的代码；用形容词表示可枚举的具体属性，如打开的、关闭的。但是，人们不可能在需求描述中找到所有的属性，还需要借助相关领域的知识和常识，才能分析并得出需要的属性。属性的确定与问题域有关，也和系统的任务有关。应该考虑与具体应用直接相关的属性，不要考虑超出所要解决问题范围的属性。例如，在学籍管理系统中，学生的属性应该包括姓名、学号、专业、学习成绩等，而不需要考虑学生的业余爱好、习惯等特征。在分析阶段，首先应该找出最重要的属性，然后逐渐添加其余的属性，也不应考虑纯粹用于实现的属性。

类的属性识别工作往往要反复多次才能完成，而属性的修改通常并不影响系统结构。在确定属性时应注意以下问题。

(1) 不要把对象当作属性。如果某个实体的独立存在比它的值更重要，则应把它作为一个对象，而不是一个对象的属性。同一个实体在不同的应用领域中，应该作为对象还是属性需要具体分析才能确定。例如，在邮政目录中，城市是一个属性，而在投资项目中却应该把城市当作对象。

(2) 不要把关联类的属性当作对象的属性。如果某个性质依赖于某个关联而存在，则该性质是关联类的属性，在分析阶段不应作为对象的属性。特别是在多对多关联中，关联类属性很明显，即使在以后的开发阶段中，也不能把它归结为相互关联的两个对象中的任意一个属性。例如，客户类和商品类存在多对多关联，客户可以买多个商品，同一商品也可以被多个客户购买，“订单编号”依赖于客户购买商品这个关联而存在，可是它绝不能作为客户和商品的属性，应该创建一个关联类“订单”作为它的属性。

(3) 不要把内部状态当成属性。如果某个性质是对象的非公开的内部状态，则应从对象模型中删除这个属性。例如，订单有提交订单、付款完成、订单审核、商品出库、交易完成 5 个内部状态，不能将这些状态作为属性。

(4) 不要过于细化。在分析阶段应忽略对大多数操作都没有影响的属性。

(5) 不应存在不一致的属性。类应该是简单且一致的。如果得出一些看起来与其他属性毫不相关的属性，则应该把这些属性分解为两个不同的类。

(6) 属性不能包含一个内部结构。例如，如果人们将地址识别为人的属性，就不要试图区分省、市、街道等。

(7) 属性在任何时候只能有一个在允许范围内的确切值。例如，人这个类的眼睛颜色属性，通常情况下两只眼睛的颜色是一样的，如果系统中一个对象的两只眼睛的颜色不一样，则该对象的眼睛颜色属性就无法确定，解决方法就是创建一个眼睛类。

例如，计算机销售系统中的类属性如图 6-18 所示。

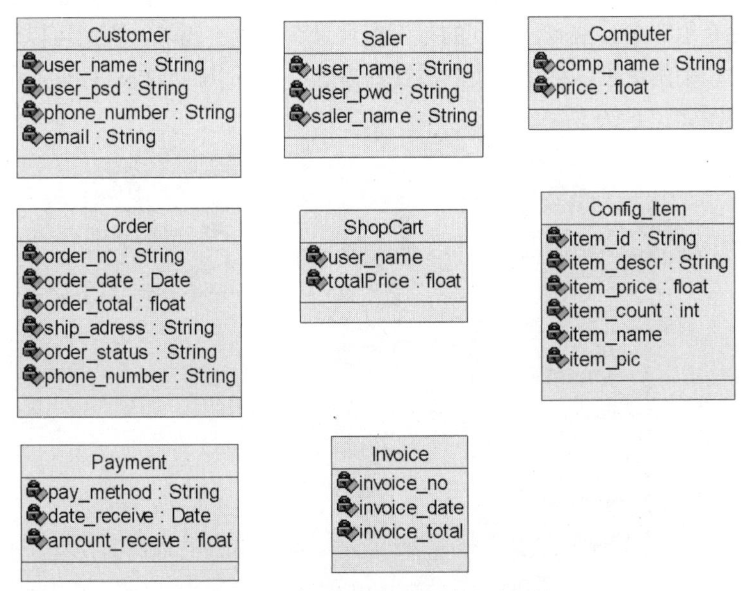

图 6-18 计算机销售系统中的类属性

3. 确定操作

识别了类的属性后，类在问题域内的语义完整性就已经体现出来了。类操作的识别可以依据需求陈述、用例描述和系统的上下文环境。例如，分析用例描述时，人们可以通过回答下述问题进行识别。

(1) 有哪些类会与该类交互？

(2) 所有与该类交互的类会发送哪些消息给该类？该类又会发送哪些消息给这些类？

(3) 该类如何响应其他类发来的消息？在发送消息之前，该类需要做何处理？

(4) 从该类本身来说，它应该通过哪些操作来维持其信息的更新、一致性和完整性？

(5) 系统是否要求该类具有另外的职责？

例如，在计算机销售系统中，“订单类”的操作识别如下。

(1) 订单类会与客户类、销售员类、计算机类发生交互。

(2) 客户类会向订单类发出查看所有订单、查询订单、查看订单详情、提交订单、取消订单、退货、确认收货、付款等消息。

(3) 销售员类会向订单类发出查看所有订单、查询订单、查看订单详情、修改订单状态等消息。

订单类收到不同的消息时，应该有相应的操作(方法)去处理，因此由收到的“消息”可以映射为类的“操作”(方法)。例如，计算机销售系统中，Order(订单)类的类图如图6-19所示。

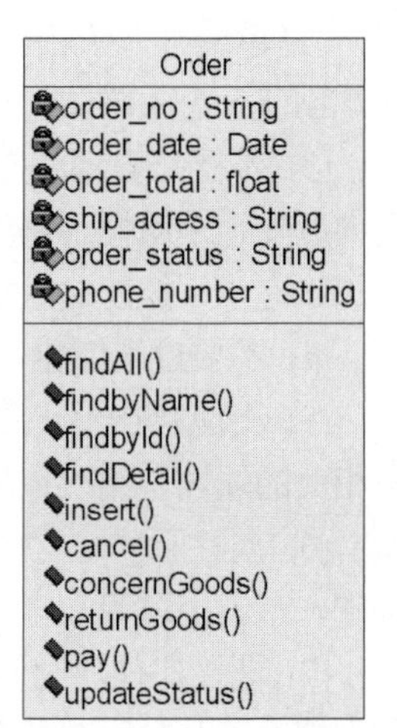

图6-19 计算机销售系统中Order(订单)类的类图

4. 识别关联

1) 识别泛化关系

泛化关系表达了一般和特殊的关系，可以从两个类似的类中抽象出它们共同的属性和行为创建出父类。例如，客户类和销售员类都是系统的使用者，它们共同的属性有用户名、密码，共同的行为有登录、修改密码等，因此可以产生一个父类——用户类，客户和销售员可以继承父类的属性和方法，也可以拥有自己独有的属性和方法。用户的泛化关系类图如图6-20所示。

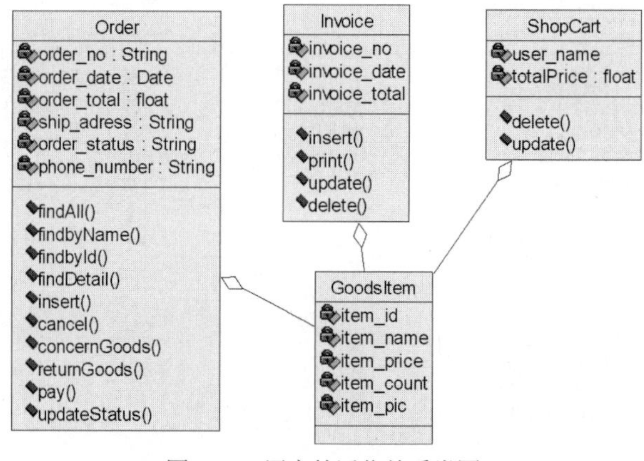

图6-20 用户的泛化关系类图

2) 识别整体-部分关系

在计算机销售系统中，每个订单都包含了多个商品项目，一张发票中也有多个商品项目，某用户的购物车中也包含多个商品项目，因此，订单和商品项目、发票和商品项目、购物车和商品项目形成了聚合的关系，如图6-21所示。

同理，一台计算机包含多个配件，因此，计算机类与配件类也形成了聚合关系，如图6-22所示。

3) 识别关联关系

在计算机销售系统中，最主要的关联是由客户购买计算机的行为所引起的，因此客户类、订单类、计算机类具有关联关系。另外，购买行为会产生付款、开发票等行为，因此，订单和付款、发票类之间也有关联关系，计算机销售系统的静态模型如图 6-23 所示。

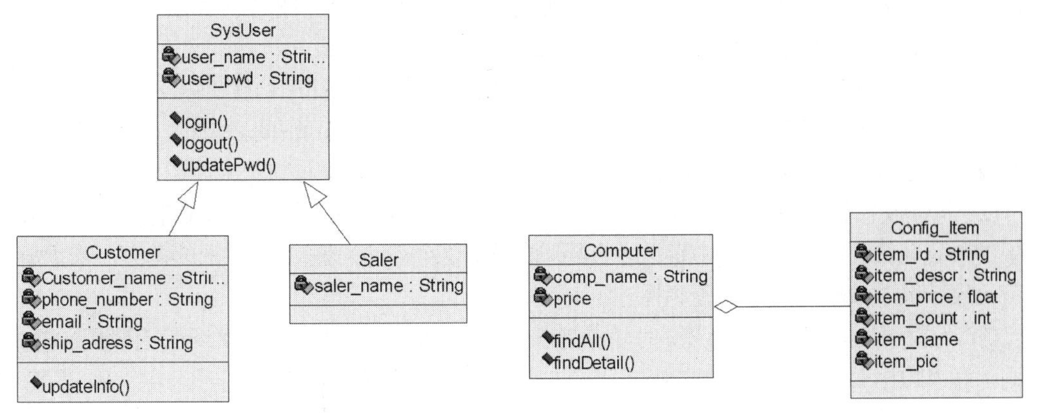

图 6-21　类之间的聚合关系 1　　　　图 6-22　类之间的聚合关系 2

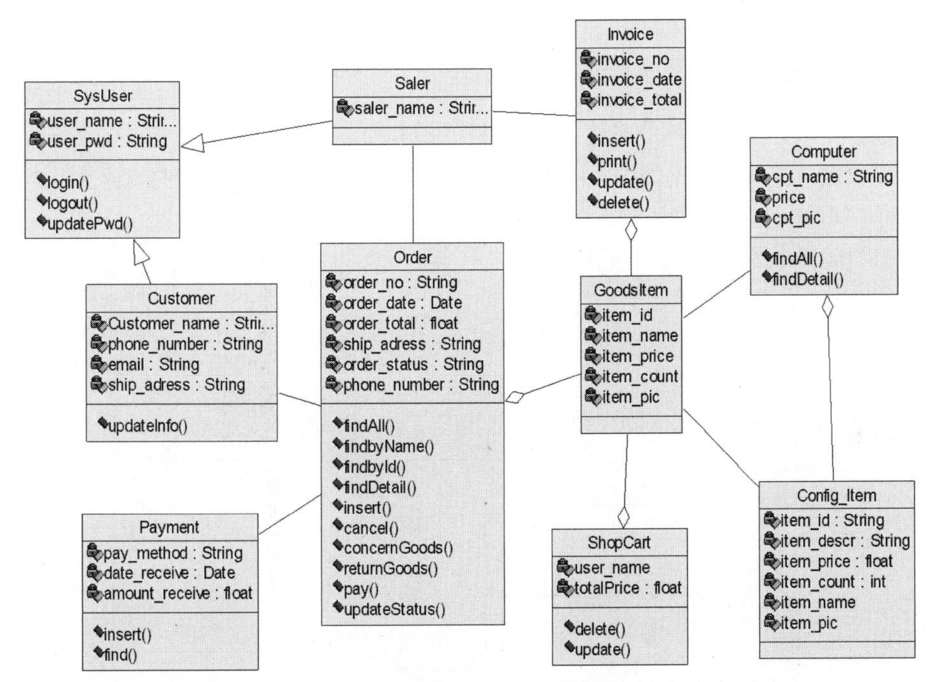

图 6-23　计算机销售系统的静态模型

注意，实体类图的分析设计过程也是在迭代中不断修改与完善的，例如，在对“购物车构件”的详细类设计过程中，发现 ShopCart 实体类并不是必需的，可根据具体的需要删除或保留，详情见 7.3.2 节“从用例场景到设计类”。

6.7 时序图与交互模型

一般来说，我们已经在用例分析中找出了系统应该满足的用户期望，也在类图中构造了系统的架构，但是，针对每个特定用例的场景，要利用类图所规范的对象来完成用例所交付的任务，就必须要用时序图来表达。

时序图主要用于表达对象之间是如何沟通与合作的，因此时序图是一个动态模型。

一般来说，时序图的主要任务包括如下几个。

(1) 表达设计人员心中关于将来程序在运行时的对象协作模型。由于目前大部分实现平台都由“面向对象程序设计语言”(object-oriented programming language)所开发，因此，设计人员在实际编写代码之前，必须先在心中构造一个对象模型，而时序图正是该对象模型的一种展现方式。

(2) 验证软件领域模型类图的正确性。时序图是以抽象层次的类图为基础的，因此，时序图中的所有元素都必须在类图中存在。有经验的设计人员会利用绘制时序图的机会，来重新审视自己设计的领域模型类图的正确性。

(3) 为程序员提供编码的蓝图。时序图是以时间为序的表示方式，这也恰恰符合编码的方式，它们都有“顺序”。时序图是面向对象算法的一种描述，不过在绘制时序图时需要注意：时序图并不需要“务求精细”，因为它毕竟只是一个“蓝图”，并非完整的“施工计划”。许多设计人员投入过多精力研究时序图的细节，反而造成时序图过于复杂，这就违背了“蓝图”的初衷。

6.7.1 时序图规范

我们以一个用户登录用例的时序图为例进行说明，时序图中包含一个角色(操作员)，由角色打开操作页面，体现用例模型中“由角色启动用例”，角色通过与页面对象(登录页面)、操作对象(客户)之间的交互，实现登录查询功能，如图 6-24 所示。

下面来讨论图 6-24 中的几个要素。

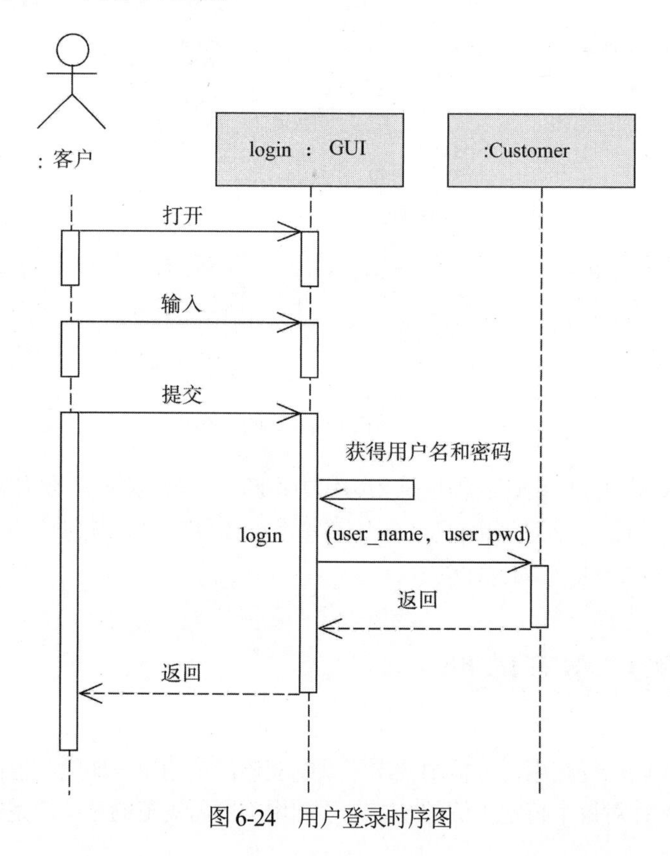

图 6-24 用户登录时序图

1. 对象(object)

在时序图中，每个参与部分都是“对象”。“对象”在 UML 中主要以“对象名称：类名称”的方式来表达。如果使用“：类名称”来表达对象，则代表该对象并没有被指定特定的名称(anonymous)。例如，在用户登录时序图中，login 对象是登录界面，所以将它归纳为 GUI 类别；有些对象名，在设计阶段或实现阶段才会具体地命名，在此阶段可以省略，如可省略 Customer 类的对象名。

2. 消息(message)

对象之间只能通过传递消息来联系。消息就是该对象所属类的某一个操作。发送消息实际上就是让该对象执行该操作。如果该消息并未被定义在对象所属的类中，可以使用“//消息名称”的方式来说明，在对类图进行审查时，可以将这些消息补充到类的方法中。例如，在用户登录时序图中，如果 Customer 类对象接收登录页面 login 传递的消息 login()，那么 Customer 类的定义中也需要存在 login()方法，在对图 6-23 所示的计算机销售系统的静态模型进行审查时，可以确定 Customer 类中已经定义了 login()方法。

如果两个对象能够进行消息沟通，那么在类图中，这两个对象所属的类必然存在关系。

基于 UML 1.X 版本，箭头的类型表示消息的类型，常见的消息类型如图 6-25 所示。

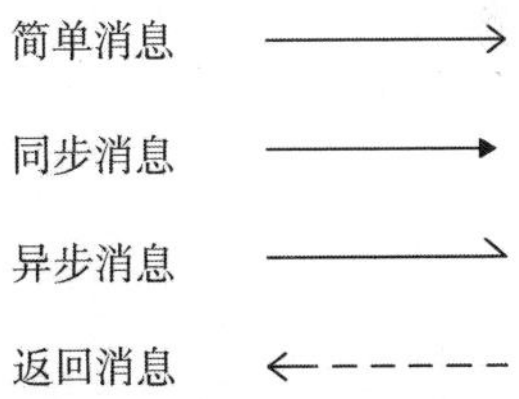

简单消息 ⟶
同步消息 ⟶
异步消息 ⟶
返回消息 ←------

图 6-25　常见的消息类型

(1) 简单消息：只表示控制从一个对象传递给另一个对象，并不包含控制的细节。

(2) 同步消息：同步意味着阻塞和等待，如果对象 A 给对象 B 发送一个消息，对象 A 会等待对象 B 执行完这个消息才进行自身的工作。

(3) 异步消息：异步意味着非阻塞，如果对象 A 给对象 B 发送一个消息，对象 A 不必等待对象 B 执行完这个消息就可以接着进行自身的工作。

(4) 返回消息：操作调用一旦完成返回的消息。

例如，在用户登录时序图中，客户发给 login 页面的“打开”消息属于简单消息，而发给 login 页面的“提交”消息属于同步消息，必须等待该消息执行完，得到返回消息后，才能继续自身的工作。

3. 生命线(lifeline)

对象的生命线用虚线表示，在时序图中，对象必须要在其生命线中才能够彼此交换消息。在时序图中，时间因素主要通过自上而下的方式来呈现。

两个对象的生命线之间带有箭头的实线或虚线表示的是对象间的通信，虚线表示返回消息；也有对象自己给自己发送消息的形式。

每个对象生命线上的狭长矩形是活动棒(activation bar)，活动棒内的所有消息之间存在清晰的时序关系，这些消息所引发的操作要么全做，要么全不做，共同完成一个完整的任务。

6.7.2　时序图验证

在计算机销售系统问题域的分析中，由于涉及第三方支付系统，“付款”用例无疑是一个内部关系比较模糊的用例。为了能够更加透彻地了解“付款”用例的功能由哪些对象交互实现，也为了能够对用例图和静态模型类图做进一步的完善，需要对“付款”用例的顺序图进行分析。

当客户角色“提交订单”后便会进入“付款页面”，因此“付款”用例从“付款页面”开始。客户在该页面确认金额并选择付款方式，选择“提交”后，请求将被提交给第三方支付系统。系统调用第三方支付系统接口完成付款后，将新增一条“付款”信息，并修改“订单状态”为“已付款状态”。“付款”用例的时序图如图 6-26 所示。

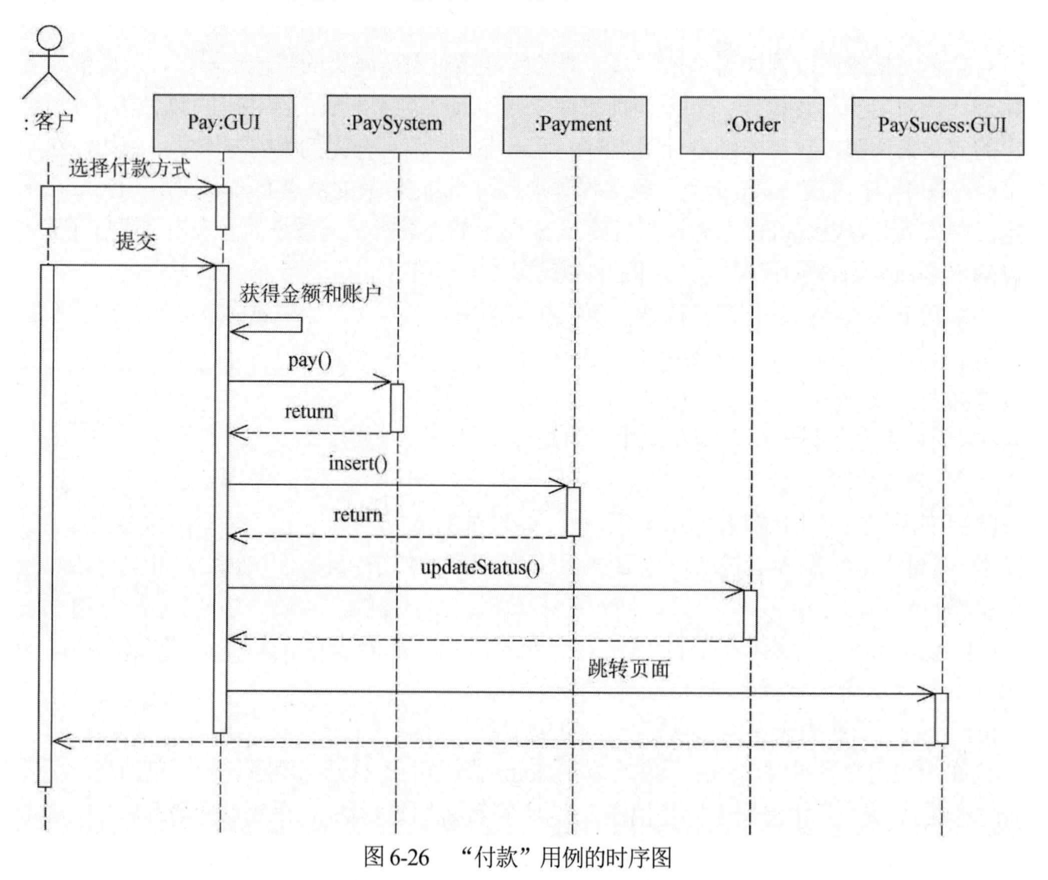

图 6-26 “付款”用例的时序图

通过图 6-26 审查计算机销售系统的类图中是否具有 Payment 和 Order 两个类，以及 Payment 类是否具有 insert()方法、Order 类是否具有 updateStatus()方法，经审查，答案是肯定的，那是不是就没有问题了呢？计算机属于大额交易，因此可以允许分期多次付款，客户付款后，应该可以查询到自己的每一次付款信息。“查询付款”用例的时序图如图 6-27 所示。

通过图 6-27 审查计算机销售系统的类图中是否具有 Payment 类，以及该类是否具有 find()方法，答案也是肯定的。但是，在计算机销售系统的用例图中却不存在“查询付款”用例，因此，需要在客户个人中心的用例图中补充该用例。

对系统问题域内的所有用例进行时序图分析有三点作用：一是以时间为轴更清晰地了解了用例内部的交互机制；二是采用对象映射为类、消息映射为方法的原则来审阅静态模型类图，可以补充和更新类与方法；三是为日后的编程提供了一个蓝图。

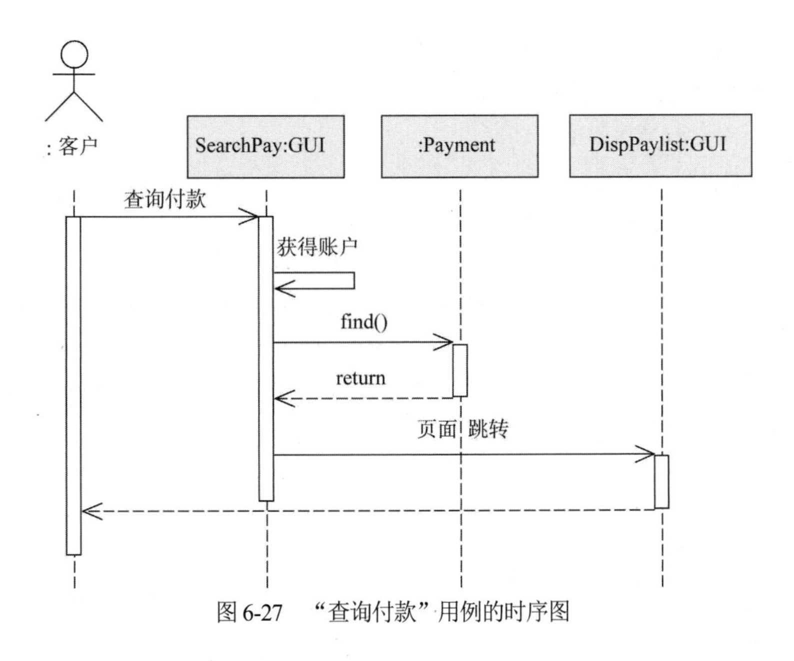

图 6-27　“查询付款”用例的时序图

6.8 状态图与事件驱动模型

事件驱动模型表示系统对外部事件的响应方式，事件引起一种状态向另一种状态的转变。例如，当控制阀门的系统接收到操作员的指令(激励)时，可能从“阀门开”状态变为“阀门关”状态。这种系统观点特别适合实时系统。

UML 通过状态图支持基于事件的模型，状态图用来描述一个类对象在不同用例间状态的迁移。当一个用例或某个事件发生时，类对象的状态就会发生迁移，状态图有助于分析人员审核业务逻辑、完善静态模型。

从大方向来看，传统的“管理信息系统”(management information system，MIS)领域较少关注状态迁移的建模(modeling)。相反，状态迁移的相关理论在类似“嵌入式系统”(embedded system)和实时系统(real-time system)的设计中被广泛应用。然而，这并不代表 MIS 领域中没有涉及状态迁移的相关领域知识。例如，“企业资源规划”(enterprise resource planning，ERP)系统中其实隐含了许多状态迁移机制。

在 ERP 领域中，将企业的整体工作流程分成八大循环，例如，在“采购—付款循环”中，最基本的流程是“请购—采购—进货验收—入库—应付账款开立—付款”。事实上，从整个公司的角度来看，上述流程就是一个状态迁移；而从软件设计人员的角度来看，其实可以将这些状态迁移表达出来，创建出许多有用的“业务对象”(business object)。

6.8.1　状态图规范

下面用一个非常简易的微波炉控制软件来阐述事件驱动建模。真实的微波炉系统通常比这个系统要复杂得多，为了容易理解，我们将系统进行了简化。这个简单的微波炉包括以下组件：用来选择全功率和半功率的开关、供输入烹饪时间的数字键盘、“开始/停止”按钮、能显示字母和数字的显示器。

我们假定使用微波炉的动作顺序如下。

(1) 选择功率水平(半功率或全功率)。

(2) 用数字键盘输入烹饪时间。

(3) 按下“开始”按钮，烹饪食物到指定的时间。

出于安全原因，微波炉在没关炉门时不能工作，并且在烹饪完成后就要响起蜂鸣声。微波炉配备了一个非常简单的能显示字母和数字的显示器，该显示器用来显示各种情报和警告信息。

从微波炉状态图(见图 6-28)中可以看出，系统开始时处于等待状态，全功率和半功率按钮都可使系统发生响应，当使用者选择其中一个按钮后，可以改变想法按下另一个按钮。使用者设置好时间并关上炉门后，就可以按下“开始”按钮，然后微波炉开始工作，一直到设定的时间。等到一个烹饪周期完成，系统回到等待状态。

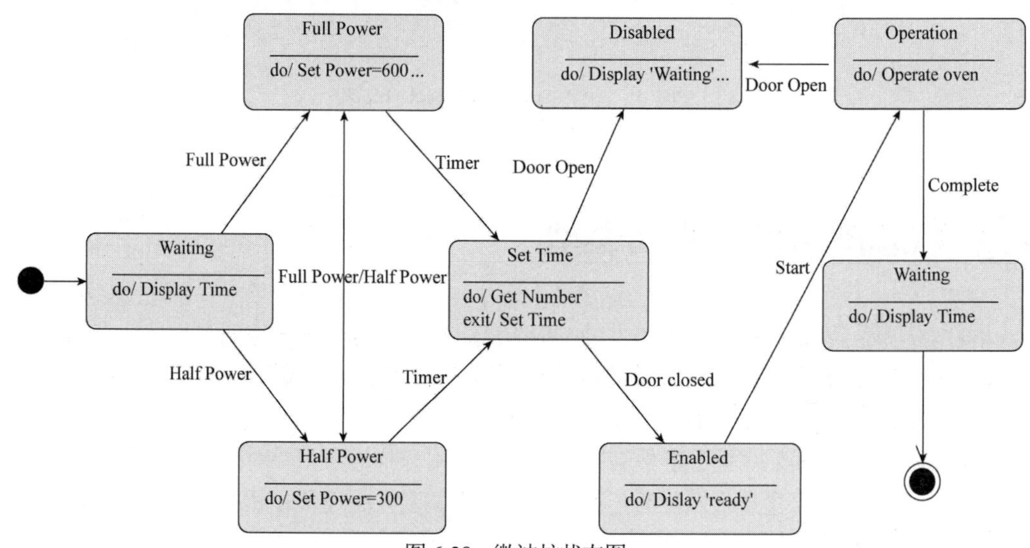

图 6-28　微波炉状态图

1. 起始状态(initial state)

在一个状态机(state machine)或状态机图(state machine diagram)中，只能有一个起始状态(即起始点)，这一点和活动图的起始点是相同的。

起始状态的图标：●

2. 结束状态(final state)

结束状态代表整个状态机到此活动结束。在一个状态机或状态机图中，可以有很多个结束状态。

结束状态的图标：◉

3. 状态(status)

在 UML 状态图中，圆角矩形代表系统状态，其中可能包括此状态中执行动作的简单描述。

例如：

Waiting
do/ Display Time

4. 迁移(transition)

迁移用来表达一个状态到另一个状态的变化。带标签的箭头代表促使系统从一种状态变为另一种状态的激励因素。

迁移图标：————→

5. 事件触发器(event trigger)

当因为某个事件发生而造成状态的迁移时，在“迁移”关系上可以标记该事件，这称为“事件触发器”。

6.8.2　识别状态空间

对象状态变化过程反映了对象生命周期内的演化过程，因此，人们应该分析对象的生命周期，识别对象的状态空间，掌握它的活动“历程”。对象状态空间识别步骤如下。

(1) 识别对象在问题域中的生命周期。对象的生命周期分为直线式和循环式。直线式生命周期通常具有一定的时间顺序特性，即对象进入初始状态后，经过一段时间会过渡到后续状态，如此直至对象生命结束。例如，订单的生命周期描述是“顾客提出购货请求后产生订单对象，然后经历顾客付款、签收后，删除订单对象”。循环式的生命周期通常并不具备时间顺序特性，在一定条件下，对象会返回已经经过的生存状态。例如，可再利用的生活日用品对象(如玻璃瓶、塑料制品)的生命周期描述是“它们加入人们的生活中后，当失去使用价值时就变成了废品。废品被回收到废品处理厂，经过加工并送到工厂，然后又变成日用品，重新进入生活领域”。

(2) 确定对象生命周期阶段划分策略。通常，可以将生命周期划分为两个或多个阶段。例如，对于订单生命周期，如果运用付款情况作为划分策略，就可以得到“未付款”和“已付款”两个阶段；如果运用订单处理情况作为划分策略，则可以得到“未发货”“已发货”“未签收”和“已签收”4 个阶段。划分的策略应该是问题域关心的问题。如果付款情况是问题域关心的问题，那么就应该按付款情况进行划分。

(3) 重新按阶段描述对象的生命周期，得到候选状态。在确定生命周期的划分策略后，应该运用策略，重新按阶段描述对象的生命周期，这时就得到了一系列候选的状态。

(4) 识别对象在每个候选状态下的动作，并对状态空间进行调整。如果对象在某个状态下没有任何动作，那么该状态的存在就值得怀疑，同时，如果对象在某个状态下的动作太复杂，就应该考虑对此状态进行进一步的划分。

(5) 分析每个状态的确定因素(对象的数据属性)。每个状态都可由对象的某些数据属性的组合来唯一确定。针对每个状态，人们应该识别出确定该状态的数据属性及其取值情况，如果找不到这样的数据属性，一方面，可能是该状态不为问题域所关心，另一方面，可能是属性的识别工作有疏漏。

(6) 检查对象状态的确定性和状态间的互斥性。一般对象的不同状态间必须是互斥的，即任何两个状态之间不存在一个“中间状态”，使得该“中间状态”同时可以归结到这两个状态。

状态空间定义了状态图的“细胞”，而状态迁移则是状态图中连接“细胞”的脉络，通过状态迁移可以将各种状态有机地联系在一起，描述对象的活动历程。

6.8.3 状态图建模

在计算机销售系统中，并不是所有的类及对象都具有状态，只有 Order(订单)类具有 order_status 订单状态属性，Order(订单)类的类图如图 6-19 所示。订单状态属性具体的取值有几种？订单的状态在整个系统的执行过程中会因为哪些事件(用例)而发生状态的迁移？这需要使用状态图来详细分析。订单的状态图如图 6-29 所示。

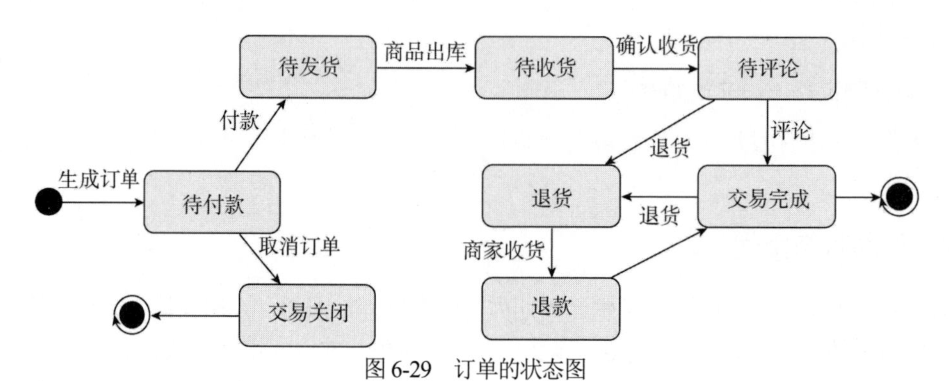

图 6-29　订单的状态图

订单的状态图反映了客户在整个购买流程中由不同的用例所引起的订单状态的变化。客户填写完购买信息后，“生成订单”用例发生，订单状态迁移为“待付款”，客户执行“付款”用例后订单状态迁移为“待发货”，商家执行“商品出库”用例后订单状态迁移为“待收货”，客户执行“确认收货”用例后订单状态迁移为“待评论”，客户执行“评论”用例后订单状态迁移为“交易完成”，至此正常的购买流程就结束了。此外，在购买流程中也会出现“取消订单”“退货”等用例的发生，因此订单的状态也会随之迁移。

在状态图中所有激发状态迁移的事件大部分都应该存在于用例中，在图 6-29 中，“商品出库”“商家收货”因超出边界而不做处理，“评论”事件引起订单状态从“未评论”到“交易完成”的迁移，而该用例却未在客户个人中心用例图中出现，所以应对该用例予以补充。

本章小结

- 模型是忽略了一些系统细节的系统抽象表示。建立互补的系统模型来表示系统的上下文、交互、结构和行为。
- 上下文模型描述所建模的系统是如何在含有其他系统和流程的环境中工作的，从而有助于定义被建系统的边界。
- 用例图和时序图用来描述系统用户之间或系统用户和其他系统之间的交互。用例图描述的是系统和外部参与者之间的交互；时序图通过表示系统对象之间的交互为用例图添加更多的信息，同时也可验证类图的正确性。
- 类图用来定义系统中类的静态结构及类之间的关联关系。
- 活动图用来为数据的处理过程建模，其中每一个活动代表一个处理步骤。
- 状态图用来为响应内外部事件的系统行为建模。

思政园地

面向对象的需求分析从不同的视角对系统进行建模，从外部视角建立上下文模型，从交互视角建立用例模型，从结构视角建立静态模型，从行为视角建立状态模型。因此，当我们从不同的视角去看问题，才能把握问题的全貌。

横看成岭侧成峰，远近高低各不同。不识庐山真面目，只缘身在此山中。

在日常生活中，我们常常需要"换个角度看问题"。当我们的考试成绩不理想时，不要气馁、不要放弃，要多和自己的过去相比，看看自己的进步，从而坚定必胜的信心；和同伴吵架后，不要总认为自己有理，要以宽容的心态多从自己身上找不足；对于父母的"唠叨"，不要反感和苦恼，要从中看到他们无私的爱。

很多人常常会茫然无助，怨天尤人，这很大程度上是因为他们只站在自己的角度去思考问题，仅以自己所处的社会地位、利害关系、思想认识去看待周围的世界。由于他们思考问题的角度过于单一，只能认识到事物的某一方面，对事物的认识不够全面，就有可能做出错误的决定。

换个角度看问题，是一种豁达，是一种睿智，更是一种乐趣；换个角度看风景，则需要拥有豁达的心胸和睿智的头脑，去发现各个角度的风景之美，寻找其中的亮点。

本章练习题

一、选择题

1. 对象实现了数据和操作的结合，使数据和操作(　　)于对象的统一体中。
   A. 结合　　B. 隐藏　　C. 封装　　D. 抽象
2. 在 Java 语言中，对象的属性和方法访问控制符不包括(　　)。
   A. public　　B. defend　　C. protected　　D. private
3. 面向对象的(　　)特性，便于开发更灵活、易修改的系统。
   A. 继承　　B. 隐藏　　C. 封装　　D. 多态
4. 下列选项中，(　　)用于界定系统的边界，定义系统与环境之间的依赖关系。
   A. 上下文模型　　B. 类模型　　C. 动态模型　　D. 边界模型
5. 在 UML 提供的图中，(　　)用于按时间顺序描述对象间的交互。
   A. 网络图　　B. 状态图　　C. 协作图　　D. 时序图
6. 在 UML 提供的图中，(　　)用于描述系统与外部系统及用户之间的交互功能。
   A. 用例图　　B. 类图　　C. 对象图　　D. 部署图
7. 在 UML 提供的图中，(　　)用于描述系统业务流程。
   A. 活动图　　B. 状态图　　C. 协作图　　D. 顺序图
8. 在 UML 提供的图中，(　　)用于描述系统静态结构及类之间的关联关系。
   A. 用例图　　B. 类图　　C. 对象图　　D. 部署图

9. 在系统分析阶段，识别问题域相关的(　　)类。

A. 控制　　B. 边界　　C. 实体　　D. 视图

10. 在UML提供的图中，(　　)用于描述一个类对象在不同用例间状态的迁移。

A. 活动图　　B. 状态图　　C. 协作图　　D. 顺序图

二、简答题

1. 简述对象与类之间的联系与区别。

2. 简单描述继承性与多态性的作用。

3. 解释为正在开发的系统的上下文建立模型的重要性，并列举出两个由于软件工程师不理解系统的上下文而可能产生的错误。

三、应用题

1. 请为“医院门诊系统”中的医生部分建立用例模型，医生的主要职责是查看病人并为病人提供治疗、开处方，明确问题域后，识别实体类，建立静态结构类图。

2. 请建立一个时序图表示大学生选课时所涉及的交互。因为课程选择会限制人数，所以选课过程必须包括对空间有效性的检测。

3. 基于你使用银行ATM机的经历，请绘制一个活动图，当客户从机器中提取现金时，为可能涉及的数据处理过程建模。

4. 绘制自动洗衣机(具有不同衣物的洗衣程序)的控制软件的状态图。

第 7 章

面向对象的设计

面向对象的设计是将分析阶段所创建的分析模型转换为设计模型，同时通过进一步细化需求，对分析模型加以修正和补充。与传统方法不同，设计模型采用的符号与分析模型是一致的，设计是结合实现环境不断细化、调整概念类的过程。在进行面向对象分析时，主要考虑系统做什么，而不关心系统如何做。在设计阶段主要解决系统如何做的问题。因此，需要在分析模型中为系统实现补充一些新的类、属性或操作。在设计时同样遵循信息隐蔽、抽象、模块化等设计准则。本章主要介绍面向对象设计的基本原理、特点、设计准则与设计过程，读完本章，你将了解以下内容。

- 一般的面向对象设计过程中应遵循的设计准则有哪些？
- 什么是软件体系结构设计？逻辑体系结构与物理体系结构的关系是什么？
- 如何为系统划分构件？
- 如何进行构件的详细设计？
- 界面设计的基本原则有哪些？

7.1 面向对象软件设计概述

面向对象的设计以面向对象分析所产生的系统规格说明书为基础，设计出描述如何实现各项需求的解决方案。这个解决方案是后续进行系统实现的基础。从面向对象分析到面向对象设计，是一个逐渐扩展模型的过程，即使用面向对象观点建立“求解”域模型的过程。尽管分析与设计的侧重点有明显的区别，但是在实际的软件开发过程中，两者的界限是模糊的，很多分析结果可以直接映射成设计结果，而在设计中往往又会加深和补充对系统需求的理解，从而进一步完善分析结果。

7.1.1 面向对象设计的过程

软件设计创建了软件的表示模型，与需求模型不同，设计模型提供了软件体系结构、数据结构、接口和构件的细节，而这些都是实现系统所必需的。一旦对软件需求进行分析和建模，软件设计就开始了。软件设计是建模活动的最后一个软件工程活动，接着便要进入构建阶段(编码和测试)。

需求模型的每个元素都提供了创建 4 种设计模型所必需的信息，这 4 种设计模型是完整的设计规格说明所必需的。软件设计过程中的信息流如图 7-1 所示，基于场景的元素、基于类的元素和行为元素所表示的需求模型是设计任务的输入。使用后续章节所讨论的设计表示法和设计方法，将得到数据/类设计、体系结构设计、接口设计和构件设计。

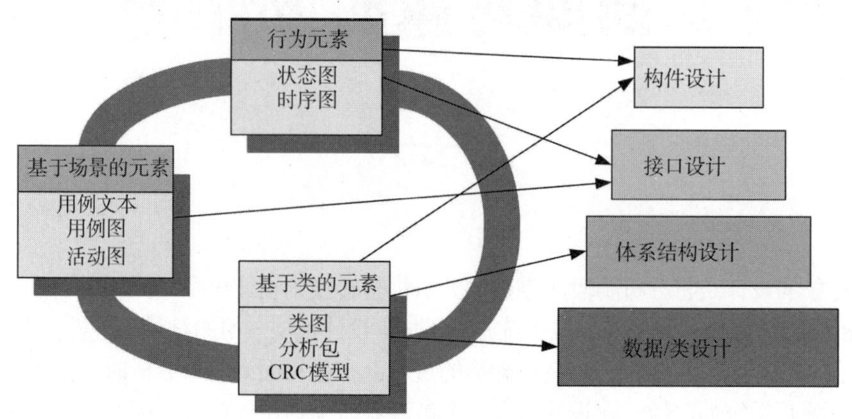

图 7-1　软件设计过程中的信息流

(1) 数据/类设计：将类模型转化为设计类的实现及软件实现所要求的数据结构。类图所定义的对象和关系，以及类属性和其他表示法描述的详细数据内容为数据设计活动提供了基础。在软件体系结构设计中，也可能会进行部分类的设计，更详细的类设计将在设计每个软件构件时进行。

(2) 体系结构设计：定义了软件的主要结构化元素之间的关系、可满足系统需求的体系结构风格和设计模式，以及影响体系结构实现方式的约束。体系结构设计表示基于计算机系统的框架，可以从需求模型导出。

(3) 接口设计：描述软件和协作系统之间、软件和使用人员之间是如何通信的。接口意味着信息流(如数据和控制)和特定的行为类型，因此，使用场景和行为模型为接口设计提供了大量的信息。

(4) 构件设计：将软件体系结构的结构化元素转化为对软件构件的过程性描述。从基于类的模型和行为模型中获得的信息是构件设计的基础。

设计过程中所做出的决策，将最终影响软件构建的成功与否，也会影响软件维护的难易程度，那么，软件设计为什么如此重要呢？

在软件工程中，软件的设计是构建高质量软件的基础，设计提供了可以用于质量评估的软件表示，也是将利益相关者的需求准确地转化为最终软件产品或系统的唯一方法。软件设计是所有软件工程活动和之后的软件支持活动的基础。如果不进行充分的设计，构建出的系统就会变得不稳定。这样的系统一旦稍作改动就可能无法正常运行，并且很难进行有效的测试。只有等到软件开发进入后期阶段时，才能评估其质量，但那时时间已经不够，并且已经投入了大量的经费。

面向对象软件设计的基本步骤如下。

(1) 通过建立模型表示系统或产品的体系结构。

(2) 为各类接口建模，这些接口在软件和最终用户、软件和其他系统与设备，以及软件和自身组成的构件之间起到了连接作用。

(3) 详细设计构成系统的软件构件。

7.1.2　面向对象设计准则

软件设计的目的是产生用于实现待开发系统的规格说明书，它对系统如何工作给出了逻辑描述。在设计阶段，原则上应该避免涉及与具体编程环境相关的决策内容，这样的设计具有较强的灵活性，可以适用于各种开发环境。面向对象设计的准则如下。

1. 模块化

大型系统的特点决定了系统的设计必然走模块化的道路。自顶向下、分而治之是控制系统复杂性的重要手段。为此，将一个问题分解成许许多多的子问题，由不同的开发人员同时开发，由此可得到很多易于管理和控制的模块。这些模块具有清晰的抽象界面，同时还指明了该模块与其他模块相互作用的关系，每个模块都可以完成指定的任务。面向对象软件开发模式很自然地支持把系统分解成模块的设计原理，因为对象就是模块，它是把数据结构和操作这些数据的方法紧密地结合在一起所构成的模块。

2. 抽象

面向对象方法不仅支持过程抽象，而且支持数据抽象。类实际上是一种抽象数据类型，它对外开放的公共接口构成了类的规格说明(即协议)，这种接口规定了外界可以使用的合法操作服务，利用这些操作可对类实例中包含的数据进行操作。使用者无须知道这些操作的实现算法和类中数据元素的具体表示方法，就可以通过这些操作使用类中定义的数据。通常把这类抽象称为规格说明抽象。此外，某些面向对象的程序设计语言还支持参数化抽象。参数化抽象，是指当描述类的规格说明时，并不去具体指定所要操作的数据类型，而是把数据类型作为参数。这使类的抽象程度更高、应用范围更广、可复用性更高。例如，C++语言提供的“模板”机制就是一种参数化抽象机制。

3. 信息隐蔽

在进行模块化设计时，为了得到一组最好的模块，应该确保一个模块内包含的信息(处理和数据)对于不需要这些信息的其他模块来说是不可访问的，即要提高模块的独立性。这样，当修改或维护模块时，可以减少将错误扩散到其他模块的机会。在面向对象方法中，信息隐蔽通过对象的封装性来实现。类结构分离了接口与实现，封装和隐蔽的不是对象的一切信息，而是对象的实现信息、实现细节，即对象属性的表示方法和操作的实现算法。对象的接口是对外公开的，其他模块只能通过接口访问它。

4. 低耦合

耦合度指一个软件结构内不同模块间相互关联的紧密程度。在面向对象方法中对象是最基本的模块，因此，耦合主要指不同对象之间相互关联的紧密程度。在理想情况下，对某一部分的理解、测试或修改，无须涉及系统的其他部分。如果某类对象过多地依赖其他类对象来完成自己的工作，则不仅给理解、测试或修改这个类带来很大困难，而且还将大大降低该类的可复用性和可移植性。显然，类之间的这种相互依赖关系是紧耦合的。当然，对象不可能是完全孤立的，当两个对象必须相互联系且相互依赖时，应通过类接口实现耦合，而不应该依赖于类的具体实现细节。对象之间的耦合可分为交互耦合与继承耦合两大类。

(1) 交互耦合：如果对象之间的耦合通过消息连接来实现，则这种耦合就是交互耦合。为使交互耦合尽可能松散，应该遵循下述准则。

- 尽量降低消息连接的复杂程度。应该尽量减少消息中包含的参数个数，降低参数的复杂程度。
- 减少对象发送或接收的消息数。

(2) 继承耦合：与交互耦合相反，应该提高继承耦合程度。继承是一般化类与特殊类之间耦合的一种形式。从本质上看，通过继承关系结合起来的基类(父类)和派生类(子类)，构成了系统中粒度更大的模块。因此，它们彼此之间结合得越紧密越好。为了获得紧密的继承耦合，特殊类应该是对其一般化类的一种具体化。因此，如果一个派生类摒弃了其基类的许多属性，则它们是松耦合的，在设计时应该使特殊类尽量多地继承并使用其一般化类的属性和操作，从而更紧密地耦合到其一般化类。

5. 高内聚

内聚性可以衡量一个模块内各个元素彼此结合的紧密程度。设计时应力求高内聚性。在面向对象设计中存在以下 3 种内聚。

(1) 操作内聚：一个操作应该完成一个且仅完成一个功能。

(2) 类内聚：一个类应该只有一个用途，它的属性和服务应该是高内聚的。类的属性和服务应该全都是完成该类对象任务所必需的，其中不包含无用的属性或服务。如果某个类有多个用途，则应该把它分解为多个专用的类。

(3) 泛化内聚：设计出的泛化结构应该符合多数人的概念，这种结构应该是对相应的领域知识的正确抽取。

6. 可复用

软件复用是提高软件开发生产效率和目标系统质量的重要途径。复用基本上从设计阶段开始。复用有两方面的含义：一是尽量使用已有的类，包括开发环境提供的类库及以往开发类似系统时创建的类；二是如果确实需要创建新类，则在设计这些类的协议时，应该考虑将来的可重复使用性。

7.2 体系结构设计

一般情况下，系统的体系结构不需要完全由自己来设计，因为针对特定的问题已经有很多现成的解决方案，某些解决方案在其他同类系统中已经得到成功的应用，可以供人们借鉴或直接使用。

7.2.1 分层体系结构

分离性和独立性的思想是体系结构设计的基础，因为分离性和独立性可以使变更变得局部化。例如，增加一个新的视图或改变一个已有的视图，这些操作都可以在不改变模型底层数据的情况下完成。分层体系结构是实现分离性和独立性的一个方式，具体内容如表 7-1 所示。

表 7-1　分层体系结构

维度	分层体系结构相关介绍
描述	将系统划分为分层结构，每一层中包含一组相关的功能。每一层提供服务给紧邻的上一层，因此最底层是有可能被整个系统所使用的核心服务
使用时机	当在已有系统的基础上构建新的设施时使用；当开发团队由多个分散的小团队组成，且每个团队负责设计一层的功能时使用；当系统存在多层信息安全性需求时使用
优点	允许在接口保持不变的条件下更换整个一层。在每一层中可以提供重复的服务(如身份验证)以增加系统的可靠性
缺点	在具体实践中，在各层之间提供一个干净的分离通常是困难的，高层可能需要与低层进行直接交互，而不是通过紧邻的下一层进行交互。另外，性能可能是个问题，因为服务请求会在每一层中被处理，所以需要错层解释

分层的方法支持系统的增量式开发，如果一层被开发完，则该层提供的服务就可以被用户使用。这种体系结构是可改变和可移植的。如果一层的接口被保留下来，则该层可被另外一个对等层替换。当一层的接口改变或增加了新设施时，只有相邻的层受影响。因为分层系统的抽象机依赖的是内层中的抽象机，因此，转换到其他机器上实现是比较容易的，此时只有内部与具体机器相关的层需要重新实现，以适应不同的操作系统或数据库。

通用分层体系结构如图 7-2 所示。第一层是系统支持软件，如操作系统和数据库等。第二层是应用程序层，包括与应用功能相关的组件、可以被其他应用组件利用的实用工具组件等。第三层与用户界面管理相关，提供用户的身份验证和授权。第四层提供用户界面设施。当然，分层的数量是随意的。图 7-2 中的任意一层都可以分为两层或更多层。

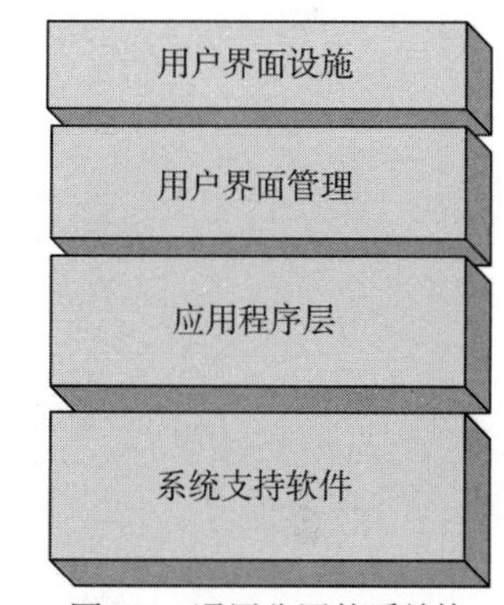

图 7-2　通用分层体系结构

7.2.2　三层架构

通常意义上的三层架构(3-tier architecture)就是将整个业务应用划分为界面层(user interface layer)、业务逻辑层(business logic layer)和数据访问层(data access layer)。区分层次是为了实现“高内聚低耦合”。在软件体系架构设计中，分层式结构是最常见也是最重要的一种结构。需要注意的是，三层架构并不是按功能来分解软件系统，而是按类和对象进行分层，将完成同一职责的类和对象分为一层。

(1) 界面层：用于显示数据并接收用户输入的数据，为用户提供一个人机交互式操作的界面。

(2) 业务逻辑层：主要是对具体问题的操作，也可以理解成对数据层的操作、对数据业务逻辑的处理，如果说数据层是积木，那逻辑层就是对这些积木的搭建。该层的主要任务如下：①从界面层接收请求；②根据业务规则处理请求；③将 SQL 语句发送到数据访问层，或者从数据访问层获取数据；④将处理结果返回用户界面。

(3) 数据访问层：其功能主要是访问数据库。简单地说，就是实现对数据表的 select(查询)、insert(插入)、update(更新)、delete(删除)等操作。如果要加入对象关系映射(object relational

mapping，ORM)的元素，那么就会包括对象和数据表之间的映射，以及对象实体的持久化。该层的主要任务如下：①建立数据库的连接、关闭数据库的连接、释放资源；②接收业务逻辑层传来的 SQL 语句，完成添加、删除、修改或查询数据，将数据返回业务逻辑层。

J2EE 中数据访问层常用的类有 Connection、DriverManager、PreparedStatement、ResultSet 等。类中常用的方法有以下几种：getConnection()，即创建数据库连接；close()，即关闭数据库连接；executeQuery(sql)，即执行查询；executeUpdate(sql)，即执行更新；等等。

例如，在图 7-3 中，用户在登录页面(界面层)上输入用户名和密码，单击“登录”按钮后请求被提交到业务逻辑层中的类对象，该层的类对象根据请求的业务类型创建 SQL 语句，然后调用数据访问层的类对象完成数据连接，并执行 SQL 语句对数据库中的数据进行查询，查看是否有匹配的账户，将查询结果再返回业务逻辑层，业务逻辑层再将结果返回界面层。

图 7-3　三层架构下的用户登录

由于层是一种弱耦合结构，层与层之间的依赖是向下的，底层对于上层而言是“无知”的，改变上层的设计对于其调用的底层而言没有任何影响。如果在分层设计时，遵循了面向接口设计的思想，那么这种向下的依赖也应该是一种弱依赖关系。因而在不改变接口定义的前提下，每一层的改变对其他层都没有影响，但是界面层仍然会具有一些业务逻辑层的代码。

7.2.3　采用 MVC 模式的 Web 体系结构

模型—视图—控制器(model view controller，MVC)模式是一种软件设计典范。MVC 模式用一种业务逻辑、数据、界面显示分离的方法组织代码，将业务逻辑聚集到一个部件中，在改进和个性化定制界面及用户交互的同时，不需要重新编写业务逻辑。

MVC 模式将应用程序分成 3 个核心部件：视图、控制器、模型。它们各自处理各自的任务。

1. 视图(view)

视图是用户看到并与之交互的界面。对传统的 Web 应用程序来说，视图就是由 HTML 元素组成的界面，在现代的 Web 应用程序中，HTML 依旧在视图中扮演着重要的角色，同时，还出现了许多新技术，如 Adobe Flash，XHTML、XML/XSL、WML 等标识语言，以及 Web services。

2. 控制器(controller)

控制器接收用户的输入并调用模型和视图去完成用户的需求，因此，当单击 Web 页面中的超链接或发送 HTML 表单时，控制器本身不输出任何内容，也不做任何处理。它只是接收请求并决定调用哪个模型构件去处理请求，然后再确定用哪个视图来显示返回的数据。

3. 模型(model)

模型负责业务逻辑的处理及数据库的访问。在 MVC 模式的 3 个部件中，模型拥有最多的处理任务。模型返回的数据是中立的，即模型与数据格式无关，因此一个模型能为多个视图提供数据。应用于模型的代码只需写一次就可以被多个视图重用，从而减少了代码的重复性。

采用 MVC 模式的 Web 应用体系结构如图 7-4 所示。用户在浏览器中访问登录页面时，将请求传递给了控制器，控制器进行 HTTP 请求处理，调用相应的登录页面(视图)显示给用户，用户在登录页面输入账户信息后单击“登录”按钮，该事件请求被提交给了控制器，控制器调用模型来完成业务逻辑的处理和数据库的访问，模型完成业务处理后将结果数据返回控制器，控制器调用视图生成一个登录成功页面并将结果显示给用户。

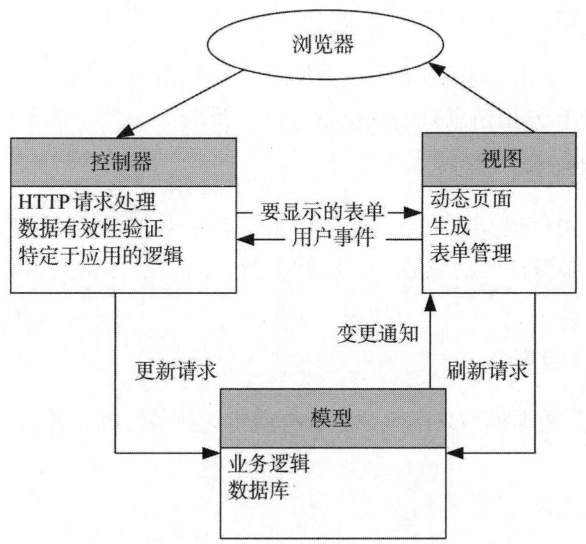

图 7-4 采用 MVC 模式的 Web 应用体系结构

MVC 模式的优点如下。

1. 耦合性低

视图层和业务层分离，这样就允许更改视图层代码而不用重新编译模型和控制器代码，同样，一个应用的业务流程或业务规则的改变只需要改动 MVC 模式的模型层即可。因为模型与控制器和视图相分离，所以很容易改变应用程序的数据层和业务规则。由于运用 MVC 模式的应用程序的 3 个部件是相互独立的，改变其中一个不会影响另外两个，因此依据这种设计思想能构造松耦合的构件。

2. 重用性高

随着技术的不断进步，需要用越来越多的方式来访问应用程序。MVC 模式允许使用各种不同样式的视图来访问同一个服务器端的代码，因为多个视图能共享一个模型，它包括任何 Web(HTTP)浏览器或 WAP 浏览器。例如，用户既可以通过计算机也可以通过手机来订购某样产品，虽然订购的方式不一样，但处理订购产品的方式是一样的。因为模型返回的数据没有进行格式化，所以同样的构件能被不同的界面使用。由于已经将数据和业务规则从界面层分开，因此可以最大化地重用代码。

3. 有利于开发，提高生产效率

使用 MVC 模式可以大大缩减开发时间，这使得程序员(Java 开发人员)可以集中精力于业务逻辑的实现，同时，界面程序员(HTML 和 JSP 开发人员)可以集中精力于界面呈现。

4. 可维护性高

MVC 模式使开发和维护用户接口的技术含量降低。分离视图层和业务逻辑层也使得 Web 应用更易于维护和修改。

典型的 MVC 模式应用就是 JSP+Servlet+JavaBean+DAO 模式。

1. JSP 作为表现层

JSP 负责提供页面为用户展示数据，提供相应的表单(form)来接收用户的请求，并在适当的时候(单击按钮)向控制器发出请求来请求模型进行更新。

2. Servlet 作为控制器

Servlet 用来接收用户提交的请求并获取请求中的数据，将其转换为业务模型需要的数据模型，然后调用业务模型相应的业务方法进行更新，同时根据业务执行结果来选择要返回的视图。

3. JavaBean 作为模型

JavaBean 可以作为数据模型来封装业务数据或传递业务数据。通常将分析阶段得到的实体类作为 JavaBean。

4. DAO

DAO 作为业务逻辑模型用来封装应用的业务操作。业务逻辑模型接收到控制器传来的模型更新请求后，执行特定的业务逻辑处理，然后返回相应的执行结果。

JSP+Servlet+JavaBean+DAO 模式的用户登录时序图如图 7-5 所示。

用户在 login.jsp 页面中发起登录请求，请求交给 UserServlet，UserServlet 执行 doPost 方法，首先获得登录页面中的用户名和密码，实例化 User 类(JavaBean)，将用户登录信息封装到 user 对象中，并将该对象“传递”给下一层 UserDAO，由它的实例化对象执行 findLogin (user)查询方法，最后将查询结果返回给 UserServlet，UserServlet 决定跳转到哪个页面(登录成功页面/登录失败页面)，并将结果动态显示在页面中。

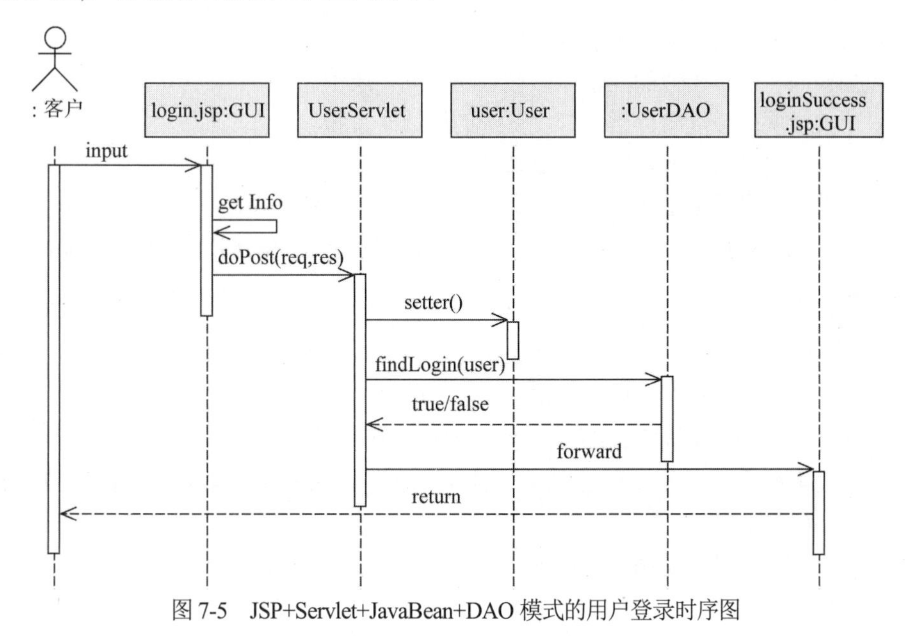

图 7-5　JSP+Servlet+JavaBean+DAO 模式的用户登录时序图

7.2.4　系统逻辑结构与类包图

包图(package diagram)由若干个包及包之间的关系组成。包是一种分组机制，它将同类的类、对象、模型元素放在一起，形成高内聚、低耦合的类集合，可以说，一个包相当于一个子系统。

1. 包图规范

在 MVC 框架模式下，可以将属于“同一层次”的类放在相同的包中，既从逻辑上体现了系统的体系结构，又方便后期组织编码开发。例如，当某个页面跳转控制发生改变或错误时，程序员只需要在存放 Controller 的包中迅速找到某个控制类就可以解决问题。MVC 框架模式的包图如图 7-6 所示。

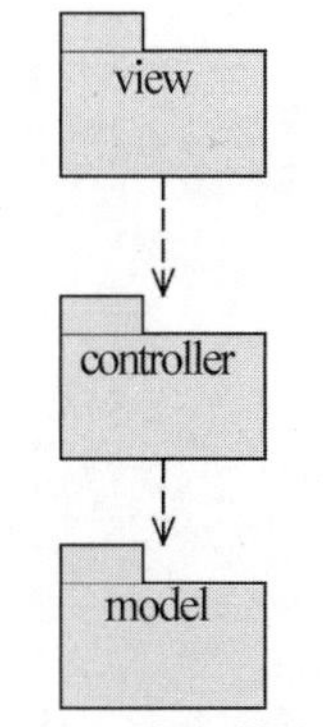

图 7-6　MVC 框架模式的包图

1) 包(package)

包图中最基本的元素就是“包”，包的 UML 图形类似于文件夹图标，示例：A Package

2) 依赖(dependency)关系

当一个包中的类需要引用另一个包中的类或对象才能完成其功能时，两个包之间就形成了依赖关系。

依赖关系用一条带箭头的虚线表示，示例：

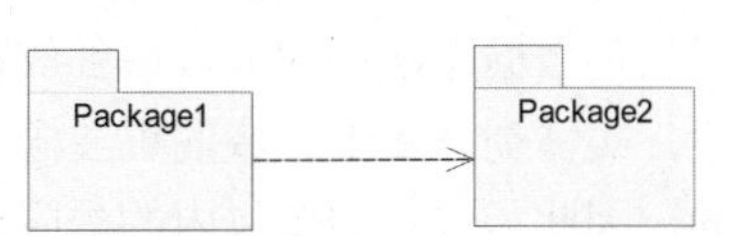

2. 设计要求

在进行分层时注意以下几点要求。

(1) 层与层之间的耦合应尽可能地松散。

(2) 级别相同、职责类似的元素应该被组织到同一层中。

(3) 复杂的模块应被继续分解为粒度更细的层或子系统。

(4) 应尽量将可能发生变化的元素封装到一层中。

(5) 每一层应当只调用下一层提供的功能服务，即不能跨层调用。

(6) 每一层绝不能使用上一层提供的功能服务，即不能在层与层之间造成双向依赖。

3. 包图建模

鉴于计算机销售系统是基于 Web 的网络应用系统，在软件体系架构设计分析时，可以采用 MVC 模式的经典应用 JSP+Servlet+JavaBean+DAO 结构。

分析阶段重点识别了问题域中的实体类，但是这些类还不能使整个系统正常运行，因此，要将“分析类”转化为“设计类”，并为系统添加界面类、控制类，以及进行业务逻辑处理和数据库访问的 DAO 层的类。

计算机销售系统的逻辑体系结构如图 7-7 所示。

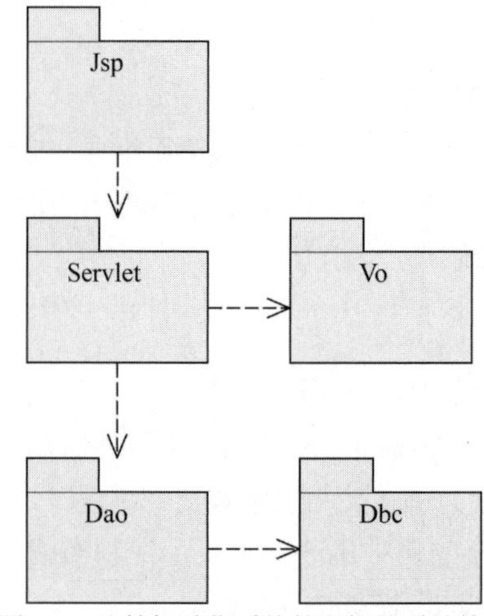

图 7-7　计算机销售系统的逻辑体系结构

- Jsp 包中存放所有和用户交互的页面，如 JSP 页面、HTML 页面等。
- Servlet 包中存放控制类，负责接收用户的请求和跳转页面。
- Vo 包中存放实体类，负责数据的存储和传递。
- Dbc 包中存放负责加载数据库驱动、创建数据库连接、获得数据库连接、关闭数据库连接的类。
- Dao 包中存放实现业务逻辑处理和数据访问的类。

在这里专门负责数据库连接的类被单独放在一个包中，方便程序员使用不同服务器上的数据库。一般来说，实体类是属于领域的重要概念，无论未来系统如何变化，这些实体类的变动性应该是最小的，因此，位于实体包内的类应该相对稳定，一般在设计中，实体类的包通常不依赖其他包。

7.2.5　系统物理体系结构与构件图

当系统进入物理设计阶段，软件设计人员最好利用构件图(component diagram)整理物理项目和逻辑类之间的关系，在一些大型项目中所设计出的类和接口超过数百个，而编码团队的成员只有数十位，这时如果不用构件图来组装这些不同的构件，则在编码时程序员常常会不知不觉地陷入“对象迷茫”中。

构件是具有相对独立功能、可以明显辨识、接口由契约制定、语境有明显依赖关系、可独立部署且多由第三方提供的可组装软件实体。按照 UML 2.0 的定义，构件是系统的模块化部分，它封装了自己的内容，且它的声明在其环境中是可以替换的。构件利用提供接口和请求接口定义自身的行为，使用构件图可以清晰地看出系统的结构和功能，方便项目组的成员制定工作目标、了解工作情况，同时，最重要的一点是有利于软件的复用。

1. 构件图规范

构件的组成元素主要包括构件与接口。接口是一个构件提供给其他构件的一组操作。同子系统中提到的接口一样，在构件重用和构件替换上，接口是一个很重要的概念。在构造可通用的、可重用的构件时，如果能够清晰地定义、表达出接口的信息，那么构件的替换和重用就变得非常容易，否则开发人员就不得不一步一步地编写代码，这个过程非常耗时。图 7-8 所示是维修派工系统的构件图。

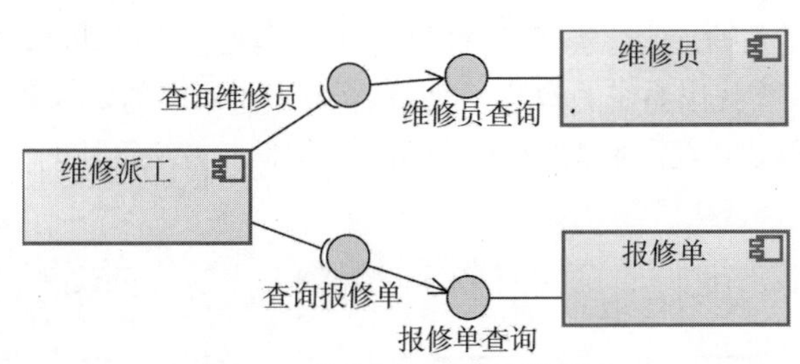

图 7-8　维修派工系统的构件图

1) 构件(component)

构件是系统中可以被抽换的物理部件，一个构件通常会实现一组特定的接口。

构件的图形表示：

2) 提供接口(provided interface)

构件可以利用提供接口来表达某个构件的接口集合，提供接口是向其他构件提供服务的，在构件内部需要实现该接口的全部特征。

提供接口的图形表示：

3) 需求接口(required interface)

构件如果需要其他构件的服务才能运作，则可以利用需求接口来表达。

需求接口的图形表示：——(

4) 依赖(dependency)关系

构件之间的关系主要是依赖关系，表示一个构件需要另一些构件才能有完整的意义。从一个构件 A 到构件 B 的依赖意味着从 A 到 B 有特定的语言依赖，在所编译的语言中，这意味着当 B 发生变化时，需要重新编译一次 A，因为编译 A 时会使用 B 中的定义。如果构件是可执行的，那么依赖连接能用来指出一个可执行程序需要哪些动态链接库才能运行。构件与构件之间或构件与接口之间需要用到依赖关系。

图 7-8 中定义了维修派工的构件及构件之间的联系，从图中可以清晰地看到维修派工构件依赖于维修员和报修单两个构件，因此在系统组织开发时，由于维修员查询和报修单查询之间并不存在依赖关系，因此可以将被依赖的维修员和报修单同时并行开发，然后再开发维修派工构件。每个构件中应该包含用于实现该构件全部接口的三层的类，简要分析如下。

(1) 报修单构件。报修单查询控制类、报修单实体类、报修单数据处理类(查询方法)。

(2) 维修员构件。员工查询控制类、员工实体类、员工数据处理类(查询方法)。

(3) 维修派工构件。维修派工控制类、维修派工实体类、维修派工数据处理类(添加方法)。

2. 基于实体类的构件图建模

构件划分的方式有很多，有的系统用三层架构的方式来划分构件，将每一层划分为一个构件，由于三层架构之间的弱耦合关系，这种划分方法有助于分组开发、协同合作，但是划分的粒度还不够细，尤其不便于边开发边测试，对于大型项目来说这种划分并不合适。

最好的划分方法来自领域，能准确反映领域概念的是实体类模型，实体类及其属性描述了系统所需存储和传输的数据，实体类的方法反映了系统需要实现的功能，是系统领域完整的抽象表示。依据实体类模型找出系统的构件，同时结合开发过程的需要(如数据库构件和页面构件应该作为独立的构件单独开发)，将前端和后台分离，根据此方法设计的计算机销售系统的构件图如图 7-9 所示。

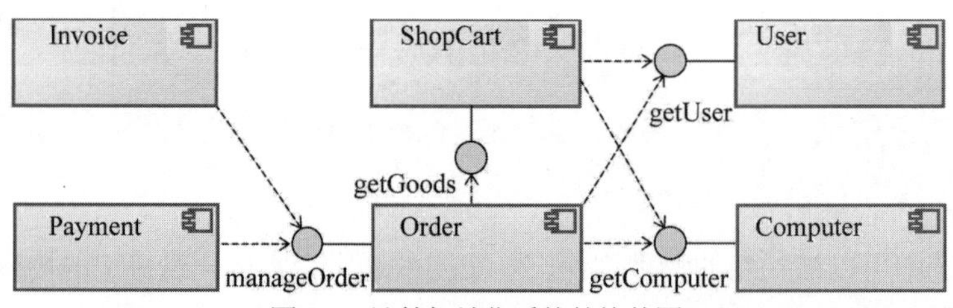

图 7-9　计算机销售系统的构件图

由于图的大小限制，图 7-9 中仅列出 6 个构件，省略了页面构件和数据库构件，页面构件的各种请求处理依赖于上图的 6 个构件，而上图的构件又依赖于数据库构件才能实现其相应的功能。

(1) User 构件中包含和人有关的所有功能的实现，包括用户登录、注销、修改密码、修改个人信息等。

(2) Computer 构件中包含和计算机有关的所有功能的实现，包括计算机查询列表、查询详细信息等。

(3) ShopCart 构件中包含添加购物车、更新购物车、移除购物车商品等功能的实现。

(4) Order 构件中包含订单添加、订单查询、订单状态更新、取消订单、确认收货等功能的实现。

(5) Payment 构件中包含付款的添加、付款信息查询等功能的实现。

(6) Invoice 构件中包含发票的添加、打印、更新、删除等功能的实现。

依据 MVC 框架模式，每个功能的实现都需要依靠图 7-7 中三层的类来完成，因此每个构件都由控制类、实体类、数据处理类三层类组成。图 7-9 中不仅体现了构件的划分，还体现了构件间的依赖关系，简要地描述了构件之间接口的设计。根据系统的依赖关系，系统首先需要开发的是数据库构件，然后开发 User 和 Computer 构件，最后依次开发 ShopCart、Order、Payment、Invoice 构件，页面构件可以在开发这 6 个构件的同时进行，方便边开发边调试。

7.2.6 系统物理体系结构与部署图

部署图(deployment diagram)是对面向对象系统的物理方面进行建模时使用的图，用于描述系统硬件的物理拓扑结构及在此结构上运行的软件。部署图可以显示计算器节点的拓扑结构、通信路径、节点上运行的软件、软件包含的逻辑单元(对象、类等)。部署图是描述任何基于计算机的应用系统(特别是基于 Internet 和 Web 的分布式计算系统)的物理配置的有力工具。

部署图用于静态建模，是表示运行时过程节点结构、构件实例及其对象结构的图，展示了构件图中所提到的构件如何在系统硬件上部署，以及各个硬件部件如何相互连接。UML 部署图显示了基于计算机系统的物理体系结构，它可以描述计算机，展示它们之间的连接，以及驻留在每台计算机中的软件。每台计算机用一个立方体来表示，立方体之间的连线表示这些计算机之间的通信关系。

1. 部署图规范

构成部署图的基本元素有节点、构件和关系。下面利用图 7-10 来介绍部署图的基本元素。

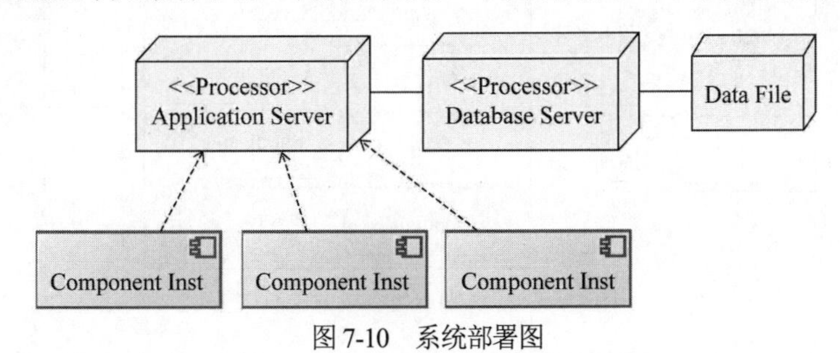

图 7-10 系统部署图

1) 节点(node)

节点是在运行时存在并代表一项计算机资源的物理元素。在建模过程中，可以把节点分为处理器和设备两种类型。处理器是能够执行软件组件、具有计算能力的节点。设备是不能执行软件组件的外围硬件、没有计算能力的节点，通常通过其接口为外界提供某种服务。在 UML 中用立方体表示一个节点。

2) 构件(component)

部署图中还可以包含构件，这里所指的构件是构件图中的基本元素，它是系统可替换的物理部件。

构件和节点的关系可以归纳为以下两点。

(1) 构件是参与系统执行的事物，而节点是执行构件的事物。简单来说，构件是被节点执行的事物，假设节点是一台服务器，则构件就是其上运行的软件。

(2) 构件表示逻辑元素的物理模块，而节点表示构件的物理部署。这表明一个构件是逻辑单元(类)的物理实现，而一个节点则是构件被部署的地点。一个类可以被一个或多个构件实现，而一个构件也可以部署在一个或多个节点上。

3) 关联(association)关系

关联关系用一条直线表示，它指出节点之间存在着某种通信路径，并指出通过哪条通信路径可使这些节点间交换对象或发送消息。

4) 依赖(dependency)关系

节点和构件之间的关系主要是依赖关系，在 UML 中，依赖关系的图形表示是一致的。

图 7-10 是一个典型的软件系统的部署图，系统被部署在 3 个物理节点上，分别是应用程序服务器、数据库服务器、数据文件节点。在应用程序服务器上部署着 3 个应用程序构件，数据库被部署在数据库服务器上，同时将数据文件部署在另一个节点上，当应用程序需要访问数据库或导入数据文件到数据库时，它们之间都要进行通信，因此它们之间具有关联关系。另外，3 个构件的执行需要应用程序服务器的支持，所以它们之间也具有依赖关系。

2. 部署图建模

计算机销售系统是一个 Web 应用系统，常用的 Web 应用部署结构包括 4 层节点：带浏览器的客户端、Web 服务器、应用程序服务器和数据库服务器。计算机销售系统的部署图如图 7-11 所示。

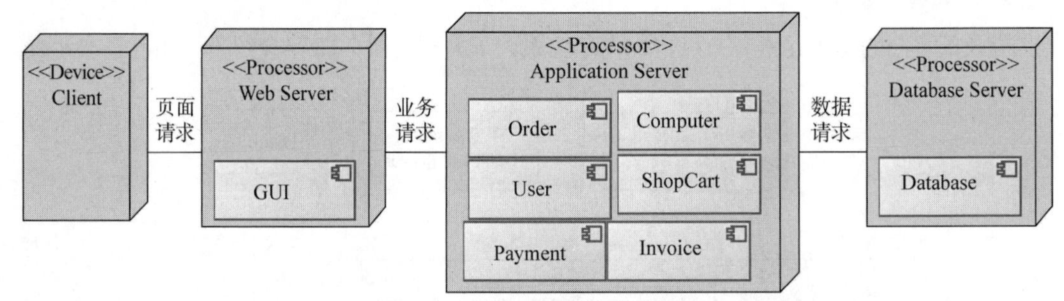

图 7-11 计算机销售系统的部署图

用户在客户端通过浏览器基于 HTTP 协议访问 Web 服务器上的静态或动态页面；Web 服务器用来处理来自浏览器页面的请求，并为客户端执行和显示动态产生的页码和代码；应用程序服务器负责管理业务逻辑。业务构件封装了存储在数据库中的永久对象，它们与数据库服务器通过数据库互联协议(如 JDBC、ODBC)进行通信。

计算机销售系统被部署到了 4 层的计算节点上，实际运行场景中，Web 服务、应用程序服务、数据库服务可以安装在不同的机器上，进行分布式管理；有些小型项目也会把这 3 种服务运行在不同机器上，即一台机器既是 Web 服务器，也是应用程序服务器，同时还是数据库服务器，虽然管理起来很方便，但是对服务器性能要求较高，且数据安全、系统可靠性很难保障；或是放在云服务器上，管理方便，更加安全，但是需要付费使用。

7.3 构件级设计

体系结构设计第一次迭代完成之后，就应该开始构件级设计。在这个阶段，全部数据结构和软件的程序结构都已经建立起来了，但是没有在接近代码的抽象级上表示内部数据结构和每个构件的处理细节。如何把设计模型转换为运行软件，是构件级设计主要关注的问题。由于现有设计模型的抽象层次相对较高，而可运行程序的抽象层次相对较低，因此这种转化具有挑战性，构件设计的失误可能会在软件后期引发难以发现和改正的微小错误。

构件级设计的重要性：可以在构造软件之前就确定该软件是否可以工作。为了保证设计的正确性，以及与早期设计表示(即数据、体系结构和接口设计)的一致性，构件级设计需要以一种可以评审设计细节的方式来表示软件。它提供了一种评估数据结构、接口和算法是否能够工作的方法。

数据结构、体系结构和接口的设计表示构成了构件级设计的基础。每个构件的类定义或处理说明都转化为一种详细设计，该设计采用图形或基于文本的形式来详细说明内部的数据结构、局部接口细节和处理逻辑。

7.3.1 从分析类到设计类

在面向对象软件工程环境中，构件包括一个协作类集合。构件中的每个类都应得到详细阐述，包括所有属性和与其他实现相关的操作。作为细节设计的一部分，必须定义所有与其他设计类相互通信协作的接口，为此，软件设计师需要从分析模型开始，详细分析实体类的属性和方法。对于构件而言，实体类与问题域相关，从分析类到设计类，需要增加更多实现所需的属性、方法及接口的详细设计。

为了了解设计细化过程，我们以一个高级影印中心的软件构造为例进行说明。软件的目的是收集前台的客户需求，并对印刷业务进行定价，然后把印刷任务交给自动生产设备。在需求工程中得到一个名为 PrintJob 的分析类。分析过程中定义的属性和操作如图 7-12 所示的上方给出的注释。在体系结构设计中，PrintJob 被定义为软件体系结构的一个构件，用简化的 UML 符号表示，该构件显示在图 7-12 靠右的位置。需要注意的是，PrintJob 有两个接口：computerJob 和 initiateJob。computerJob 具有对任务进行定价的功能，initiateJob 能够把任务传给生产设备。这两个接口在图 7-12 下方的左边给出。

构件级设计将由此开始。必须对 PrintJob 构件的细节进行细化，以提供指导实现的充分信息。通过不断补充作为构件 PrintJob 类的全部属性和操作，来逐步细化最初的分析类。细化后的设计类 PrintJob 包含更多的属性信息和构件实现所需要的更广泛的操作描述，如图 7-12 右下方所示。computerJob 和 initiateJob 接口隐含着与其他构件(图中没有显示出来)的通信和协作。例如，computerPageCost()操作(computerJob 接口组成部分)可能与包含任务定价信息的 PrincingTable 构件进行协作；checkPriority()操作(initiateJob 接口组成部分)可能与 JobQueue 构件进行协作，用来判断当前等待生产的任务类型和优先级。

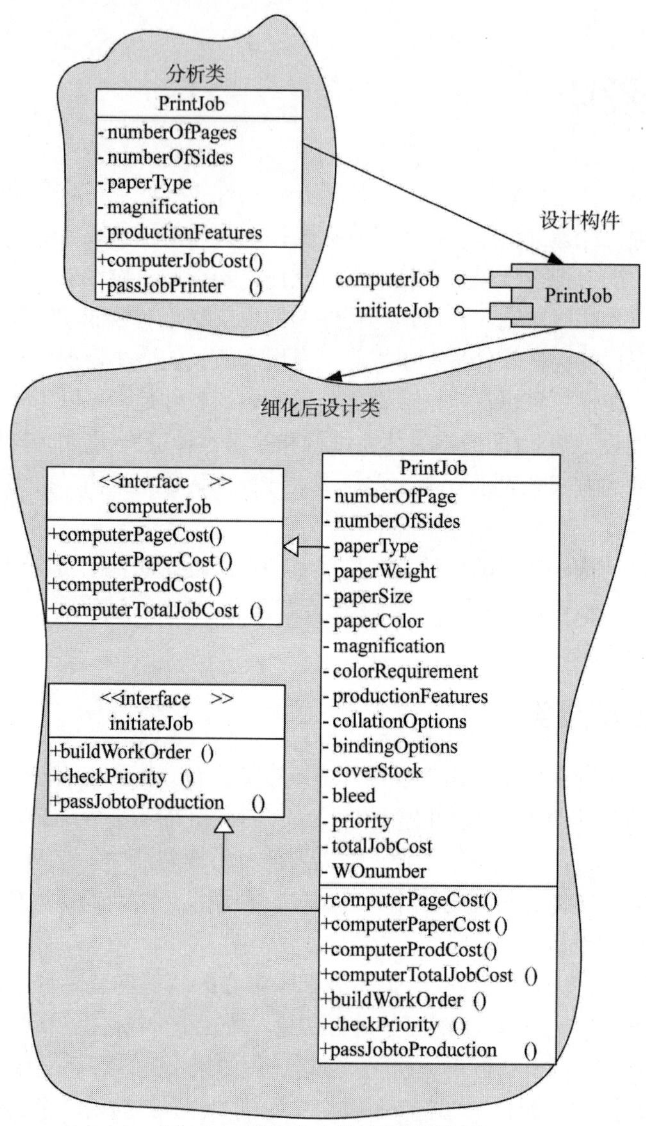

图 7-12　影印中心设计构件的细化

对于体系结构设计组成部分的每个构件都要实施细化，细化一旦完成，就要对每个属性、操作和接口进行更进一步的细化。对适合每个属性的数据结构必须予以详细说明。另外，还要说明实现与操作相关的处理逻辑的算法细节，最后是实现接口所需机制的设计。对于面向对象软件，机制的设计是对系统内部对象间通信机制的描述。

7.3.2　从用例场景到设计类

从分析类到设计类，软件设计人员以构件为单元围绕问题域增加了接口定义和实现接口类(设计类)的属性和方法，但是经常会由于对问题域的思考不全面、对实现环节的疏漏，容易漏掉一些细节，而这些遗漏的属性或方法在软件实施阶段会给程序带来很多困扰。

用例反映了系统的需求，界定了系统的边界，涵盖了所有系统的运用场景，因此通过对用例场景进行分析设计、对用例中对象间的通信机制进行描述，可以准确识别出实现该用例的全部设计类，以及其所需的属性和方法及接口的定义，这种方式对审阅和完善构件的设计细节非常有必要。在面向对象的设计中，用时序图来描述对象之间的通信机制。

下面以 ShopCart 购物车构件为例对构件进行详细设计。在上一章中，图 6-14 给出了用户购买计算机的用例图，该用例图中与购物车相关的用例有 4 个：添加购物车、浏览购物车、移除商品、更新商品数量。图 6-23 中显示了从此问题域中抽象出来与购物车相关的实体类有 ShopCart 购物车和 GoodsItem 商品条目。从分析类转换成设计类需要结合具体的设计模式，如本章前面所提到的 MVC 三层模式，可以得到以下公式。

分析类＋设计模式＝设计类

时序图描述用例场景中需要三层设计类/对象(模型、视图、控制)互相交互来实现其功能，为了更贴近代码实现，采用 MVC 模式的经典应用 JSP+Servlet+JavaBean+DAO 结构。

在 UML 中，边界(Boundary)对象、控制(Control)对象、实体(Entity)对象的图形表示如图 7-13 所示。

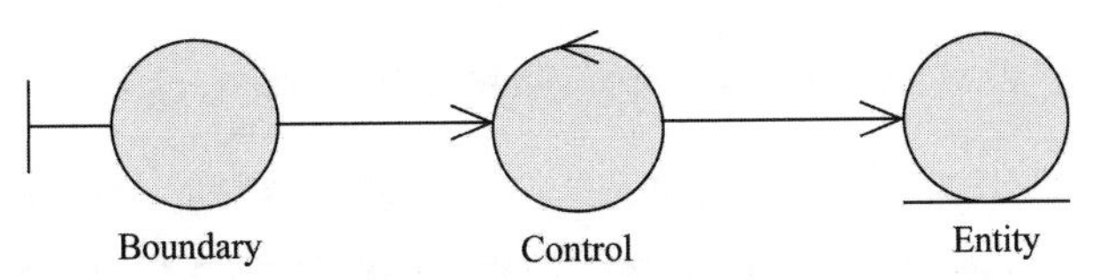

图 7-13　UML 中 3 种类对象的图形表示

1. 添加购物车设计时序图(见图 7-14)

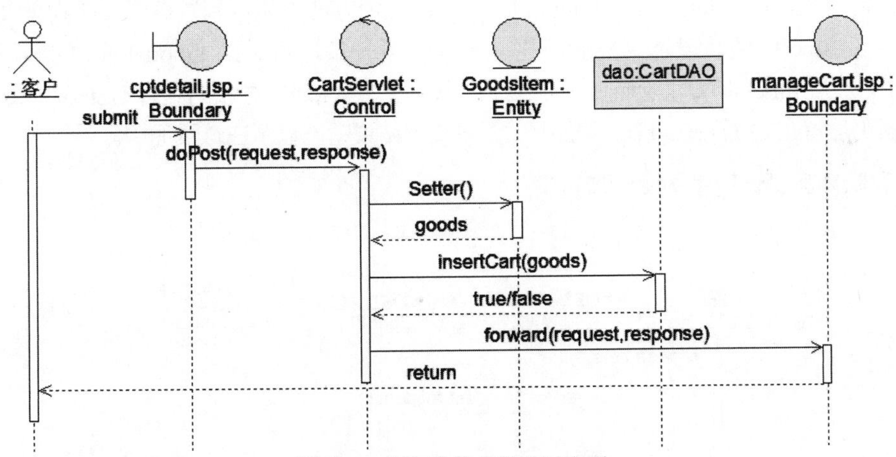

图 7-14　添加购物车设计时序图

该用例的发起者是客户，当客户在计算机详情页面(cptdetail.jsp)中单击“添加购物车”按钮提交请求时，该用例启动。提交请求发送给控制类 CartServlet，CartServlet 执行 doPost(如 request，response)方法处理添加购物车请求，该方法首先从页面中获取要添加的商品信息，实例化一个实体类 GoodsItem，并将商品信息封装到实例化对象 goods 中，这个过程是将要添加的商品信息变成一个对象，然后向负责业务处理和数据库访问 CartDAO 的实例化对象 dao 发送消息，要求 dao 执行 insertCart(goods)方法，将 goods 对象中的数据添加到数据库“购物车表”中，该方法执行后，若添加成功则返回 true，若添加失败则返回 false，控制类 CartServlet 根据接收 dao

返回的数据进行判断，以决定是否跳转到购物车管理页面(manageCart.jsp)。

2. 浏览购物车设计时序图(见图 7-15)

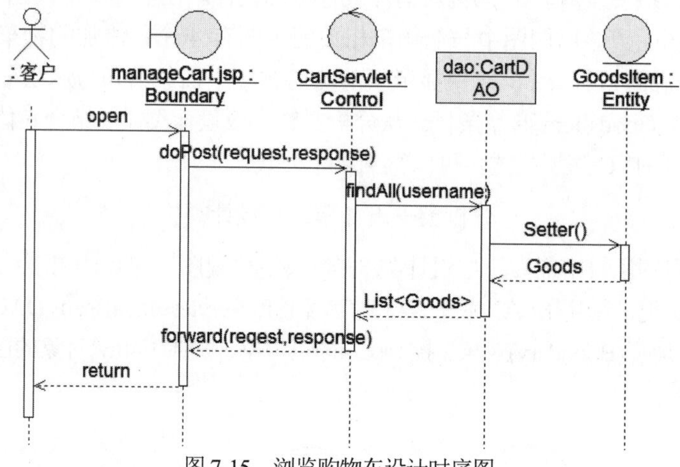

图 7-15　浏览购物车设计时序图

当用户打开购物车管理页面(manageCart.jsp)时，该用例启动。购物车管理页面需要呈现购物车中的全部商品，查询购物车全部商品的请求发送给控制类 CartServlet，CartServlet 执行 doPost(如 request，response)方法处理查询购物车全部商品请求，doPost()方法从页面上获得要查询的用户账户名(username)，然后向负责业务处理和数据库访问 CartDAO 的实例化对象 dao 发送消息，要求 dao 执行 findAll(username)方法，findAll()方法首先会到数据库“购物车表”中找到所有 username 的商品记录，然后将这些记录一条一条地封装到 GoodsItem 的实例化对象 Goods 中，最后 findAll()方法会向控制类 CartServlet 返回 Goods 对象的集合 List <Goods>，控制类将页面仍然留在 manageCart.jsp 页面中，并将查询结果动态显示在该页面中。

3. 移除商品设计时序图(见图 7-16)

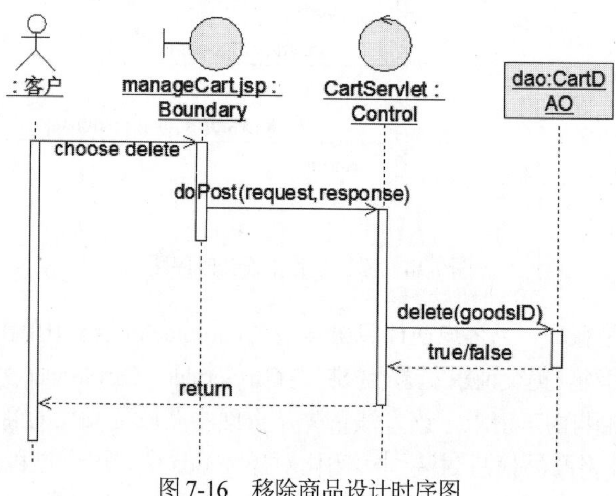

图 7-16　移除商品设计时序图

当客户在购物车管理页面(manageCart.jsp)中删除一件商品时，该用例启动。提交请求发送给控制类 CartServlet，CartServlet 执行 doPost(如 request，response)方法处理删除商品请求，该方法首先从页面中获取要删除的商品编号，然后向负责业务处理和数据库访问 CartDAO 的实例化对象 dao 发送消息，要求 dao 执行 delete(goodsID)方法，将该编号的商品数据在数据库“购物车表”中删除，该方法执行后，若删除成功则返回 true，若删除失败则返回 false。控制类 CartServlet 根据接收 dao 返回的数据来决定在购物车管理页面(manageCart.jsp)给出删除成功或失败的提示信息，并重新显示删除后的当前购物车的商品列表。

4. 更新商品数量设计时序图(图 7-17)

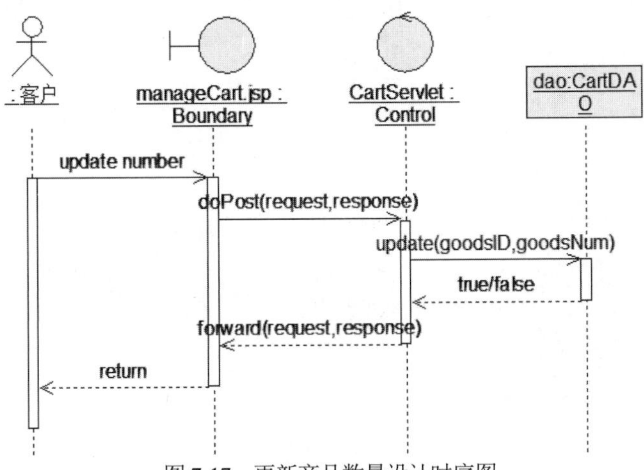

图 7-17　更新商品数量设计时序图

当客户在购物车管理页面(manageCart.jsp)中修改一件商品数量时，该用例启动。提交请求发送给控制类 CartServlet，CartServlet 执行 doPost(如 request、response)方法处理更新商品请求，该方法首先从页面中获取要修改的商品编号 goodsID 和商品数量 goodsNum，然后向负责业务处理和数据库访问 CartDAO 的实例化对象 dao 发送消息，要求 dao 执行 update(如 goodsID，goodsNum)方法，将该编号的商品数量在数据库“购物车表”中进行更新，该方法执行后，若更新成功则返回 true，若更新失败则返回 false。控制类 CartServlet 根据接收 dao 返回的数据来决定在购物车管理页面(manageCart.jsp)给出相应的提示信息，并重新显示更新后的当前购物车商品列表。

在三层框架中实体类的功能主要是方便数据的存储和传输。有些用例设计中使用了实体类 GoodsItem，而有的却没有，这主要根据传递数据的复杂性来决定。例如，在添加购物车、浏览购物车用例中，对象之间要传递的是商品的所有信息，因此使用实体类 GoodsItem 的对象 goods 来封装这些信息，用对象在层与层之间传递数据，而移除商品、更新商品数量用例仅需要传递商品编号这样的简单信息，如果一定要将它封装到实体类对象中，反而增加了代码的复杂度。这些决策完全依赖设计人员的设计经验，设计人员同时也应该是一个好的开发人员，只有懂得编码的设计人员，才能设计出高效的算法和用例内部的交互机制。

同时，在 4 个用例的设计分析中还发现并未使用 ShopCart 实体类，因此该实体类是不需要存在的，但是在数据库中“购物车表”是必需的。

7.3.3　构件详细类图建模

完成全部与购物车相关的用例场景时序图设计，对每个用例内部对象交互机制有了清晰的把握，同时也筛选出了全部的边界对象、控制对象、模型对象，通过对对象之间消息的映射可以得到对象(类)所应具有的操作(方法)，为下一步接口的详细定义奠定了基础。“购物车构件”设计类模型如图 7-18 所示。

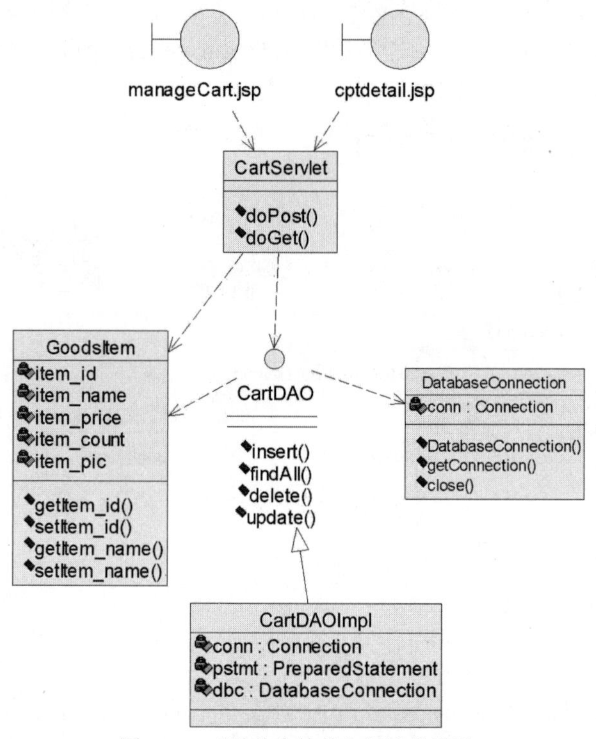

图 7-18　“购物车构件”设计类模型

在图 7-18 中，“购物车构件”所有设计类被归纳在图中，“购物车构件”内部组成元素有明显的分层结构，其组成元素有：边界类对象 manageCart.jsp、cptdetail.jsp，控制类 CartServlet，实体类 GoodsItem，数据库连接类 DatabaseConnection，接口类 CartDAO，实现接口的类 CartDAOImpl。CartDAOImpl 类需要实现接口 CartDAO 中定义的全部方法。接口的定义体现了面向对象多态性的特点，同一个接口可以有多种不同的实现，有利于软件设计师实现更加多样化的系统。

设计类模型中显示了各层次之间的依赖关系，边界类依赖控制类，控制类依赖模型类，当页面得到用户一个请求时，这个请求将逐层向下传递处理。例如，当客户在计算机详情页面(cptdetail.jsp)中发起添加购物车请求时，请求又发送给控制类 CartServlet，CartServlet 执行 doPost()方法处理请求，doPost()方法首先实例化实体类 GoodsItem 得到对象 goods，并将添加的计算机信息封装到该对象中，然后用 CartDAOImpl 实例化接口 CartDAO 得到对象 dao，dao 对象执行 insert(goods)方法进行数据库的连接访问，将要添加的商品信息添加到数据库“购物车表”中。

然而，目前所收集到的所有的方法仅来自于购物车构件的“内部”，购物车构件向其他构件所提供的服务还没有定义。例如，在如图 7-9 所示的计算机销售系统构件图中，ShopCart 购物车构件需要向 Order 构件提供一个 getGoods 服务，用来处理当用户在购物车页面选择结算时，即“生成订单”用例启动时，购物车构件必须能向它提供用户所选择结算的全部商品列表和用户信息，因此，属于构件间的所提供的服务，也应该定义在“购物车构件”的接口中。添加构件间服务后的购物车接口定义如图7-19所示。

选择面向对象软件工程方法之后，构件级设计主要关注需求模型中问题域特定类的细化及基础类的定义和细化。这些类的属性、操作和接口的详细描述是开始构造活动之前的设计细节。

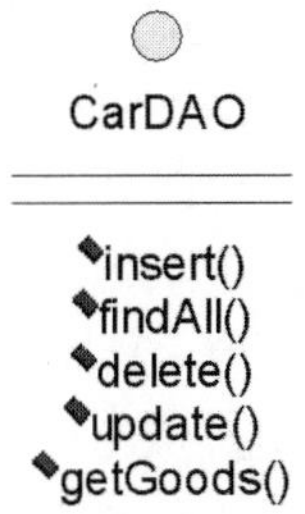

CarDAO

insert()
findAll()
delete()
update()
getGoods()

图7-19 添加构件间服务后的购物车接口定义

7.4 用户界面设计

用户界面(UI)设计在用户与计算机之间搭建了一个有效的交流媒介。用户界面设计是指遵循一系列的界面设计原则，定义界面对象和界面动作，创建构成用户界面原型基础的屏幕布局。软件工程师通过迭代过程来设计用户界面，这个过程是被广泛接受的设计原则。

不管软件展示了什么样的计算能力、发布了什么样的内容及提供了什么样的功能，如果软件不方便使用、常导致用户犯错或不利于完成目标，那么用户是不会喜欢这个软件的。由于界面会影响用户对软件的感觉，因此，它必须是令人满意的。

Theo Mandel在关于界面设计的著作中，提出了以下3条黄金规则。

(1) 把控制权交给用户。

(2) 减轻用户的记忆负担。

(3) 保持界面一致。

这些黄金规则实际上构成了一系列用户界面设计原则的基础，这些原则可以指导软件设计的重要方面。

7.4.1 把控制权交给用户

在重要的、新的信息系统需求收集阶段，征求一位关键用户对于窗口图形界面相关属性的意见如下。

该用户严肃地说：“我真正喜欢的是一个能理解我想法的系统，它在我需要去做之前就知道我想做什么，并使我可以非常容易地完成。这就是我想要的，我也仅此一点要求。”

你听后的第一反应可能是微笑和摇头，但是，沉默了一会儿后，你会觉得该用户的想法绝对没有错。他想要一个对其要求能够做出反应，并帮助他完成工作的系统。他希望去控制计算机，而不是计算机控制他。

在很多情况下，设计者为了简化界面的实现可能会引入约束和限制，其结果可能是界面易于构建，但会妨碍使用。Mandel定义了以下设计原则，允许用户掌握控制权。

(1) 以不强迫用户进入不必要的或不希望的动作的方式来定义交互模式。交互模式就是界面的当前状态。例如，如果在文字处理器菜单中选择拼写检查，则软件将切换到拼写检查模式。如果用户希望在这种情形下进行一些文本编辑，则系统没有理由强迫用户停留在拼写检查模式，用户应该能够几乎不需要做任何动作，就可以进入或退出该模式。

(2) 提供灵活的交互。由于不同的用户有不同的交互偏好，因此应该提供选择的机会。例如，软件可能允许用户通过键盘命令、鼠标移动、数字笔、触摸屏或语音识别命令等方式进行交互。但是，每一个动作并非要受控于某一种交互机制。例如，使用键盘命令(或语音输入)来绘制复杂图形是有一定难度的。

(3) 允许用户中断或撤销交互。即使用户陷入一系列动作之中，他们也应该能够中断动作序列去做某些其他事情(而不会失去已经做过的工作)。同样，用户也应该能够“撤销”任何动作。

(4) 当为高技能水平的用户定制交互方式时，可以使交互流线化并允许定制交互。用户经常会重复地完成相同的交互序列，因此，值得设计一种“宏”机制，使得高级用户能够定制界面，以方便交互。

(5) 使用户与内部技术细节隔离开。用户界面应该能够将用户引入应用的虚拟世界中，用户不需要知道操作系统、文件管理功能或其他隐秘的计算技术。

(6) 设计应允许用户与出现在屏幕上的对象直接交互。当用户能够操纵完成某任务所必需的对象，并且以一种该对象好像是真实存在的方法来操纵它时，用户就会有一种控制感。例如，允许用户将文件拖到“回收站”的应用界面，就是直接操纵的一种实现。

7.4.2 减轻用户的记忆负担

一个经过精心设计的用户界面可以减轻用户的记忆负担，因为用户必须记住的事物越少，在与系统交互时出错的可能性也就越小。系统应该尽可能地“记住”相关信息，并通过交互场景来帮助用户回忆。Mandel 定义了以下设计原则，使得界面能够减轻用户的记忆负担。

(1) 减少对短期记忆的要求。当用户面临复杂的任务时，他们需要强大的短期记忆能力。为了减轻这种负担，界面设计应该尽量避免要求用户记住过去的动作、输入和结果。可行的解决办法是通过提供可视的提示，使得用户能够识别过去的动作，而不是必须记住它们。

(2) 设定有意义的默认设置。初始的默认设置应该对于大多数用户而言是有意义的，但是，也应该允许用户自定义个人偏好。为了实现这一点，可以提供一个“重置”选项，使用户能够重新定义初始默认值。

(3) 定义直观的快捷方式。当使用助记符来完成系统功能时(如利用快捷键 Alt+ P 激活打印功能)，助记符应该以容易记忆的方式联系到相关动作。

(4) 界面的视觉布局应该基于真实世界的象征。例如，一个账单支付系统应该使用支票簿和支票登记簿来指导用户的账单支付过程。这使得用户能够依赖于很好理解的可视化提示，而不是记住复杂难懂的交互序列。

(5) 以一种渐进的方式揭示信息。界面应该以层次化的方式进行组织，即关于某任务、对象或行为的信息应该首先在高抽象层次上呈现，更多的细节应该在用户表明兴趣后再展示。

7.4.3 保持界面一致

用户应该以一致的方式展示和获取信息，这意味着：①按照贯穿所有屏幕显示的设计规则来组织可视信息；②将输入机制约束到有限的集合，在整个应用中得到一致的使用；③从任务到任务的导航机制要一致地定义和实现。Mandel 定义了以下帮助保持界面一致性的设计原则。

(1) 允许用户将当前任务放入有意义的环境中。很多界面使用数十个屏幕图像来实现复杂的交互层次。提供指示器(如窗口标题、图标、一致的颜色编码)可帮助用户了解当前工作环境的重要性。另外，用户应该能够确定其来自何处及存在哪些转换到新任务的途径。

(2) 在完整的产品线内保持一致性。一个应用系列(即一个产品线)应采用相同的设计规则，以保持所有交互的一致性。

(3) 如果过去的交互模式已经建立起了用户期望，除非有不得已的理由，否则不要改变它。一个特殊的交互序列一旦变成事实上的标准(如利用快捷键 Alt + S 来存储文件)，那么用户在遇到每一个应用时都会期望使用相同的操作方式。如果改变这些标准就会导致混淆。

本章小结

- 面向对象的设计包括系统体系结构设计、构件级设计和用户界面设计。
- 系统体系结构分为逻辑体系结构和物理体系结构，逻辑体系结构体现了系统中类与对象的分层关系，用包图表示；物理体系结构体现了系统中物理代码模块的划分和部署，用构件图、部署图表示。
- 包的划分依赖类与对象功能的分类，MVC 模式将应用程序分成 3 个核心部件：视图、控制器和模型。
- 构件级设计的公式为“分析类+设计模式=设计类”，对构件中的类进行详细设计，从用例场景的时序图分析收集开发中会使用的全部的设计类及其属性和方法。
- 用户界面设计的 3 条黄金原则：把控制权交给用户；减轻用户的记忆负担；保持界面一致。

思政园地

总体设计阶段回答的问题是“概括地说，怎样实现目标系统？”，总体设计是顶层设计，用结构化、模块化的思想，综合分析各个候选解决方案的优缺点，决定目标系统的架构。

“不谋全局者，不足以谋一域”。设计者要有大局观，先从整体弄清楚系统的各个组成成分，再去寻找各部分的关联和结构。所谓大局观就是能够把握好整体利益和局部利益的关系，分清主要矛盾和次要矛盾，不因小失大，面对问题能做出快速的反应和正确的决策，使整体的利益最大化。

“不谋万世者，不足以谋一时”。设计者不仅要有全局意识还要有长远的眼光，模块的划分、框架的选择，要有利于后期的开发、测试和维护。中华民族是具有长远眼光的民族，主张“计利当计天下利”“谋功应谋万世功”，中国人做事情不仅会考虑当下，还会考虑几十年、上百年，创造了一个又一个功在当代、利在千秋的丰功伟绩。

本章练习题

一、选择题

1. 下列选项中，(　　)不是面向对象设计的主要活动。

   A. 数据/类设计　　B. 体系结构设计　C. 流程设计　D. 构件与接口设计

2. 面向对象的设计原则中信息隐蔽原则是通过对象的(　　)来实现的。

A. 继承性　　B. 多态性　　C. 封装性　　D. 实例

3. 面向对象的设计中模块之间的耦合关系是通过类的(　　)来实现的。

A. 接口　　B. 实例　　C. 属性　　D. 方法

4. 在MVC模式中，控制器的作用是(　　)。

A. 与用户完成动态交互

B. 接收用户的输入并调用模型和视图去完成用户的需求

C. 数据库连接与访问

D. 封装业务数据

5. 在基于MVC模式的Web体系结构中，JavaBean的作用是(　　)。

A. 封装业务数据　　B. 控制页面跳转

C. 接收用户请求　　D. 数据库连接

6. 下列选项中，(　　)描述了系统不同层次的类的划分，体现了系统的逻辑体系结构。

A. 构件图　　B. 部署图　　C. 包图　　D. 类图

7. 下列选项中，(　　)通过将解决同一问题的类划分为一个构件，其清晰地体现了系统的结构与功能。

A. 构件图　　B. 部署图　　C. 包图　　D. 类图

8. 下列选项中，(　　)用于描述系统硬件的物理拓扑结构及在此结构上运行的软件构件。

A. 构件图　　B. 部署图　　C. 包图　　D. 类图

9. 用户界面设计的黄金原则，不包括(　　)。

A. 把控制权交给用户　　B. 减轻用户的记忆负担

C. 保持界面一致　　D. 操作流程简单可行

10. 从用例场景的时序图设计中，采用(　　)映射为类，(　　)映射为方法的原则，可以导出系统设计类图。

A. 消息对象　　B. 属性消息　　C. 对象消息　　D. 名称对象

二、简答题

1. 假如一个管理者要求我们准备并提交一份报告来证明一个新项目雇用一个系统架构师是有必要的。请在报告中解释什么是体系结构，并用简要文字列出要点。

2. 简要分析分层体系结构、三层体系架构、基于MVC模式的Web体系结构三者的区别。

3. 举例说明体现系统逻辑结构的包图和体现系统物理结构的构件图两者的区别与联系。

4. 简要叙述构件详细设计的过程，即如何从分析类到设计类。

三、应用题

请为上一章应用题中“医院门诊系统”的医生部分建立包图、构件图和部署图，并详细设计其中的某一个构件(如“处方”构件)，画出该构件的设计类图。

第 8 章

基于构件的开发

面向对象的软件实现是把设计结果翻译成某种程序，然后测试该软件。面向对象程序的质量由面向对象设计的质量决定，但是所采用的程序语言的特点和程序设计风格将对程序的可靠性、可复用性及可维护性产生重要影响。面向对象实现阶段的主要任务包括：选择合适的面向对象的编程语言与开发环境，基于选择的语言和开发环境编码，实现详细设计中所得到的类、对象、算法等，将编写好的各个构件代码模块根据构件之间的关系集成在一起，对软件进行测试和调试，完成各个部分和整个系统。本章主要介绍基于构件的开发方法，读完本章，你将了解以下内容。

- 系统实施前的准备工作。
- 基于构件类模型的编码过程和方法。
- 构件复用的层次。
- 配置管理的重要性。
- 宿主机-目标机开发要注意的问题。

8.1 实施阶段的准备工作

系统实施工作量大，投入的人力、物力多，技术含量高，为保障系统编程工作顺利开展，必须进行充分准备。如果匆忙上阵，就有可能事倍功半，甚至导致系统开发失败。无论程序编制还是系统测试，都需要一定的客观条件或环境，包括软件、硬件、模拟的客户网络和工作模式等要素，同时，在这个阶段需要投入大量技术人员。在正式开始编程之前，需要进行如下准备工作。

1. 硬件准备

硬件设备包括计算机主机、输入输出设备、存储设备、辅助设备(稳压电源、空调设备等)、通信设备等，按照系统设计方案购置、安装、调试这些设备。这方面的工作要花费大量的人力、物力和时间。

2. 软件准备

应用软件往往不是从底层进行开发的，而是建立在一定系统软件的基础上。即使是从底层开始开发，也需要准备编程语言软件、系统开发中的工具软件、数据库管理软件等。软件的配置方案已经包含在系统设计方案中，按照配置方案进行落实即可。

3. 开发人员准备

系统实施工作量大，相对于系统分析阶段和系统设计阶段而言，需要更多的参与人员。软件分析员和软件设计员往往不参与具体的系统实施，而是主要承担组织者和管理者的角色，负责系统需求和系统设计方案的落实和修改。这意味着需要进行人员补充，特别是增加具体编程人员，这些新增人员由于没有参与系统分析和系统设计阶段，因此必须由系统设计人员对他们进行培训，使之尽快熟悉系统开发的任务。在此基础上，根据编程人员的能力将他们分配到系统的不同模块。

4. 数据准备

某些应用软件(如网上计算机销售系统)是一种基于数据管理的信息系统，除系统运行后产生和录入的数据外，还需要系统外提供大量的基础数据，一般有计算机和计算机配件等现存的业务数据。虽然数据字典和数据库设计书规定了数据的格式，但是系统在编程和测试过程中需要使用实际的数据，以方便编程人员对程序进行程序调试和测试工作。而数据的收集、整理、录入是一项既烦琐又需要确保质量的工作，需要花费大量的人力和物力。一般来说，在确定数据库物理模型之后，就应进行数据的整理、录入。这样既可以分散工作量，又可以为系统调试提供真实的数据。我国软件实践证明，这方面的工作往往容易被人们忽视，人们错误地认为通过造价极少的符合数据规格的数据即可满足开发和测试的需要，从而导致系统在实际运行过程中问题不断，甚至有些系统只能作为摆设，不能真正运行。

8.2 基于构件的编码

8.2.1 开发环境

由构件详细设计到代码实现，首先需要选择实现系统的编程语言和开发环境。例如，对于网上计算机销售系统的设计，其以 Java Web 开发作为基础，实现的主要语言有 Java、HTML 和 JavaScript 等，采用 MVC 模式的经典应用 JSP+Servlet+ JavaBean+DAO 结构，开发工具主要有 MyEclipse、JDK 1.7.0、Tomcat 6 和 MySQL。下面对开发工具进行简要介绍。

1. MyEclipse

MyEclipse 是基于 Eclipse 开发的功能强大的企业级集成开发环境，主要用于 Java、JavaEE 及移动应用的开发。它是功能丰富的 JavaEE 集成开发环境，包括完备的编码、调试、测试和发布功能。MyEclipse 具有强大的功能和广泛的支持，尤其是对各种开源产品的支持，它可以支持 JavaServlet、AJAX、JSP、JSF、Struts、Spring、Hibernate、EJB3、JDBC 数据库链接工具等多项技术。可以说，MyEclipse 是几乎囊括了目前所有主流开源产品的专属 Eclipse 开发工具。

2. JDK

JDK 是 Java 语言的软件开发工具包，主要用于开发移动设备、嵌入式设备上的 Java 应用程序。JDK 是整个 Java 开发的核心，它包含了 Java 的运行环境(JVM+Java 系统类库)和 Java 工具。

3. Apache Tomcat

Apache Tomcat 服务器是一个免费的开放源代码的 Web 应用服务器，属于轻量级应用服务器，在中小型系统和并发访问用户不是很多的场景下被广泛使用，是开发和调试 JSP 程序的首选。Tomcat 与 IIS、Apache 等 Web 服务器一样，具有处理 HTML 页面的功能，另外，它还是一个 Servlet 和 JSP 容器，独立的 Servlet 容器是 Tomcat 的默认模式。

4. MySQL

MySQL 是一个关系型数据库管理系统，目前属于 Oracle 旗下产品，是较为流行的关系数据库管理系统(relational database management system，RDBMS)之一。在 Web 应用方面，MySQL 是较好的 RDBMS 应用软件。关系数据库管理系统将数据保存在不同的表中，而不是将所有数据放在一个大仓库内，这样就提高了写入和提取速度，数据的存储也比较灵活。MySQL 所使用的 SQL 语言是用于访问数据库的最常用的标准化语言。MySQL 软件采用了双授权政策，分为社区版和商业版，由于其体积小、速度快、总体拥有成本低，尤其是开放源代码这一特点，一般中小型网站的开发都选择 MySQL 作为网站数据库。

8.2.2　从雇员管理构件设计类图到编码

1. 雇员管理构件设计模型

在信息管理系统中，业务数据的管理功能是系统最基础的功能，也是最容易被复用的模块，业务管理一般包含对数据的添加、删除、修改和查询 4 个基本功能，在实际情况中，根据需要又可以扩展为统计、运算和分析功能。

以“雇员管理构件”为例，该构件包括雇员基本信息的管理功能，具体包括根据名字模糊查询雇员信息、根据编号查询雇员信息、添加雇员信息、删除雇员信息、修改雇员信息 5 个基本功能。“雇员管理构件”的设计类图如图 8-1 所示。

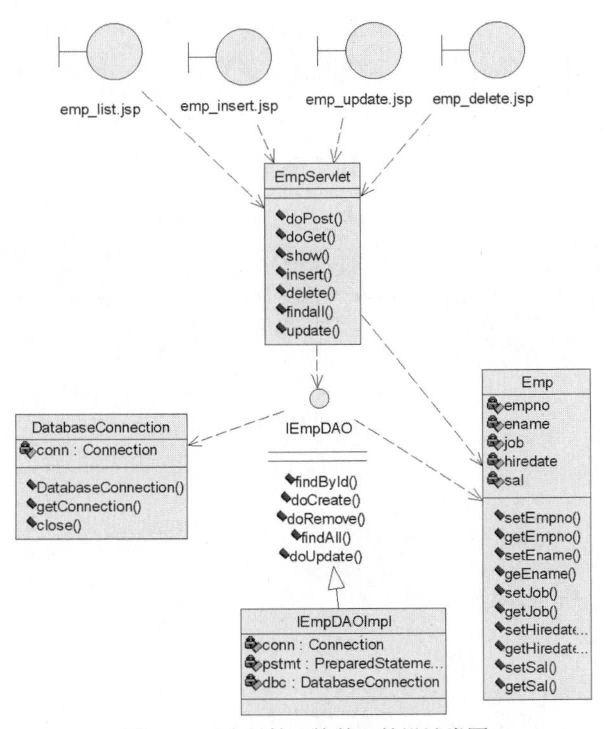

图 8-1　“雇员管理构件”的设计类图

“雇员管理构件”内部组成元素是典型的 MVC 分层结构，其组成元素有：边界类对象 emp_list.jsp、emp_insert.jsp、emp_update.jsp、emp_delete.jsp，控制类 EmpServlet，实体类 Emp，数据库连接类 DatabaseConnection，接口 IEmpDAO，实现接口的类 IEmpDAOImpl。IEmpDAOImpl 类需要实现接口 IEmpDAO 中所定义的全部方法。

2. 数据表

“雇员管理构件”所使用的数据表 emp 存放在关系数据库 pms 中，雇员信息表(emp)及字段注释如表 8-1 所示。

表 8-1　雇员信息表(emp)及字段注释

emp
empno VARCHAR (10) ename VARCHAR (10) job VARCHAR (10) hiredate DATE sal Float (7,2)

序号	列名称	描述
1	empno	雇员编号，使用字符串表示，长度为 10 位字符
2	ename	雇员姓名，使用字符串表示，长度为 10 位字符
3	job	雇员工作，使用字符串表示，长度为 10 位字符
4	hiredate	雇佣日期，使用日期形式表示
5	sal	基本工资，使用小数表示，其中小数位 2 位，整数位 5 位

8.2.3　雇员管理构件编码

1. 视图层

1) 雇员查询页面 emp_list.jsp

功能描述：在该页面中，客户在文本框中输入需要查询的员工的名字或工作的关键字，单击“查询”按钮，可以模糊查询并将查询结果显示在图 8-2 所示的页面中。如果客户未输入任何关键字则显示全部员工记录。

员工管理

请输入查询关键字　查询

雇员编号	雇员姓名	雇员工作	雇员工资	雇员日期	操 作
4736	tony	saler	8800.0	2005-09-23	修改 删除
7898	lili Rose	saler	8000.0	2017-02-13	修改 删除
10000	mike	manager	10000.0	2012-09-13	修改 删除
10203	selina	producter	10000.0	2010-01-21	修改 删除
雇员添加					

图 8-2　雇员查询页面

页面代码如下：

```
<%@ page contentType="text/html" pageEncoding="GBK"%>
<%@page import="dao.impl.*,vo.*,dao.*" %>
<%@page  import="java.util.*"%>
<%@page  import="java.text.*"%>
<html>
<head>
<title>emp_list.jsp</title>
```

```
<%request.setCharacterEncoding("GBK"); %>
</head>
<body>
<center><h1>员工管理</h1>
<form action="EmpServlet" method="get">
 请输入查询关键字<input type="text" name="empno">
<input type="hidden" name="status" value="findall">
<input type="submit" value="查询">
</form>
<%
 try{

    List<Emp> all=(List)request.getAttribute("emplist");
    Iterator<Emp> iter=all.iterator();
   %>
<table border="1" width="80%">
<tr>
<td>雇员编号</td>
<td>雇员姓名</td>
<td>雇员工作</td>
<td>雇员工资</td>
<td>雇员日期</td>
<td colspan="6">操 作</td>
</tr>

<%
 while(iter.hasNext()){
    Emp emp=iter.next();
  %>
<tr>
<td><%=emp.getEmpno()%></td>
<td><%=emp.getEname()%></td>
<td><%=emp.getJob()%></td>
<td><%=emp.getSal()%></td>
<td><%=emp.getHiredate()%></td>
<td><%String y="show"; %>
<ahref="EmpServlet?empno=<%=emp.getEmpno()%>&status=<%=y%>">修改</a>
<%String s="delete"; %>
<a href="EmpServlet?empno=<%=emp.getEmpno()%>&status=<%=s%>">删除</a></td>
</tr>
<%
  }
  %>
<td><a href="emp_insert.jsp">雇员添加</a></td>
</table>
</center>
<%
 }catch(Exception e){
 e.printStackTrace();
 }
```

向 EmpServlet 发出按名字/工作模糊查询请求

向 EmpServlet 发出按雇员编号查询请求

向 EmpServlet 发出删除雇员请求

```
    %>
</body>
</html>
```

2) 雇员添加页面 emp_insert.jsp

功能描述：客户在雇员查询页面中单击左下方的“雇员添加”链接，即可跳转到雇员添加页面。在雇员添加页面中填写雇员信息，单击“注册”按钮，即可将该雇员信息添加到数据库 emp 表中进行存储；单击“重置”按钮，会清空全部文本框，可以进行重新输入。雇员添加页面如图 8-3 所示。

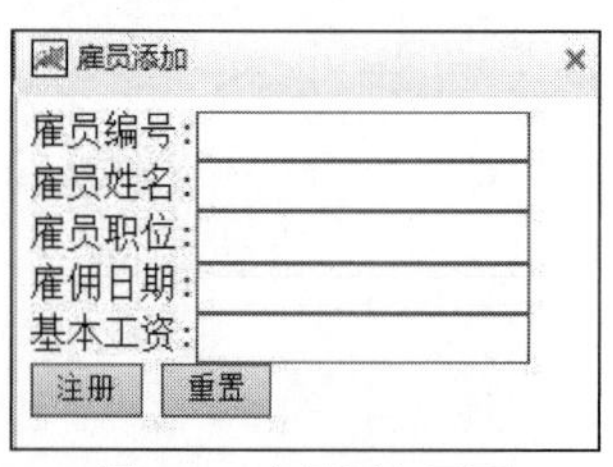

图 8-3　雇员添加页面

页面代码如下：

```
<%@ page contentType="text/html" pageEncoding="GBK" import="java.util.*"%>
<html>
<head>
<title>雇员添加</title>
</head>
<body>
    <form action="EmpServlet"method="get">
 雇员编号:<input type="text" name="empno"><br>
 雇员姓名:<input type="text" name="ename"><br>
 雇员职位:<input type="text" name="job"><br>
 雇佣日期:<input type="text" name="hiredate"><br>
 基本工资:<input type="text" name="sal"><br>
<input type="hidden" name="status" value="insert">
<input type="submit" value="注册">
<input type="reset" value="重置">
</form>
</body>
</html>
```

向 EmpServlet 发出添加雇员请求

3) 雇员修改页面 emp_update.jsp

功能描述：客户在雇员查询页面中单击某条雇员信息右侧的“修改”链接，就会跳转到修改雇员信息页面，该页面中会显示该雇员的每项信息，然后当客户修改某一项或某几项信息后，单击“修改”按钮，就可以更新数据库中 emp 表的该条雇员信息。修改雇员信息页面如图 8-4 所示。

emp_update.jsp

修改雇员信息	
雇员编号：	10000
雇员姓名：	mike
雇员工作：	manager
雇佣日期：	2012-09-13
基本工资：	10000.0
修改　重置	

图 8-4　修改雇员信息页面

页面代码如下：

```
<%@ page contentType="text/html" pageEncoding="GBK"%>
<%@page import="vo.*" %><html>
<head><title> emp_update.jsp</title></head>
<body>
<%   // 乱码解决
   request.setCharacterEncoding("GBK");
%>
<center>
<%
Emp emp = (Emp)request.getAttribute("emp");
   %>
<form action="EmpServlet" method="post">
<table border="1" width="100%">
   <tr >
   <td colspan="3">
   <h1>修改雇员信息</h1></td>
   </tr>
   <tr >
   <td>雇员编号：</td>
   <td><%=emp.getEmpno()%></td>
   </tr>
   <tr>
   <td>雇员姓名：</td>
   <td><inputtype="text" name="ename"
value="<%=emp.getEname()%>"></td>
   </tr>
   <tr >
   <td>雇员工作：</td>
   <td><input type="text" name="job"  value="<%=emp.getJob()%>"></td>
   </tr>
   <tr >
   <td>雇佣日期：</td>
   <td><INPUT TYPE="text" NAME="hiredate"  size="15" maxlength="15"
readonly="true"   value="<%=emp.getHiredate()%>"></td>
   </tr>
   <tr >
   <td>基本工资：</td>
   <td><input type="text" name="sal"  value="<%=emp.getSal()%>"></td>
   </tr>
   <tr >
   <td colspan="3">
   <input type="hidden" name="empno" value="<%=emp.getEmpno()%>">
<input type="hidden"  name="status" value="update">
   <input type="submit" value="修改">
   <input type="reset" value="重置"></td>
   </tr>
</table>
</center>
</body>
</html>
```

向 EmpServlet 发出修改雇员信息请求

4) 雇员删除成功页面 delete_success.jsp

功能描述：客户在雇员查询页面中单击某条雇员信息右侧的“删除”链接，就会跳转到雇员删除页面。若删除成功，则弹出消息框提示“删除成功”；反之，则弹出消息框提示“删除失败”，页面仍然会返回雇员查询页面。删除成功页面如图 8-5 所示。

图 8-5　删除成功页面

页面代码如下：

```
<%@ page contentType="text/html" pageEncoding="GBK"%>

<html>
  <head>

  <%request.setCharacterEncoding("GBK"); %>

  </head>

  <body>
    <%String msg=(String)request.getAttribute("msg"); %>
  <script language="javascript">
    alert("<%=msg%>");
    window.location = "emp_list.jsp" ;
</script>
  </body>
</html>
```

JavaScript 代码弹出消息显示删除结果

2. 控制层 EmpServlet.java

功能描述：控制类 EmpServlet 负责接收视图层发出的各种请求，如 show(根据编号查询雇员)、insert(添加雇员)、update(修改雇员信息)、delete(删除雇员信息)、findall(根据名字或工作关键字进行模糊查询)，然后调用对应的方法进行处理，这些方法会将数据封装到实体对象中，实例化 DAO 层接口，将实体对象交给 DAO 层完成数据的处理。

1) EmpServlet 类

代码如下：

```
    package servlet;
    import java.io.IOException;
    import java.text.ParseException;
    import java.text.SimpleDateFormat;
    import java.util.*;
    import javax.servlet.ServletException;
    import javax.servlet.http.HttpServlet;
```

```
    import javax.servlet.http.HttpServletRequest;
    import javax.servlet.http.HttpServletResponse;
import dao.*;
import dao.impl.*;
import vo.*;

public class EmpServlet extends HttpServlet {
   public void doGet(HttpServletRequest request, HttpServletResponse response)
throws ServletException, IOException {
       request.setCharacterEncoding("GBK");
       String status=request.getParameter("status");
    if("show".equals(status)){
    this.show(request,response);}
    if("insert".equals(status))
    { this.insert(request,response); }
    if("update".equals(status))
    {this.update(request,response);}
    if("delete".equals(status))
    { this.delete(request,response);}
    if("findall".equals(status)){
       this.findall(request,response);
    }
   }
   public void findall(HttpServletRequest request, HttpServletResponse response)
          throws ServletException, IOException {
       try{
           String keyWord=request.getParameter("empno");
           if(keyWord==null){
              keyWord="";
           }
            IEmpDAO  EDAO= new EmpDAOImpl();
           List<Emp> all=EDAO.findAll(keyWord);
       request.setAttribute("emplist",all);
       request.getRequestDispatcher("emp_list.jsp").forward(request,
response);
       } catch (Exception e){
       }
   }
   public void show(HttpServletRequest request, HttpServletResponse response)
          throws ServletException, IOException {
       String pages = "emp_list.jsp";

       try {
          String no = request.getParameter("empno");
          IEmpDAO dao=new EmpDAOImpl();
          Emp emp=dao.findById(no);

          request.setAttribute("emp", emp);
          pages = "emp_update.jsp";
       } catch (Exception e){
       }
```

```
        request.getRequestDispatcher(pages).forward(request, response);
    }

    public void insert(HttpServletRequest request, HttpServletResponse
response)
            throws ServletException, IOException {
        String pages = "emp_list.jsp";

        try {
            Emp emp = new Emp();
            emp.setEmpno(request.getParameter("empno"));
            emp.setEname(request.getParameter("ename"));
            emp.setJob(request.getParameter("job"));
            emp.setHiredate(new SimpleDateFormat("yyyy-MM-dd").parse(request.
getParameter("hiredate")));
            emp.setSal(Float.parseFloat(request.getParameter("sal")));
            IEmpDAO dao=new EmpDAOImpl();
            if(dao.doCreate(emp))
            pages = "insert_success1.jsp";
        } catch (Exception e){
        }
        request.getRequestDispatcher(pages).forward(request, response);
    }

    public void update(HttpServletRequest request, HttpServletResponse
response)
            throws ServletException, IOException {
        String pages = "emp_list.jsp";
        try {
            String empno = request.getParameter("empno");
            String ename = request.getParameter("ename");
            String job = request.getParameter("job");
            java.util.Date hiredate = new
SimpleDateFormat("yyyy-MM-dd").parse(request.getParameter("hiredate"));
            float sal =Float.parseFloat(request.getParameter("sal"));
            Emp emp=new Emp();
            emp.setEmpno(empno);
            emp.setEname(ename);
            emp.setJob(job);
            emp.setHiredate(hiredate);
            emp.setSal(sal);
            IEmpDAO  EDAO= new EmpDAOImpl();
          if(EDAO.doUpdate(emp))   {pages="update_success.jsp";}
        } catch (Exception e){
        }

        request.getRequestDispatcher(pages).forward(request, response);
        }

    public void delete(HttpServletRequest request, HttpServletResponse response)
            throws ServletException, IOException {
```

实例化 DAO 层接口，得到对象 dao，由 dao 执行 doCreate()方法，完成添加雇员的任务

实例化 DAO 层接口，得到对象 EDAO，由 EDAO 执行 doUpdate()方法，完成修改雇员信息的任务

```
        String pages = "emp_list.jsp";

        String empno = request.getParameter("empno");
        try{
            IEmpDAO  EDAO= new EmpDAOImpl();
          if(EDAO.doRemove(empno))
            {
          pages="delete_success.jsp";
            }
      }catch(Exception e){

          }
        request.getRequestDispatcher(pages).forward(request, response);
    }

    public void doPost(HttpServletRequest request, HttpServletResponse
response)
            throws ServletException, IOException {
    this.doGet(request, response);
    }
}
```

实例化 DAO 层接口，得到对象 EDAO，由 EDAO 执行 doRemove()方法，完成删除雇员信息的任务

2) Servlet 配置文件 web.xml

可以非常简单地理解 web.xml 文件中关于 Servlet 配置的作用，当用户在地址栏中输入 http://localhost/pms/EmpServlet 时(pms 是该项目的名称，“/EmpServlet”为虚拟目录的名称)，这个虚拟目录映射到名字为 EmpServlet 的类，即地址栏中的请求最后会发送给 EmpServlet 类。

代码如下：

```
<servlet-mapping>
<servlet-name>EmpServlet</servlet-name>
<url-pattern>/EmpServlet</url-pattern>
</servlet-mapping>
```

然后要告诉系统名字为 EmpServlet 的类的具体位置在哪个包中，在该例中，EmpServlet 类的具体位置为 servlet.EmpServlet。

```
<servlet>
<description>This is the description of my J2EE component</description>
<display-name>This is the display name of my J2EE component</display-name>
<servlet-name>EmpServlet</servlet-name>
<servlet-class>cn.mldn.lxh.servlet.EmpServlet</servlet-class>
</servlet>
```

web.xml 配置文件目录结构如图 8-6 所示。

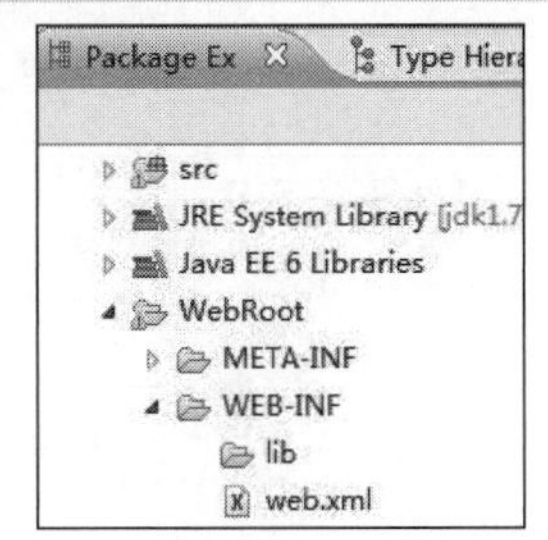

图 8-6　web.xml 配置文件目录结构

3. DAO 层开发

1) 数据库连接类——DatabaseConnection.java

功能描述：负责数据库的加载驱动、创建连接，获得数据库连接、关闭数据库连接。

代码如下：

```
package dbc;
import java.sql.*;
public class DatabaseConnection {
   public static final String DBDRIVER = "org.gjt.mm.mysql.Driver" ;
   public static final String DBURL = "jdbc:mysql://localhost:3306/pms" ;
   public static final String DBUSER = "root" ;
   public static final String DBPASS = "123456" ;
   private Connection conn=null;
   public DatabaseConnection()throws Exception{
      try{   Class.forName(DBDRIVER);
            this.conn=DriverManager.getConnection(DBURL,DBUSER,DBPASS);

         }catch(Exception e){
            throw e;
         }
      }
      public Connection getConnection(){
         return this.conn;
      }
      public void close()throws Exception{
         if(this.conn!=null){
            try{
               this.conn.close();
            }catch(Exception e){
               throw e;
            }
         }

      }
   }
```

2) 映射数据库的 VO 类

功能描述：实体对象用来封装数据，方便在层与层之间传递数据。

代码如下：

```
package vo;
import java.util.Date;
public class Emp {
   private string empno;
   private String ename;
   private String job;
   private Date hiredate;
   private float sal;
   public int getEmpno(){
      return empno;
   }
   public void setEmpno(int empno){
      this.empno = empno;
   }
```

```
    public String getEname(){
        return ename;
    }
    public void setEname(String ename){
        this.ename = ename;
    }
    public Date getHiredate(){
        return hiredate;
    }
    public void setHiredate(Date hiredate){
        this.hiredate = hiredate;
    }
    public float getSal(){
        return sal;
    }
    public void setSal(float sal){
        this.sal = sal;
    }
    public String getJob(){
        return job;
    }
    public void setJob(String job){
        this.job = job;
    }

}
```

3) DAO 接口(操作标准)IEmpDAO.java

功能描述：该接口定义了可以向控制层提供的服务，这些服务包括添加雇员、按编号查询雇员、修改雇员信息、根据关键字查询雇员、删除雇员信息。

代码如下：

```
package cn.mldn.lxh.dao;
import java.util.List;
import cn.mldn.lxh.vo.Emp;
public interface IEmpDAO {
     public  boolean doCreate(Emp emp)throws Exception;
     public Emp findById(String empno)throws Exception;
     public boolean doUpdate(Emp vo)throws Exception;
     public List<Emp> findAll(String keyWord)throws Exception;
     public  boolean doRemove(String id)throws Exception;
}
```

4) 真实主题实现类——EmpDAOImpl.java

功能描述：实现接口中所定义的全部服务(方法)，完成按名字/工作模糊查询、雇员编号查询、雇员添加、雇员删除、雇员更新的操作。

代码如下：

```
    package cn.mldn.lxh.dao.impl;
    import java.sql.*;
```

```
import java.util.ArrayList;
import java.util.List;
import cn.mldn.lxh.dao.IEmpDAO;
import cn.mldn.lxh.vo.Emp;
import cn.mldn.lxh.dbc.*;
public class EmpDAOImpl implements IEmpDAO {
    private Connection conn=null;
    private PreparedStatement pstmt=null;
    private DatabaseConnection dbc=null;

//添加雇员方法
public boolean doCreate(Emp emp)throws Exception{    boolean flag=false;
    Stringsql="INSERT INTO
            emp(empno,ename,job,hiredate,sal)VALUES(?,?,?,?,?)";
   this.dbc=new DatabaseConnection();
   this.conn=this.dbc.getConnection();
   this.pstmt=this.conn.prepareStatement(sql);
   this.pstmt.setString(1, emp.getEmpno());
   this.pstmt.setString(2, emp.getEname());
   this.pstmt.setString(3, emp.getJob());
   this.pstmt.setDate(4, new java.sql.Date(emp.getHiredate().getTime()));
   this.pstmt.setFloat(5, emp.getSal());
   if(this.pstmt.executeUpdate()>0){
      flag=true;
   }
   this.pstmt.close();
   this.dbc.close();
    return flag;
}

//按雇员名字/工作模糊查询方法
public List<Emp> findAll(String keyWord)throws Exception{
    List<Emp> all=new ArrayList<Emp>();
    String sql="SELECT empno,ename,job,hiredate,sal FROM emp WHERE ename
          LIKE ? OR job LIKE ?";
     this.dbc=new DatabaseConnection();
      this.conn=this.dbc.getConnection();
      this.pstmt=this.conn.prepareStatement(sql);
      this.pstmt.setString(1, "%"+keyWord+"%");
      this.pstmt.setString(2, "%"+keyWord+"%");
      ResultSet rs=this.pstmt.executeQuery();
      Emp emp=null;
      while(rs.next()){
          emp=new Emp();
          emp.setEmpno(rs.getString(1));
          emp.setEname(rs.getString(2));
          emp.setJob(rs.getString(3));
          emp.setHiredate(rs.getDate(4));
          emp.setSal(rs.getFloat(5));
          all.add(emp);
```

```
        }
        this.pstmt.close();
        this.dbc.close();
    return all;
}

//按雇员编号查询方法
public Emp findById(String empno)throws Exception{
    Emp emp=null;
    String sql="select empno,ename,job,hiredate,sal from emp where empno=?";
    this.dbc=new DatabaseConnection();
        this.conn=this.dbc.getConnection();
        this.pstmt=this.conn.prepareStatement(sql);
        this.pstmt.setString(1,empno);
        ResultSet rs=this.pstmt.executeQuery();
    if(rs.next()){
        emp=new Emp();
        emp.setEmpno(rs.getString(1));
        emp.setEname(rs.getString(2));
        emp.setJob(rs.getString(3));
        emp.setHiredate(rs.getDate(4));
        emp.setSal(rs.getFloat(5));
    }
    this.pstmt.close();
    return emp;
}

//按雇员信息修改方法
public boolean doUpdate(Emp vo)throws Exception {
    boolean flag = false;
    String sql = "UPDATE emp SET ename=?,job=?,hiredate=?,sal=? WHERE empno=?";
        this.dbc=new DatabaseConnection();
        this.conn=this.dbc.getConnection();
    this.pstmt = this.conn.prepareStatement(sql);
    this.pstmt.setString(1, vo.getEname());
    this.pstmt.setString(2, vo.getJob());
    this.pstmt.setDate(3, new java.sql.Date(vo.getHiredate().getTime()));
    this.pstmt.setDouble(4, vo.getSal());
    this.pstmt.setString(5, vo.getEmpno());
    if (this.pstmt.executeUpdate()> 0){
        flag = true;
    }
        this.pstmt.close();
        this.dbc.close();
    return flag;
}

//按雇员信息删除方法
public boolean doRemove(String id)throws Exception {
    boolean flag = false;
```

```
String sql = "DELETE FROM emp WHERE empno=?";
  this.dbc=new DatabaseConnection();
  this.conn=this.dbc.getConnection();
this.pstmt = this.conn.prepareStatement(sql);
this.pstmt.setString(1,id);
if (this.pstmt.executeUpdate()> 0){
   flag = true;
}
  this.pstmt.close();
  this.dbc.close();
return flag;
}
```

4. 构件包目录结构

在 MyEclipse 中建立项目 pms 的包目录结构，如图 8-7 所示。

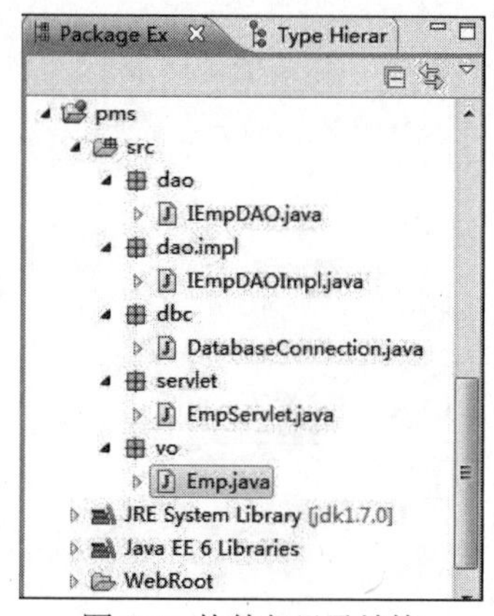

图 8-7　构件包目录结构

8.3 实现问题

软件工程包括从系统的初始需求到已部署系统的维护和管理的所有软件开发活动。其中，至关重要的阶段自然是软件实现阶段，此阶段负责实现软件的可执行版本。实现包括用高级或底层编程语言开发程序，或者调整现有系统以满足一个机构的特殊需求。在此过程中，需要注意以下几个问题。

(1) 复用。大多数现代软件都是对现有构件或系统的复用。在开发一个软件时，应该尽可能地多用现有代码。

(2) 配置管理。在开发过程中，每个生成的软件构件都会有很多不同版本，如果没有很好地在配置管理系统中追踪这些版本，就有可能在系统中使用错误版本的构件。

(3) 宿主机-目标机开发。软件产品通常不会在与软件开发环境相同的计算机上运行，更多的是在开发时使用一台计算机(宿主机)，在运行时使用另一台计算机(目标机)。宿主机和目标机的系统也有可能是同一类型，但却是完全不同的环境。

8.3.1 复用

20世纪60年代到90年代，大部分的新软件都是从头开始开发的，使用高级编程语言编写全部的代码。唯一有意义的复用是对函数和编程语言库中对象的复用。但是，预算和进度的压力使得这种方法越来越不实用，特别是对商业和基于互联网的系统来说。因此，出现了一种基于复用现有软件的开发方式，并逐步用于商业系统、科学软件及嵌入式系统工程。

软件复用可以运用在以下不同层次上。

(1) 抽象层。这一层中并不是直接复用软件，而是运用软件设计中的成功抽象。抽象知识复用的代表形式是设计模式和体系结构模式。

(2) 对象层。在这一层可以直接复用软件中的对象，代替自己编写代码。在实现这类复用时，必须找到一个合适的库，分析对象和方法是否提供所需的功能。例如，如果需要在Java程序中处理邮件消息，则可以使用JavaMail库中的对象和方法。

(3) 构件层。构件是一组通过相互合作实现相关功能和服务的对象及对象类集合，通常需要添加自己的代码对构件进行调整和扩展。利用框架搭建用户接口就是构件层复用的一种，该框架包含一组通用对象类来实现事件处理、显示管理等。

(4) 系统层。在这一层，可以通过添加和修改代码或者使用系统自身的配置界面来复用整个应用系统。目前多数商业系统都是通过调整和复用COTS(商业现货系统)来完成的。有时这种方法涉及多个系统的复用和集成，以创建一个新系统。

通过复用现有的软件，可以更快地开发新系统，同时降低开发风险和成本。由于复用的软件已经在其他应用程序中进行过测试，因此复用软件比开发新软件的可靠性更高。但是，复用也会产生以下成本。

(1) 寻找可复用的软件并评估其是否符合需求的时间成本。我们必须通过测试来确定该软件是否可以在现有环境下工作，特别是当子环境异于该软件的开发环境时。

(2) 找到合适的可复用软件后，就会产生购买此软件的成本。大型现成系统的成本相对较高。

(3) 调整和配置可复用软件构件或系统，使其满足待开发系统需求的成本。

(4) 集成各个可复用软件(如果使用的是不同来源的软件)及新代码的成本。由于不同提供商会对各自软件的复用方式做出相关冲突的假设，因此集成不用提供商提供的可复用软件会很困难，且成本也会很高。

如何复用现有知识和软件是进行软件开发时需要考虑的首要问题。在设计软件细节之前就要考虑复用的可能性，以便根据复用软件的优势调整设计。在面向复用的开发过程中，需要搜索可复用的元素并修改自身的需求和设计，将它们各自的优势发挥到最佳程度。

8.3.2 配置管理

在软件开发过程中，随时都发生着变更，因此变更管理是必不可少的。当一个团队开发软件时，需要确保团队成员彼此之间不妨碍各自的工作。也就是说，如果将同一个构件分配给两个人，那么他们应该协调做出变更。否则，一个人做出修改后可能会覆盖另一个人的工作。此外，还需要保证每个人都能访问软件构件的最新版本，否则开发人员会重复进行已经完成的工作。当新版本出现问题时，要可以回退到系统构件的正常版本。

配置管理是指管理软件系统变更的一般过程。配置管理的目标是支持系统集成过程，使每个开发人员都可以在管理中访问工程代码和文档、查找变更、编译连接构件并生成系统。因此，配置管理包含以下 3 项基本活动。

(1) 版本管理，对软件构件不同版本的追踪提供支持。版本管理系统包括协调多个程序员开发的机制，可以防止一个程序员覆盖其他人提交到系统中的代码。

(2) 系统集成，为开发人员提供每个系统版本所需的构件定义。这些描述可以用于编译连接需要的构件，以自动构建一个系统。

(3) 问题追踪，继续提供支持，允许用户报告缺陷及其他问题，并允许开发人员查看谁在修复这些问题，以及何时完成修复。

软件配置管理工具支持上述各种活动，这些工具要能在一个综合的变更管理系统(如 ClearCase)中协同工作。在集成的配置管理系统中，版本管理、系统集成和问题追踪工具是设计在一起的，三者共用一套用户界面风格，通过共享代码容器集成于一体。

8.3.3 宿主机-目标机开发

多数软件开发是基于宿主机-目标机模型的。软件在一台计算机(宿主机)上开发，在另一台计算机(目标机)上运行，一般情况下，将其称为开发平台和运行平台。平台不仅指硬件设备，还包括安装的操作系统及其他支持软件，如数据库管理系统、开发平台中的集成开发环境。

有时，开发平台和运行平台是相同的，这样就可以在同一台计算机上开发和测试软件。但一般情况下两者是不同的，因此，需要将开发好的软件迁移到运行平台进行测试，或者在开发环境下安装模拟器。

模拟器通常在开发嵌入式系统时使用，可以模拟一个硬件设备(如传感器)，也可以模拟系统所要部署的环境中的事件。模拟程序可以加快嵌入式系统的开发过程，因为每个开发人员可以自己搭建运行环境，不必将软件下载到目标硬件中。但是，开发模拟器的成本比较高，因此只支持当前常见的几种硬件架构的模拟。

如果目标系统安装了中间件或其他要用的软件，则需要用这些软件来测试系统。而鉴于许可证限制，在开发机器上安装这些软件是不实际的，即便开发平台与目标平台相同。这种情况下就需要将开发代码传输到运行环境下进行测试。

常用的软件开发平台应该提供一系列工具来支持软件工程过程，具体如下。

(1) 集成编译器和句法导向的编译系统，能够创建、编辑和编译代码。

(2) 编程语言调试系统。

(3) 图形编辑工具，如编辑 UML 模型的工具。

(4) 测试工具，如 Junit，可以在新版本的程序上自动运行一组测试。

(5) 项目支持工具，可以为不同的开发项目组织代码。

除这些标准化工具外，开发系统还可能包含一些特殊工具，如静态分析器。通常，团队开发环境还包括一个共有的服务器，运行着变更和配置管理系统，或支持需求管理的系统。软件开发工具集成在一起形成集成开发环境(IDE)。IDE 是一系列支持不同方面软件开发的软件工具，包括一些常用的框架和用户界面。例如，Java 语言的 IDE 是 Eclipse 环境，它是功能丰富的 JavaEE 集成开发环境，包括完备的编码、调试、测试和发布功能，还支持各种框架体系的使用。

本章小结

- 实施阶段前的准备主要包括硬件准备、软件准备、开发人员准备、数据准备。
- 从构件的设计类图到编码，按照 MVC 模式，从数据库的建立到负责数据库访问的 DAO 层代码实现，再到控制层 Servlet 的代码实现，最后是页面层的实现，完成整个构件的编码工作。
- 构件的复用可以运用到不同的层次上，如抽象层、对象层、构件层、系统层，构件的复用可以提高开发的效率，但也不要忽略构件复用的开销。
- 配置管理主要活动有版本管理、系统集成、问题追踪，配置管理在管理系统的日常开发和保证系统的质量方面起到了非常重要的作用。
- 宿主机开发的软件要在目标机上运行测试，不同的情况解决方法不同。

思政园地

当我们面对一个庞大而复杂的系统时，我们可以采用“破局”思维来打破这个困境。这种思维方式的关键在于将复杂问题进行分解，分而治之。从面向对象的构件设计，再到基于构件的开发，都是基于这种思想。这种方法不仅降低了问题复杂度，还有利于软件的复用。

四种“破局”思维如下。

(1) 将复杂的事情进行分解。所有复杂的事情，都是由简单的部分组成的。运用破局思维能将复杂的事情分解为简单的部分，然后进行高效的处理，这就像工厂的流水线，通过简单的分工，最终组装成复杂的产品。

(2) 打破“穷忙乱”的负循环。不要让自己停滞不前，更不要让自己陷入“穷忙乱”的负循环，应该主动学习和精进，不断让自己进取，提升自我。

(3) 拒绝低效和无效努力，做一个高效能的人。一个人必须努力，但努力不能是低效乃至无效的，否则努力就没有意义。要想破局，就要让自己的努力变得高效，无论做任何事情，都要站在更高的战略层面，同时掌握具体的方法论。

(4) 旁观者思维，跳到局外看局中的自己。当局者迷，旁观者清。任何人任何事，无非局里局外，当你置身于局中时，就会对利害得失考虑太多，看待问题或事情就容易片面，远不如旁观者看得清楚。因此，不要把自己局限为局内人的角色，要打破自我束缚，跳到局外看局中的自己，以做出正确的选择。

本章练习题

一、选择题

1. JSP 从 HTML 表单中获得用户输入的正确语句为(　　)。

A. request.getParameter("ID")　　B. reponse.getParameter("ID")

C. request.getAttribute("ID")　　D. reponse.getAttribute("ID")

2. 在 JSP 中，page 指令的(　　)属性用来引入需要的包或类。

A. extends　　B. import　　C. language　　D. contenttype

3. JavaBean 的属性必须声明为 private，方法必须声明为(　　)访问类型。

A. private　　B. static　　C. protect　　D. public

4. MySql 数据库服务器的默认端口号是(　　)。

A. 80　　B. 8080　　C. 21　　D. 3306

二、简答题

1. 举例分析在 MVC 模式下的 Web 构件开发中，JSP 页面、Servlet、DAO 层之间的协作关系。

2. 说明 IEmpDAO.java 这个接口类在雇员管理构件中有什么作用？可以省略吗？

三、应用题

1. 请根据上一章“医院门诊系统”中的“处方”构件的详细设计类图，编码实现该构件。

2. 请编写代码实现“购物车构件”，“购物车构件”设计类模型如图 7-18 所示。

第9章

软件项目的测试

随着软件系统规模的扩大和复杂性的增加，进行专业、高效的软件测试活动就显得尤为重要。数据研究表明，软件测试费用一般占软件开发总费用的30%～50%，而对于一些高可靠性的软件系统来说，测试成本甚至更高。软件测试是对软件需求分析、设计规格说明和编码的最终审核，是保证软件质量的关键步骤。读完本章，你将主要了解以下内容。

- 什么是软件测试？软件测试的首要目的是什么？
- 什么是黑盒测试、白盒测试及灰盒测试？
- 黑盒测试和白盒测试的主要方法有哪些？
- 软件测试包含哪些过程？

9.1 软件测试概述

1. 软件质量的定义

2012年，伦敦奥运会的票务系统出现了软件故障；上海证券交易所、伦敦证券交易所等也都出现过软件故障。巨额的财产损失和代价让人们开始重视软件质量问题。

1983年，ANSI/IEEESTD729给出了软件质量的定义：软件产品满足规定的和隐含的与需求能力有关的全部特征，包括以下几项。

(1) 软件产品质量满足用户要求的程度。

(2) 软件各种属性的组合程度。

(3) 用户对软件产品的综合反映程度。

(4) 软件在使用过程中满足用户要求的程度。

随着信息技术的飞速发展，软件产品已被广泛应用于社会的各个领域，软件质量问题已成为人们共同关注的重点。如何提高软件质量与如何提高软件生产率一样，已经成为整个软件开发过程中必须始终关心和设法解决的问题。

2. 软件测试的目的

什么是软件测试？简单来说，软件测试就是为了发现错误而执行程序的过程。IEEE给出了软件测试的定义：使用人工或自动手段来运行或测试被测试件的过程，其目的在于检验它是否满足规定的需求并弄清预期结果与实际结果之间的差别。这说明，软件测试的首要目的是确保被测系统满足要求。在软件开发过程中，始终围绕需求开展工作。

G. J. Myers 提出了程序测试的 3 个重要观点。

(1) 测试是为了证明程序有错，而不是为了证明程序无错。

(2) 一个好的测试用例在于它可以发现至今没有被发现的错误。

(3) 一个成功的测试是发现了至今未被发现的错误的测试。

如果仅仅理解为测试是以查找错误为中心，认为查找不出错误的测试就是没有价值的，这是比较片面的看法。测试并不仅仅为了发现错误，而是通过分析错误产生的原因及错误发生的趋势，帮助管理者发现软件开发过程中的缺陷，以便及时改进。无论测试用例是否发现了错误，对于评定软件质量都是有价值的。

从保证软件质量的角度来看，测试就是验证或证明软件的功能特性和非功能特性是否满足用户需求；从软件测试的经济成本角度来看，测试就是为了尽早地发现更多的软件缺陷。而软件测试的工作就是在时间、质量、成本这三者之间取得平衡，对于不同的软件产品，应制定相应的可发布的质量标准，以评估软件是否可以发布。

3. 软件测试的原则

在软件测试过程中，应注意和遵循的原则可以概括如下。

(1) 尽早开展测试工作。在软件开发的需求分析和设计阶段就应该开展测试工作，分析测试需求并制订测试计划。越早发现问题，解决问题所付出的代价就越小。需要注意的是，“尽早测试”并不意味着盲目地提前进行测试工作，而是在达到测试就绪点以后才开始开展测试活动。

(2) 所有测试都应能够追溯到用户需求。根据软件需求和设计文档来进行测试的需求分析和设计工作。如果软件所实现的功能并不是用户所期望的，就需要通过测试来建立软件功能和用户需求之间的追踪关系。

(3) 由独立的测试小组或委托第三方测试机构来完成测试工作。开发人员习惯采用正常数据来设计测试用例，以验证功能的正确性，这种思维定式使得开发人员难以发现自己的错误；而测试工程师一般会运用反向思维，采用异常数据和边界数据来发现问题。

(4) 完全测试是不可能的，不要试图通过穷举测试来验证程序的正确性。在有限的时间和资源下找出软件所有的错误和缺陷是不可能的，因此，测试工作需要在时间、成本和质量三者之间取得平衡，即确定质量的投入产出比。

(5) 重视测试用例。根据测试的目的采用相应的技术方法来制定合理的测试用例，这样不仅可以提高测试效率，还能够更全面地发现软件中的缺陷，从而提高程序的可靠性。在设计测试用例时既要考虑不合法的输入及各种特殊情况，也要考虑程序是否做了不需要的事情。

(6) 制订详细的测试计划并严格执行。在制订测试计划的过程中，需要把测试时间安排得尽量宽松，不要期望在极短的时间内完成一个高水平测试。

(7) 注意回归测试。修改一个错误可能会引发更多的错误，因此在修改缺陷后，应对软件可能受影响的模块或子系统进行回归测试，以确保修改缺陷后没有引入新的软件缺陷。

(8) Pareto 原则。测试实践表明，系统中 80%左右的缺陷主要来自于 20%左右的模块或子系统。例如，美国 IBM 公司的 OS/370 操作系统中，47%的错误仅与该系统 4%的程序模块有关。

因此，要注意测试中错误集中发生的现象，对于此类模块要进行更深入的测试。

4. 软件测试用例

软件测试用例是为了测试能够高效、可靠地进行，对大量数据中具有代表性或特殊性的数据进行测试，用来检验某个程序或路径是否满足特定的要求。

软件测试用例通常包括测试目标、测试环境、输入数据、测试步骤及预期结果等内容。

在设计测试用例时，需确定测试策略、产品线、产品特性、质量需求等目标，以建立测试用例框架。通常，从功能性测试目标和非功能性测试目标分别进行设计。

在逐步细化具体测试用例时，应根据需求规格说明书中的描述、相关的功能模块及操作流程等寻找设计上的弱点、逆向考虑惯性思维及可能的异常输入情况。

软件测试用例的组成元素包括用例 ID、用例名称、测试目的、测试级别、测试环境、输入数据、测试步骤、预期结果、结论、日期等。

5. 软件开发与软件测试

软件开发过程是软件工程的重要内容，也是进行软件测试的基础。近年来，软件工程界普遍认为，软件生命周期的每一个阶段都应进行测试，以检查本阶段的工作成果是否接近预期的目标，尽早地发现并改正错误。软件测试与软件工程两者相互依赖，相辅相成，贯穿整个软件开发周期。

软件测试在软件开发的各个阶段都具有一定的作用。

(1) 项目规划阶段。负责从单元测试到系统测试的整个测试阶段的监控。

(2) 需求分析阶段。进行测试需求分析，根据需求规格说明书制订系统测试计划。

(3) 详细设计和概要设计阶段。根据详细设计说明书和概要设计说明书，制订集成测试计划和单元测试计划。

(4) 编码阶段。由开发人员对自己负责的代码进行单元测试。

(5) 测试阶段。依据各个阶段(单元测试、集成测试、系统测试)的测试计划进行测试，并提交相应的测试报告。

软件测试与软件开发的各个阶段之间的关系如图 9-1 所示。

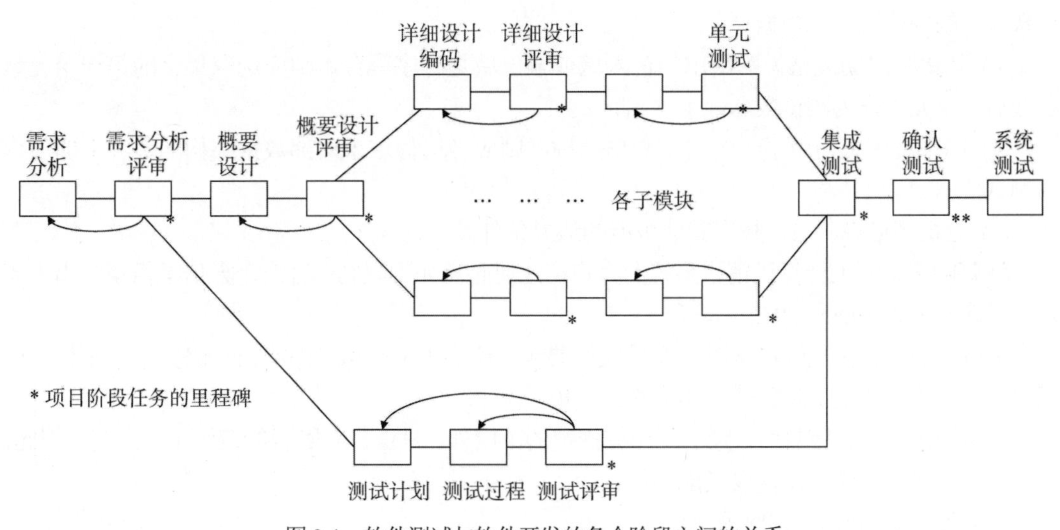

图 9-1　软件测试与软件开发的各个阶段之间的关系

9.2 软件测试技术

软件测试是对软件中的需求说明书、设计说明书、程序源代码等进行评审。静态测试包括代码审查、代码走查、桌面检查、静态分析和技术评审。动态测试即通过人工或使用工具运行程序进行检查、分析程序的执行状态和程序的外部表现，一般包括黑盒测试、白盒测试和灰盒测试 3 类。

9.2.1 黑盒测试

黑盒测试即功能测试，它把测试对象看成一个黑盒子，看不到它内部的实现原理，不了解内部的运行机制。黑盒测试通常在程序界面处进行测试，通过需求规格说明书的规定来检测每个功能是否能够正常运行。只考虑系统输入和预期输出，不需要了解程序内部结构和内部特性的测试方法称为黑盒测试。黑盒测试的主要方法包括边界值分析法、等价类划分法、因果图方法、场景法等。

1. 边界值分析法

根据以往的测试工作经验，人们发现大量的错误最容易发生在定义域或值域(输出)的边界上，而不是在其内部。边界值分析法倾向于选择系统边界或边界附近的数据来设计测试用例，这样发现程序错误的可能性就更大一些。对于边界条件的考虑，人们通常参照软件需求规格说明书和常识来进行设计。

例如，需要输入某门课程的分数，课程满分是 100 分，则输入数据的范围是[0,100]，那么输入条件的边界就是 0 和 100。

在进行边界值测试时，选取边界值一般遵循以下几条原则。

(1) 如果输入条件规定了值的范围，则应取刚达到这个范围边界的值，以及刚刚超越这个范围边界的值作为测试输入数据。

(2) 如果输入条件规定了值的个数，则用最大个数、最小个数、比最小个数少一、比最大个数多一的数作为测试数据。

(3) 如果程序的规格说明给出的输入域或输出域是有序集合，则应选取集合的第一个元素和最后一个元素作为测试数据。

(4) 如果程序中使用了一个内部数据结构，则应当选择这个内部数据结构的边界上的值作为测试数据。

(5) 分析规格说明书，找出其他可能的边界条件。

【例 9-1】某网上计算机销售系统的客户在注册时有如下限制：客户个人信息需填写出生年月，可选年份为 1900—2018 年。

分析：在进行健壮性测试时，变量取值要包含略小于最小值、最小值、略大于最小值、中间值、略小于最大值、最大值、略大于最大值。

在填写出生年月信息时，除了年份有规定的范围外，月份也有隐含的范围 1～12 月，因此，在采用边界值分析法时，需要考虑边界。

边界值测试用例如表 9-1 所示。

表 9-1　边界值测试用例

输入类别	测试用例说明	预期输出
年	1899	输入的年份不合法，请重新输入
	1900	输入合法
	1901	输入合法
	2000	输入合法
	2017	输入合法
	2018	输入合法
	2019	输入的年份不合法，请重新输入
月	0	输入的月份不合法，请重新输入
	1	输入合法
	2	输入合法
	6	输入合法
	11	输入合法
	12	输入合法
	13	输入的月份不合法，请重新输入

2. 等价类划分法

由于在测试时需要在有限的资源下得到比较好的测试效果，因此需要把程序的输入域划分为若干部分，然后从每一部分当中选取具有代表性的少数数据作为测试用例。

等价类划分，即将输入域的数据划分为若干不相交的子集，这些子集中的数据对于揭露程序中的错误都是等效的，继而从每个子集中选取具有代表性的数据。

等价类的划分包括有效等价类和无效等价类两种情况。

有效等价类是合理的、有意义的输入数据所构成的集合。无效等价类是不合理的、无意义的输入数据所构成的集合。

例如，某程序中有标识符，其输入条件规定“标识符应以字母开头”，那么，我们可以这样划分等价类：“以字母开头”作为有效等价类，“以非字母开头”作为无效等价类。

【例 9-2】 某网上计算机销售系统注册用户名的输入框要求：用户名是由以字母开头且后面跟字母或数字的任意组合构成的，有效字符数不超过 8 个。

根据输入条件，注册用户名有效等价类和无效等价类的划分如表 9-2 所示。

表 9-2　注册用户名有效等价类和无效等价类的划分

有效等价类	编号	无效等价类	编号
username={0<全字母<8}	1	username={0<全数字<8}	3
		username={全字母>8}	4
		username={全数字>8}	5
username={0<字母开头+数字<8}	2	username={0<数字开头+字母<8}	6
		username={字母+数字>8}	7
		username={数字开头+字母>8}	8

根据有效等价类和无效等价类设计相应的测试用例。

3. 因果图方法

等价类划分法和边界值分析法都是从输入条件方面进行考虑的，并没有考虑输入条件之间的各种组合和相互制约关系。若把所有可能组合的输入条件都划分为等价类，则需要考虑的情况非常多，因此，需要一种适合描述多种条件组合的方法来设计测试用例。因果图方法适用于多种组合情况产生多个相应动作的情形。

在因果图中，以直线连接左右节点。左节点表示输入状态(原因)，右节点表示输出状态(结果)。因果图有4种关系(见图9-2所示)，c_i表示原因，通常放置在图的左部；e_i表示结果，通常放置在图的右部。其中，c_i和e_i均可取值0或1，0表示某状态不出现，1表示某状态出现。

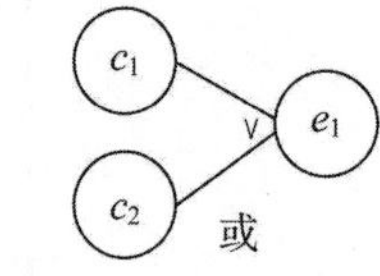

图9-2　因果图的4种关系

因果图的4种关系如下。

(1) 恒等。若c_i为1，则e_i也为1；若c_i为0，则e_i也为0。

(2) 非。若c_i为1，则e_i为0；若c_i为0，则e_i为1。

(3) 与。若c_1和c_2都为1，则e_1为1；否则e_1为0。“与”可有任意个输入。

(4) 或。若c_1或c_2为1，则e_1为1；若c_1和c_2都为0，则e_1为0。“或”可有任意个输入。

在实际情况下，输入状态和输出状态之间可能会存在某种依赖关系，称为“约束”。在因果图中，可以用特定的符号表明输入和输出之间的约束关系。输入条件的约束有E、I、O、R 4种，输出条件的约束类型只有M一种。输入输出约束关系的图形符号如图9-3所示。设c_1、c_2和c_3表示不同的输入条件。

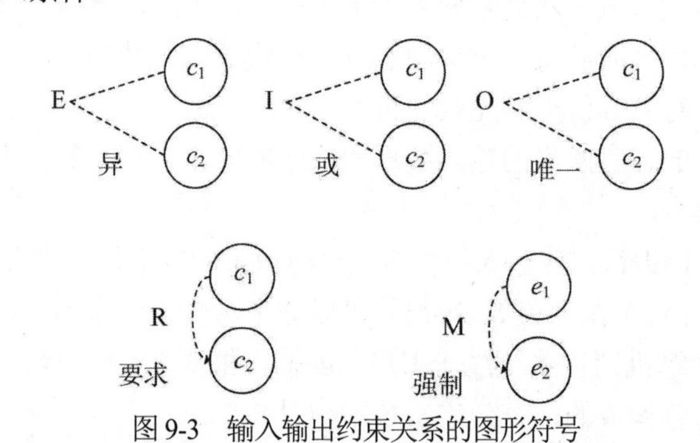

图9-3　输入输出约束关系的图形符号

输入条件的约束如下。

(1) E(异)。表示c_1、c_2中至多有一个可能为1，即c_1和c_2不能同时为1。

(2) I(或)。表示c_1、c_2中至少有一个为1，即c_1、c_2不能同时为0。

(3) O(唯一)。表示c_1、c_2中必须有一个且仅有一个为1。

(4) R(要求)。表示c_1为1时，c_2必须为1，即不可能c_1为1时c_2为0。

输出条件的约束只有M约束。

M(强制)。表示如果结果e_1为1，则结果e_2强制为0。

采用因果图设计测试用例的步骤如下。

(1) 分析软件规格说明描述中哪些是原因、哪些是结果。原因常常是输入条件或是输入条件的等价类；结果常常是输出条件。给每个原因和结果赋予一个标识符，并把原因和结果分别画出来，原因放在左边一列，结果放在右边一列。

(2) 分析软件规格说明描述中的语义，找出原因与结果之间、原因与原因之间对应的关系，并将其表示成连接各个原因与各个结果的因果图。

(3) 由于语法或环境限制，有些原因与原因之间、原因与结果之间的组合情况不可能出现。为表明这些特殊情况，在因果图上用一些符号标明约束或限制条件。

(4) 把因果图转换成判定表。首先，将因果图中的各原因作为判定表的条件项，将因果图的各结果作为判定表的动作项。其次，给每个原因分别取“真”和“假”两种状态，分别用 1 和 0 表示。最后，根据各条件项的取值和因果图中表示的原因和结果之间的逻辑关系，确定相应的动作项的值，完成判定表的填写。

(5) 将判定表的每一列作为依据来设计测试用例。

4. 场景法

现在的软件几乎都是用事件触发来控制流程的，事件触发时的情景便形成了场景，而同一事件不同的触发顺序和处理结果就形成了事件流。场景法可以清晰地描述这一系列过程。同样地，我们可以将这种软件设计方面的思想引入软件测试中，从而生动地描绘事件触发时的情景，有利于测试设计者设计测试用例，同时使测试用例更容易理解和执行。通过场景法对系统的功能点或业务流程进行描述，可提高测试效果。

场景法一般包含基本流和备选流，从一个流程开始，通过描述经过的路径来确定过程，经过遍历所有的基本流和备选流来完成整个场景。

基本流是基本事件流，它是从系统某个初始态开始，经一系列状态后，到达终止状态的一个业务流程，它是最主要、最基本的一个业务流程。备选流就是备选事件流，它是以基本流为基础，在基本流所经过的每个判定节点处满足不同的触发条件而导致的其他事件流。

场景则可以看作基本流与备选流的有序集合。一个场景中至少应包含一条基本流。基本流和备选流如图 9-4 所示。

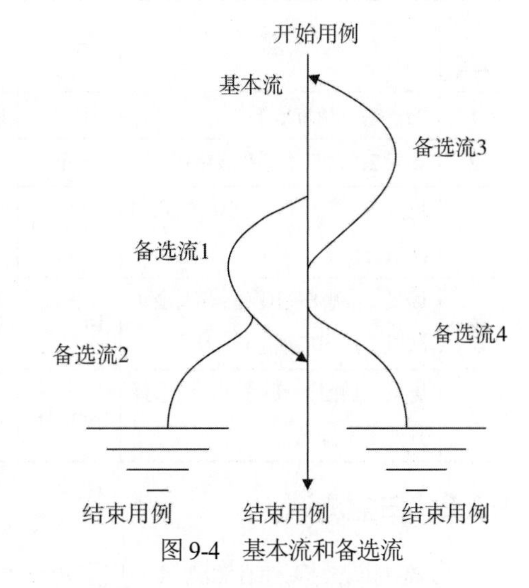

图 9-4　基本流和备选流

使用场景法设计测试用例的基本步骤如下。

(1) 根据说明，描述程序的基本流及各项备选流。

(2) 根据基本流和各项备选流生成不同的场景。

(3) 对每一个场景生成相应的测试用例。

(4) 对生成的所有测试用例进行复审，去掉多余的测试用例，测试用例确定后，对每一个测试用例确定测试数据值。

【例 9-3】用户进入某网上计算机销售系统在线购买计算机，选择心仪的计算机后，直接进行在线购买，需要使用账号登录，登录成功后，进行付款交易。系统有两个测试账户：账户 1 为 lisi，密码为 li12345，账户余额为 4000 元；账户 2 为 wangwu，密码为 wang12345，账户余额为1000元。若交易成功，则生成订单，完成购物过程。

分析：采用场景法对该业务流程进行测试。首先确定基本流和备选流。基本流与备选流如表9-3所示。

表9-3　基本流和备选流

基本流	用户进入销售系统，选择计算机，登录，直接付款购买，生成购物订单
备选流1	账户不存在或错误
备选流2	密码错误
备选流3	账户余额不足

在确定基本流和备选流之后确定场景。场景如表9-4所示。

表9-4　场景

场景1	购物成功	基本流	
场景2	账户不存在或错误	基本流	备选流1
场景3	账户密码错误(剩余3次机会)	基本流	备选流2
场景4	账户密码错误(剩余0次机会)	基本流	备选流2
场景5	账户余额不足，请选择其他支付方式	基本流	备选流3

场景确定以后，再设计测试用例，每个场景都需要测试用例来执行。测试用例如表9-5所示。

表9-5　测试用例

用例编号	场景	账户	密码	余额	商品价格	预期结果
1	场景1：购物成功	lisi	li12345	4000	3800	购物成功
2	场景2：账户不存在或错误	zhang	li12345			提示：账户不存在或错误
3	场景3：账户密码错误(剩余3次机会)	lisi	li	—	—	提示：账户密码错误(剩余3次机会)
4	场景4：账户密码错误(剩余0次机会，账户锁定)	lisi	12345	—	—	提示：账户密码错误，账户锁定
5	场景5：账户余额不足，请选择其他支付方式	wangwu	wang12345	1000	3800	提示：账户余额不足，请选择其他支付方式

9.2.2　白盒测试

白盒测试又称为结构测试。白盒测试有助于人们清楚地了解程序结构和处理过程，检查程序结构及路径的正确性，检查软件内部动作是否按照设计说明的规定正常进行。白盒测试的主要方法有逻辑覆盖测试法和基本路径测试法。

1. 逻辑覆盖测试法

逻辑覆盖测试是根据程序内部的逻辑结构来设计测试用例的技术。逻辑覆盖可以分为语句覆盖、判定覆盖、条件覆盖、判定-条件覆盖、条件组合覆盖和路径覆盖。

(1) 语句覆盖。语句覆盖是指设计的若干个测试用例在运行时使程序中的每条语句至少执行一次。语句覆盖执行了每一条语句，但是对于逻辑运算，如||和&&，则无法进行全面的测试。

(2) 判定覆盖。判定覆盖又称为分支覆盖，是指设计的若干个测试用例在运行时使程序中的每个判断的真、假分支至少经历一次。判定覆盖比语句覆盖测试能力更强，但是只能判定整个判断语句的最终结果，没有办法确定内部条件的正确性。

(3) 条件覆盖。条件覆盖是指设计的若干个测试用例在运行时使程序中每个判断的每个条件都至少取一次真值和一次假值。这种情况覆盖了每个条件，但是并不一定覆盖了每个判断的分支。

(4) 判定-条件覆盖。判定-条件覆盖是指将判定覆盖和条件覆盖结合起来设计测试用例。这种方法使得程序所有条件的可能取值都至少执行一次，所有判断的可能结果也至少执行一次。

(5) 条件组合覆盖。条件组合覆盖是指设计的若干个测试用例在运行时使程序中所有可能的条件取值组合至少执行一次。条件组合覆盖满足了判定覆盖、条件覆盖和判定-条件覆盖准则。

(6) 路径覆盖。路径覆盖是指覆盖程序中所有可能的途径。

【例 9-4】有 C 语言程序段如下，采用 6 种覆盖方法进行测试。

```
if(a>8&&b>10)
 m=m+1;
if(a>=80||c>100)
  m=m+5;
```

程序流程图如图 9-5 所示。

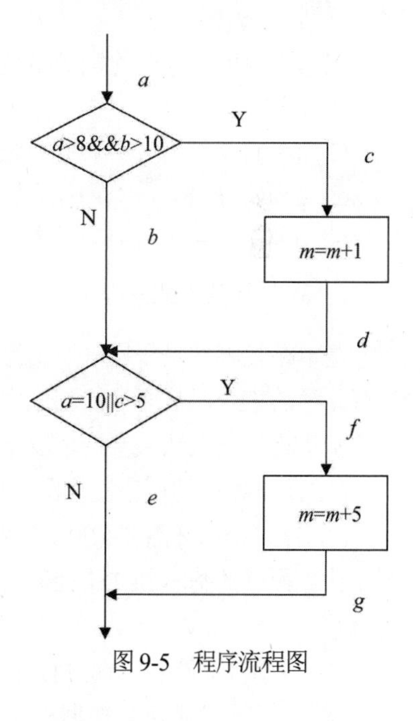

图 9-5　程序流程图

1) 语句覆盖

为使每个语句执行一次，需要准备以下数据。

a=10，*b*=15，*c*=8，执行路径为 *a-c-d-f-g*。

语句覆盖是一种弱覆盖，该情况下只测试了条件为真的情况，条件为假的情况并没有进行测试。

2) 判定覆盖

为使每个判断的真假至少各取一次，需要准备以下两组数据。

(1) *a*=9，*b*=15，*c*=8，执行路径为 *a-c-d-f-g*(判断的结果分别为 T，F)。

(2) *a*=5，*b*=8，*c*=8，执行路径为 *a-b-e*(判断的结果分别为 F，T)。

若将第二个判断中的 *c*>5 错写成 *c*<5，则使用上述两组数据仍然可以得到一样的结果，因此，判定覆盖并不一定能够测试出判定条件中存在的错误。

3) 条件覆盖

为使程序每个判断的每个条件都至少取值一次，需要准备以下两组数据。

(1) *a*=10，*b*=15，*c*=8，执行路径为 *a-c-d-f-g*(条件的结果分别为 T，T，T，T)。

(2) *a*=5，*b*=8，*c*=4，执行路径为 *a-b-e*(条件的结果分别为 F，F，F，F)。

4) 判定-条件覆盖

判定-条件覆盖需要使判断中的每个条件都至少取值一次，同时每个判断的可能结果也要取值一次，因此，需要准备以下两组数据。

(1) *a*=10，*b*=15，*c*=8，执行路径为 *a-c-d-f-g*(判断的结果分别为 T，T；条件的结果分别为 T，T，T，T)。

(2) *a*=5，*b*=8，*c*=4，执行路径为 *a-b-e*(判断的结果分别为 F，F；条件的结果分别为 F，F，F，F)。

在这种情况下，判定-条件覆盖与条件覆盖的举例相同，因此，判定-条件覆盖并不一定比条件覆盖的逻辑更强。

5) 条件组合覆盖

条件组合覆盖需要使每个判断的所有可能条件取值组合至少执行一次。需要准备以下 4 组数据。

(1) *a*=10，*b*=15，*c*=8，执行路径为 *a-c-d-f-g*(条件的结果分别为 T，T，T，T)。

(2) *a*=5，*b*=8，*c*=4，执行路径为 *a-b-e*(条件的结果分别为 F，F，F，F)。

(3) *a*=10，*b*=8，*c*=4，执行路径为 *a-b-f-g*(条件的结果分别为 T，F，T，F)。

(4) *a*=5，*b*=15，*c*=8，执行路径为 *a-b-f-g*(条件的结果分别为 F，T，F，T)。

这 4 组数据满足了条件组合覆盖的要求，但是并没有将所有路径都覆盖。因此，条件组合覆盖测试结果也并不完全。

6) 路径覆盖

在本例中可能存在的执行路径有 4 条，因此需要设计的测试用例如下。

(1) *a*=5，*b*=8，*c*=4，执行路径为 *a-b-e*。

(2) *a*=11，*b*=15，*c*=4，执行路径为 *a-c-d-e*。

(3) *a*=10，*b*=8，*c*=4，执行路径为 *a-b-f-g*。

(4) *a*=10，*b*=15，*c*=8，执行路径为 *a-c-d-f-g*。

2. 基本路径测试法

基本路径测试是在程序控制流图的基础上，通过分析控制构造的环路复杂度，导出基本可执行路径的集合，从而设计测试用例的方法。

基本路径测试法主要包括以下 4 个步骤。

(1) 绘制程序的程序流程图，再根据程序流程图绘制程序的控制流图。

(2) 计算程序环路复杂度。环路复杂度是一种为程序逻辑复杂性提供定量测度的软件度量，用于计算程序的基本独立路径数目，是程序中每个可执行语句至少执行一次所必需的最少测试用例数。

(3) 找出独立路径。通过程序的控制流图导出基本路径集，列出程序的独立路径。

(4) 设计测试用例。根据程序结构和程序环路复杂度设计用例输入数据和预期结果，确保基本路径集中每一条路径的执行。

【例 9-5】根据如图 9-6(a)所示的程序流程图，绘制控制流图，并采用基本路径测试法，设计出测试用例进行测试(*m* 初始值为 0)。

(1) 绘制程序的控制流图。控制流图如图 9-6(b)所示。

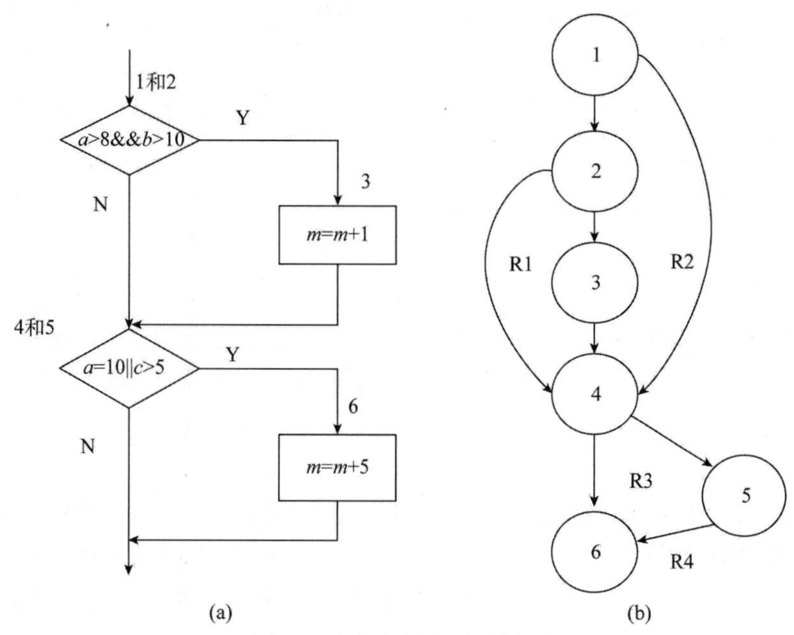

图 9-6　程序流程图和控制流图

(2) 计算程序环路复杂度。在采用基本路径测试法对程序进行测试时，需要依靠程序的环路复杂度来获得程序基本路径集合中的独立路径的数目。独立路径需要包含一条在之前不曾用到的边，而环路复杂度则决定了测试用例数目的上界。独立路径即为至少引入一个新处理语句或一条新的判断的程序通路。

计算环路复杂度的方法有以下 3 种。

① 定义环路复杂度为 V(G)，E 为控制流图的边数，V 为控制流图的节点数，则有公式：V(G)=E−N+2。

② 定义 P 为控制流图中的判定节点数，则有公式：V(G)=P+1。

③ 控制流图中的区域数为 R，则 V(G)=R。

在图 9-6(b)中：

- V(G)=E−N+2=8(边数)−6(节点数)+2=4；
- V(G)=P+1=3+1=4(其中判定节点为 1，2，4)；
- V(G)=4(共有 4 个区域)。

(3) 确定独立路径的集合。

- 路径 1：1-4-6。
- 路径 2：1-4-5-6。
- 路径 3：1-2-4-5-6。
- 路径 4：1-2-3-4-5-6。

根据以上路径设计测试所需输入的数据，使得程序分别执行上述 4 条路径。

(4) 设计测试用例。满足以上基本路径集的测试用例如表 9-6 所示。

表 9-6　测试用例

编号	路径	输入数据	预期输出
1	路径 1：1-4-6	a=2，b=3，c=4	m=0
2	路径 2：1-4-5-6	a=2，b=3，c=8	m=5
3	路径 3：1-2-4-5-6	a=10，b=6，c=8	m=5
4	路径 4：1-2-3-4-5-6	a=10，b=15，c=8	m=6

9.2.3　灰盒测试

灰盒测试是介于白盒测试与黑盒测试之间的测试。灰盒测试不仅关注输出对于输入的正确性，同时也关注内部表现，但这种关注不像白盒测试那样详细、完整。灰盒测试结合了白盒测试和黑盒测试的优点，相对于黑盒测试和白盒测试而言，其投入的时间相对较少，维护量也较小。

灰盒测试考虑了用户端、特定的系统和操作环境，主要用于多模块的较复杂系统的集成测试阶段。灰盒测试既使用被测对象的整体特性，又使用被测对象的内部具体实现，即它无法知道函数内部具体内容，但是可以知道函数之间的调用。灰盒测试重点检验软件系统内部模块的接口。

灰盒测试能够有效地发现黑盒测试的盲点，避免过度测试，并能够及时发现没有来源的更改，行业门槛比白盒测试低。但是灰盒测试不适用简单的系统，相对于黑盒测试来说，其门槛较高，测试深度也不如白盒测试。

9.3　软件测试过程

软件测试是软件开发过程的一个重要环节，是在软件投入运行前，对软件需求分析、设计规格说明和编码实现的最终审定，贯穿于软件定义与开发的整个过程。按照软件开发的阶段划分，软件测试可以分为单元测试、集成测试、确认测试、系统测试、验收测试和回归测试。

9.3.1　单元测试

单元测试(unit testing)是软件开发过程中所进行的最低级别的测试活动，其目的在于检查每个单元能否正确实现详细设计说明中的功能、性能、接口和设计约束等要求，发现单元内部可能存在的各种缺陷。单元测试作为代码级功能测试，目标就是发现代码中的缺陷。

1. 单元测试的环境

单元测试是对软件设计的最小单元进行测试。例如，如果对 Java 或 C++等面向对象语言进行测试，则被测的基本单元可以是类，也可以是方法。一个模块或一个方法并不是独立存在的，因此在测试时需要考虑外界与它的联系。这时，我们需要用到一些辅助模块来模拟被测模块与其他模块之间的联系。辅助模块有以下两种。

(1) 驱动模块。用于模拟被测模块的上级模块。

(2) 桩模块。用于模拟被测模块在工作过程中所需要调用的模块。

2. 单元测试的内容

(1) 模块接口测试。检查模块接口是否正确。例如，检查输入的实参与形参是否一致；调用其他方法的接口是否正确；标识符定义是否一致；是否进行出错处理等。

(2) 模块局部数据结构测试。检查局部数据结构的完整性。例如，检查是否有不合适或不相容的类型说明；变量是否有初值、初始化，或者默认值是否正确；是否存在从未使用的变量名等。

(3) 模块中所有独立执行路径测试。检查每一条独立执行路径的测试，保证每条语句至少执行一次。

(4) 各种错误处理测试。若模块工作时发生了错误，则检查是否进行了出错处理、处理的措施是否有效。

(5) 模块边界测试。检查模块对于边界处的数据是否能够正常处理。

3. 单元测试的过程

(1) 制订测试计划。在制订单元测试计划时，首先需要做好单元测试的准备，如测试所需的各方面资源需求、功能的详细描述、项目计划等相关资料。然后制定单元测试策略，如在单元测试过程中需要采用的技术和工具、测试完成的标准等。最后根据实际的项目情况及客观因素制订单元测试的日程计划。

(2) 设计单元测试。根据详细规格说明书建立单元测试环境，完成测试用例的设计和脚本的开发。

(3) 实施测试。根据单元测试的日程计划，执行测试用例对被测软件进行完整的测试。若在测试过程中修改了缺陷，则应进行回归测试。

(4) 生成测试报告。测试完成后，对文档和测试结果进行整理，生成相应的测试报告。

9.3.2 集成测试

集成测试(integration testing)即组装测试，将已测试过的模块组合成子系统，其目的在于检测与单元之间的接口有关的问题，逐步集成符合概要设计要求的整个系统。集成测试的方法策略可以粗略地划分为非渐增式集成测试和渐增式集成测试。

非渐增式集成测试就是先分别测试各个模块，再将所有软件模块按设计要求放在一起组合成所需的程序，集成后进行整体测试。

渐增式集成测试就是从一个模块开始测试，然后把需要测试的模块组合到已经测试好的模块当中，直到所有的模块都组合在一起，完成测试。渐增式测试包括自顶向下集成、自底向上集成和三明治集成。

1. 自顶向下集成

自顶向下集成是指从主控模块开始，以深度优先或广度优先的策略，从上到下组合模块。在测试过程中，需要设计桩模块来模拟下层模块。在如图9-7所示的程序模块化设计示意图中，深度优先的测试顺序是M1-M2-M5-M3-M4-M6-M7，广度优先的测试顺序是M1-M2-M3-M4-M5-M6-M7。

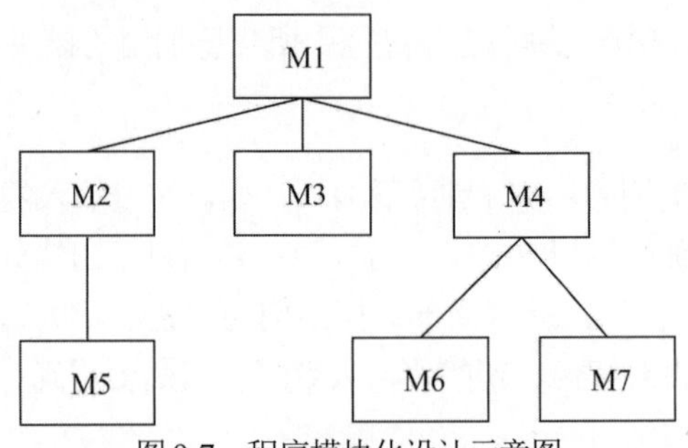

图 9-7　程序模块化设计示意图

自顶向下集成测试方法要求先测试控制模块，以较早地验证控制点和判定点，从而有助于减少对驱动模块的需求，但是需要编写桩模块。

2. 自底向上集成

自底向上集成是从程序的最底层功能模块开始组装测试逐步完成整个系统。这种集成方式可以较早地发现底层的错误，而且不需要编写桩模块，但是需要编写驱动模块。

以图 9-7 为例，底层模块为 M5、M3、M6、M7，将其作为测试对象，分别建立好驱动模块 D1、D2、D3，然后并行地进行集成。自底向上集成测试过程如图 9-8 所示。

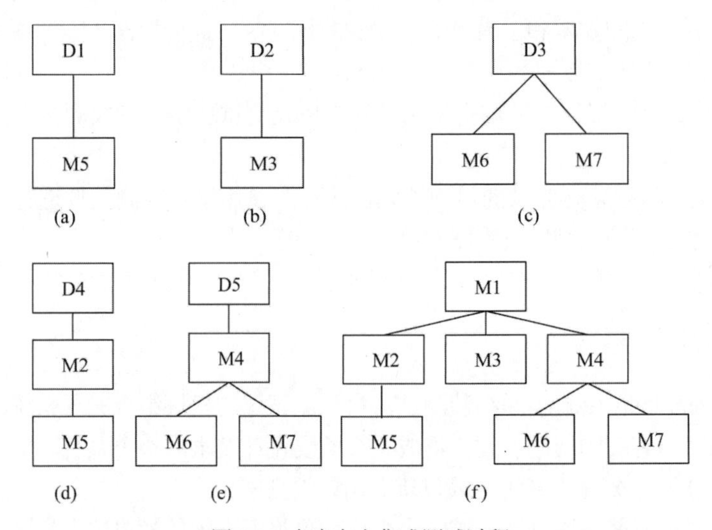

图 9-8　自底向上集成测试过程

3. 三明治集成

三明治集成也称为混合法，是指将自顶向下和自底向上两种集成方式组合起来进行集成测试，即对于软件结构的居上层部分使用自顶向下方式集成，对于软件结构的居下层部分使用自底向上方式集成，然后将两者相结合完成测试。三明治集成兼有自顶向下和自底向上两种集成方式的优缺点，适合关键模块较多的被测软件。

9.3.3　确认测试

确认测试是指根据需求规格说明书来进一步验证软件是否满足需求。经过确认测试，可以对软件做出结论性评价，如软件各方面是否满足需求规格说明书的规定、是否是一个合格的软件等。在确认测试中，会检验软件是否偏离了需求规格说明书的规定，列出缺陷清单并与开发部门和用户协商解决。确认测试的目标是验证软件的有效性。

确认测试一般包括有效性测试和软件配置审查。

1. 有效性测试

有效性测试是指在模拟环境下，运用黑盒测试方法，验证被测软件是否满足需求规格说明书列出的需求。经过确认测试，应对该软件做出以下结论性评价。

(1) 功能、性能符合需求规格说明书，软件是可以接受的，被认为是合格的软件。

(2) 功能、性能与需求规格说明书有偏离，要求得到一个缺陷清单。此时需要与用户协商，确定解决问题和缺陷的办法。

2. 软件配置审查

软件配置审查在确认测试中是非常重要的一个环节，主要用于确保已开发软件的所有文件资料均已撰写完毕，资料齐全、条目清晰，足以支持运行以后的软件维护工作。

配置审查的文件资料包括用户所需的以下资料。

(1) 用户手册。用于指导用户安装、使用软件和如何获得服务与帮助的相关资料。

(2) 操作手册。用于说明软件中进行各项操作的具体步骤和方法。

(3) 设计资料。设计说明书、源程序及测试资料等。

9.3.4　系统测试

系统测试(system testing)是将已经确认的软件、硬件等元素结合起来，对整个系统进行总的功能、性能等方面的测试。系统测试是软件交付前最重要、最全面的测试活动。系统测试是根据需求规格说明书来设计测试用例的。

1. 系统测试的内容

系统测试的内容非常多，也很繁杂，主要有以下内容。

(1) 性能测试。性能测试主要检验软件是否达到需求规格说明书中所规定的各种性能指标。性能测试常见的工具有 JMeter、Load Runner、WebLoad 等。

(2) 压力测试。压力测试即强度测试，主要检查程序对异常情况的抵抗能力，通过增加负载来确定系统的性能瓶颈。

(3) 容量测试。容量测试是检验系统在正常工作的情况下所能承受的极限条件。

(4) 安全性测试。安全性测试是检验系统能够抵御入侵的能力。一个安全的系统不仅能够经受正面攻击，还要能够经受侧面和背面的攻击。软件系统的安全性一般分为应用级别的安全性、数据库管理系统的安全性和系统级别的安全性。

(5) 安装测试。安装测试是测试系统是否能够在不同操作系统中正常进行安装操作。

(6) GUI 测试。图形用户界面(GUI)测试可以确保系统界面向用户提供了适当的使用、操作信息。GUI 测试主要要求界面易用、整洁、美观、规范，用户容易上手使用。

(7) 文档测试。文档测试是对系统提交给用户的文档进行验证，从而提高系统的可维护性。

2. 系统测试的过程

(1) 计划阶段。计划阶段根据需求规格说明书分解出各种类型的需求、确定软件测试的范围、撰写系统测试的计划、定义系统测试策略等，形成软件系统测试计划文档。

(2) 设计阶段。设计阶段对系统进行详细的测试分析，确定系统测试的具体内容，设计相应的测试用例及测试过程。系统测试设计得是否充分决定了系统测试的质量。

(3) 实施阶段。实施阶段根据实际情况选择相应的测试工具，部署测试环境，录制测试脚本。实施阶段的工作直接影响软件测试结果的真实性和可靠性。

(4) 执行阶段。执行阶段根据系统测试计划执行测试用例，并记录执行过程和结果。

(5) 评估阶段。评估阶段验证系统测试是否达到需求规格说明书的要求，并提供相关数据，方便系统调用。

9.3.5 验收测试

验收测试是检测产品是否符合最终用户的要求，并在软件正式交付前确保系统能够正常工作，即确定软件的实现是否满足用户的需要或合同的要求。验收测试是软件正式交付使用前的最后一个测试阶段。

验收测试应完成的主要测试工作包括配置复审、合法性检查、文档检查、软件一致性检查、软件功能和性能测试与测试结果评审等工作。

验收测试主要由用户代表来完成，用户代表通过执行典型任务来测试软件系统，根据平时使用系统的业务来检验软件是否满足功能、性能等方面的需求。验收测试的结果有两种：一种为功能、性能满足用户要求，用户可以接受；另一种为软件不满足用户要求，用户无法接受。

验收测试的策略通常有3种，分别为正式验收测试、Alpha测试(即非正式验收测试)、Beta测试。验收测试的策略通常根据合同的需求、公司的标准及应用领域的基础来选择。

1. 正式验收测试

正式验收测试通常是系统测试的延续。在很多组织中，正式验收测试是完全自动执行的。对于正式验收测试来说，要测试的功能和特性、细节都是已知的，测试是可以自动执行并进行回归测试的。但是，正式验收测试需要大量的资源和计划，并且由于测试时只会查找预期的缺陷，因此无法发现主观原因造成的缺陷。

2. Alpha测试

Alpha测试(即非正式验收测试)是用户在开发方场所进行的活动，用户在开发人员的指导下对软件进行使用，开发人员记录发现的错误和遇到的问题。Alpha测试是在受控的环境中进行的，不能由程序员或测试人员来完成。Alpha测试的关键在于尽可能还原用户实际运行情况和用户的实际操作，并且尽最大努力涵盖所有可能的用户操作方式。

3. Beta测试

Beta测试是最终用户在客户场所进行的活动。开发人员通常不在Beta测试的现场，因此，Beta测试是在开发人员不能控制的真实环境下进行的软件现场应用。用户记录在Beta测试过程中遇到的一切问题，并定期把这些问题反馈给开发人员。在接到反馈报告后，开发人员应对软件进行必要的修改。

9.3.6　回归测试

在软件测试过程中，除上述软件测试的基础步骤外，还有一个非常重要的环节，便是回归测试。回归测试是指修改了旧代码后，重新进行测试活动。回归测试严格来讲并不是一个阶段，而是可以存在于软件测试各个阶段的测试。在软件生命周期中的任何一个阶段，只要软件发生了改变，就可能会带来问题，因此需要进行回归测试。回归测试的目的就是检验缺陷是否被正确修改，以及修改的过程中有没有引入新的缺陷。

为了在给定的经费、时间、人力的情况下高效地进行回归测试，需要对测试用例库进行维护，并依据一定的策略选择相应的回归测试包。

1. 维护测试用例库

测试用例的维护是一个不间断的过程，随着软件的修改或版本的更迭，可能会添加一些新的功能或改变某些功能，导致测试用例库中的测试用例变得无效或过时，甚至无法运行，因此，需要对测试用例库进行维护，以保证测试用例的有效性。

2. 选择回归测试包

在进行回归测试时，由于时间和成本的约束，将测试用例库中的测试用例都重新运行一遍是不实际的，因此，通常选择一组测试包来完成回归测试。在选择测试包时，可以采用基于风险选择测试、基于操作剖面选择测试及再测试修改的部分等策略。

3. 回归测试的步骤

在进行回归测试时，一般会遵循以下步骤。

(1) 识别出软件中被修改的部分。

(2) 在原本的测试用例库中排除不适用的测试用例，建立一个新的测试用例库。

(3) 采用合适的策略，从新的测试用例库中选出测试用例包，测试被修改的软件。

重复执行以上步骤，验证修改是否对现有功能造成了破坏。

本章小结

- IEEE 对软件测试的定义：使用人工或自动手段来运行或测试被测试件的过程，其目的在于检验它是否满足规定的需求并了解预期结果与实际结果之间的差别。
- 软件测试的首要目的是确保被测系统满足要求。
- 黑盒测试即功能测试。黑盒测试是一种只考虑系统输入和预期输出，不需要了解程序内部结构和内部特性的测试方法。
- 白盒测试又称为结构测试。白盒测试有助于人们清楚地了解程序结构和处理过程，检查程序结构及路径的正确性，检查软件内部动作是否按照设计说明的规定正常进行。
- 黑盒测试的主要方法包括边界值分析法、等价类划分法、因果图方法、场景法等。白盒测试的主要方法包括逻辑覆盖测试法和基本路径测试法。
- 软件测试可以分为单元测试、集成测试、确认测试、系统测试、验收测试和回归测试。

思政园地

软件测试阶段是保证软件质量的关键阶段。在这个阶段，软件工程师需要深入思考自己设计的软件，评估其是否是一个“质量好”的软件。在单元测试阶段，软件工程师需要进行“自我批评”，即对自己所开发的模块进行检测，保证自己所开发的模块为“质量好”的模块，为生产出一个“质量好”的软件奠定坚实的基础；而站在整个测试过程的角度来看，软件测试就是对软件进行“批评”，用批判和发展的眼光，为使软件在生命周期中能够走得更加长远而努力。

曾子曰：“吾日三省吾身。”只有勇于自我反省，才能够不断完善自己。没有人能够生而完美，但是可以通过不断地自我修正，让自己变得更好；做软件也是如此，通过不断修正和完善，使得开发的软件能够拥有更长久的生命力。

本章练习题

一、选择题

1. 软件测试的目的是(　　)。
   A. 证明软件的正确性　　B. 找出软件系统中存在的所有错误
   C. 证明软件系统中存在错误　　D. 尽可能多地发现软件系统中的错误
2. 在软件测试中，逻辑覆盖标准主要用于(　　)。
   A. 白盒测试方法　　B. 黑盒测试方法　　C. 灰盒测试方法　　D. 软件验收方法
3. 集成测试的方法主要有两个，一个是(　　)，另一个是(　　)。
   A. 白盒测试方法，黑盒测试方法　　B. 等价类划分法，边界值分析法
   C. 渐增式测试方法，非渐增式测试方法　　D. 因果图方法，场景法
4. 以下不属于白盒测试的是(　　)。
   A. 逻辑覆盖　　B. 基本路径测试　　C. 条件覆盖　　D. 等价类划分
5. 下列选项中，能够与需求分析阶段、设计阶段、编码阶段相对应的软件测试是(　　)。
   A. 集成测试、确认测试、单元测试　　B. 单元测试、集成测试、确认测试
   C. 单元测试、确认测试、集成测试　　D. 确认测试、集成测试、单元测试
6. 在进行单元测试时，用于代替被调用模块的是(　　)。
   A. 桩模块　　B. 通信模块　　C. 驱动模块　　D. 代理模块

二、简答题

1. 软件测试的目的是什么？
2. 什么是黑盒测试？有哪些常用的黑盒测试方法？
3. 什么是白盒测试？有哪些常用的白盒测试方法？
4. 软件测试分为哪几个阶段？各个阶段应重点测试的内容是什么？
5. 什么是桩模块？什么是驱动模块？在单元测试中是否一定要开发这两类模块？
6. 回归测试是什么？如何进行回归测试？

三、应用题

1. 假设自动贩卖机的程序说明如下。

该程序能够处理单价为 2 元的饮料。若投入 2 元，并单击“绿茶”“矿泉水”或“可乐”按钮，相应的饮品就会送出。若投入的钱大于 2 元，则在送出饮品的同时退出多余的钱。若投入的钱不够，则直接退款，不送出饮品。

请用黑盒测试方法设计测试用例对该软件进行测试。

2. 根据下面简单的 Java 程序实例绘制控制流图，并进行基本路径测试。

```
publicvoidsort(int iRecordNum,int iType)
{
 intx=0;
int y=0;
while(iRecordNum>0){
  if(iType==0)
    x=x+2;
  else{
    if(iType==1)
       x=y+5;
  else
     x=y+10;
}
}
}
```

第 10 章

软件实施、维护与进化

用户在购买软件产品之后，并不能立即使用，而是需要由软件公司的技术人员在软件技术、软件功能、软件操作等方面进行系统调试、人员培训等一系列的工作，这一系列的工作称为软件实施。软件维护是软件生命周期的最后一个阶段，它是软件交付用户使用期间对软件所做的补充、修改、完善和增加工作，使软件不断进化以满足用户的需求。随着软件使用寿命的延长，软件维护工作量日益增加。本章主要介绍软件实施、维护及进化的相关内容。读完本章，你将了解以下内容。

- 什么是软件实施？软件实施的过程有哪些？
- 什么是软件维护？软件维护有哪些类型及特点？
- 软件进化过程有哪些？什么是软件再工程？软件再工程有哪些活动？

10.1 软件实施概述

软件产品的实施是一个软件产品从内部开发完成、产品发布，到系统正式运行之间的一系列活动。对于不同性质的软件产品，实施包含的内容也不尽相同。对于一些定制的行业应用APP，实施就是产品开发的延续工作。而对于一些大型复杂的软件系统，实施则是包括咨询、培训和方案实施的过程。

一个标准、完整的软件产品实施过程可分为以下 6 个步骤。

1. 实施准备

实施准备阶段制订软件实施计划，为后期的实施过程做好详尽的准备工作。例如，成立软件实施组织机构；对相关人员进行系统级的培训；确定软件实施策略；确定双方的工作范围及职责划分；编制软件的实施计划；制定软件实施过程中应遵循的规范、标准等。

2. 业务交流

业务交流阶段根据准备阶段确定的实施策略，完成相关的工作。业务交流阶段的成果包括软硬件及网络配置规划；软件实施规划建议书；新旧软件系统数据接口方案；系统数据准备方案；软件实施培训计划和软件实施培训教材。

3. 软件实施培训

软件实施培训阶段需完成软件培训环境的搭建。软件实施培训包括系统管理员培训、数据库管理员培训和操作员培训。

4. 数据准备及系统初始化

在数据准备阶段，需要对数据进行整理及规范化处理。软件系统的运行通常需要特定的数据基础，软件是否能够成功实施也依赖客户是否能够准确、全面、规范化地提供软件所需的基础数据。数据的整理与规范化处理主要包括历史数据的整理、数据资料的格式化，以及各类基础数据的收集与电子化处理。

系统初始化阶段为系统搭建运行环境；对系统进行安装、初始化；导入并整理应用的基础数据；设置业务流程；用户角色定义和系统权限分配；设计与实现新旧系统的接口；确定和编制新旧系统切换方式。

5. 新旧系统切换及试运行

新旧系统切换是由现行系统的工作方式向所开发的系统工作方式转换的过程，同时，系统的设备、数据、人员等也要发生转换。

新旧系统的切换方法有以下 3 种。

(1) 直接切换法。即在某一确定的时间点进行切换，当到达该时间点时，旧系统停止运行，新系统投入使用，如图 10-1(a)所示。

(2) 并行切换法。在使用旧系统的同时将新系统也投入使用，新旧系统同时运行期间对照两者的输出，利用旧系统对新系统进行检验，如图 10-1(b)所示。

(3) 分段转换法。选用新系统的某一部分取代旧系统作为试点，使新系统逐步替代旧系统，如图 10-1(c)所示。

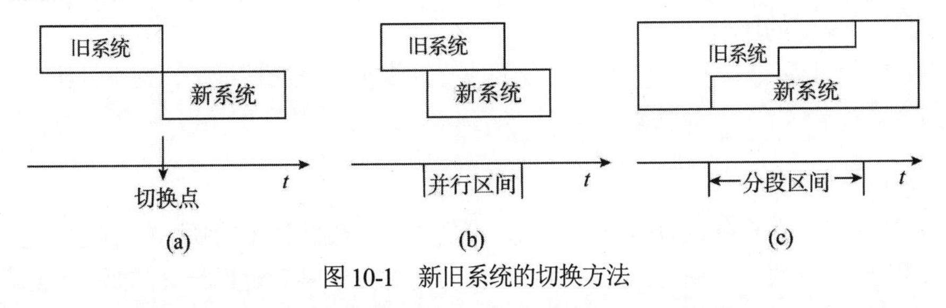

图 10-1　新旧系统的切换方法

新旧系统 3 种切换方法的对比如表 10-1 所示。

表 10-1　新旧系统 3 种切换方法的对比

对比项	直接切换法	并行切换法	分段转换法
优点	简单、费用低，有一定的保护措施	可以保证系统的延续性，新旧系统可以进行比较，并且可以平稳、可靠地过渡	避免了直接转换的风险及并行转换的高昂费用，可以平稳、可靠地过渡
缺点	风险大	费用高，容易延长系统转换的时间	容易出现接口问题，适用于大型系统

按照制订的新旧系统切换计划完成切换，新系统即可投入试运行。在试运行的过程中需要协助用户完成系统的日常维护工作，并提供技术支持。在系统试运行的过程中要收集、整理用户的反馈意见。根据系统的试运行情况，协助用户编制系统试运行报告。若达到试运行的目标，

则向用户提出系统验收申请，并完成准备工作(如制订系统验收计划)。

6. 系统验收

系统验收即组织、完成新系统的验收工作，协助甲方用户撰写系统验收报告。系统验收以后便可开始实际运行，在系统运行过程中，还要进行日常维护与技术支持工作。

10.2 软件维护概述

软件从完成内部开发并交付给用户使用到软件停止使用期间，就是软件运行维护阶段。随着用户需求和软件运行环境的变化，以及软件自身潜在问题的逐渐显露，对其进行维护便成了不可或缺的环节。软件维护是软件生命周期的最后一个阶段，是对原有系统的一种修改，基本任务是保证软件在相当长的时期内能够正常运行。由于在使用过程中需要不断地发现和排除软件错误并适应新的需求，因此软件工程的主要目的就是提高软件的可维护性，减少软件维护所需要的工作量，降低维护成本。通常，软件维护是软件生命周期中延续时间最长、工作量最大的阶段。

10.2.1 软件维护的类型

软件维护是指软件系统交付使用以后，为了改正错误或满足新的需要而修改软件的过程。

国标 GB/T 11457—1995 对软件维护给出了如下定义。

(1) 在一个软件产品交付使用后对其进行修改，以纠正故障。

(2) 在一个软件产品交付使用后对其进行修改，以纠正故障、改进其性能和其他属性，或者使产品适应改变了的环境。

根据维护的原因不同，软件维护可以分为改正性维护、适应性维护、完善性维护和预防性维护 4 类。

1. 改正性维护

改正性维护是一种限制在原需求说明书范围之内，修改软件中的缺陷或不足的过程。若软件开发时的测试不彻底、不完全，软件就会遗留一些隐藏缺陷到运行阶段，而这些隐藏的缺陷在某些特定的环境下就会暴露出来。据统计，在软件维护的最初一两年期间，改正性维护需求量较大。随着软件的稳定，改正性维护量也趋于减少，软件进入正常使用期。改正性维护的工作量约占各种维护工作量的 20%。

2. 适应性维护

计算机科学技术领域的各个方面都在迅速进步，大约每过 36 个月就有新一代的硬件出现，而应用软件的使用寿命却很长，远远超过最初开发这个软件时所依赖的运行环境的寿命。因此，适应性维护是为了使软件适应操作环境变化而进行的修改软件的活动，是既不可避免又经常要进行的维护活动。操作环境包括外部环境(新的硬件、软件配置等)和数据环境(数据库、数据格式、数据输入/输出方式、数据存储介质等)。适应性维护的工作量约占各种维护工作量的 25%。

适应性维护可以修改原有在磁盘操作系统中运行的程序，使之能在 Windows 操作系统中运行；也可以修改两个程序，使它们能够使用相同的记录结构；还可以修改程序，使它能够适用于另一种终端设备。

3. 完善性维护

在软件使用过程中，用户往往会对软件产生新的功能与性能方面的需求。完善性维护是为了改善、加强系统的功能和性能，改进加工的效率，提高软件的可维护性，而对软件进行的维护活动。完善性维护可以被认为是一种有计划的软件“再开发”的活动。实践表明，在所有维护活动中，完善性维护约占 50%以上的维护工作量，比重是最大的。

例如，在将储蓄系统交付银行使用后，需要增加扣除利息税的功能；需要缩短系统响应时间以达到新的要求；为方便用户使用，需要改变现有程序输出数据的格式；对正在运行的软件增加联机求助的功能。

4. 预防性维护

预防性维护需要根据现有的信息对未来的环境变化进行预测，再根据预测的结果采取相应的解决措施，从而提高软件未来的可维护性、可靠性，为以后进一步改进软件奠定良好的基础。预防性维护的工作量是最小的，约占各种维护工作量的 5%。

一般情况下，各种类型的维护工作量比例如图 10-2 所示。

在这几种维护活动当中，完善性维护所占的比重最大，这说明大部分维护工作是为了改变和加强软件，而不是为了改正错误。完善性维护不一定是紧急救火式的维护，可以是有计划的“再开发”活动。

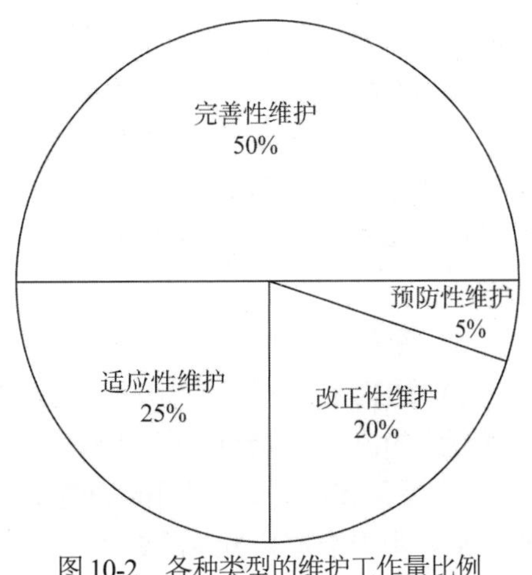

图 10-2　各种类型的维护工作量比例

10.2.2　软件维护存在的问题

软件维护阶段遇到的问题大多与软件设计、开发、测试阶段所采用的技术、方法等有直接的关系。在实际情况下，遇到的困难如下。

(1) 理解程序困难。在编写源代码的过程中，如果没有严格遵守开发规范、没有添加注释、缺失说明文档等，那么他人在维护软件时就很难读懂程序。

(2) 难以获得帮助。在对软件进行维护时，不是由开发人员进行维护，而是由专门的维护人员进行维护。由于软件的维护时间较长，软件行业人员流动性较大，在遇到问题时，开发人员有可能已经离开该岗位或投入其他项目的开发当中了。因此，在维护时无法依靠开发人员提供软件说明。

(3) 文档管理混乱。在对软件进行维护时，会遇到文档不全或没有合格的对应文档的情况。在软件开发过程中，经常会出现修改了程序却没有修改相关文档、修改了某个文档却没有修改与该文档相关的文档等情况。文档书写不规范、难以理解等情况也时有发生。

(4) 软件设计有缺陷。很多软件在开发阶段并没有考虑到可维护性、可扩展性，在分析设计阶段也没有采用具有前瞻性的设计和技术，以及功能独立的模块化设计方法，导致软件存在可维护性缺陷，使得软件难以被理解和维护，在维护过程中也很容易引入新的错误。

(5) 版本管理混乱。很多软件发行过多个版本或进行过多次升级，但并没有很好地进行版本管理工作，使得追踪软件的演化变得非常困难，甚至不可能完成。

10.2.3 软件维护的风险

软件维护是存在风险的。对原有软件进行任何细微的改动都有引入新错误的风险，可能会造成意想不到的后果。因此，软件维护存在维护费用高昂、可能引发副作用等问题。

1. 维护费用高昂

随着软件规模的扩大和软件复杂程度的增加，软件维护越来越困难，费用也越来越昂贵。开发一个上线后就完全不需要改变的软件是不可能的。在过去的几十年里，软件维护的费用不断上升，近年来，许多开发机构将软件费用预算的80%甚至更高用于软件维护。

维护费用只是软件维护的显性代价，除了费用，还有一些隐形代价也不可忽视。例如，软件维护占用太多资源而耽误了开发良机；维护过程中软件的改动引入了潜在缺陷，降低了软件质量；当看起来合理的有关错误或修改的要求不能及时满足用户时引起了用户的不满；等等。

维护工作可以划分为生产型活动(分析评价、修改设计、编写程序代码等)和非生产型活动(程序代码功能理解、数据结构解释、接口特点和性能界限分析等)。

在软件维护中，软件维护的工作量会影响软件成本，而影响维护工作量的因素主要有以下6种。

(1) 系统的规模大小。系统规模越大，功能就越复杂，软件维护的工作量也随之增大。

(2) 程序设计语言。使用功能强大的程序设计语言可以控制程序的规模。语言的功能越强，生成程序的模块化和结构化程度越高，所需的指令数就越少，程序的可读性越好。

(3) 系统使用时间。使用时间越长，所进行的修改就越多，而多次的修改可能造成系统结构混乱。由于维护人员经常更换，程序的可理解性越来越差，加之系统开发阶段往往存在文档不完整的情况，或者在长期的维护过程中文档与程序在许多地方不一致，使得维护变得非常困难。

(4) 数据库技术的应用。使用数据库可以简单有效地存储、管理系统数据，还可以减少维护生成用户报表的应用软件的工作量。

(5) 先进的软件开发技术。在软件开发过程中，如果采用先进的分析设计技术和程序设计技术，如面向对象技术、复用技术等，可以大大减少维护工作量。

(6) 其他因素。应用的类型、数学模型、任务的难度、开关与标记、IF嵌套深度、索引或下标数等，对维护的工作量也有影响。

2. 维护的副作用

软件维护主要有3类副作用：修改代码的副作用、修改数据的副作用和修改文档的副作用。

(1) 修改代码的副作用。对于代码的修改，小到一个语句都有可能导致灾难性的结果。一般在回归测试中对修改代码的副作用造成的软件故障进行查找和改正。

(2) 修改数据的副作用。修改数据的副作用是指当数据结构被改动时有新错误产生的现象。当数据结构发生变化时，新的数据结构可能会不适应原有的软件设计，从而导致错误的产生。

(3) 修改文档的副作用。如果在软件产品的内容发生更改之后没有对文档进行相应的更新，则会引发修改文档的副作用。

在对数据流、体系结构设计、模块过程或任何其他有关特性进行修改时，必须及时更新相应的技术文档。如果没有及时进行更新，则在以后的维护工作中，可能会因为阅读了旧的技术文档而对软件特性做出不正确的评价，产生修改文档的副作用。

对文档进行及时更新和有效的回归测试可以减少软件维护的副作用。

10.2.4　软件维护的过程

软件维护的过程：首先需要建立维护机构，然后确定维护报告的内容并进行相应的维护工作，记录维护流程、保存记录，最后确定评估及复审标准。

(1) 建立维护机构。通常，标准的维护机构由维护管理员、系统管理员、维护决策机构、配置管理员和维护人员构成。在维护开始前明确维护责任可以大大减少维护过程中可能出现的混乱现象。

(2) 用户提交维护申请报告。软件的维护要求应按照标准规范提出。维护申请报告是由用户填写的外部文件，通常包含对错误的说明(输入数据、错误清单等内容)，这是计划维护活动的基础，更是后续维护工作的关键。

(3) 维护人员提交软件修改报告并实施相应的维护工作。经维护人员与用户进行反复协商，明确错误的情况及对业务的影响等信息后，确认维护的类型并制定软件修改报告。

软件修改报告通常包含此次维护需求的类型、维护申请的优先级、完成申请表中所提出的需要的工作量及成本、预计修改后产生的影响等内容。将软件修改报告提交给维护决策机构，由维护决策机构审查批准后，由维护人员进行维护。

对于非改正性维护，应首先判断维护类型；对于适应性维护，需按照评估后的优先级放入队列；对于完善性维护，需要考虑是否采取行动，若接受申请，则按照评估后的优先级放入队列，若拒绝申请，则通知请求者并说明原因；对于工作安排队列中的任务，由修改负责人依次从队列中取出任务，按照软件维护的过程，规划、组织并实施工程。

在实施维护的过程中，需要完成以下工作：修改需求规格说明书；修改软件设计；进行设计评审；对源程序做必要的修改；对源程序进行单元测试、集成测试、回归测试、确认测试；进行软件配置评审。

(4) 整理维护记录。对于维护过程中的有效数据应收集保存，形成良好的维护文档记录，以便统计出维护性能方面的度量模型。需要记录的数据一般包括程序的标识、程序交付及安装日期、程序安装后运行的次数、运行时发生故障导致运行失败的次数、进行程序修改的次数、内容及日期等。根据提供的定量数据，可以对软件项目的开发技术、维护工作计划、资源分配及其他许多方面做出正确的判断。

(5) 对维护工作进行评审。维护工作完成之后，对维护情况进行评审，并对相应问题进行总结。维护评审可以为软件开发机构提供重要的反馈信息。

10.2.5　软件的可维护性

软件的可维护性对于软件的生命周期来说非常重要，软件的可维护性决定了软件生命周期的长短。软件的可维护性是指维护人员对该软件进行维护的难易程度，具体包括理解、改正、改动和改进该软件的难易程度。软件的可维护性与软件的可理解性、可测试性和可修改性 3 个因素密切相关。这 3 个因素是很难量化的，但可以通过能够量化的维护活动的特征来间接地定量估算系统的可维护性。例如，可以将维护过程中的各项活动所消耗的时间记录下来，用以间接衡量系统的可维护性。

1. 用于衡量可维护性的软件特性

通常，运用以下 7 个质量特性来衡量软件的可维护性：可理解性、可测试性、可修改性、可靠性、可移植性、可使用性和效率。

对于不同类型的维护，这 7 种特性的侧重点也不相同。要将这些质量要求贯彻到各开发阶段的各步骤中。软件的可维护性是产品投入运行以前各阶段针对上述质量特性要求进行开发的最终结果。各开发阶段需要注意的可维护性因素如表 10-2 所示。

表 10-2　各开发阶段需要注意的可维护性因素

开发阶段	可维护性因素
分析阶段	明确维护的范围和责任。 检查每条需求，分析维护时可能需要的支持。 明确哪些资源可能会变化，以及变化后带来的影响。 了解系统可能的扩展与变更
设计阶段	设计系统扩展、压缩或变更的方法(如将变动部分与稳定部分分离)。 做一些变更或适应不同软硬件环境的实验。 遵循高内聚、低耦合原则。 设计界面不受系统内部变更的影响。 每个模块只完成一个功能
编码阶段	检查源程序与文档是否一致。 检查源程序的可理解性。 检查源程序是否符合编码规范
测试阶段	维护人员与测试人员一起按照需求文档和设计文档测试软件的有效性、可用性。 维护人员将收集的出错信息分类统计，为今后的维护奠定基础

2. 如何提高软件的可维护性

提高软件的可维护性的途径通常有以下几种。

1) 建立完整的文档管理体系

软件的文档包括用户文档和系统文档两类。用户文档主要描述系统的功能和使用方法；系统文档主要描述系统设计、实现和测试等方面的内容。

建立完整的文档管理体系，不仅可以避免文档书写不规范、文档和软件不一致的情况发生，还可以提高软件开发过程的能见度，提高开发效率。文档记录了开发过程中的相关信息，便于协调以后软件的开发、使用和维护；提供了对软件进行运行、维护和使用的相关信息，便于各种人员之间的协作交流；还有利于用户了解软件的功能、性能等各项指标，可以为用户的选择提供依据。

2) 明确质量标准，设定不同侧重点

在软件的需求分析阶段就应明确软件质量目标并确定标准，以保证软件质量。软件的质量特性有些是相互促进的，有些是相互抵触的。针对不同软件应设定不同的侧重点。例如，信息管理系统更强调可使用性和可修改性。

3) 注重软件质量保证审查

在软件开发的每个阶段工作完成之前，都要进行严格的评审。通过进行软件质量保证审查来检测软件在开发和维护过程中发生的质量变化，可以提高软件的可维护性。若检测出问题，则可以及时纠正，从而控制软件维护成本，延长软件的有效生命周期。

在软件开发期间，各个阶段审查的重点如图 10-3 所示。

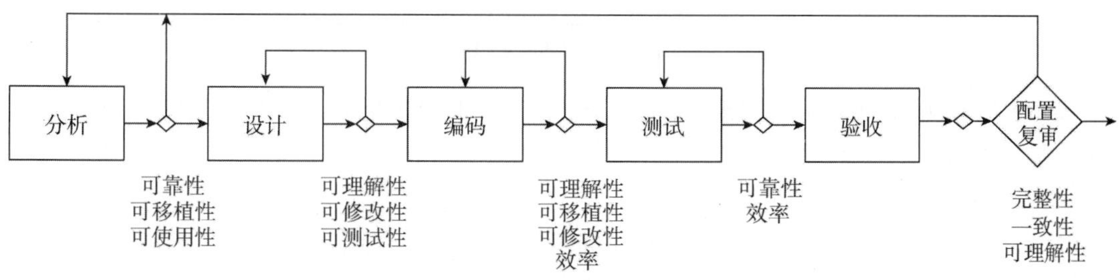

图 10-3　各个阶段审查的重点

4) 采用易于维护的技术和工具

采用易于维护的技术和工具进行软件开发，有利于提高软件的可维护性。例如，采用面向对象、软件复用等先进的开发技术；采用模块化进行开发，减少模块间的相互影响；采用结构化进行程序设计；选择可维护性高的程序设计语言；等等。

10.3 软件进化概述

软件的开发不会因为系统的交付而停止，它贯穿系统的整个生命周期。在用户使用软件期间，由于业务变更和用户期待的改变，会对现有系统提出新的需求，因此对软件进行修改是不可避免的。修改系统、提升性能或其他非功能特性，都意味着软件在交付以后是在不断进化的，以满足变更的需求。软件开发与进化是一个集成、完整、增量式的过程。

10.3.1 进化过程

软件进化过程在一定程度上依赖于所维护的软件的类型和参与开发过程的机构和人员。在所有机构中，系统变更建议是系统进化的动力。这些变更建议可能包括在发布的版本中还没有实现的已有需求、新的需求请求、系统所有者的补丁要求和来自系统开发团队的改进软件的新想法或建议。变更识别的过程和系统进化是循环和持续的，并且贯穿于系统的整个生命周期。

图 10-4 展示了软件进化过程的概况。进化过程包括变更分析的基础活动、版本规划、系统实现和对客户发布。通过评估这些变更的成本与影响，可以发现系统受到影响的程度及实现变更可能的成本。如果变更建议被接受，那么系统的新版本将被规划。在版本规划中，所有的变更建议(缺陷修补、改写和新功能)都将得到考虑，随后做出决定在系统的下一版本中实现哪些变更，最后对这些变更加以实现和验证，发布新版本。在下一个版本中重复这个过程，形成一个新的变更建议集合。

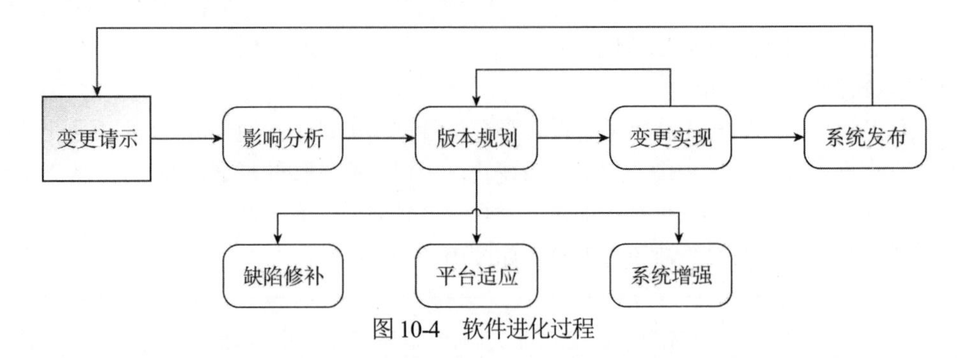

图 10-4　软件进化过程

变更实现的过程被认为是开发过程的迭代，在此迭代过程中可以完成对待修改系统的版本设计、实现和测试。

在进化过程中，需要进行详细的需求分析，因此往往在变更分析的早期阶段会逐渐浮现一些原本不明显的变更需求。这意味着所提出的变更可能需要进行修改，并且在实施前需要进一步与客户进行讨论。

10.3.2　遗留系统

软件系统的生命周期虽然千差万别，但是许多大型系统的使用时间超过十年，甚至长达二十多年，而且这些旧系统仍然在业务中扮演着重要角色。这些称为遗留系统的旧系统所提供的服务质量会对使用机构的业务产生巨大影响。

某保险公司使用多种语言在不同平台上支持多个不同的应用程序，如某个应用程序处理某类型保单、保单持有人信息、保险统计与记账信息等。这样的保单可能需要保留数十年甚至更久。有时不到最后一个保单持有人死亡并且每一项索赔都得到支付，是不可能废弃软件的。

这些软件虽然已经老旧，甚至有时会出错，但是它们对业务处理提供了有力的支撑，企业依然要依赖这些旧系统。通过选择不同的技术，在成本尽可能低的情况下维持或提高软件质量，可以使这些系统更易于维护。

遗留系统是指过去开发的计算机系统，通常使用了目前已经过时或不再使用的技术。这些系统的开发可能在生命周期中一直持续，通过变更来适应新需求、新运行平台等方面的变化。遗留系统不仅包括硬件和软件，还包括遗留的业务过程和步骤。对这类系统的一部分进行变更将不可避免地导致其他组成部分的变更。

1. 遗留系统的结构

遗留系统不仅仅是旧的软件系统，它包含社会和技术双重因素在内的基于计算机的系统，包括软件、硬件、数据和业务过程。

(1) 硬件。在许多情况下，遗留系统是为大型机硬件设计的，这些大型机现在已经不能使用，或是因为维护费用太高，或是因为与当前的 IT 购买政策不符。

(2) 支持软件。遗留系统可能依赖于操作系统、由硬件制造商提供的实用程序、系统开发用的编译器等一系列软件。

(3) 应用软件。提供业务服务的应用系统，通常由多个程序组成，这些程序之间往往是独立的，是在不同时间段开发出来的。

(4) 应用数据。由应用系统处理的数据。

(5) 业务过程。为达到一定的业务目的而使用的过程。

(6) 业务策略和规则。用户规定业务应该怎样完成及对业务的约束。

2. 遗留系统的进化策略

遗留系统的维护和升级通常会受到预算、期限等多种因素的约束，因此，开发人员需要对遗留系统的实际情况进行准确的评价，然后选择最合适的进化策略。遗留系统的进化策略有如下几个。

(1) 完全放弃该系统。

(2) 不改变该系统并继续进行常规的维护。

(3) 对该系统实施“再工程”以提高软件的可维护性。

(4) 用新系统替换遗留系统的全部或一部分。

选择合适的进化策略需要对遗留系统进行准确的评价。在对遗留系统进行评价时，首先评价系统质量和业务价值这个两方面，然后绘制一个软件系统评价图(见图 10-5)，用于比较系统在这两个方面的相对水平，最后便可得到相应的评价结果。评价结果分为以下 4 种类型。

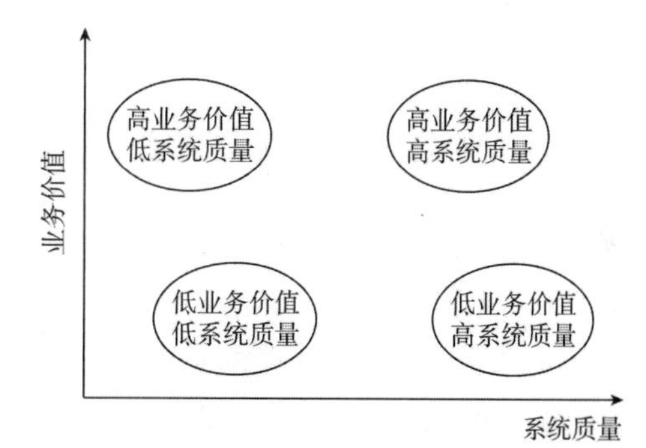

图 10-5　软件系统评价图

(1) 低业务价值，低系统质量。保持这类系统继续运转的费用很高，回报率很低，为抛弃的候选对象。

(2) 高业务价值，低系统质量。这类系统正在为业务做出重要贡献，不能抛弃，但是运行成本很高，需要以合适的系统替代或进行系统进化。

(3) 低业务价值，高系统质量。这类系统对业务的贡献很小，但是维护费用较低，可以继续进行一般的系统维护，也可以抛弃。

(4) 高业务价值，高系统质量。这类系统必须保持运转，进行常规维护。

在评价系统的业务价值时，主要从系统的使用、系统支持的业务过程、系统的可靠性和系统的输出 4 个方面进行考虑。

在评价系统的质量时，主要从技术因素和环境因素两个方面进行考虑。从技术角度来评价一个软件系统，需要同时考虑应用软件本身及软件运行的环境。环境包括硬件和所有相关的支撑软件，如维护系统所需要的编译器等。通常，环境评价考虑的因素包括厂商稳定性、失效率、已使用时间、性能、保障需求、维护成本及互操作性等。技术评价考虑的因素包括可理解性、文档、数据、性能、程序设计语言、配置管理、测试数据及人员技术能力等。

10.3.3　软件再工程

软件再工程(software reengineering)是指对既存对象系统进行调查，并将其中非可重用构件改造为新形式代码的开发过程。软件再工程的主要特点是最大限度地重用既存系统中的各种资源。软件再工程可以通过对遗留系统进行全部或部分的改造，来提高已有软件的质量或商业竞争力。软件再工程开始于已有的系统，通过改善原始系统的结构和产生新的系统文档，使得系统的可维护性得到提高。实施软件再工程可以减少重新开发软件的风险，降低开发软件的成本。

实施软件再工程的成本比重新进行软件开发要小得多。当一个系统有很高的业务价值，同时需要很高的维护费用时，对系统实施再工程就是一个较好的办法。

1. 软件再工程的过程

典型的软件再工程过程模型定义了 6 类活动：库存目录分析、文档重构、逆向工程、代码重构、数据重构及正向工程。

(1) 库存目录分析。每个软件组织都应该保存其拥有的所有应用系统的库存目录，该目录包含每个应用系统的基本信息，如应用系统的名称、构建日期、已进行实质性修改次数、过去 18 个月报告的错误、用户数量、文档质量、预期寿命、在未来 36 个月内的预期修改次数、业务重要程度等。库存目录分析阶段，应对每一个现存软件系统采集上述信息并通过局部重要标准对其排序，根据优先级选出再工程的候选软件，进而合理分配资源。对于预计将使用多年的程序、当前正在成功使用的程序和在不久的将来可能要做重大修改或增强的程序，可能成为预防性维护的对象。

(2) 文档重构。文档重构是对文档进行重建。软件老化的最大问题便是缺乏有效文档。由于文档重构是一件非常耗时的工作，不可能为数百个程序都重新建立文档，因此，在文档重构的过程中，针对不同情况，文档重建的处理方法也是不同的。若一个程序是相对稳定的，而且可能不会再经历什么变化，那么就保持现状，只针对系统中当前正在修改的部分建立完整文档，便于今后维护。如果某应用系统是完成业务工作的关键，而且必须重构全部文档，则应设法把文档工作减少到必需的最小量。

(3) 逆向工程。逆向工程是一种产品设计技术再现过程，即对一项目标产品进行逆向分析及研究，从而演绎并得出该产品的处理流程、组织结构、功能特性及技术规格等设计要素，以制作出功能相近但又不完全一样的产品。逆向工程通常针对自己公司多年前的产品，期望从旧的产品中提取系统设计、需求说明等有价值的信息。逆向工程的关键在于从详细的源代码实现中抽取抽象规格说明的能力。对于实时系统，由于频繁的性能优化，实现与设计之间的对应关系比较松散，设计信息不易抽取。

逆向工程导出的信息可以分为实现级、结构级、功能级及领域级 4 个抽象层次。实现级包括程序的抽象语法树、符号表等信息；结构级包括反映程序分量之间相互依赖关系的信息，如调用图、结构图等；功能级包括反映程序段功能及程序段之间关系的信息；领域级包括反映程序分量或程序诸实体与应用领域概念之间对应关系的信息。对于一项具体的维护任务，一般不必导出所有抽象级别上的信息。例如，代码重构任务，只需获得实现级信息即可。

逆向工程根据源程序的类别不同，可以分为对用户界面的逆向工程、对数据的逆向工程和对理解的逆向工程。

① 对用户界面的逆向工程。现代软件一般都拥有华丽的界面，当准备对旧的软件进行用户界面的逆向工程时，必须先理解旧软件的用户界面，并刻画出界面的结构和行为。

② 对数据的逆向工程。由于程序中存在许多不同种类的数据，如内部的数据结构、底层的数据库和外部的文件。其中，对内部的数据结构的逆向工程可以通过检查程序代码及变量来完成；而对于数据库结构的重构可以通过建立一个初始的对象模型、确定候选键、精化实验性的类、定义一般化，以及发现关联来完成。

③ 对理解的逆向工程。为了理解过程的抽象，代码的分析必须在以下不同的层次进行：系统、程序、部件、模式和语句。对于大型系统，逆向工程通常用半自动化的方法来完成。

(4) 代码重构。代码重构是软件再工程最常见的活动，目标是重构代码生成质量更高的程序。通常，重构并不修改软件的整个体系结构，仅关注个体模块的内部设计细节和局部数据结构，用新生成的、易于理解和维护的代码替代原有的代码。通常，对于具有比较完整、合理的体系结构，但其中个体模块的编码方式比较难以理解、测试和维护的程序，可以重构可疑模块的代码。代码重构活动首先用重构工具分析代码，标注出与结构化程序设计概念相违背的部分；其次重构有问题的代码；最后复审和测试生成的重构代码(以保证没有引入异常)并更新代码文档。

(5) 数据重构。数据重构是对数据结构进行重新设计，以适应新的处理要求。代码的修改往往会涉及数据，并且随着需求的发展，原有的数据可能已经无法满足新的处理要求，因此需要重新设计数据结构，即对数据进行再工程。数据重构是一种全范围的再工程活动。通常，数据重构始于逆向工程活动，分解当前使用的数据体系结构，必要时定义数据模型、标识数据对象和属性，并从软件质量的角度复审现存的数据结构。

(6) 正向工程。正向工程是指从现存软件中提取设计信息并用以修改或重建现存系统以提高系统整体质量。当一个正常运行的软件系统需要进行结构化翻新时，就可对其实施正向工程。通常，被再工程的软件不仅重新实现了现有系统的功能，而且加入了新功能，提高了整体性能。

2. 软件再工程的方法

软件再工程的方法有再分析、再编码和再测试 3 种。

(1) 再分析。再分析主要是对既存系统进行分析调查，包括系统的规模、体系结构、外部功能、内部算法、复杂度等，其主要目的是寻找可重用的对象和策略，最终形成再工程设计书。

(2) 再编码。再编码主要是根据再工程设计书，对代码做进一步分析，产生编码设计书。编码设计书类似于详细设计书。

(3) 再测试。再测试阶段，通过重用原有的测试用例及运行结果，来降低再工程成本。对于可重用的独立性较强的局部系统，还可以免除测试。这也是重用技术被再工程高度评价的重要原因之一。

3. 软件再工程的优点

实施软件再工程有以下优点。

(1) 软件再工程可以帮助软件开发机构降低软件演化的风险。

(2) 软件再工程可以帮助机构补偿软件投资。

(3) 软件再工程可以使得软件易于进一步改进

(4) 软件再工程是推动自动软件维护发展的动力。

(5) 软件再工程有着广阔的市场。

4. 软件再工程的问题与前景

软件再工程的问题与前景具体如下。

(1) 需要自动化工具的支持。有可以标识、分析并提出源代码中的信息的工具，但它们不能重构、获取，也不能表达、设计、抽象那些没有直接表示在源代码中的信息。

(2) 源代码中没有包含原设计的太多信息，缺失的信息必须从推论中重构。逆向工程的尝试最好是针对易于理解且稳定领域中出现的信息系统。

(3) 在其他领域，只有对代码中隐含的信息、现有的设计文档、人员的经验及问题域进行全面了解，才能进行设计恢复。

(4) 设计符号的形式和领域模型的引入，将扩展我们理解与维护软件时用到的信息。期望转换技术的提高，可支持更多的应用领域并提高再工程的自动化。

本章小结

- 软件产品的实施是一个软件产品从内部开发完成、产品发布，到系统正式运行之间的一系列活动。对于不同性质的软件产品，实施包含的内容也不尽相同。
- 软件实施分为实施准备、业务交流、软件实施培训、数据准备及系统初始化、新旧系统切换及试运行、系统验收 6 个步骤。
- 软件维护是指软件系统交付使用以后，为了改正错误或满足新的需要而修改软件的过程。
- 软件维护分为改正性维护、适应性维护、完善性维护和预防性维护 4 类。
- 软件维护存在维护费用高昂、可能引发副作用等问题。
- 软件进化过程包括变更分析的基础活动、版本规划、系统实现和对客户发布。
- 软件再工程是指对既存对象系统进行调查，并将其中非可重用构件改造为新形式代码的开发过程。
- 典型的软件再工程过程模型定义了 6 类活动：库存目录分析、文档重构、逆向工程、代码重构、数据重构及正向工程。

思政园地

软件维护是软件交付之后的工作。用户在使用软件的过程中会发现一些问题或提出一些新的需求，技术人员需要为更正发现的问题或为了满足用户的需要而修改软件。在进行软件维护的过程中，具有良好的沟通能力是非常有必要的，既要能够坚持原则，又要灵活变通，以确保软件能够持续、健康地运行。

社会是人与人相互作用的产物。马克思指出“人是一切社会关系的总和”“一个人的发展取决于和他直接或间接进行交往的其他一切人的发展”。因此，沟通能力是一个人生存与发展的必备能力，也是决定一个人成功的必要条件。

本章练习题

一、选择题

1. 在软件生命周期中，工作量所占比例最大的阶段是(　　)阶段。

A. 需求分析　　B. 设计　　C. 测试　　D. 维护

2. 一个软件产品开发完成投入使用后，常常由于各种原因需要对它做适当的变更，通常把软件交付使用后所做的变更称为(　　)。

A. 改正性维护　　B. 适应性维护　　C. 完善性维护　　D. 预防性维护

3. 在软件工程中，维护工作的主要目标是提高(　　)，降低维护的代价。

A. 软件的可维护性　　B. 软件的生产率

C. 维护的效率　　D. 软件的可移植性

4. 在软件维护的内容中，占维护活动工作量比例最高的是(　　)。

A. 改正性维护　　B. 适应性维护　　C. 完善性维护　　D. 预防性维护

5. 软件维护的副作用是指(　　)。

A. 运行时误操作　　B. 隐含的错误

C. 因修改软件而造成的错误　　D. 开发时的错误

二、简述题

1. 在软件实施过程中新旧系统的切换有哪几种方式？其优缺点有哪些？

2. 软件维护的类型有哪些？

3. 软件维护的流程是什么？

4. 软件维护的副作用表现在哪些方面？

5. 在现实环境中，使用中的软件系统必须进行变更，否则就会逐渐失去其效用。这是为什么？

6. 请讨论使软件维护成本居高不下的因素。如何尽可能降低这些因素的影响？

7. 软件再工程的基本思想是什么？

꧁ 第 11 章 ꧂

软件工程标准与文档

文档是指某种数据媒体和其所记录的数据。软件文档是“图纸化”的规范化软件生产的重要依据，同时直接关系软件开发过程的可见性和可控性，它在计算机软件产品的开发过程中具有举足轻重的作用。编写软件文档是软件设计和开发人员必须具备的一项基本技能。读完本章，你将了解以下内容。

- 软件工程标准有哪些？
- 软件文档的编写有什么要求？
- 软件文档有哪些重要内容？
- 面向对象软件的文档编制是什么？

11.1 软件工程标准

随着软件工程学科的发展，人们对软件的认识逐渐深入，软件工作的范围从编写程序扩展到整个软件生命周期。同时，还有许多技术管理工作(如过程管理、产品管理、资源管理)及确认与验证工作(如评审与审计、产品分析、测试等)常常是跨越软件生命周期各个阶段的专门工作，所有这些都应建立标准或规范，使得各项工作都能有章可循。

1. 国际标准

国际标准是指由国际联合机构制定和公布，提供各国参考的标准。国际标准化组织(International Organization for Standardization，ISO)有着广泛的代表性和权威性，它所公布的标准也有较大的影响。20 世纪 60 年代初，该机构建立了“计算机与信息处理技术委员会”(简称 IOS/TC 97)，专门负责与计算机有关的标准化工作。截至目前，IOS/TC 97 共制定了 38 项国际标准。

2. 国家标准

国家标准是指由政府或国家级的机构制定或批准，适用于全国范围的标准。比较常见的国家标准如下。

(1) 美国国家标准学会(American National Standards Institute，ANSI)批准的若干个软件工程标准。

(2) BSI(British Standards Institution) ——英国标准协会。

(3) JIS(Japanese Industrial Standards) ——日本工业标准。

(4) 中华人民共和国国家标准化管理委员会是我国国家标准的制定与发布机构，它所公布实施的标准简称为“国标(GB)”。

3. 行业标准

行业标准是指由行业机构、学术团体或国防机构制定，并适用于某个业务领域的标准。其中，电气与电子工程师学会(IEEE)是一个典型的代表。近年来，该学会专门成立了软件标准分技术委员会(SESS)，积极开展软件标准化活动，取得了显著成果，受到软件界的关注。IEEE 通过的标准常常要报请 ANSI 审批，使其具有国际标准的性质。因此，我们看到 IEEE 公布的标准常冠有 ANSI 字头，如 ANSI/IEEE Str 828—1983 软件配置管理技术标准。

(1) GJB——中华人民共和国国家军用标准。这是由我国工业和信息化部(原国防科学技术工业委员会)批准，适合国防部门和军队使用的标准。例如，1988 年发布实施的《军用软件开发规范》(GJB 473—1988)。

(2) DOD-STD(Department of Defense-Standards)——美国国防部标准。该标准适用于美国国防部门。

近年来，我国许多经济部门都开展了软件标准化工作，制定和公布了一些适应本行业工作需要的规范。这些规范大都参考了国际标准或国家标准，对各行业所属企业的软件工程工作起到了有力的推动作用。

4. 企业标准

由于软件工程工作的需要，一些大型企业和公司制定了适合本企业的规范。例如，美国 IBM 公司通用产品部在 1984 年制定了《程序设计开发指南》，供该公司内部使用。

5. 项目规范

项目规范是指由某一科研生产项目组织制定，且为该项任务专用的软件工程规范。例如，计算机集成制造系统的软件工程规范。

11.2 软件工程国家标准

我国的软件工程标准起步于 1984 年。同年，全国计算机与信息处理标准化技术委员会成立了软件工程分技术委员会，目前，该委员会已经制定了 20 多项国家标准，主要根据国际标准和 IEEE 标准而制定。这些标准的制定对规范我国软件产业、开发和维护高质量的软件产品、培养和提高软件开发人员的开发水平起到了重要作用。常用的国家标准化管理委员会批准的软件工程国家标准如下。

1. 基础标准

(1)《软件工程术语》(GB/T 11457—1995)。

该标准定义了软件工程领域中通用的术语，适用于软件开发、使用维护、科研、教学和出版等方面。

(2)《信息处理—数据流程图、程序流程图、系统流程图、程序网络图和系统资源图的文件编制符号及约定》(GB/T 1526—1989)。

该标准规定了信息处理文档编制中使用的各种符号，并给出了数据流程图、程序流程图、系统流程图、程序网络图和系统资源图中使用的符号约定。

(3)《软件工程标准分类法》(GB/T 15538—1995)。

该标准提供了对软件工程标准进行分类的形式和内容，并解释了各种类型的软件工程标准。

(4)《信息处理 程序构造及表示的约定》(GB/T 13502—1992)。

该标准定义了程序的构造图形表示，用于构造一个良好的程序。

(5)《信息处理 单命中判定表规范》(GB/T 15535—1995)。

该标准定义了单命中判定表的基本格式和相关定义，并推荐了编制和使用该判定表的约定。单命中判定表指其任意一组条件只符合一条规则的判定表。

2. 开发标准

(1)《软件支持环境》(GB/T 15853—1995)。

该标准规定了软件支持环境的基本要求，软件开发支持环境的内容和实现方法，以及对软件生存期支持部门软件支持能力的具体要求，适用于软件支持环境的设计、建立、管理和评价。

(2)《信息技术软件生存期过程》(GB/T 8566—1995)。

该标准规定了在获取、供应、开发、操作、维护软件过程中，要实施的过程、活动和任务，为用户提供了一个公共框架。

(3)《软件维护指南》(GB/T 14079—1993)。

该标准描述软件维护的内容和类型、维护过程及维护的控制和改进。

(4)《信息处理 按记录组处理顺序文卷的程序流程》(GB/T 15697—1995)。

该标准描述了两个可供选择的通用过程：检验适当层次终止后的控制前端条件；检验适当层次初始化前的控制前端条件。这两个通用过程用于处理按记录组逻辑组织的顺序文卷的任何程序。

3. 文档标准

(1)《计算机软件文档编制规范》(GB/T 8567—2006)。

该标准代替了 GB/T 8567—1988，规定了软件需求规格说明、软件测试文件、软件质量保证计划与软件配置管理计划等文档。

(2)《计算机软件需求规格说明规范》(GB/T 9385—2008)。

该标准代替了 GB/T 9385—1988，为软件需求实践提供了一个规范化方法，适用于编写软件需求规格说明书，描述了软件需求说明书所必须包含的内容和质量。

(3)《计算机软件测试文档编制规范》(GB/T 9386—2008)。

该标准代替了 GB/T 9386—1988，规定了一组软件测试文档，可以作为对相关测试过程完备性的对照检查表。

(4)《软件文档管理指南》(GB/T 16680—1996)。

该标准为软件开发负有责任的管理者提供软件文档的管理指南，协作管理者产生有效的文档。

4. 管理标准

(1)《计算机软件质量保证计划规范》(GB/T 12504—1990)。

该标准规定了在制定软件质量保证方案时应遵循的统一的基本要求，适用于软件的质量保证方案的制定工作。

(2)《信息技术 软件产品评价质量特性及其使用标准》(GB/T 16260—1996)。

该标准确定和评价了软件产品质量及开发过程质量。

(3)《计算机软件配置管理计划规范》(GB/T 12505—1990)。

该标准规定了在制定软件配置管理计划时应遵循的统一的基本要求。

11.3 软件工程文档标准(GB/T 8567—2006)

11.3.1 软件生命周期与各种文档的编制

在软件的生命周期中，一般来说，应该产生以下基本文档。

- 可行性分析(研究)报告；
- 软件(项目)开发计划；
- 软件需求规格说明；
- 接口需求规格说明；
- 系统/子系统设计(结构设计)说明；
- 软件(结构)设计说明；
- 接口设计说明；
- 数据库(顶层)设计说明；
- (软件)用户手册；
- 操作手册；
- 测试计划；
- 测试报告；
- 软件配置管理计划；
- 软件质量保证计划；
- 开发进度月报；
- 项目开发总结报告；
- 软件产品规格说明；
- 软件版本说明等。

本标准给出了这些文档的编制规范，同时也是对这些文档的编写质量进行检验的准则。一般来说，一个软件通常是一个计算机系统(包括硬件、固件和软件)的组成部分。鉴于计算机系统的多样性，本标准一般不涉及整个系统开发中的文档编制问题，仅仅是软件开发过程中的文档编制指南。

对于使用文档的人员而言，他们所关心的文档的种类会根据其所承担的工作而有所不同，项目组各类人员与对应文档如表 11-1 所示。

表 11-1　项目组各类人员与对应文档

管理人员	开发人员	维护人员	用户
可行性分析(研究)报告 项目开发计划 软件配置管理计划 软件质量保证计划 开发进度月报 项目开发总结报告	可行性分析(研究)报告 项目开发计划 软件需求规格说明 接口需求规格说明 软件(结构)设计说明 接口设计说明书 数据库(顶层)设计说明 测试计划 测试报告	软件需求规格说明 接口需求规格说明 软件(结构)设计说明 测试报告	软件产品规格说明 软件版本说明 用户手册 操作手册

本标准规定了在软件开发过程中对文档编制的要求，这些文档从使用的角度可分为用户文档和开发文档两大类。其中，用户文档必须交给用户。用户应该得到的文档的种类和规模由供应者与用户之间签订的合同而定。

如前所述，一个软件从构思之日起，经过软件开发成功投入使用，直到决定停止使用并被另一个软件代替之时止，被认为是该软件的一个生命周期，一般来说这个软件生命周期可以分成以下 6 个阶段。

1. 可行性与计划研究阶段

在可行性与计划研究阶段，要确定软件的开发目标和总体要求，进行可行性分析、投资—收益分析，制订开发计划，并完成可行性分析(研究)报告、软件开发计划等文档的编写。

2. 需求分析阶段

在需求分析阶段，系统分析人员进行系统分析，确定软件的各项功能、性能需求和设计约束，并提出对文档编制的要求。一般来说，本阶段应该完成软件需求规格说明(也称为软件需求说明、软件规格说明)、数据要求说明和初步的用户手册的编写。

3. 设计阶段

在设计阶段，系统设计人员和程序设计人员应该在反复理解软件需求的基础上，提出多个设计，分析每个设计能实现的功能并进行相互比较，最后确定一个设计，包括该软件的结构和模块的划分、功能的分配，以及流程处理。在系统比较复杂的情况下，设计阶段应分为概要设计阶段和详细设计阶段。一般情况下，在设计阶段应完成结构设计说明、详细设计说明和测试计划初稿的编写。

4. 实现阶段

在实现阶段，要完成源程序的编码、编译(或汇编)和排错调试，得到没有语法错误的程序清单；编写进度日报、周报和月报(是否要有日报或周报，取决于项目的重要性和规模)；完成用户手册、操作手册等面向用户的文档的编写工作；完成测试计划的编制。

5. 测试阶段

在测试阶段，程序将被全面地测试，已编制的文档将被检查审阅。此时，一般要完成测试报告的编写。随着开发工作的结束，所生产的程序、文档，以及开发工作本身将逐项被评价，最后编写项目开发总结报告。

在整个开发过程中(即前五个阶段中)，开发团队要按月编写开发进度月报。

6. 运行与维护阶段

在运行和维护阶段，需要根据新提出的需求对软件进行必要且可能的扩充、删改、更新和升级。

11.3.2　文档编制中的考虑因素

文档编制是开发过程的有机组成部分，是一个从形成最初轮廓、经反复检查和修改，直至程序和文档正式交付使用的完整过程。其中每一步都要求工作人员做出很大努力，不仅要保证文档编制的质量，体现每个开发项目的特点，还要注意不要花费过多人力。为此，在编制文档时要考虑如下各项因素。

1. 文档的读者

每种文档都有特定的读者。这些读者包括：个人或小组，软件开发单位的成员或社会上的公众，从事软件工作的技术人员、管理人员或领导干部。他们期待着使用这些文档的内容来进行工作，如设计、编写程序、测试、使用、维护或进行计划管理。因此，这些文档的作者必须了解自己的读者，文档的编写必须要适应特定读者的水平、特点和要求。

2. 重复性

本标准列出的文档编制规范的内容要求中显然存在重复的部分，较为明显的重复有两类：第一类是引言，引言是每种文档都要包含的内容，以向读者提供总体概述；第二类是文档中的说明部分，如对功能性能的说明、对输入输出的描述、系统中包含的设备等。这样设计是为了方便读者使用，使每种文档都自成体系，尽量避免读者在阅读一种文档时又不得不去参考另一种文档的情况发生。当然，在每种文档中，有关引言、说明等与其他文档相重复的部分，在行文、所用术语、详细程度等方面要有一些差别，以满足各种文档的不同读者的需要。

3. 灵活性

软件开发是具有创造性的脑力劳动，而且不同软件在规模和复杂程度上差别极大，因此，在文档编制工作中允许存在一定的灵活性，具体如下。

1) 应编制的文档种类

尽管本标准认为在一般情况下，软件开发过程中会产生如上所述的各种文档，但对于一项具体的软件开发项目，有时不必编制如此多的文档，可以将几种文档合并成一种。一般来说，当项目的规模、复杂性和失败风险增大时，文档编制的范围、管理手续和详细程度将随之增加；反之，则可适当减少。为了恰当地掌握这种灵活性，本标准要求贯彻分工负责的原则，这意味着：

(1) 一个软件开发单位的领导机构应该根据本单位经营承包的应用软件的专业领域和本单位的管理能力，制定一个对文档编制要求的实施规定。例如，在不同的条件下，应该形成哪些文档、这些文档的详细程度如何等。开发单位的每一个项目负责人都必须认真执行该实施规定。

(2) 对于一个具体的应用软件项目，项目负责人应根据上述实施规定，确定一个文档编制计划(可以包含在软件开发计划中)，计划包括如下内容。

① 应该编制的文档种类及详细程度。

② 各个文档的编制负责人和进度要求。

③ 审查、批准的负责人和时间进度安排。

④ 在开发时间内，各文档的维护、修改和管理的负责人，以及批准手续。

⑤ 每项工作必须落实到人。文档编制计划是整个开发计划的重要组成部分。

⑥ 有关设计人员必须严格执行文档编制计划。

2) 文档的详细程度

根据同一份提纲起草的文件在篇幅上往往存在差异，可以少至几页，也可以多达几百页。对于这种差别，本标准是允许的。此详细程度取决于任务的规模、复杂性，以及项目负责人对该软件开发过程及运行环境所需的详细程度的判断。

3) 文档的扩展

当被开发系统的规模非常大(如源码超过一百万行)时，一种文档可以分成几卷编写，可以按子系统分别编制，也可以按内容划分成多卷，具体如下。

(1) 项目开发计划可能包括质量保证计划、配置管理计划、用户培训计划和安装实施计划。

(2) 系统设计说明可分写成系统设计说明和子系统设计说明。

(3) 程序设计说明可分写成程序设计说明、接口设计说明和版本说明。

(4) 操作手册可分写成操作手册和安装实施过程。

(5) 测试计划可分写成测试计划、测试设计说明、测试规程和测试用例。

(6) 测试报告可分写成综合测试报告和验收测试报告。

(7) 项目开发总结报告也可分写成项目开发总结报告和资源环境统计。

4) 章、条的扩张与缩并

在软件文档中，一般宜使用本标准提供的章、条标题。但所有的条都可以扩展，以适应实际需要。反之，如果章、条中的有些细节并非必需，则可以根据实际情况缩并，此时章、条的编号应相应地变更。

5) 程序设计的表现形式

本标准对于程序设计的表现形式并未做出规定或限制，可以使用流程图或判定表，也可以使用其他表现形式，如程序设计语言(PDL)、问题分析图(PAD)等。

6) 文档的表现形式

本标准对于文档的表现形式也未做出规定或限制，可以使用自然语言，也可以使用形式化语言，还可以使用各种图、表。

7) 文档的其他种类

当本标准中规定的文档种类尚不能满足某些应用部门的特殊需要时，可以建立一些特殊的文档种类要求，如软件质量保证计划、软件配置管理计划等，这些要求可以包含在本单位的文件编制实施规定中。

11.3.3 可行性分析(研究)报告

说明：

1. 可行性分析(研究)报告是项目初期策划的结果，它分析了项目的要求、目标和环境，提出了几种可供选择的方案，并从经济、技术和法律等方面进行了可行性分析。该报告是项目决策的依据。

2. 可行性分析(研究)报告也可以作为项目建议书、投标书等文件的基础。

可行性分析(研究)报告的正文格式如下。

1 引言

本章分为以下几条。

1.1 标识

本条包含本文档适用的系统和软件的完整标识，(若适用)包括标识号、标题、缩略词语、版本号和发行号。

1.2 背景

本条说明项目在什么条件下提出，提出者的要求、目标、实现环境和限制条件。

1.3 项目概述

本条简述本文档适用的项目和软件的用途，它应描述项目和软件的一般特性；概述项目开发、运行和维护的历史；标识项目的投资方、需方、用户、开发方和支持机构；标识当前和计划的运行现场；列出其他有关的文档。

1.4 文档概述

本条概述本文档的用途和内容，并描述与其使用有关的保密性和私密性的要求。

2 引用文件

本章应列出本文档引用的所有文档的编号、标题、修订版本和日期，也应标识不能通过正常的供货渠道获得的所有文档的来源。

3 可行性分析的前提

3.1 项目的要求

3.2 项目的目标

3.3 项目的环境、条件、假定和限制

3.4 进行可行性分析的方法

4 可选的方案

4.1 原有方案的优缺点、局限性及存在的问题

4.2 可重用的系统与要求之间的差距

4.3 可选择的系统方案 1

4.4 可选择的系统方案 2

4.5 选择最终方案的准则

5 所建议的系统

5.1 对所建议的系统的说明

5.2 数据流程和处理流程

5.3 与原系统的比较(若有原系统)

5.4　影响(或要求)

5.4.1　设备

5.4.2　软件

5.4.3　运行

5.4.4　开发

5.4.5　环境

5.4.6　经费

5.5　局限性

6　经济可行性(成本—效益分析)

6.1　投资

投资包括基本建设投资(如开发环境、设备、软件和资料等)、其他一次性和非一次性投资(如技术管理费、培训费、管理费、人员工资、奖金和差旅费等)。

6.2　预期的经济效益

6.2.1　一次性收益

6.2.2　非一次性收益

6.2.3　不可定量的收益

6.2.4　收益/投资比

6.2.5　投资回收周期

6.3　市场预测

7　技术可行性(技术风险评价)

本公司现有资源(如人员、环境、设备和技术条件等)能否满足此工程和项目实施要求，若不满足，应考虑补救措施(如需要增加人员、投资和设备等)，涉及经济问题应进行投资、成本和效益的可行性分析，最后确定此工程和项目是否具备技术可行性。

8　法律可行性

系统开发可能导致的侵权、违法行为和责任。

9　用户使用可行性

用户单位的行政管理和工作制度；使用人员的素质和培训要求。

10　其他与项目有关的问题

未来可能的变化。

11　注解

本章包含有助于理解本文档的一般信息(如原理)，也包含为理解本文档需要的术语和定义，以及所有缩略语和它们在文档中的含义的字母序列表。

附录

附录可用来提供为便于文档维护而单独出版的信息(如图表、分类数据)。为便于处理附录可单独装订成册。附录应按字母顺序(如A、B等)编排。

11.3.4　软件开发计划

说明：

1. 软件开发计划用于描述开发人员实施软件开发工作的计划，本文档中“软件开发”一词涵盖了新开发、修改、重用、再工程、维护和由软件产品引起的其他所有活动。

2. 软件开发计划是向需求方提供了解和监督软件开发过程、所使用的方法、每项活动的途径、项目的安排、组织及资源的一种手段。

3. 本计划的某些部分可视实际需要单独编制成册，如软件配置管理计划、软件质量保证计划和文档编制计划等。

软件开发计划的正文格式如下。

1　引言

本章分为以下几条。

1.1　标识

本条包含本文档适用的系统和软件的完整标识，(若适用)包括标识号、标题、缩略词语、版本号和发行号。

1.2　系统概述

本条简述本文档适用的系统和软件的用途，它应描述系统和软件的一般特性；概述系统开发、运行和维护的历史；标识项目的投资方、需方、用户、开发方和支持机构；标识当前和计划的运行现场；列出其他有关的文档。

1.3　文档概述

本条概述本文档的用途和内容，并描述与其使用有关的保密性和私密性的要求。

1.4　与其他计划之间的关系

(若有)本条描述本计划和其他项目管理计划的关系。

1.5　基线

本条给出编写本软件开发计划的输入基线，如软件需求规格说明。

2　引用文件

本章应列出本文档引用的所有文档的编号、标题、修订版本和日期，也应标识不能通过正常的供货渠道获得的所有文档的来源。

3　交付产品

3.1　程序

3.2　文档

3.3　服务

3.4　非移交产品

3.5　验收标准

3.6　最后交付期限

列出本项目应交付的产品，包括软件产品和文档。其中，软件产品应指明哪些是要开发的、哪些是属于维护性质的；文档是指随软件产品交付给用户的技术文档，如用户手册、安装手册等。

4　所需工作概述

本章根据需要分条对后续章描述的计划做出说明，(若适用)包括以下概述。

(1) 对所要开发系统、软件的需求和约束。

(2) 对项目文档编制的需求和约束。

(3) 该项目在系统生命周期中所处的地位。

(4) 所选用的计划/采购策略或对它们的需求和约束。

(5) 项目进度安排及资源的需求和约束。

(6) 其他的需求和约束，如项目的安全性、保密性、私密性、方法、标准、硬件开发和软件开发的相互依赖关系等。

5　实施整个软件开发活动的计划

本章分以下几条。不需要的活动条款用“不适用”注明，如果对项目中不同的开发阶段或不同的软件需要不同的计划，这些不同之处应在此条加以注解。除以下规定的内容外，每条中还应标识存在的风险和不确定因素，以及处理它们的计划。

5.1　软件开发过程

本条描述要采用的软件开发过程。计划应覆盖论及它的所有合同条款，确定已计划的开发阶段(若适用)、目标和各阶段要执行的软件开发活动。

5.2　软件开发总体计划

本条分以下若干条进行描述。

5.2.1　软件开发方法

本条描述或引用要使用的软件开发方法，包括对支持这些方法的手工工具、自动工具和过程的描述。该方法应覆盖论及它的所有合同条款。如果这些方法在它们所适用的活动范围有更好的描述，可引用本计划中的其他条。

5.2.2　软件产品标准

本条描述或引用在表达需求、设计、编码、测试用例、测试过程和测试结果方面要遵循的标准。标准应覆盖合同中论及它的所有条款。如果这些标准在标准所适用的活动范围有更好的描述，可引用本计划中的其他条。对要使用的各种编程语言都应提供编码标准，至少应包括如下内容。

(1) 格式标准(如缩进、空格、大小写和信息的排序)。

(2) 首部注释标准。例如，代码的名称/标识符、版本标识、修改历史、用途等，处理的注记(如使用的算法、假设、约束、限制和副作用)，数据注记(输入、输出、变量和数据结构等)。

(3) 其他注释标准(如要求的数量和预期的内容)。

(4) 变量、参数、程序包、过程和文档等的命名约定。

(5) (若有)编程语言构造或功能的使用限制。

(6) 代码聚合复杂性的制约。

5.2.3　可重用的软件产品

5.2.4　处理关键性需求

本条描述为处理指定关键性需求应遵循的方法。描述应覆盖合同中论及它的所有条款。

5.2.5　计算机硬件资源的利用

本条描述分配计算机硬件资源和监控其使用情况要遵循的方法。描述应覆盖合同中论及它的所有条款。

5.2.6　记录原理

本条描述记录原理所遵循的方法，该原理在支持机构对项目做出关键决策时是有用的。应对项目的“关键决策”一词做出解释，并陈述原理记录在什么地方。描述应覆盖合同中论及它的所有条款。

5.2.7　需方评审途径

本条描述为评审软件产品和活动，让需方或授权代表访问开发方和分包方的一些设施要遵循的方法。描述应遵循合同中论及它的所有条款。

6　实施详细软件开发活动的计划

本章分条进行描述。不需要的活动用“不适用”注明，如果项目的不同开发阶段或不同软件需要不同的计划，则应在本条指出这些差异。每项活动的论述应包括应用于以下方面的途径(方法/过程/工具)。

(1) 所涉及的分析性任务或其他技术性任务。

(2) 结果的记录。

(3) 与交付有关的准备(若有)。

论述还应标识存在的风险和不确定因素，以及处理它们的计划。如果适用的方法已在 5.2.1 中描述，则可引用它。

6.1　项目计划和监督

本条描述项目计划和监督中要遵循的方法。各分条的计划应覆盖合同中论及它的所有条款。

6.2　建立软件开发环境

本条描述建立、控制、维护软件开发环境所遵循的方法。计划应覆盖合同中论及它的所有条款。

6.3　系统需求分析

6.4　系统设计

6.5　软件需求分析

本条描述软件需求分析中要遵循的方法。描述应覆盖合同中论及它的所有条款。

6.6　软件设计

本条描述软件设计中所遵循的方法。计划应覆盖合同中论及它的所有条款。

6.7　软件实现和配置项测试

本条描述软件实现和配置项测试中要遵循的方法。计划应覆盖合同中论及它的所有条款。

6.8　配置项集成和测试

本条描述配置项集成和测试中要遵循的方法。计划应覆盖合同中论及它的所有条款。

6.9　CSCI(计算机软件配置项)合格性测试

本条描述 CSCI 合格性测试中要遵循的方法。计划应覆盖合同中论及它的所有条款。

6.10　CSCI/HWCI(硬件配置项)集成和测试

本条描述 CSCI/HWCI 集成和测试中要遵循的方法。计划应覆盖合同中论及它的所有条款。

6.11　系统合格性测试

本条描述系统合格性测试中要遵循的方法。计划应遵循合同中论及它的所有条款。

6.12 软件使用准备

本条描述软件使用准备要遵循的方法。计划应遵循合同中论及它的所有条款。

6.13 软件移交准备

本条描述软件移交准备要遵循的方法。计划应遵循合同中论及它的所有条款。

6.14 软件配置管理

本条描述软件配置管理中要遵循的方法。计划应遵循合同中论及它的所有条款。

6.15 软件产品评估

本条描述软件产品评估中要遵循的方法。计划应覆盖合同中论及它的所有条款。

6.16 软件质量保证

本条描述软件质量保证中要遵循的方法。计划应覆盖合同中论及它的所有条款。

6.17 问题解决过程(更正活动)

本条描述软件更正活动中要遵循的方法。计划应覆盖合同中论及它的所有条款。

6.18 联合评审(联合技术评审和联合管理评审)

本条描述进行联合技术评审和联合管理评审要遵循的方法。计划应覆盖合同中论及它的所有条款。

6.19 文档编制

本条描述文档编制要遵循的方法。计划应覆盖合同中论及它的所有条款。描述应遵循本标准第5章文档编制过程中的有关文档编制计划的规定执行。

6.20 其他软件开发活动

7 进度表和活动网络图

本章应给出进度表和活动网络图。

(1) 进度表：标识每个开发阶段的活动，给出每个活动的初始点、提交的草稿和最终结果的可用性、其他的里程碑及每个活动的完成点。

(2) 活动网络图：描述项目活动之间的顺序关系和依赖关系，标出完成项目中有严格时间限制的活动。

8 项目组织和资源

本章描述各阶段要使用的项目组织和资源。

8.1 项目组织

本条描述本项目要采用的组织结构，包括涉及的组织机构、机构之间的关系、执行所需活动的每个机构的权限和职责。

8.2 项目资源

本条描述适用于本项目的资源，(若适用)包括以下几项。

(1) 人力资源。

① 估计此项目投入的人力(人员/时间数)。

② 按职责(如管理、软件工程、软件测试、软件配置管理、软件产品评估、软件质量保证和软件文档编制等)分解所投入的人力。

③ 根据每个职责人员的技术级别、地理位置和涉密程度来划分。

(2) 开发人员要使用的设施，包括执行工作的地理位置、要使用的设施、保密区域和运用合同项目的设施的其他特性。

(3) 为满足合同需要，需方应提供的设备、软件、服务、文档、资料及设施，给出一张何时需要上述各项的进度表。

(4) 其他所需资源，包括获得资源的计划、需要的日期和每项资源的可用性。

9　培训

9.1　项目的技术要求

本条根据客户需求和项目策划结果，确定本项目的技术要求，包括管理技术和开发技术。

9.2　培训计划

本条根据项目的技术要求和项目成员的情况，确定是否需要进行项目培训，并制订培训计划。若不需要培训，则应说明理由。

10　项目估算

本章分以下几条说明项目估算的结果。

10.1　规模估算

10.2　工作量估算

10.3　成本估算

10.4　关键计算机资源估算

10.5　管理预留

11　风险管理

本章分析可能存在的风险、所采取的对策和风险管理计划。

12　支持条件

12.1　计算机系统支持

12.2　需要需方承担的工作和提供的条件

12.3　需要分包商承担的工作和提供的条件

13　注解

本章包含有助于理解本文档的一般信息(如原理)，也包含为理解本文档需要的术语和定义，以及所有缩略语和它们在文档中的含义的字母序列表。

附录

附录可用来提供为便于文档维护而单独出版的信息(如图表、分类数据)。为便于处理，附录可单独装订成册。附录应按字母顺序(如 A、B 等)编排。

11.3.5　系统/子系统需求规格说明

说明：

1. 系统/子系统需求规格说明(SSS)为一个系统或子系统指定需求和保证每个需求得到满足所使用的方法。与系统或子系统外部接口相关的需求可在 SSS 中或在该 SSS 引用的一个或多个接口需求规格说明(IRS)中给出。

2. 该说明可能还要用接口需求规格说明加以补充，它是构成系统或子系统设计与合格性测试的基础。贯穿本文的术语“系统”，如果适用，也可解释为“子系统”。所形成的文档应命名为“系统需求规格说明”或“子系统需求规格说明”。

系统/子系统需求规格说明的正文格式如下。

1 引言

本章分为以下几条。

1.1 标识

本条包含本文档适用的系统和软件的完整标识，(若适用)包括标识号、标题、缩略词语、版本号和发行号。

1.2 系统概述

本条简述本文档适用的系统和软件的用途，它应描述系统和软件的一般特性；概述系统开发、运行和维护的历史；标识项目的投资方、需方、用户、开发方和支持机构；标识当前和计划的运行现场；列出其他有关的文档。

1.3 文档概述

本条概括本文档的用途和内容，并描述与其使用有关的保密性和私密性要求。

2 引用文件

本章应列出本文档所引用的所有文档的编号、标题、修订版本和日期，也应标识不能通过正常的供货渠道获得的所有文档的来源。

3 需求

本章分条详述系统需求，即功能、业务(包括接口、资源、性能、可靠性、安全性、保密性等)和数据需求，也就是构成系统验收条件的系统特性。给每个需求指定项目唯一标识符以支持测试和可追踪性，并以一种可以定义客观测试的方式来陈述需求。对每个需求都应说明相关合格性方法(见第4章)，如果是子系统，还要给出从该需求至系统需求的可追踪性(见第5章)。描述的详细程度遵循以下规则：应包含构成系统验收条件的系统特性，需方愿意推迟到设计时留给开发方说明的特性。如果在给定条中没有需求可说明，则应如实陈述。如果某个需求在多条中出现，则可以只陈述一次，而在其他条中加以引用。

3.1 要求的状态和方式

如果要求系统在多种状态和方式下运行，且不同状态和方式具有不同的需求，则要标识和定义每一种状态和方式。状态和方式包括空闲、就绪、活动、事后分析、训练、降级、紧急情况和后备等。状态和方式的区别是任意的，可以仅用状态描述系统，也可以用方式、方式中的状态、状态中的方式或其他有效的方式描述。如果不需要多个状态和方式，则应如实陈述，不需要人为加以区分；如果需要多个状态和(或)方式，则应使本规格说明中的每个需求或每组需求与这些状态和方式相关联，关联可在本条或本条引用的附录中用表格或其他方法表示，也可在需求出现的地方加以注解。

3.2 需求概述

3.2.1 系统总体功能和业务结构

描述系统总体功能和业务的结构。

3.2.2　硬件系统的需求

说明对硬件系统的需求。

3.2.3　软件系统的需求

说明对软件系统的需求。

3.2.4　接口需求

说明硬件系统和软件系统之间的接口。

3.3　系统能力需求

本条分条详细描述与系统能力相关联的需求。“能力”被定义为一组相关的需求。可以用“功能”“性能”“主题”“目标”或其他适合用来表示需求的词来替代“能力”。

3.3.x(系统能力)

本条标识必需的系统能力，并详细说明与该能力有关的需求。如果该能力可以更清晰地被分解成若干子能力，则应分条对子能力进行说明。该需求应指出所需的系统行为，包括适用的参数，如响应时间、吞吐时间、其他时限约束、序列、精度、容量(大小/多少)、优先级别、连续运行需求和基本运行条件下的允许偏差；(若适用)需求还应包括在异常条件、非许可条件或越界条件下所需的行为，错误处理需求和任何为保证在紧急时刻运行的连续性而引入系统中的规定。在确定与系统所接收的输入和系统所产生的输出有关的需求时，应考虑在本文档 3.4.x 节给出要考虑的主题列表。

3.4　系统外部接口需求

本条分条描述关于系统外部接口的需求(若有)。本条可引用一个或多个接口需求规格说明或包含这些需求的其他文档。

3.4.1　接口标识和接口图

本条标识所需的系统外部接口。(若适用)每个接口标识应包括项目唯一标识符，并应用名称、序号、版本和引用文件指明接口的实体(系统、配置项和用户等)。该标识应说明哪些实体具有固定的接口特性(根据需求给出这些实体的接口定义)、哪些实体正在被开发或修改(这些实体已有各自的接口定义)。可用一个或多个接口图表来描述这些接口。

3.4.x(接口的项目唯一标识符)

本条(从 3.4.2 节开始)通过项目唯一标识符标识系统的外部接口，简单地标识接口实体，根据需要可分条描述为实现该接口而强加于系统的需求。该接口所涉及的其他实体的接口特性应以假设或“当(未提到实体)这样做时，系统将……”的形式描述，而不描述为其他实体的需求。本条可引用其他文档(如数据字典、通信协议标准和用户接口标准)代替在此所描述的信息。(若适用)需求应包括下列内容，它们以任何适用于需求的顺序提供，并从接口实体的角度说明这些特性的区别(如对数据元素的大小、频率或其他特性的不同期望)。

a. 系统必须分配给接口的优先级别。

b. 要实现的接口的类型的需求(如实时数据传送、数据的存储和检索等)。

c. 系统必须提供、存储、发送、访问、接收的单个数据元素的特性，具体如下。

(1) 名称/标识符。

① 项目唯一标识符。

② 非技术(自然语言)名称。

③ 标准数据元素名称。

④ 技术名称(如代码、数据库中的变量或字段名称)。

⑤ 缩写名或同义名。

(2) 数据类型(如字母、整数和浮点数等)。

(3) 大小和格式(如字符串的长度和标点符号)。

(4) 计量单位(如米、元、秒等)。

(5) 范围或可能值的枚举(如 0～99)。

(6) 准确度(正确程度)和精度(有效数字位数)。

(7) 优先级别、时序、频率、容量、序列和其他约束条件，如数据元素是否可以被更新、业务规则是否适用。

(8) 保密性和私密性的约束。

(9) 来源(设置/发送实体)和接收者(使用/接收实体)。

d. 系统必须提供、存储、发送、访问和接收的数据元素集合体(记录、消息、文件、数组、显示和报表等)的特性，具体如下。

(1) 名称/标识符。

① 项目唯一标识符。

② 非技术(自然语言)名称。

③ 技术名称(如代码、数据库的记录或数据结构)。

④ 缩写名或同义名。

(2) 数据元素集合体中的数据元素及其结构(编号、次序和分组)。

(3) 媒体(如盘)和媒体中数据元素(或数据元素集合体)的结构。

(4) 显示和其他输出的视听特性(如颜色、布局、字体、图标和其他显示元素、蜂鸣声和亮度等)。

(5) 数据元素集合体之间的关系(如排序、访问特性)。

(6) 优先级别、时序、频率、容量、序列和其他约束条件，如数据元素集合体是否可以被修改、业务规则是否适用。

(7) 保密性和私密性约束。

(8) 来源(设置/发送实体)和接收者(使用/接收实体)。

e. 系统必须规定接口使用的通信方法所要求的特性，具体如下。

(1) 项目唯一标识符。

(2) 通信链接、带宽、频率、媒体及其特性。

(3) 消息格式化。

(4) 流控制(如序列编号和缓冲区分配)。

(5) 数据传送速率，周期性、非周期性，传输间隔。

(6) 路由、寻址和命名约定。

(7) 传输服务，包括优先级别和等级。

(8) 安全性、保密性、私密性方面的考虑，如加密、用户鉴别、隔离和审核等。

f. 系统必须规定接口使用的协议所要求的特性，具体如下。

(1) 项目唯一标识符。

(2) 协议的优先级别、层次。

(3) 组，包括分段和重组、路由和寻址。

(4) 合法性检查、错误控制和恢复过程。

(5) 同步，包括连接的建立、保持和终止。

(6) 状态、标识、任何其他报告特征。

g. 其他所需的特性，如接口实体的物理兼容性(尺寸、公差、负荷、电压和接插件兼容性等)。

3.5　系统内部接口需求

本条指明系统内部接口的需求。如果所有内部接口推迟到设计时或在系统成分的需求规格说明中规定，那么必须如实说明。如果实施这样的需求，则可考虑本文档中 3.4 节列出的主题。

3.6　系统内部数据需求

本条指明分配给系统内部数据的需求(若有)，包括对系统中数据库和数据文件的需求。如果所有有关内部数据的决策都留待设计时或留待系统部件的需求规格说明中给出，则需在此如实说明。如果要强加这种需求，则可考虑在本文档中 3.4.x.c 和 3.4.x.d 节列出的主题。

3.7　适应性需求

(若有)本条指明要求系统提供的、与安装有关的数据(如现场的经纬度)和要求系统使用的、根据运行需要可能变化的运行参数(如表示与运行有关的目标常量或数据记录的参数)。

3.8　安全性需求

(若有)本条描述有关防止对人员、财产、环境产生潜在危险或把此类危险减少到最低的系统需求，包括危险物品使用的限制；为运输、操作和存储的安全而对爆炸物品进行分类；异常中止/异常出口规定；气体检测和报警设备；电力系统接地；排污；防爆(若适用)。描述还应包括有关系统核部件(若有)的需求，如部件设计、意外爆炸的预防及与核安全规则保持一致。

3.9　保密性和私密性需求

(若有)本条指明维持保密性和私密性的系统需求，包括系统运行的保密性或私密性环境、提供的保密性或私密性的类型和程度、系统必须经受的保密性或私密性的风险、减少此类危险所需的安全措施、系统必须遵循的保密性或私密性政策、系统必须提供的保密性或私密性审核及保密性或私密性必须遵循的确认或认可准则。

3.10　操作需求

说明本系统在常规操作、特殊操作、初始化操作和恢复操作等方面的要求。

3.11　可使用性、可维护性、可移植性、可靠性和安全性需求

说明本系统在可使用性、可维护性、可移植性、可靠性和安全性等方面的要求。

3.12　故障处理需求

说明本系统在发生可能的软硬件故障时，对故障处理的要求。

3.12.1　软件系统出错处理

(1) 说明属于软件系统的问题。

(2) 给出发生错误时的错误信息。

(3) 说明发生错误时可能采取的补救措施。

3.12.2　硬件系统冗余措施的说明

(1) 说明哪些问题可以由硬件设计解决，并提出可采取的冗余措施。

(2) 对硬件系统采取的冗余措施加以说明。

3.13　系统环境需求

(若有)本条指明系统运行必需的、与环境有关的需求。对软件系统而言，运行环境包括支持系统运行的计算机硬件和操作系统(其他有关计算机资源方面的需求在下条描述)。对硬软件系统而言，运行环境包括系统在运输、存储和操作过程中必须经受的环境条件，如自然环境条件(风、雨、温度、地理位置)、诱导环境(运动、撞击、噪音、电磁辐射)和对抗环境(爆炸、辐射)。

3.14　计算机资源需求

本条分条进行描述。根据系统性质，在以下各条中所描述的计算机资源应能够组成系统环境(对应软件系统)或系统部件(对应硬软件系统)。

3.14.1　计算机硬件需求

本条描述系统使用或引入系统的计算机硬件需求，(若适用)包括各类设备的数量、处理器、存储器、输入/输出设备、辅助存储器、通信/网络设备，以及其他所需的设备的类型、大小、能力(容量)和所要求的特征。

3.14.2　计算机硬件资源利用需求

本条描述系统的计算机硬件资源利用方面的需求，如最大许可使用的处理器能力、存储器容量、输入/输出设备能力、辅助存储器容量和通信/网络设备能力。这些对计算机硬件资源利用能力的要求还包括是否具备测量资源利用率的条件。

3.14.3　计算机软件需求

本条描述系统必须使用或引入系统的计算机软件需求，包括操作系统、数据库管理系统、通信/网络软件、实用软件、输入和设备模拟器、测试软件和生产用软件。必须提供每个软件项的正确名称、版本和引用文件。

3.14.4　计算机通信需求

本条描述系统必须使用或引入系统的计算机通信方面的需求，包括连接的地理位置、配置和网络拓扑结构、传输技术、数据传输速率、网关、要求的系统使用时间、传送/接收数据的类型和容量、传送/接收/响应的时间限制、数据的峰值和诊断功能。

3.15　系统质量因素

(若有)本条描述系统质量因素方面的需求，包括系统的功能性(实现全部所需功能的能力)、可靠性(产生正确、一致结果的能力，如设备故障的平均间隔时间)、可维护性(易于服务、修改、更正的能力)、可用性(需要时进行访问和操作的能力)、灵活性(易于适应需求变化的能力)、软件可移植性(易于适应新环境变化的能力)、可重用性(在多个应用中使用的能力)、可测试性(易于充分测试的能力)、易用性(易于学习和使用的能力)和其他属性的定量需求。

3.16　设计和构造的需求

(若有)本条描述约束系统设计和构造的需求。对硬软件系统而言，本条应包括强加于系统的物理需求，这些需求可通过引用适当的商用标准和规范来指定。需求包括如下内容。

a. 特殊系统体系结构的使用或对体系结构方面的需求。例如，需要的子系统；标准部件、现有部件的使用；政府/需方提供的资源(设备、信息、软件)的使用。

b. 特殊设计或构造标准的使用；特殊数据标准的使用；特殊编程语言的使用；工艺需求和生产技术。

c. 系统的物理特性(如重量限制、尺寸限制、颜色、保护罩)；部件的可交换性；从一个地方运输到另一个地方的能力；由单人或一组人携带或架设的能力。

d. 能够使用和不能使用的物品；处理有毒物品的需求及系统产生电磁辐射的允许范围。

e. 铭牌、部件标记、系列号和批次号的标记，以及其他标识标记的使用。

f. 为支持在技术、安全威胁和任务等方面预期的增长和变化而必须提供的灵活性和可扩展性。

3.17　相关人员需求

(若有)本条描述与使用或支持系统的人员有关的需求，包括人员的数量、技术等级、责任期、培训需求，以及其他信息，如所提供的工作站数量、内在帮助和培训能力的需求(若有)，还应包括强加于系统的人力行为工程需求。这些需求包括对人员在能力与局限性方面的考虑；在正常和极端条件下可预测的人为错误；人为错误造成严重影响的特定区域，如对高度可调的工作站、错误消息的颜色和持续时间、关键指示器或键的物理位置及听觉信号的使用需求。

3.18　相关培训需求

(若有)本条描述有关培训方面的系统需求，包括系统中应包括的培训设备和培训材料。

3.19　相关后勤需求

(若有)本条描述有关后勤方面的系统需求，包括系统维护、软件支持、系统运输方式、补给系统要求、对现有设施的影响、对现有设备的影响。

3.20　其他需求

(若有)本条描述在以上各条中没有涉及的其他系统需求，包括在其他合同文件中没有涉及的系统文档的需求，如规格说明、图表、技术手册、测试计划和测试过程及安装指导材料。

3.21　包装需求

(若有)本条描述需交付的系统及其部件在包装、加标签和处理方面的需求。(若适用)可引用适当的规范和标准。

3.22　需求的优先次序和关键程度

(若适用)本条给出本规格说明中需求的、表明其相对重要程度的优先顺序、关键程度或赋予的权值。例如，标识出认为对安全性、保密性或私密性起关键作用的需求，以便进行特殊处理。如果所有需求具有相同的权值，则应如实陈述。

4　合格性规定

本章定义一组合格性方法，对于第 3 章中的每个需求，指定为了确保需求得到满足所应使用的方法。可以用表格形式表述该信息，也可以在第 3 章的每个需求中注明要使用的方法。合格性方法包括以下几种。

a. 演示。依赖于可见的功能操作，直接运行系统或系统的一部分而不需要使用仪器、专用测试设备或进行事后分析。

b. 测试。使用仪器或其他专用测试设备运行系统，以便采集数据供事后分析使用。

c. 分析。对从其他合格性方法中获得的积累数据进行处理，如测试结果的归约、解释或推断。

d. 审查。对系统部件、文档等进行可视化检查。

e. 特殊的合格性方法。系统任何特殊的合格性方法，如专用工具、技术、过程、设施、验收限制、标准样例的使用和生成等。

5　需求可追踪性

对系统级的规格说明，本章不适用；对子系统级的规格说明，本章应包括如下内容。

a. 从本规格说明中的每个子系统需求到其涉及的系统需求的可追踪性(该可追踪性也可以通过对第3章中的每个需求进行注释的方法加以描述)。

注：每一层次的系统改进可能导致对更高层次的需求不能直接进行追踪。例如，建立两个子系统的系统体系结构设计可能会产生有关子系统接口的需求，而这些接口需求在系统需求中并没有被覆盖，这样的需求可以被追踪到诸如“系统实现”这样的一般需求，或者被追踪到导致它们产生的系统设计决策上。

b. 从分配给被本规格说明所覆盖的子系统的每个系统需求到所涉及的子系统需求的可追踪性。分配给子系统的所有系统需求都应加以说明。当追踪到IRS中所包含的子系统需求时，可引用IRS。

6　非技术性需求

本章应包括如下内容。

a. 交付日期。

b. 里程碑点。

7　尚未解决的问题

若需要，则可说明系统需求中尚未解决的遗留问题。

8　注解

本章包含有助于理解本文档的一般信息(如背景信息、词汇表、原理)，还包含为理解本文档所需要的术语和定义，以及所有缩略语和它们在文档中的含义的字母序列表。

附录

附录可用来提供为便于文档维护而单独出版的信息(如图表、分类数据)。为便于处理，附录可单独装订成册。附录应按字母顺序(如A、B等)编排。

11.3.6　系统/子系统设计(结构设计)说明

说明：

1. 系统/子系统设计(结构设计)说明(SSDD)描述了系统或子系统的系统级或子系统级设计与体系结构设计。该说明可能还要用接口设计说明(IDD)和数据库(顶层)设计说明(DBDD)加以补充。

2. SSDD连同相关的IDD和DBDD是构成进一步系统实现的基础。贯穿本文的术语“系统”，如果适用，也可解释为“子系统”。所形成的文档应命名为“系统设计说明”或“子系统设计说明”。

系统/子系统设计(结构设计)说明的正文格式如下。

1　引言

本章分为以下几条。

1.1　标识

本条包含本文档适用的系统和软件的完整标识，(若适用)包括标识号、标题、缩略词语、版本号和发行号。

1.2 系统概述

本条简述本文档适用的系统和软件的用途，它应描述系统和软件的一般特性；概述系统开发、运行和维护的历史；标识项目的投资方、需方、用户、开发方和支持机构；标识当前和计划的运行现场；列出其他有关的文档。

1.3 文档概述

本条概述本文档的用途和内容，并描述与其使用有关的保密性或私密性要求。

1.4 基线

说明编写本系统设计说明书依据的设计基线。

2 引用文件

本章应列出本文档引用的所有文档的编号、标题、修订版本和日期，也应标识不能通过正常的供货渠道获得的所有文档的来源。

3 系统级设计决策

本章可根据需要分条描述系统级设计决策，即系统行为的设计决策(忽略其内部实现，从用户角度出发，描述系统将怎样运转以满足需求)和其他对系统部件的选择及设计产生影响的决策。如果所有这些决策在需求中明确指出或推迟到系统部件的设计时给出，则应如实陈述。对应于指定为关键性需求(如安全性、保密性和私密性需求)的设计决策应在单独的条中描述。如果设计决策依赖于系统状态或方式，则应指明这种依赖关系，也应给出或引用为理解这些设计所需要的设计约定。

系统级设计决策如下。

a. 有关系统接收的输入和产生的输出的设计决策，包括与其他系统、配置项和用户的接口。如果接口设计说明中给出了部分或全部该类信息，则在此可以引用。

b. 对每个输入或条件进行响应的系统行为的设计决策，包括系统执行的动作、响应时间和其他性能特性、被模式化的物理系统的描述、所选择的方程式/算法/规则、对不允许的输入或条件的处理。

c. 系统数据库/数据文件如何呈现给用户的设计决策。如果数据库(顶层)设计说明中给出了部分或全部该类信息，则在此可以引用。

d. 为满足安全性、保密性和私密性需求所选用的方法。

e. 硬件或硬软件系统的设计和构造选择，如物理尺寸、颜色、形状、重量、材料和标志。

f. 为响应需求而做出的其他系统级设计决策，如为提供所需的灵活性、可用性和可维护性而选择的方法。

4 系统体系结构设计

本章分条描述系统体系结构设计。如果设计的部分或全部依赖于系统状态或方式，则应指明这种依赖关系。如果设计信息在多条中出现，则可以只描述一次，而在其他条加以引用。需指出或引用为理解这些设计所需的设计约定。

注：为简明起见，本章的描述是把一个系统直接组织成由硬件配置项、计算机软件配置项、手工操作所组成，但应解释为它涵盖了把一个系统组织成子系统，子系统被组织成由硬件配置项、计算机软件配置项、手工操作所组成，或其他适当变种的情况。

4.1　系统总体设计

4.1.1　概述

4.1.1.1　功能描述

参考本系统的系统/子系统需求规格说明，说明对本系统要实现的功能、性能(包括响应时间、安全性、兼容性、可移植性、资源使用等)的要求。

4.1.1.2　运行环境

参考本系统的系统/子系统需求规格说明，简要说明对本系统的运行环境(包括硬件环境和支持环境)的规定。

4.1.2　设计思想

4.1.2.1　系统构思

说明本系统设计的系统构思。

4.1.2.2　关键技术与算法

简要说明本系统设计采用的关键技术和主要算法。

4.1.2.3　关键数据结构

简要说明本系统实现中的最主要的数据结构。

4.1.3　基本处理流程

4.1.3.1　系统流程图

用系统流程图表示本系统的主要控制流程和处理流程。

4.1.3.2　数据流程图

用数据流程图表示本系统的主要数据通路，并说明处理的主要阶段。

4.1.4　系统体系结构

4.1.4.1　系统配置项

说明本系统中各配置项(子系统、模块、子程序和公用程序等)的划分，简要说明每个配置项的标识符和功能等(用一览表或框图的形式说明)。

4.1.4.2　系统层次结构

分层次地给出各个系统配置项之间的控制与被控制关系。

4.1.4.3　系统配置项设计

确定每个系统配置项的功能。若是较复杂的系统，可以根据需要对系统配置项做进一步的划分及设计。

4.1.5　功能需求与系统配置项的关系

说明各项系统功能的实现同各系统配置项的分配关系(最好用矩阵图的方式说明)。

4.1.6　人工处理过程

说明在本系统的运行过程中包含的人工处理过程(若有)。

4.2　系统部件

本条包括以下内容。

a. 标识所有系统部件(HWCI、CSCI、手工操作)，应为每个部件指定一个项目唯一标识符。

注：数据库可作为一个CSCI或CSCI的一部分进行处理。

b. 说明部件之间的静态(如组成)关系。根据所选择的设计方法学，可能会给出多重关系。

c. 陈述每个部件的用途，并标识部件相对应的系统需求和系统级设计决策(作为一种变通，可在 9.a 中给出需求的分配)。

d. 标识每个部件的开发状态或类型，如新开发的部件、对已有部件进行重用的部件、对已有设计进行重用的部件、再工程的已有设计或部件、为重用而开发的部件和计划用于第 *N* 开发阶段的部件等，对于这些设计或部件，描述中应提供名称、版本、文档引用、地点等标识信息。

e. 对被标识用于该系统的每个计算机系统或其他计算机硬件资源的集合，描述其计算机硬件资源(如处理器、存储器、输入/输出设备、辅存器、通信/网络设备)。(若适用)每个描述应标识出使用资源的配置项，对使用资源的每个 CSCI 说明资源使用分配情况(如分配给 CSCI 120%、230%的资源)，说明在什么条件下测量资源的使用情况，说明资源特性。

(1) 计算机处理器描述，(若适用)包括制造商名称和型号、处理器速度/能力、指令集体系结构、适用的编译程序、字长(每个计算机字的位数)、字符集标准(如 GB2312、GB18030 等)和中断能力等。

(2) 存储器描述，(若适用)包括制造商名称和型号、存储器大小、类型、速度和配置(如 256K 高速缓冲存储器、16MB RAM(4MB×4))。

(3) 输入/输出设备描述，(若适用)包括制造商名称和型号、设备类型和设备的速度或能力。

(4) 外存描述，(若适用)包括制造商名称和型号、存储器类型、安装存储器的数量、存储器速度。

(5) 通信/网络设备，(若适用)对调制解调器、网卡、集线器、网关、电缆、高速数据线及这些部件或其他部件的集合体的描述，包括制造商名称和型号、数据传送速率/能力、网络拓扑结构、传输技术、使用的协议。

(6) (若适用)每个描述也应包括增长能力、诊断能力及与本描述相关的其他硬件能力。

f. 给出系统的规格说明书，即用一个图来标识和说明系统部件已计划的规格说明之间的关系。

4.3　执行概念

本条描述系统部件之间的执行概念。用图示和说明表示部件之间的动态关系，即系统运行期间它们是如何交互的，(若适用)包括：执行控制流，数据流，动态控制序列，状态转换图，时序图，部件的优先级别，中断处理，时序/序列关系，异常处理，并发执行，动态分配/去分配，对象、进程、任务的动态创建/删除，以及动态行为的其他方面。

4.4　接口设计

本条分条描述系统部件的接口特性，包括部件之间的接口及它们与外部实体(如其他系统、配置项、用户)之间的接口。

注：本层不需要对这些接口进行完全设计，提供本条的目的是把它们作为系统体系结构设计的一部分所做的接口设计决策记录下来。如果在接口设计说明或其他文档中含有部分或全部的该类信息，则可以加以引用。

4.4.1　接口标识和图表

本条用项目唯一标识符标识每个接口，(若适用)并用名称、编号、版本、文档引用来指明接口实体(如系统、配置项、用户等)。该标识应叙述哪些实体具有固定的接口特性(根据需求给出这些实体的接口定义)、哪些实体正在被开发或修改(这些实体已有各自的接口定义)。应提供一个或多个接口图表来描述这些接口。

4.4.x(接口的项目唯一标识符)

本条(从4.4.2节开始)应用项目唯一标识符标识接口，简要描述接口实体，并根据需要可分条描述接口实体单方或双方的接口特性。如果某个接口实体不在本文中(如一个外部系统)，但其接口特性需要在描述本文叙述的接口实体时提到，则这些特性应以假设、“当(未提到实体)这样做时，(本文提及的实体)将……”的形式描述。本条可引用其他文档(如数据字典、协议标准和用户接口标准)代替本条的描述信息。(若适用)本设计说明应包括以下内容，它们可以根据任何适合于要提供的信息的顺序给出，并且应从接口实体角度指出这些特性之间的区别(如数据元素的大小、频率或其他特性的不同期望)。

a. 接口实体分配给接口的优先级别。

b. 要实现的接口的类型(如实时数据传送、数据的存储和检索等)。

c. 接口实体将提供、存储、发送、访问和接收的单个数据元素的特性，具体如下。

(1) 名称/标识符。

① 项目唯一标识符。

② 非技术(自然语言)名称。

③ 标准数据元素名称。

④ 技术名称(如代码中的变量名称、数据库中的字段名称)。

⑤ 缩写名或同义名。

(2) 数据类型(如字符、整数和浮点数等)。

(3) 大小和格式(如字符串的长度和标点符号)。

(4) 计量单位(如米、元、秒等)。

(5) 范围或可能值的枚举(如0～99)。

(6) 准确度(正确程度)和精度(有效数字位数)。

(7) 优先级别、时序、频率、容量、序列和其他约束条件，如数据元素是否可以被更新、业务规则是否适用。

(8) 保密性和私密性约束。

(9) 来源(设置/发送实体)和接收者(使用/接收实体)。

d. 接口实体必须提供、存储、发送、访问、接收的数据元素集合体(记录、消息、文件、数组、显示、报告等)的特性，具体如下。

(1) 名称/标识符。

① 供追踪用的项目唯一标识符。

② 非技术(自然语言)名称。

③ 技术名称(如代码、数据库的记录或数据结构)。

④ 缩写名或同义名。

(2) 数据元素集合体中的数据元素及其结构(编号、次序和分组)。

(3) 媒体(如盘)和媒体中数据元素(或集合体)的结构。

(4) 显示和其他输出的视听特性(如颜色、版面设计、字体、图标和其他显示元素、蜂鸣声及亮度)。

(5) 数据元素集合体之间的关系(如排序、访问特性)。

(6) 优先级别、时序、频率、容量、序列和其他约束条件，如集合体是否可以被修改、业务规则是否适用。

(7) 保密性和私密性约束。

(8) 来源(设置/发送实体)和接收者(使用/接收实体)。

e. 接口实体为该接口使用通信方法的特性，具体如下。

(1) 项目唯一标识符。

(2) 通信链路、带宽、频率、媒体及其特性。

(3) 消息格式化。

(4) 流控制(如序列编号和缓冲区分配)。

(5) 数据传送速率，周期性、非周期性和传输间隔。

(6) 路由、寻址和命名约定。

(7) 传输服务，包括优先级别和等级。

(8) 安全性、保密性、私密性方面的考虑，如加密、用户鉴别、隔离和审核等。

f. 接口实体为该接口使用协议的特性，具体如下。

(1) 项目唯一标识符。

(2) 协议的优先级别、层次。

(3) 分组，包括分段和重组、路由和寻址。

(4) 合法性检查、错误控制和恢复过程。

(5) 同步，包括连接的建立、保持和终止。

(6) 状态、标识和其他报告特征。

g. 其他所需的特性，如接口实体的物理兼容性(尺寸、容限、负荷、电压和接插件兼容性等)。

5 运行设计

5.1 系统初始化

说明本系统的初始化过程。

5.2 运行控制

a. 说明在对系统施加不同的外界运行控制时所引起的各种不同的运行模块组合，说明每种运行所历经的内部模块和支持软件。

b. 说明每一种外界运行控制的方式方法和操作步骤。

c. 说明每种运行模块组合占用资源的情况。

d. 说明系统在运行时的安全控制。

5.3 运行结束

说明本系统运行的结束过程。

6 系统出错处理设计

6.1 出错信息

出错信息包括出错信息表、故障处理技术等。

6.2 补救措施

说明故障出现后可能采取的补救措施。

7 系统维护设计

说明为了系统维护的方便，在系统内部设计中做出的安排。

7.1 检测点的设计

说明在系统中专门安排用于系统检查与维护的检测点。

7.2 检测专用模块的设计

说明在系统中专门安排用于系统检查与维护的专用模块。

8 尚待解决的问题

说明在本设计中没有解决但在系统完成之前应该解决的问题。

9 需求的可追踪性

本章包括如下内容。

a. 从本文中所标识的系统部件到其被分配的系统需求之间的可追踪性(该可追踪性也可在4.2中提供)。

b. 从系统需求到其被分配给的系统部件之间的可追踪性。

10 注解

本章包含有助于理解本文档的一般信息(如背景信息、词汇表、原理)，还包含为理解本文档需要的术语和定义，以及所有缩略语和它们在文档中的含义的字母序列表。

附录

附录可用来提供为便于文档维护而单独出版的信息(如图表、分类数据)。为便于处理，附录可单独装订成册。附录应按字母顺序(如A、B等)编排。

11.3.7 数据库(顶层)设计说明

说明：

数据库(顶层)设计说明的编制是为了向整个开发时期提供关于被处理数据的描述和数据采集要求的技术信息。

数据库(顶层)设计说明的正文格式如下。

1 引言

本章分为以下几条。

1.1 标识

本条包含本文档适用的系统和软件的完整标识，(若适用)包括标识号、标题、缩略词语、版本号和发行号。

1.2 系统概述

本条简述本文档适用的系统和软件的用途。它应描述系统与软件的一般特性；概述系统开发、运行和维护的历史；标识项目的投资方、需方、用户、开发方和支持机构；标识当前和计划的运行现场；列出其他有关的文档。

1.3 文档概述

本条概述本文档的用途与内容、预期的读者，并描述与其使用有关的保密性或私密性要求。

2　引用文件

本章应列出本文档引用的所有文档的编号、标题、修订版本和日期，也应标识不能通过正常的供货渠道获得的所有文档的来源。

3　数据的逻辑描述

在对数据进行逻辑描述时，可把数据分为动态数据和静态数据。静态数据是指在运行过程中主要作为参考的数据，它们在很长的一段时间内不会发生变化，一般不随运行而变更。动态数据包括所有在运行中要发生变化的数据及在运行中要输入、输出的数据。在进行描述时应把各数据元素按逻辑分成若干组。例如，函数、源数据或对于其应用更为恰当的逻辑分组。给出每一数据元素的名称(包括缩写和代码)、定义(或物理意义)度量单位、值域、格式和类型等有关信息。

3.1　静态数据

列出所有作为控制或参考用的静态数据元素。

3.2　动态输入数据

列出动态输入数据元素(包括在常规运行中或联机操作中要变更的数据)。

3.3　动态输出数据

列出动态输出数据元素(包括在常规运行中或联机操作中要变更的数据)。

3.4　内部生成数据

列出向用户或开发单位中的维护调试人员提供的内部生成数据。

3.5　数据约定

说明对数据要求的制约。逐条列出对进一步扩充或使用方面的考虑而提出的对数据要求的限制(容量、文件、记录和数据元的个数的最大值)。对于在设计和开发中确定是临界性的限制更要明确指出。

4　数据的采集

4.1　要求和范围

按数据元的逻辑分组来说明数据采集的要求和范围，指明数据的采集方法，说明数据采集工作的承担者是用户还是开发者，具体内容如下。

a. 输入数据的来源。例如，是单个操作员、数据输入站、专业的数据输入公司或它们的一个分组。

b. 数据输入(指把数据输入到处理系统内部)所用的媒体和硬设备。如果只有指定的输入点的输入是合法的，则必须对此加以说明。

c. 接收者。说明输出数据的接收者。

d. 输出数据的形式和设备。列出输出数据的形式和硬设备。无论接收者收到的数据是打印输出，还是显示器上的一组字符、一帧图形，一声警铃，或是向开关线圈提供一个电脉冲，或是常用媒体(如磁盘、磁带、光盘等)，均应具体说明。

e. 数据值的范围。给出每一个数据元的合法值的范围。

f. 量纲。给出数字的度量单位、增量的步长、零点的定标等。在非数字量的情况下，要给出每一种合法值的形式和含义。

g. 更新和处理的频度。给出预定的对输入数据的更新和处理的频度。如果数据的输入是随机的，应给出更新处理的频度的平均值或变化情况的某种其他度量。

4.2　输入的承担者

说明预定的数据输入工作的承担者。如果输入数据同某一接口软件有关，还应说明该接口软件的来源。

4.3　预处理

对数据的采集和预处理过程提出专门的规定，包括适合应用的数据格式、预定的数据通信媒体和对输入的时间要求等。对于须经模拟转换或数字转换处理的数据量，要给出转换方法和转换因子等有关信息，以便软件系统使用这些数据。

4.4　影响

说明这些数据要求对于设备、软件、用户、开发方所可能产生的影响，如要求用户单位增设某个机构等。

5　注解

本章包含有助于理解本文档的一般信息(如背景信息、词汇表、原理)，还包含为理解本文档需要的术语和定义，以及所有缩略语和它们在文档中的含义的字母序列表。

附录

附录可用来提供为便于文档维护而单独出版的信息(如图表、分类数据)。为便于处理，附录可单独装订成册。附录应按字母顺序(如 A、B 等)编排。

11.3.8　测试计划

说明：

1. 测试计划用于描述执行计算机软件配置项、系统或子系统合格性测试所用到的测试准备、测试用例及测试过程。

2. 根据测试计划，需方能够评估所执行的合格性测试是否充分。

测试计划的正文格式如下。

1　引言

本章分成以下几条。

1.1　标识

本条包含本文档适用的系统和软件的完整标识，(若适用)包括标识号、标题、缩略词语、版本号和发行号。

1.2　系统概述

本条简述本文档适用的系统和软件的用途。它应描述系统与软件的一般特性；概述系统开发、运行和维护的历史；标识项目的投资方、需方、用户、开发方和支持机构；标识当前和计划的运行现场；列出其他有关的文档。

1.3　文档概述

本条应概述本文档的用途与内容，并描述与其使用有关的保密性与私密性要求。

2　引用文件

本章应列出本文档引用的所有文档的编号、标题、修订版本和日期，也应标识不能通过正常的供货渠道获得的所有文档的来源。

3　测试准备

本章分为以下几条，(若适用)包括用“警告”或“注意”标记的安全提示和保密性与私密性考虑。

3.x(测试的项目唯一标识符)

本条应用项目唯一标识符标识一个测试并提供简要说明，分为以下几条。当所需信息与前面为另一测试所指出的信息重复时，此处可作引用而无须重复。

3.x.1　硬件准备

本条描述为进行测试工作需要做的硬件准备过程。有关这些过程可以引用已出版的操作手册。(若适用)应提供以下内容。

a. 要使用的特定硬件，用名字和(若适用)编号标识。

b. 任何用于连接硬件的开关设置和电缆。

c. 说明硬件、互联控制和数据路径的一个或多个图示。

d. 使硬件处于就绪状态的分步指令。

3.x.2　软件准备

本条描述为测试准备被测项和其他有关软件，包括用于测试的数据的必要过程。有关这些过程，可以引用已出版的软件手册。(若适用)应提供下述信息。

a. 测试中要使用的特定软件。

b. 被测项的存储媒体(如磁带、盘)。

c. 任何相关软件(如模拟器、测试驱动程序、数据库)的存储媒体。

d. 加载软件的指令，包括所需的顺序。

e. 多个测试用例共同使用的软件初始化指令。

3.x.3　其他测试前准备

本条描述进行测试前所需的其他人员活动、准备或过程。

4　测试说明

本章分为以下几条，(若适用)包括用“警告”或“注意”标记的安全提示和保密性与私密性考虑。

4.x(测试的项目唯一标识符)

本条应用项目唯一标识符标识一个测试，分为以下几条。当所需信息与以前提供的信息重复时，此处可作引用而无须重复。

4.x.y(测试用例的项目唯一标识符)

本条应用项目唯一标识符标识一个测试用例，说明其目的并提供简要描述。下述各条提供测试用例的详细说明。

4.x.y.1　涉及的需求

本条标识测试用例所涉及的 CSCI 需求或系统需求(此信息也可在 5.a 中提供)。

4.x.y.2　先决条件

本条标识执行测试用例前必须建立的先决条件，(若适用)应讨论以下内容。

a. 软件和硬件配置。

b. 测试开始之前需设置或重置的标志、初始断点、指针、控制参数或初始数据。

c. 运行测试用例所需的预置硬件条件或电气状态。

d. 计时度量所用的初始条件。

e. 模拟环境的条件。

f. 测试用例特有的其他特殊条件。

4.x.y.3　测试输入

本条应描述测试用例所需的测试输入，(若适用)应提供以下内容。

a. 每个测试输入的名称、用途和说明(如值的范围、准确度)。

b. 测试输入的来源与用于选择测试输入的方法。

c. 测试输入是真实的还是模拟的。

d. 测试输入的时间或事件序列。

e. 控制输入数据的方式。

(1) 用最小/合理数量的数据类型和值测试各项。

(2) 对过载、饱和及其他“最坏情况”的影响，用各种有效数据类型和值试验被测各项。

(3) 对非常规输入处理用无效数据类型和值试验被测各项。

(4) 如果需要，则允许再测试。

4.x.y.4　预期测试结果

本条标识测试用例的所有预期测试结果。(若适用)应提供中间结果和最终结果。

4.x.y.5　评价结果的准则

本条标识用于评价测试用例的中间和最终测试结果的准则。(若适用)应对每个测试结果提供以下信息。

a. 输出可能变化但仍能接受的范围或准确度。

b. 构成可接受的测试结果的输入和输出条件的最少组合或选择。

c. 用时间或事件数表示的最大/最小允许的测试持续时间。

d. 可能发生的中断、停机或其他系统故障的最大数目。

e. 允许的处理错误的严重程度。

f. 当测试结果不明确时执行重测试的条件。

g. 把输出解释为“指出在输入测试数据、测试数据库/数据文件或测试过程中的不规则性”的条件。

h. 允许表达测试的控制、状态和结果的指示方式，以及表明下一个测试用例(或许是辅助测试软件的输出)准备就绪的指示方式。

i. 以上未提及的其他准则。

4.x.y.6　测试过程

本条定义测试用例的测试过程。测试过程被定义为以执行步骤顺序排列的、一系列单独编号的步骤。为便于文档维护，可以将测试过程作为附录并在此引用。每个测试过程的适当详细程度依赖于被测试软件的类型。对于某些软件，每次键击可以是一个单独的测试过程步骤；而对于大多数软件，每一步骤可以包括逻辑相关的一串键击或其他动作。适当的详细程度应该有利于规定预期结果并把它们与实际结果进行比较。(若适用)每个测试过程应提供以下内容。

a. 每一步骤所需的测试操作员的动作和设备操作，(若适用)包括以下方面的命令。

(1) 初始化测试用例并运用测试输入。

(2) 检查测试条件。

(3) 执行测试结果的临时评价。

(4) 记录数据。

(5) 暂停或中断测试用例。

(6) 如果需要，则请求数据转储或其他帮助。

(7) 修改数据库/数据文件。

(8) 如果不成功，则重复测试用例。

(9) 根据该测试用例的要求，应用替代方式。

(10) 终止测试用例。

b. 对每一步骤的预期结果与评价准则。

c. 如果测试用例涉及多个需求，需标识出哪一个(些)测试过程步骤涉及哪些需求(也可在第 5 章中提供)。

d. 程序停止或指示的错误发生后要采取的动作，具体如下。

(1) 为便于引用，根据指示器记录关键的数据。

(2) 暂停或中止对时间敏感的测试支持软件和测试仪器。

(3) 收集与测试结果有关的系统记录和操作员记录。

e. 归约和分析测试结果所采用的过程，(若适用)应完成下述各项内容。

(1) 检测是否已产生了输出。

(2) 标识由测试用例所产生数据的媒体和位置。

(3) 评价输出，作为继续测试序列的基础。

(4) 与所需的输出对照，评价测试输出。

4.x.y.7　假设和约束

本条标识所做的任何假设，以及在描述测试用例中由于系统或测试条件而引入的约束或限制，如时间、接口、设备、人员与数据库/数据文件的限制。如果放弃指定的限制和参数或者例外得到批准，则应对它们加以标识，并且本条应指出它们对测试用例的影响与冲击。

5　需求的可追踪性

本章包括如下内容。

a. 从本文中的每个测试用例到它所涉及的系统或 CSCI 需求的可追踪性。如果测试用例涉及多个需求，应包含从每一组测试过程步骤到所涉及的需求的可追踪性(此可追踪性也可在 4.x.y.1 中提供)。

b. 从本文所提及的每个系统或 CSCI 需求到涉及它们的测试用例的可追踪性。对于 CSCI 测试，是从 CSCI 软件需求规格说明和有关接口需求规格说明中的 CSCI 需求到涉及它们的测试用例的可追踪性。对于系统测试，是从在系统的系统/子系统规格说明及有关接口需求规格说明中的每个系统需求到涉以及它们的测试用例的可追踪性。如果测试用例涉及多个需求，则可追踪性应指明涉及每一个需求的具体测试过程步骤。

6　注解

本章包含有助于理解本文档的一般信息(如背景信息、词汇表、原理)，还包含为理解本文档需要的术语和定义，以及所有缩略语和它们在文档中的含义的字母序列表。

附录

附录可用来提供为便于文档维护而单独出版的信息(如图表、分类数据)。为便于处理，附录可单独装订成册。附录应按字母顺序(如 A、B 等)编排。

11.3.9　测试报告

说明：

1. 测试报告是对计算机软件配置项、软件系统或子系统，以及与软件相关项目执行合格性测试的记录。

2. 根据测试报告，需方能够评估所执行的合格性测试及其测试结果。

测试报告的正文格式如下。

1　引言

本章分成以下几条。

1.1　标识

本条包含本文档适用的系统和软件的完整标识，(若适用)包括标识号、标题、缩略词语、版本号和发行号。

1.2　系统概述

本条简述本文档适用的系统和软件的用途。它应描述系统与软件的一般特性；概述系统开发、运行和维护的历史；标识项目的投资方、需方、用户、开发方和支持机构；标识当前和计划的运行现场；列出其他有关的文档。

1.3　文档概述

本条概括本文档的用途与内容，并描述与其使用有关的保密性与私密性要求。

2　引用文件

本章应列出本文档引用的所有文档的编号、标题、修订版本和日期，也应标识不能通过正常的供货渠道获得的所有文档的来源。

3　测试结果概述

本章分为以下几条提供测试结果的概述。

3.1　对被测试软件的总体评估

a. 根据本报告中所展示的测试结果，提供对该软件的总体评估。

b. 标识在测试中检测到的任何遗留的缺陷、限制或约束。可用问题、变更报告提供缺陷信息。

c. 对每一遗留缺陷、限制或约束，描述如下。

(1) 对软件和系统性能的影响，包括未得到满足的需求的标识。

(2) 为了更正它，将对软件和系统设计产生的影响。

(3) 推荐的更正方案/方法。

3.2　测试环境的影响

本条对测试环境与操作环境的差异进行评估，并分析这种差异对测试结果的影响。

3.3　改进建议

本条对被测试软件的设计、操作或测试提供改进建议，并讨论每个建议及其对软件的影响。如果没有改进建议，则本条陈述为“无”。

4　详细的测试结果

本章分为以下几条提供每个测试的详细结果。

注：“测试”一词是指一组相关测试用例的集合。

4.x(测试的项目唯一标识符)

本条由项目唯一标识符标识一个测试，并分为以下几条描述测试结果。

4.x.1　测试结果小结

本条综述该项测试的结果，尽可能以表格的形式给出与该测试相关联的每个测试用例的完成状态(如“所有结果都如预期的那样”“遇到了问题”“与要求的有偏差”等)。当完成状态不是“所预期的”时，本条应引用以下几条提供详细信息。

4.x.2　遇到了问题

本条分条标识遇到一个或多个问题的每一个测试用例。

4.x.2.y(测试用例的项目唯一标识符)

本条应用项目唯一标识符标识遇到一个或多个问题的测试用例，并提供以下内容。

a. 所遇到问题的简述。

b. 所遇到问题的测试过程步骤的标识。

c. (若适用)对相关问题/变更报告和备份数据的引用。

d. 试图改正这些问题所重复的过程或步骤次数，以及每次得到的结果。

e. 在重测试时，是从哪些回退点或测试步骤恢复测试的。

4.x.3　与测试用例/过程的偏差

本条分条标识与测试用例/测试过程出现偏差的每个测试用例。

4.x.3.y(测试用例的项目唯一标识符)

本条用项目唯一标识符标识出现一个或多个偏差的测试用例，并提供以下内容。

a. 偏差的说明(例如，说明出现偏差的测试用例的运行情况和偏差的性质，如替换了所需设备、未能遵循规定的步骤、进度安排的偏差等)。可用红线标记表明有偏差的测试过程。

b. 偏差的理由。

c. 偏差对测试用例有效性影响的评估。

5　测试记录

本章尽可能以图表或附录形式给出一个本报告所覆盖的测试事件的按年月顺序的记录。测试记录应包括如下内容。

a. 执行测试的日期、时间和地点。

b. 用于每个测试的软件和硬件配置，(若适用)包括所有硬件的部件号/型号/系列号、制造商、修订级和校准日期；所使用的软件部件的版本号和名称。

c. (若适用)与测试有关的每项活动的日期和时间，执行该项活动的人和见证者的身份。

6　评价

6.1　能力

6.2　缺陷和限制

6.3　建议

6.4　结论

7　测试活动总结

总结主要的测试活动和事件。总结资源消耗如下。

7.1　人力消耗

7.2　物质资源消耗

8　注解

本章包含有助于理解本文档的一般信息(如背景信息、词汇表、原理)，还包含为理解本文档需要的术语和定义，以及所有缩略语和它们在文档中的含义的字母序列表。

附录

附录可用来提供为便于文档维护而单独出版的信息(如图表、分类数据)。为便于处理，附录可单独装订成册。附录应按字母顺序(如 A、B 等)编排。

11.3.10　项目开发总结报告

说明：

项目开发总结报告的编制是为了总结项目开发的经验，说明实际取得的开发结果及对整个开发工作的各方面的评价。

项目开发总结报告的正文格式如下。

1　引言

本章分成以下几条。

1.1　标识

本条包含本文档适用的系统和软件的完整标识，(若适用)包括标识号、标题、缩略词语、版本号和发行号。

1.2　系统概述

本条简述本文档适用的系统和软件的用途。它应描述系统与软件的一般特性；概述系统开发、运行和维护的历史；标识项目的投资方、需方、用户、开发方和支持机构；标识当前和计划的运行现场；列出其他有关的文档。

1.3　文档概述

本条概述本文档的用途与内容，并描述与其使用有关的保密性与私密性要求。

2　引用文件

本章应列出本文档引用的所有文档的编号、标题、修订版本和日期，也应标识不能通过正常的供货渠道获得的所有文档的来源。

3　实际开发结果

3.1　产品

说明最终制成的产品，包括如下内容。

a. 本系统中各个软件单元的名字，它们之间的层次关系，以千字节为单位的各个软件单元的程序量、存储媒体的形式和数量。

b. 本系统共有哪几个版本，各自的版本号及它们之间的区别。

c. 所建立的每个数据库。

如果开发计划中制订过配置管理计划，则要同该计划相比较。

3.2　主要功能和性能

逐项列出本软件产品实际具有的主要功能和性能，对照可行性分析(研究)报告、软件开发计划、功能需求说明书的有关内容，说明原定的开发目标是达到了还是未完全达到，或是超过了。

3.3　基本流程

用图表的形式给出本程序系统实际的、基本的处理流程。

3.4　进度

列出原计划进度与实际进度的对比，明确说明实际进度是提前了还是延迟了，并分析主要原因。

3.5　费用

列出原定计划费用与实际支出费用的对比，包括以下内容。

a. 工时，以人月为单位，按不同级别统计。

b. 计算机的使用时间，区别 CPU 时间及其他设备时间。

c. 物料消耗、出差费等其他支出。

明确说明经费是超过了还是节余了，并分析主要原因。

4　开发工作评价

4.1　对生产效率的评价

给出实际生产效率，包括如下几项。

a. 程序的平均生产效率，即每人每月生产的行数。

b. 文件的平均生产效率，即每人每月生产的千字数。

列出原计划数与实际数的对比情况。

4.2　对产品质量的评价

说明在测试中检查出来的程序编制中的错误发生率，即每千条指令(或语句数)中的错误指令数(或语句数)。如果开发中制订过质量保证计划或配置管理计划，则要同这些计划相比较。

4.3　对技术方法的评价

给出在开发中所使用的技术、方法、工具、手段的评价。

4.4　出错原因的分析

给出对于开发中出现的错误的原因分析。

4.5　风险管理

a. 初期预计的风险。

b. 实际发生的风险。

c. 风险消除情况。

5 缺陷与处理

分别列出在需求评审阶段、设计评审阶段、代码测试阶段、系统测试阶段和验收测试阶段发生的缺陷及处理情况。

6 经验与教训

列出从这项开发工作中得到的经验与教训，以及对今后项目开发工作的建议。

7 注解

本章包含有助于理解本文档的一般信息(如背景信息、词汇表、原理)，还包含为理解本文档需要的术语和定义，以及所有缩略语和它们在文档中的含义的字母序列表。

附录

附录可用来提供为便于文档维护而单独出版的信息(如图表、分类数据)。为便于处理，附录可单独装订成册。附录应按字母顺序(如 A、B 等)编排。

11.3.11 用户手册

说明：

1. 用户手册用于描述手工操作该软件的用户应如何安装和使用一个 CSCI、一组 CSCI、一个软件系统或子系统。它还包括软件操作的一些特别方面，如关于特定岗位或任务的指令等。

2. 用户手册是为由用户操作的软件而开发的，具有要求联机用户输入或解释输出显示的用户界面。如果该软件是被嵌入在一个硬件或软件系统中，由于已经有了系统的用户手册或操作规程，因此可能不需要单独的用户手册。

用户手册的正文格式如下。

1 引言

本章分为以下几条。

1.1 标识

本条包含本文档适用的系统和软件的完整标识，(若适用)包括标识号、标题、缩略词语、版本号和发行号。

1.2 系统概述

本条简述本文档适用的系统和软件的用途。它应描述系统和软件的一般特性；概述系统的开发、运行与维护历史；标识项目的投资方、需方、用户、开发方和支持机构；标识当前和计划的运行现场；列出其他有关的文档。

1.3 文档概述

本条概述本文档的用途和内容，并描述与其使用有关的保密性或私密性要求。

2 引用文件

本章应列出本文档引用的所有文档的编号、标题、修订版本和日期，也应标识不能通过正常的供货渠道获得的所有文档的来源。

3 软件综述

本章分为以下几条。

3.1　软件应用

本条简要说明软件预期的用途，描述其能力、操作上的改进，以及通过本软件的使用而得到的利益。

3.2　软件清单

本条标识为了使软件运行而必须安装的所有软件文件，包括数据库和数据文件。标识应包含每份文件的保密性和私密性要求，以及在紧急时刻为继续或恢复运行所必需的软件的标识。

3.3　软件环境

本条标识用户安装并运行该软件所需的硬件、软件、手工操作和其他资源，(若适用)包括以下标识。

a. 必须提供的计算机设备，包括需要的内存数量、辅存数量及外围设备(如打印机和其他的输入/输出设备)。

b. 必须提供的通信设备。

c. 必须提供的其他软件，如操作系统、数据库、数据文件、实用程序和其他支持系统。

d. 必须提供的格式、过程或其他手工操作。

e. 必须提供的其他设施、设备或资源。

3.4　软件组织和操作概述

本条从用户的角度出发，简要描述软件的组织与操作，(若适用)描述包括以下内容。

a. 从用户的角度来看，对软件逻辑部件和每个部件的用途/操作的概述。

b. 用户期望的性能特性，具体如下。

(1) 可接受的输入的类型、数量、速率。

(2) 软件产生的输出的类型、数量、精度和速率。

(3) 典型的响应时间和影响它的因素。

(4) 典型的处理时间和影响它的因素。

(5) 限制，如可追踪的事件数目。

(6) 预期的错误率。

(7) 预期的可靠性。

c. 该软件执行的功能与所接口的系统、组织或岗位之间的关系。

d. 为管理软件而采取的监督措施(如口令)。

3.5　意外事故及运行的备用状态和方式

(若适用)本条应解释在紧急时刻及在不同运行状态和方式下用户处理软件的差异。

3.6　保密性和私密性

本条包含与该软件有关的保密性和私密性要求的概述，(若适用)包括对非法制作软件或文档复制的警告。

3.7　帮助和问题报告

本条标识联系点和应遵循的手续，以便在使用软件过程中遇到问题时获得帮助并报告问题。

4　访问软件

本章包含面向首次/临时的用户的逐步过程。向用户提供足够的细节，以使用户在学习软件的功能细节前能可靠地访问软件。在合适的地方应包含用“警告”或“注意”标记的安全提示。

4.1 软件的首次用户

本条分为以下几条。

4.1.1 熟悉设备

若合适，本条描述以下内容。

a. 打开与调节电源的过程。

b. 可视化显示屏幕的大小与能力。

c. 光标形状，如果出现了多个光标，如何标识活动的光标、定位光标和使用光标。

d. 键盘布局和不同类型键与单击设备的功能。

e. 关电过程，如果需要特殊的操作顺序，则应明确定义。

4.1.2 访问控制

本条提供用户可见的软件访问与保密性特点的概述。(若适用)本条包括以下内容。

a. 怎样获得及从哪里获得口令。

b. 如何在用户的控制下添加、删除或变更口令。

c. 与用户生成的输出报告及其他媒体的存储和标记有关的保密性和私密性要求。

4.1.3 安装和设置

本条应描述为标识或授权用户在设备上访问或安装软件、执行安装、配置软件、删除或覆盖以前的文件或数据，以及输入软件操作的参数必须执行的过程。

4.2 启动过程

本条提供开始工作的步骤，包括任何可用的选项。若遇到困难，则应包含一张问题定义的检查单。

4.3 停止和挂起工作

本条描述用户如何停止或中断软件的使用和如何判断是否是正常结束或终止。

5 使用软件指南

本章向用户提供使用软件的过程。如果过程太长或太复杂，按本章相同的段结构添加第6章、第7章……，标题含义与所选择的章有关。文档的组织依赖于被描述的软件的特性，如可根据用户工作的组织、被分配的岗位、工作现场和必须完成的任务来划分章。对其他软件而言，第5章成为菜单的指南、第6章成为使用的命令语言的指南、第7章成为功能的指南更为合适。在5.3节的子条中给出详细的过程。依赖于软件的设计，可能根据逐个功能、菜单、事务或其他的基础方式来组织条。在合适的地方包含用“警告”或“注意”标记的安全提示。

5.1 能力

为了提供软件的使用概况，本条应简述事务、菜单、功能或其他的处理相互之间的关系。

5.2 约定

本条描述软件使用的任何约定，如使用的颜色、警告铃声、缩略词语表，以及命名或编码规则。

5.3　处理过程

本条解释后续条(功能、菜单、屏幕)的组织，描述完成过程必需的次序。

5.3.x(软件使用的方面)

本条的标题应标识被描述的功能、菜单、事务或其他过程。(若适用)本条应描述并给出以下各项的选择与实例，包括菜单、图标、数据录入表、用户输入，以及可能影响软件与用户接口的来自其他软硬件的输入、输出、诊断或错误信息，或报警提供联机描述，或指导信息的帮助设施。给出的信息格式应适合于软件特定的特性。但应使用一致的描述风格，例如，对菜单的描述应保持一致，对事务的描述也应保持一致。

5.4　相关处理

本条标识并描述任何关于不被用户直接调用，并且在 5.3 节中也未描述的由软件所执行的批处理、脱机处理或后台处理。应说明支持这种处理的用户职责。

5.5　数据备份

本条描述创建和保留备份数据的过程，这些备份数据在发生错误、缺陷、故障或事故时可以用来代替主要的数据拷贝。

5.6　错误、故障和紧急情况的恢复

本条给出从处理过程中发生的错误、故障中重启或恢复的详细步骤和保证紧急时刻运行的连续性的详细步骤。

5.7　消息

本条列出了在完成用户功能时可能发生的所有错误消息、诊断消息、通知性消息，以及引用列出这些消息的附录。应标识和描述每一条消息的含义和消息出现后要采取的动作。

5.8　快速引用指南

若适用于该软件，本条应为使用该软件的用户提供或引用快速引用卡或页。如果合适，快速引用指南应概述常用的功能键、控制序列、格式、命令或软件使用的其他方面。

6　注解

本章包含有助于理解本文档的一般信息(如背景信息、词汇表、原理)，还包含为理解本文档需要的术语和定义，以及所有缩略语和它们在文档中的含义的字母序列表。如果第 5 章扩展到了第 6 章至第 *N* 章，本章应编号为第 *N* 章之后的下一章。

附录

附录可用来提供为便于文档维护而单独出版的信息(如图表、分类数据)。为便于处理，附录可单独装订成册。附录应按字母顺序(如 A、B 等)编排。

11.3.12　面向对象软件文档的编制

面向对象软件文档的正文格式如下。

1　综述

在一个面向对象的软件系统建模中，一般来说，应产生下列文档。

(1) 总体说明文档。

(2) 用况图文档。

(3) 类图文档。

(4) 顺序图文档。

(5) 协作图文档。

(6) 状态图文档。

(7) 活动图文档。

(8) 构件图文档。

(9) 部署图文档。

其中，有的文档有时会引入包图来管理信息组织的复杂性，开发人员也可根据所承担项目的实际情况灵活取舍或增补。当开发人员强调过程控制时，也可以形成需求定义文档、分析文档和设计文档等，其中每种文档的内容包含一个或多个上面提到的各种文档。

2 总体说明文档

以文本方式对整个系统做一些必要的说明，内容包括系统的目标、意义、应用范围、项目背景和文档组成等。但不必对系统的总体进行详细说明，只需要进行提纲挈领式的简单介绍。另外，还要说明系统的建模文档由哪几种具体的文档组成、每种文档的份数及对各种文档的组织等。

3 用况图文档

3.1 图形文档

所绘制的用况图。

3.2 文字说明

用况图文档的文字说明由以下部分组成：用况图综述、参与者描述、用况描述、用况图中元素间的关系描述和其他与用况图有关的说明。

3.2.1 用况图综述

从总体上阐述整个用况图的目的、结构、功能及组织，用文字描述文档所包含的内容。

3.2.2 参与者描述

列出用况图中每个参与者的名称，可按字母顺序或其他某种有规律的次序排列。必要时要对参与者附加必要的文字说明，也可以说明它所涉及的用况和交互图的名称。

3.2.3 用况描述

对于用况图中的每个用况，记录如下信息，并按某种顺序将其排序。

(1) 名称。每个用况有一个在图内唯一的名字，并且该名字要反映它所描述的功能。书写位置在用况描述的第一行。

(2) 行为描述。用自然语言分别描述参与者的行为和系统行为，建议把参与者的行为靠左对齐书写，把系统行为靠较右的位置对齐书写。

在描述较复杂的含有循环或条件分支的行为时，可使用一些结构化编程语言的控制语句，如 while、for、if-then-else 等。

当要表明控制语句的作用范围时，可使用括号，如“{ }”，或者 begin、end 等，以便更清楚地表示控制走向。

如果有必要，则可使用顺序图、状态图或协作图描述参与者的行为和系统行为。

3.2.4 用况图中元素间的关系描述

产生一份描述用况图中的参与者与用况之间、用况之间及参与者之间关系的文字性文档，具体由以下几部分构成。

(1) 关系的名称。

(2) 关系的类型，包括关联、泛化、包含、扩展。

(3) 关系所涉及的类目。对关系所连接的类目应指明名称和类型(参与者或用况)。

3.2.5　其他与用况图有关的说明

与该用况图有关但上面文档中没有涉及的其他信息的描述。

4　类图文档

4.1　图形文档

所绘制的类图。

4.2　文字说明

类图文档的文字说明由以下部分组成：类图综述、类描述、关联描述、泛化描述、依赖描述和其他与类图有关的说明。在实际使用时，这些部分是可选的。

4.2.1　类图综述

从总体上阐述整个类图的目的、结构、功能及组织，用文字描述文档所包含的内容。

4.2.2　类描述

类描述包括类的整体说明、属性说明、服务说明、关联说明、泛化说明、依赖说明及其他说明。

(1) 类的整体说明。对整个类及其对象的情况加以说明，包括如下内容。

① 类名：应是中文名或英文名。

② 解释：对类的责任的文字描述。

③ 一般类：描述该类是从哪些类泛化而来的。

④ 状态转换图：描述该类的实例的状态图的名称列表。

⑤ 主动性：有无主动性。

⑥ 永久性：有无永久性。

⑦ 引用情况：若此类为其他类图所定义，则要标明它所属于的类图；若此类被其他类图所引用，则标明所引用的类图。

⑧ 多重性。

⑨ 其他：是否有特别的数据完整性或安全性要求等。

(2) 属性说明。逐个说明类的属性。每个属性的详细说明包括以下内容。

① 属性名：中文属性名或英文属性名。

② 多重性：该属性的多重性。

③ 解释：该属性的作用。

④ 数据类型。

⑤ 聚合关系：如果这个属性的作用是为了表明聚合关系，则在此处说明这种关系。

⑥ 组合关系：如果这个属性的作用是为了表明组合关系，则在此处说明这种关系。

⑦ 关联关系：如果这个属性是为了实现该类的对象和其他对象之间的链，则在此处明确地说明这一点。

⑧ 实现要求：该属性的取值范围、精度、初始值及其他描述。

(3) 服务说明。逐个说明类中的每个服务。每个服务的详细说明包括以下内容。

① 服务名：中文服务名或英文服务名。

② 主动性：有无主动性。

③ 多态性：有无多态性。

④ 解释：该服务的作用。

⑤ 服务的活动图：详细描述活动具体细节的活动图的名称列表。

⑥ 约束条件及其他：若该服务的执行有前置条件、后置条件或执行时间的要求等其他需要说明的事项，则在此处说明。

(4) 关联说明。描述该类所涉及的所有关联。每个与该类相关的关联可有关联名。

(5) 泛化说明。描述该类所涉及的所有泛化。每个与该类相关的关联可有泛化名。

(6) 依赖说明。描述该类所涉及的所有依赖。每个与该类相关的依赖可有依赖名。

4.2.3 关联描述

类图中的每一关联都应有如下的描述。

(1) 关联名称：中文关联名或英文关联名。

(2) 关联的类型：包括一般二元关联、聚合、组合、多元关联、自关联、限定关联、导出关联、其他关联。

(3) 关联所连接的类：按照一定顺序列举出关联所连接的类。

(4) 关联端点：对每一个关联端点描述如下。

① 导航性：是否有导航性。

② 排序：是否排序。

③ 聚合：是否有聚合，如果有，则要指明是聚合还是组合。

④ 多重性。

⑤ 可变性：包括无、只增加、冻结。

⑥ 角色：角色名用中文名和英文名表示均可。

⑦ 可见性：用+、–、#表示。

⑧ 接口说明符。

4.2.4 泛化描述

类图中的每一个泛化都有如下的描述。

(1) 泛化关系中的父类。

(2) 泛化关系中的子类。

(3) 泛化关系中的区分器。

(4) 泛化关系中的限制符：包括完全、不完全、重叠和不相交。

4.2.5 依赖描述

类图中的每一个依赖都有如下的描述。

(1) 依赖名称。

(2) 依赖所涉及的类的名称。

(3) 依赖的类型。

(4) 依赖的附加说明。

4.2.6　其他与类图有关的说明

与该类图有关的但上面文档中没有涉及的其他信息的描述。

5　顺序图文档

5.1　图形文档

所绘制的顺序图。

5.2　文字说明

顺序图的文字说明应包含：顺序图综述、顺序图中的对象与参与者描述、对象接收/发送信息的描述和其他与顺序图有关的说明。

5.2.1　顺序图综述

从总体上描述该顺序图的目的、所涉及的对象和参与者。

5.2.2　顺序图中的对象与参与者描述

对顺序图中所有的对象和参与者依次进行如下描述。

(1) 对象类型：是参与者还是类。

(2) 对象名称。

(3) 是否为主动对象：是或否，此描述针对对象而言，对于参与者不应有此描述。

(4) 其他与对象或参与者有关的信息。

5.2.3　对象接收/发送消息的描述

对于顺序图中的每一个对象或参与者，详细地描述其接收/发送消息的类型、时序及与其他消息之间的触发关系。对于每一个对象和参与者应按照时间顺序分别列出该对象或参与者所接收/发送的全部消息。每一条消息应包含下面的内容。

(1) 消息名称。

(2) 是发送消息还是接收消息。

(3) 消息类型。

(4) 若为接收消息，则应列出该消息所直接触发的消息的名称列表。

(5) 是否为自接收消息。

(6) 消息的发送对象名称。

(7) 消息的接收对象名称。

5.2.4　其他与顺序图有关的说明

与顺序图有关的补充信息。

6　协作图文档

6.1　图形文档

所绘制的协作图。

6.2　文字说明

协作图的文字说明应包含：协作图综述、协作图中的对象或角色描述、对象或角色接收/发送消息的描述、对象或角色间的链描述和其他与协作图有关的说明。

6.2.1 协作图综述

从总体上描述该协作图的目的及其所涉及的对象或类角色。

6.2.2 协作图中的对象或角色描述

对协作图中的所有类角色或对象依次进行如下描述。

(1) 名称。

(2) 类型：类角色或对象。

(3) 是否为主动对象或角色：是或否。

(4) 其他与类对象有关的信息。

6.2.3 对象或角色接收/发送消息的描述

对于协作图中的每一个类角色或实例，详细地描述其接收/发送消息的类型、时序，以及与其他消息的触发关系。每一类角色或实例应有下列描述。

(1) 对象或角色名称。

(2) 列出该对象所接收/发送的全部消息流，每一条消息应包含以下内容。

① 消息名称。

② 消息的格式：参见概念和表示法部分。

③ 是发送消息还是接收消息。

④ 消息类型。

⑤ 若为接收消息，则应列出该消息所直接触发的消息序列。

⑥ 是否为自接收消息。

⑦ 消息发送的类角色或实例。

⑧ 消息接收的类角色或实例。

6.2.4 对象或角色间的链描述

对象间或角色间的链应包含以下内容。

(1) 链名称。

(2) 链所连接的角色或对象的名称。

(3) 链上的角色名，每个角色应包含下列信息。

① 角色名：中文名或英文名。

② 可见性：用+、–、#表示。

③ 特殊的衍型：包括 Global、Local、Parameter、Self、Vote、Broadcast。

(4) 其他与链有关的信息。

6.2.5 其他与协作图有关的说明

与协作图有关的补充信息。

7 状态图文档

7.1 图形文档

所绘制的状态图。

7.2 文字说明

状态图的文字说明应包含：状态图综述、状态图的状态描述、状态图的转换描述和其他与状态图有关的说明。

7.2.1　状态图综述

从总体上讲，该状态图描述一个对象在外部激励的作用下进行的状态变迁、所涉及的状态和转换，以及设置该状态图的目的等。

7.2.2　状态图的状态描述

描述一个状态图的所有状态，对每一个具体状态的描述应包括以下各项。

(1) 状态的名称：中文名或英文名。

(2) 状态的类型：包括简单状态、并发组合状态、顺序组合状态、子状态、初始伪状态、终状态、结合状态、历史状态、引用状态、桩状态、同步状态。

(3) 入口动作。

(4) 出口动作。

(5) 内部转换：由一系列的内部转换项组成。每个内部转换项的格式为动作标号或动作表达式。

(6) 若为组合状态，应列举出其所包含的子状态。

(7) 其他与该状态有关的信息。

7.2.3　状态图的转换描述

本文档用来描述一个状态图的所有状态转换，每一个具体转换应包括以下各项。

(1) 转换的源状态。

(2) 转换的目标状态。

(3) 转换串：事件触发器。

(4) 转换中的分支：同步条、结合点、动态选择点。

7.2.4　其他与状态图有关的说明

与状态图有关的补充信息。

8　活动图文档

8.1　图形文档

所绘制的活动图。

8.2　文字说明

活动图的文字说明应包含：活动图综述、活动图中的动作状态描述、活动图中的转换描述和其他与活动图有关的说明。

8.2.1　活动图综述

从总体上讲，活动图描述一个对象的一个操作的活动序列，或者是多个对象为完成某一目的而进行的协作所涉及的活动序列，以及设置该活动图的目的等。若活动图用于描述系统的其他目的，则也按本格式描述。

8.2.2　活动图中的动作状态描述

本文档用来描述一个活动图的所有动作状态，每个具体动作状态包括以下内容。

(1) 名称：中文名或英文名。

(2) 类型：包括一般动作状态、子动作状态、信号发送、信号接收、初始伪动作状态、终动作状态、历史状态。

(3) 入口转换。

(4) 出口转换。

(5) 活动伪码。

(6) 其他与该状态有关的信息。

8.2.3 活动图中的转换描述

本文档用来描述一个活动图的所有转换，每一个具体转换包括以下内容。

(1) 转换的名称。

(2) 源动作状态。

(3) 终动作状态。

(4) 转换中的分支：包括分叉、同步条、决策和合并。

(5) 转换中的控制分叉：包括控制分叉的名称、与分叉相连的入口和出口元素的名称。

8.2.4 其他与状态图有关的说明

与状态图有关的补充信息，如泳道的划分、对象流、信号发送和信号接收等信息。

9 构件图文档

9.1 图形文档

所绘制的构件图。

9.2 文字说明

构件图的文字说明应包含：构件图综述、构件图中的构件描述、构件图中的关系描述和其他与构件图有关的说明。

9.2.1 构件图综述

从总体上讲，构件图描述构件间的依赖关系、设置该构件图的目的等。

9.2.2 构件图中的构件描述

构件图中的每一个构件包含下列描述。

(1) 构件名称。

(2) 构件的接口。

(3) 构件所涉及的关系。

(4) 在逻辑上构件所实现的类。

(5) 构件的类型。

9.2.3 构件图中的关系描述

(1) 关系的名称。

(2) 关系的起始构件的名称。

(3) 关系的结束构件的名称。

(4) 关系的类型：包括实现依赖、使用依赖或其他依赖。

9.2.4 其他与构件图有关的说明

其他与构件图有关的信息补充说明。

10 部署图文档

10.1 图形文档

所绘制的部署图。

10.2　文字说明

部署图的文字说明应包含：部署图综述、部署图中的节点描述、部署图中的关系描述和其他与部署图有关的说明。

10.2.1　部署图综述

从总体上描述部署图的目的及节点之间的相互关系等。

10.2.2　部署图中的节点描述

部署图中的每一个节点包含下列描述。

(1) 节点名称。

(2) 节点中的构件实例。

(3) 节点所涉及的链的名称。

(4) 节点的类型。

10.2.3　部署图中的关系描述

(1) 关系的名称。

(2) 关系的起始节点(或构件)的名称。

(3) 关系的结束节点(或构件)的名称。

(4) 关系的类型：包括实现依赖、使用依赖、其他依赖或通信链。

10.2.4　其他与部署图有关的说明

其他与部署图有关的信息补充说明。

11　包图文档

为了管理模型的信息组织的复杂性，在比较复杂的模型中，通常将关系联系比较密切的图形元素划分到一个包中。

11.1　图形文档

所绘制的包图。

11.2　文字说明

包图的文字说明应包含：包图综述、包图中的包描述和其他与包图有关的说明。

11.2.1　包图综述

从总体上讲，描述包图的名称、目的及与其他包的相互关系等。

11.2.2　包图中的包描述

包图中的每一个包包含下列描述。

(1) 包的名称。

(2) 包的种类：包括类包、用况包或其他包。

(3) 详细描述该包所包含的建模元素所在的文档。

(4) 与该包有关的其他包，应包括如下信息。

① 包的名称。

② 与该包的关系：包括依赖(访问和移入)、泛化，要注明方向性。

11.2.3　其他与包图有关的说明

其他与包图有关的信息补充说明。

本章小结

- 软件工程标准有国际标准、国家标准、行业标准、企业标准及项目规范。
- 软件文档的编写要考虑读者的需求。
- 为了方便读者的使用，应使每种文档自成体系，尽量避免读者在阅读一种文档时又不得不去参考另一种文档的情况发生。
- 鉴于不同软件在规模上和复杂程度上差别极大，在文档编制工作中允许存在一定的灵活性，即文档的种类、细节可以灵活调整。

本章练习题

一、选择题

1. 软件工程标准可分为 5 个级别，即国际标准、(　　)、行业标准、企业(机构)标准及项目(课题)规范。

　A. 国家标准　　B. 公司标准
　C. 单位标准　　D. 部门标准

2. 记录软件开发的历史文档是(　　)。

　A. 开发文档　　B. 产品文档
　C. 管理文档　　D. 维护文档

3. (　　)主要描述功能分配、模块划分、程序的总体结构、输入输出，以及接口设计、运行设计、数据结构设计和出错处理设计等。

　A. 软件开发计划　　B. 系统设计说明书
　C. 可行性分析(研究)报告　　D. 需求规格说明书

4. (　　)主要描述所开发软件的功能、性能、用户界面及运行环境。

　A. 软件开发计划　　B. 系统设计说明书
　C. 可行性分析(研究)报告　　D. 需求规格说明书

5. (　　)主要描述软件的功能、性能、用户界面，使用户了解如何使用该软件。

　A. 软件开发计划　　B. 软件测试说明书
　C. 软件用户手册　　D. 需求规格说明书

二、简答题

1. 简述软件工程标准的类型。
2. 软件工程标准是否会束缚软件开发人员的思维、影响他们的创造性发挥？为什么？
3. 软件文档的含义是什么？其主要内容有哪些？
4. 高质量的文档体现在哪些方面？